高等院校考研参考系列用书
规划类院校研究生入学考试参考用书
国内设计院入职考试参考用书

高分规划快题 120 例

设计方法与评析

华元手绘（北京）快题设计教研中心　蔡清亮　主 编

中国建筑工业出版社
CHINA ARCHITECTURE & BUILDING PRESS

图书在版编目（CIP）数据

高分规划快题120例设计方法与评析／蔡清亮主编．—北京：中国建筑工业出版社，2014.12
ISBN 978-7-112-17559-8

Ⅰ．①高…　Ⅱ．①蔡…　Ⅲ．①建筑设计—研究生—入学考试—教学参考资料　Ⅳ．①TU2

中国版本图书馆CIP数据核字（2014）第277957号

责任编辑：何　楠　陆新之
责任校对：李美娜　关　健

高等院校考研参考系列用书
规划类院校研究生入学考试参考用书
国内设计院入职考试参考用书
高分规划快题120例设计方法与评析
华元手绘（北京）快题设计教研中心　蔡清亮　主编

*

中国建筑工业出版社出版、发行（北京西郊百万庄）
各地新华书店、建筑书店经销
北京京点图文设计有限公司制版
北京富诚彩色印刷有限公司印刷

*

开本：880×1230毫米　横1/16　印张：13¾　字数：424千字
2014年12月第一版　2020年1月第三次印刷
定价：98.00元
ISBN 978-7-112-17559-8
(26741)

主 编：华元手绘（北京）快题设计教研中心 蔡清亮

编 委：张 萌 同济大学城市规划硕士
曹哲静 清华大学城市规划硕士
丁孟雄 东南大学城市规划硕士
刘 旸 天津大学城市规划硕士
高 晖 [美]华盛顿圣路易斯大学城市设计硕士

方思宇 中国城市规划设计研究院
陆严冰 北京城市规划设计研究院
吴 茜 深圳市建筑科学研究院
贾 博 中国建筑科学研究院
卢辉响 清建华元（北京）景观建筑设计研究院

献给所有热爱设计的人

序

一本好的专业指导书籍，最重要的是让读者有所收获，而不仅仅是炫耀作者的技巧和造诣。很多学员都抱怨考研资料难以收集，想看到一些考试成功的案例更是困难。我们认为好的资料不应该单纯地停留在作品集的层面，详细的训练原理、方法和训练目标才是大家真正所需。

在学习的过程中，我们需要积累经验、用正确的方法进而能够创造。那么，何为经验、方法、创造？简单来讲，经验，是大家借鉴别人的学习；方法，是大家必须通过全力互动和训练才能体会的；创造是我们的终极目标，希望大家成为能独立思考、有创造性的优秀人才。学习，实际上是清除压力、挖掘潜力、最终走向成功的探索与发现之旅。

在华元多年的教学与实践中，我们总结各种考研成功的案例与高分规划快题考试经验，收集本中心一些高分的、甚至是快题考试中获得第一的学员作品，并分析其成功的本质，最终将多年心血融入这本书的创作中。这本书照顾了零基础的学习者，同时也考虑到行业内一线设计师，重点是针对在校学生的考研、考博的快题需求，以及设计院入职快速设计需求。

华元十分强调“在战争中学习战争”，十分强调明确方案创作这个目标。学员最好以实际或概念性的设计项目为训练目标，通过大量的方案案例训练，从中得到启迪与锻炼，才能更好地提高快题方案创作能力。华元强调“改图出英雄”、“失败出英雄”，强烈建议学习者以反复训练为荣、以大量失败为荣。只有海量的重复训练和失败，才会使得学习者享受最终成功的喜悦。华元反对空洞的先想后做，强调做了再想，落实到笔下，实践在厚厚的纸中，收获才有实质可言。

本书总结了我们多年来对目标思维和实践训练的研究成果。华元的观点，是针对快题方案创作的设计手绘的专业训练，提出以方案创作为目标、学习一些考试成功者的经验模式。在训练并快速提高设计手绘能力的同时，注重方案与专业知识的积累，提高并培养创作优秀快题设计的能力。

笔中耕耘，乐在华元。欢迎您与华元共同成长。

华元手绘（北京）快题设计教研中心
2014 年 11 月

目录 contents

快题设计基础概论

- ◆ 01　什么是快题设计
- ◆ 02　快题设计的特点和原则
- ◆ 03　快题考试评分标准
- ◆ 04　快题设计常见问题与解答
- ◆ 05　规划快题时间分配与设计步骤

01 什么是快题设计

快题设计是指在较短时间内将设计思路和意图用徒手绘制的方式快速地表达出来，并完成一个能够反映设计思想和理念的设计成果。

目前，快题设计已经成为各大高校设计类专业研究生入学考试、设计院入职测试的必考科目，同时也是出国留学（设计类）所需的基本技能，它是考核设计工作者基本素质和能力的重要手段。

02 快题设计的特点和原则

快题设计考试是水平测试，不需要出奇制胜，不需要天马行空，首先要稳健，力求稳中求胜。

符合规范，避免低级错误；

符合题意，没有忽略或误读任务书提供的主要线索；

基本合理，避免明显的功能布局错误；

基本美观，避免明显反人性的空间组织方式；

有闪光点，能够吸引评委的眼球。

03 快题考试评分标准

成绩评定的普遍标准：图面表现30%、方案设计60%、优秀加分10%。在不同的阶段，表现和设计起着不同的作用。

每个高校的评分标准大同小异，一般分为五轮：

第一轮　将所有考生的试卷铺开来，评委浏览所有试卷，挑出表现上相对很差的，兼顾方案能力也很差的，作为不及格之列，同时也选出卷面效果比较好的。

所以，评委的第一印象便是表现的好坏。

第二轮　将剩下来的及格试卷评出A、B、C、D四档，即优、良、中、差四档。

第三轮　将各档次试卷分为上、中、下三类，评委各分担一个档次的阅卷，再集体确认，不允许跨档提升或下调。

第四轮　对不及格的试卷分档，只分较好、差（E、F）两档。这轮对考生已经没有任何意义了，一般低于国家线80分便不可能调剂或录取。

第五轮　按档次量分转换成分数成绩，略有1-2分的分差。

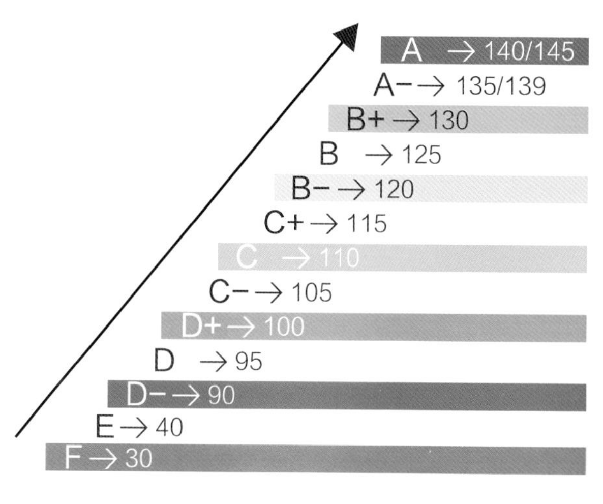

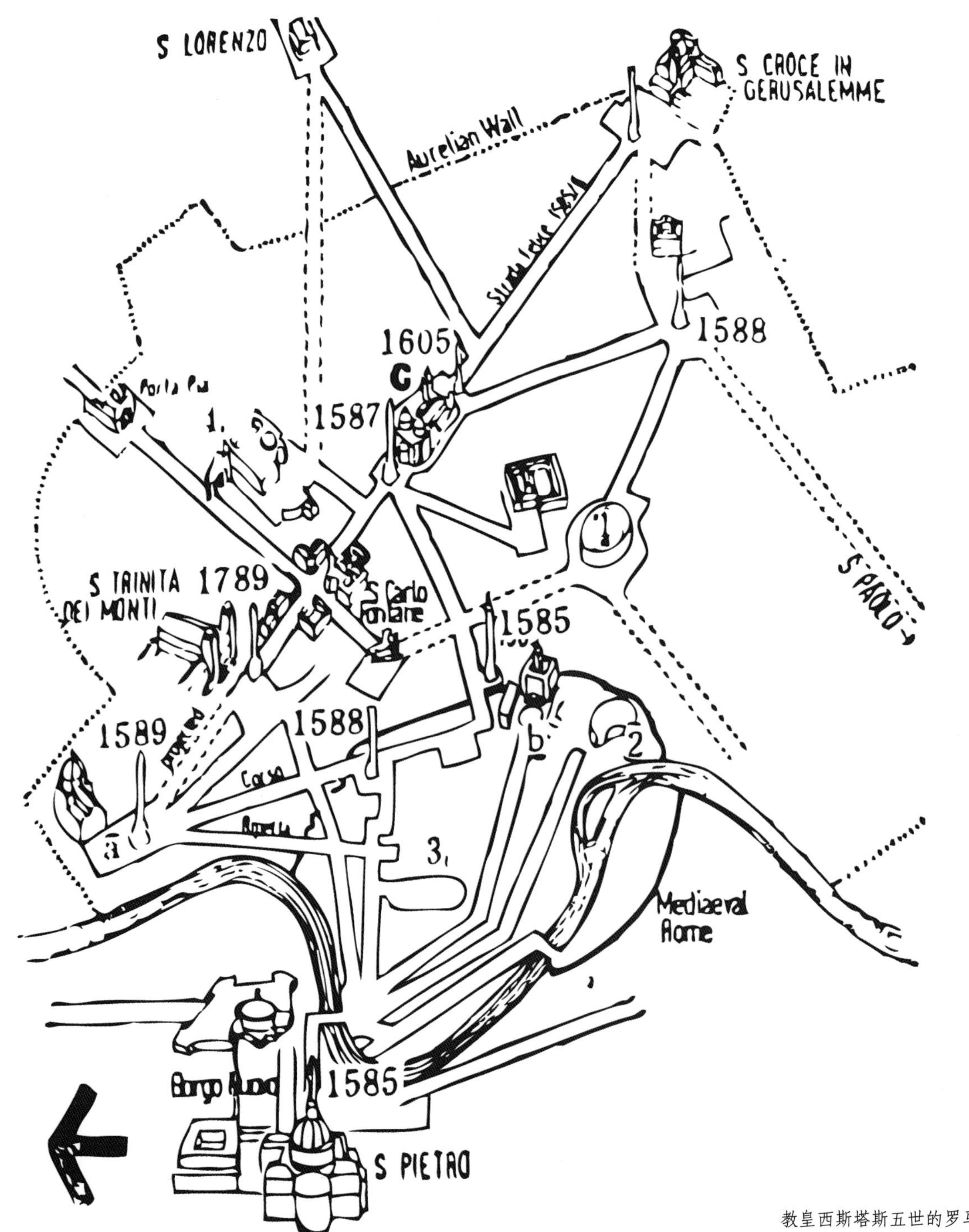

教皇西斯塔斯五世的罗马规划

04　快题设计常见问题及解答

手绘与快题设计有什么联系？

手绘，是借助手来进行的思考表达方式，是快题设计的载体，不仅是考研快题最终效果的表达方式，也是前期学习设计过程中培养能力的手段。快题和手绘有着相辅相成的关系，正所谓没有好的设计就没有表现的灵魂，没有好的表现即使设计再好也无法抓人眼球。无论是设计初始的草图阶级，还是设计方案推进的过程中，手绘无疑具有很大优势。它不但能促进设计方案的有序展开，并沿着正确的设计方向发展，而且能不断提高设计者的专业设计素质。

考研快题与学校的课程设计有什么区别？

学校的课程设计是入门教学，通过每学年的课程设计引导学生逐步学会进行方案设计，是一个循序渐进的过程。考研快题则是对整个大学期间课程的一个综合性应用，是导师考查学生综合能力水平和是否具有继续深造资格的一种快速手段。现国内普遍使用的考试时间是3、4、6、8小时不等。保研生快题考试为：1、1.5、2、3、4、6小时（如同济大学2013年对外保研考试为2个小时，东南大学对外保研考试为6小时）。

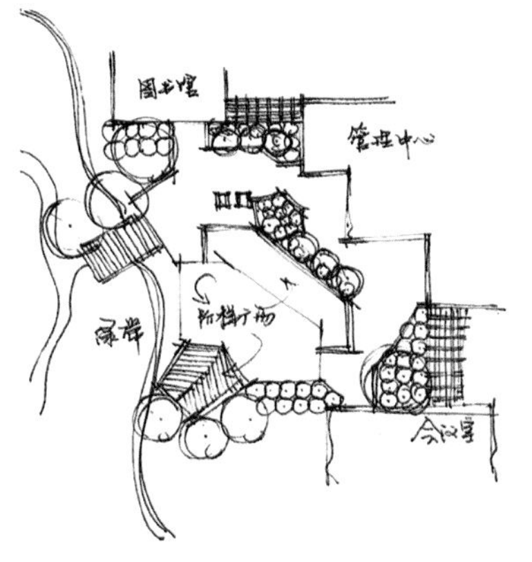

考研快题设计中应注重哪些方面？

考研快题要想得高分，第一是设计表现效果能吸引评委，让评委眼前一亮；第二是方案设计水平能博得评委赞赏。

表现方面，前面已经提过，便不再赘述。而对于设计而言，要做到这点并不难，首先是按照任务书的要求，老老实实地处理好所有的设计问题，处处都能处理到位，如功能流线合理，不出现暗空间等，没有“硬伤”。考研快题题目并不复杂，要做到这点还是可以的。其次，其他方面要能标新立异当然更好，但一定不能牺牲平面功能和设计逻辑。

低年级和跨专业学生如何备考？

基于跨专业考研的紧迫性和特殊性，建议跨专业学员要进行有针对性的考前准备。

(1) 设计基础知识的准备。快题设计要融会贯通许多专业知识，只有牢牢掌握这些专业知识，才是进入另一个专业的前提。好在很多知识都可以自学，当然，最好是能够去听听课，与老师、本专业学生交流，收获会更大。

(2) 专业基础、艺术素养的准备。快题设计是一种创造性的劳动，要创造美的形象，这就要求学员自身有点绘画基础和艺术修养。最好争取上个手绘培训班，快捷、有针对性地学习手绘，提高表现能力，在考试中不吃亏。

(3) 方案设计的准备。这是最难准备的，因为方案设计是一种设计实践，涉及很多领域和前提条件，而且它的教学只能是个别教学，最好有老师引路，手把手地教，并从基础训练开始。

低年级学员更应该充分利用自己的时间优势，及早进入快题备考，提高自己的设计水准，建议多参加竞赛来锻炼自己。

05 规划快题时间分配与设计步骤

由于受到时间的严格限制，在快题考试中一定要注意时间的合理分配，把主要矛盾解决好；次要环节有些瑕疵也不必太在意。如果进度失控，一定要沉着冷静，压缩次要环节，保证主要环节用时，不要草率收场。

在快题考试中，常见的时间要求有3小时、6小时、8小时等几种。后两种耗时长，主要用于初试；第一种相对轻松，主要用于复试。

下面给大家推荐3小时和6小时考试的时间分配。

规划快题设计时间分配

进程	任务	3小时快题时间分配	6小时快题时间分配	进程目标
01	分析任务书、布图排版	20min	20min	确认地形及建设条件，明确题眼，并根据任务书要求进行整体排版
02	构思方案	30min	60min	根据任务书要求构思功能分区、道路交通以及景观轴线等
03	铅笔线稿	50min	110min	按比例依次绘制总平面图、鸟瞰图、分析图的铅笔线稿
04	钢笔墨线	40min	90min	完成各图的墨线绘制
05	上色及细节完善	30min	60min	图面上色，注意统一色调，绘制分析图、图示图例、指北针、说明及指标等内容
06	机动时间	10min	20min	整体检查，查缺补漏，保证图面内容的完整

注：根据华元考取清华、同济、东南、华中科技、重大、天大学员所总结

快题考试解答过程可细分为11个步骤

分析任务书

阅读任务书、勾画重点，仔细审视基地图纸，包括文字说明和地形、环境、原有建筑物等各重要设计限定信息。将重要信息整理，防止由于遗漏一些隐蔽的重要信息而导致整个设计方向出现偏差。（20min）

进行排版、绘制好地形图、设计构思

根据规划用地的形状来确定版面的布局，并写上标题。然后把总平面地形图（通常为1:1000）以及分析底图（1:2000 ~ 1:3000）画好。在这个过程中，可以深入研究地形特征，考虑总体架构。通过任务书要求的数据，把握好总建筑面积、各功能要求面积、绿化面积等。后续工作地形图的绘制是必须要做的，所以提到前面来和构思工作一同进行，这样不但可以给结构草图、一草图、二草图做底图，同时又节约了勾勒草图的时间。（10min）

结构草图绘制

勾勒1:2000结构性的草图，建议运用两种自己熟悉的组织方法各做一个方案初步比较一下，确定发展方向后再进一步明确总体布局关系，同时初步考虑分析图的绘制。（20min）

一草图绘制

绘制1:1000草图平面，根据总体布局、日照间距、建筑退让等限制条件初步确定建筑和场地的位置。（20min）

二草图绘制

第二次绘制1:1000草图平面，在一草图定位的基础上，增加一些简单的空间处理、建筑形体变化和环境设计。（90min）

如果一草图是用铅笔绘制的，那么二草图可以用钢笔、针管笔在一草图上直接修改、调整，这样可以节约时间。在草图阶段只要基本定位即可，不要纠缠细节。

正式平面图绘制

此时开始绘制正式的平面图（1:1000）。确定出入口、道路系统、建筑布局、场地布局、绿化系统等各组成部分的位置和相互关系，确定细节部分，增加细部、配景和图面感染力，进入深入刻画的程度。大部分专业老师还是习惯从平面图来开始研究、评价方案，因此，考生要花最多的时间在平面图的绘制上。

平面图绘制完成后，应检查一下是否有重大的错误（误读任务书、忽略重要信息等），考虑一下透视图角度的选取问题。此时也可以吃点东西补充能量，注意不要喝太多水，避免上厕所浪费时间。（40min）

分析图绘制

建议选择空间结构分析图、交通组织分析图、绿化系统分析图等常规分析图。如果在设计时确有独特的想法，可以针对想法做一张分析图。分析图一般不需要调整，可以一步到位，画图与表现一次完成。平时应多练习图例画法，做到在底图上花 10 分钟就能画一张表达清晰的分析图。（30min）

表现图绘制

对于手绘能力较差的同学，这是难度最大的一张图，也是评委老师容易做出等级评价的图。虽然专业人士评价方案不是依赖三维表现，但是透视图的直观效果最能让评委立刻对方案以及应试者作出一种优劣评价，希望得高分就需要考生平时多做手绘训练。另外，要注意透视图畸变不宜过大，以免造成变形；同时，选择自己熟悉而且容易出效果的表达方式，千万不要冒险。（60min）

色彩表现

色彩表现，主要通过马克笔加强图面的立体感和表现力，在平时训练养成自己的用色习惯，可以具体到建筑、树、草地等用什么品牌的色号，这样考场上就可以有条不紊地上色。(30min)

文字表述

主要包括图名、设计说明、经济技术指标。文字要工整，以等线体、仿宋体等工程字体为主。设计说明可以先用铅笔打上分行线再写，内容整理成几方面，逐条地用关键词和简洁的话列出来，关键词下可以加横线加以强调。（20min）

机动时间

这段时间显然不足以对已完成的图纸进行很大的改动，但是可以按照“硬伤——粗心大意——完善表现”的顺序来进行，最后还要核对姓名、准考证号码，并保证其书写位置符合考试要求。（20min）

一、根据任务书地形确定快题整体排版与构图，了解周边环境，绘制地形，构思平面。

01

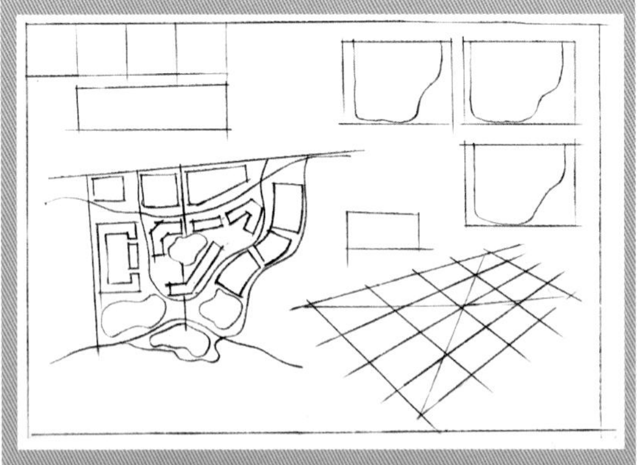

二、分析任务书，综合考虑题目要求，绘制主要道路网体系与功能分区，并画好鸟瞰米字格，完成第一轮草图。

02

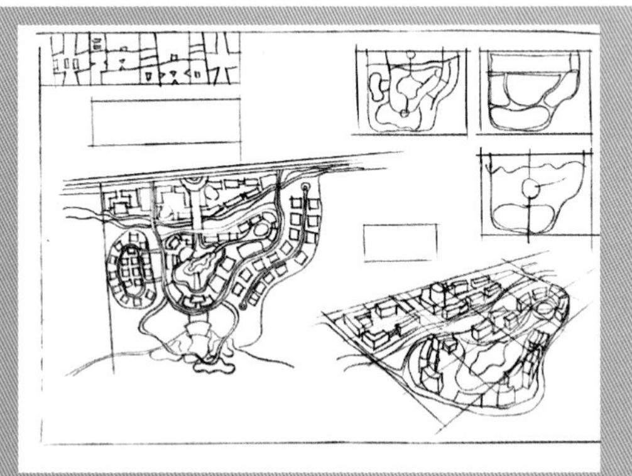

三、在功能分区的基础上，绘制正式草图，要求按一定比例进行绘制建筑体块、道路系统、景观环境；同时勾出大体的地块鸟瞰。

03

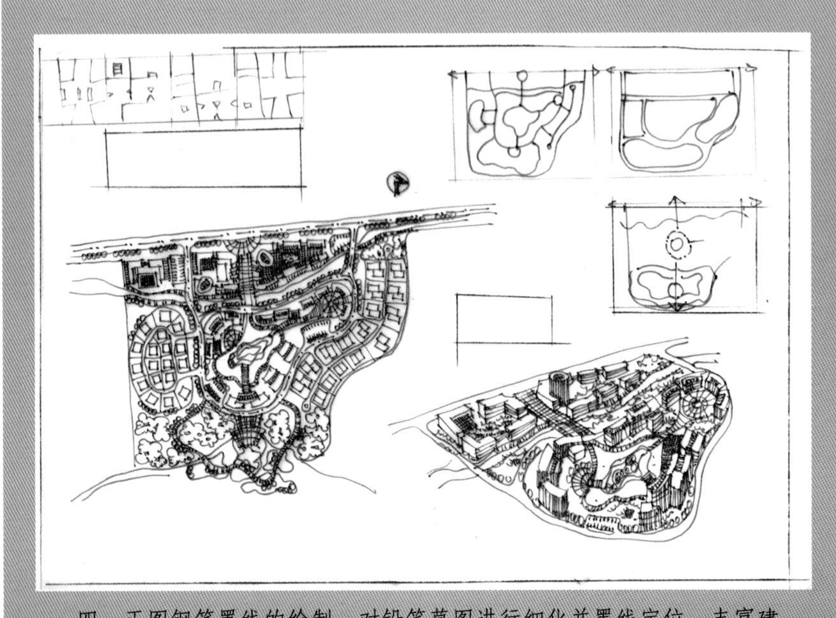

四、正图钢笔墨线的绘制，对铅笔草图进行细化并墨线定位，丰富建筑形式，细化广场铺装，完成平面植物配景的绘制，同时绘制鸟瞰图和分析图的墨线部分。

04

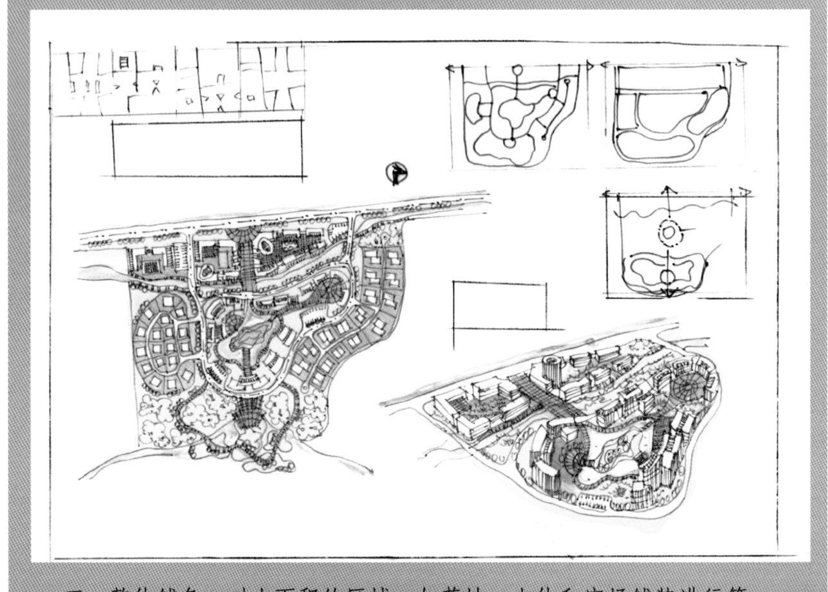

五、整体铺色，对大面积的区域，如草地、水体和广场铺装进行第一层整体铺色，同时完成鸟瞰图相应部分的铺色，保证整张快题的色调统一。

05

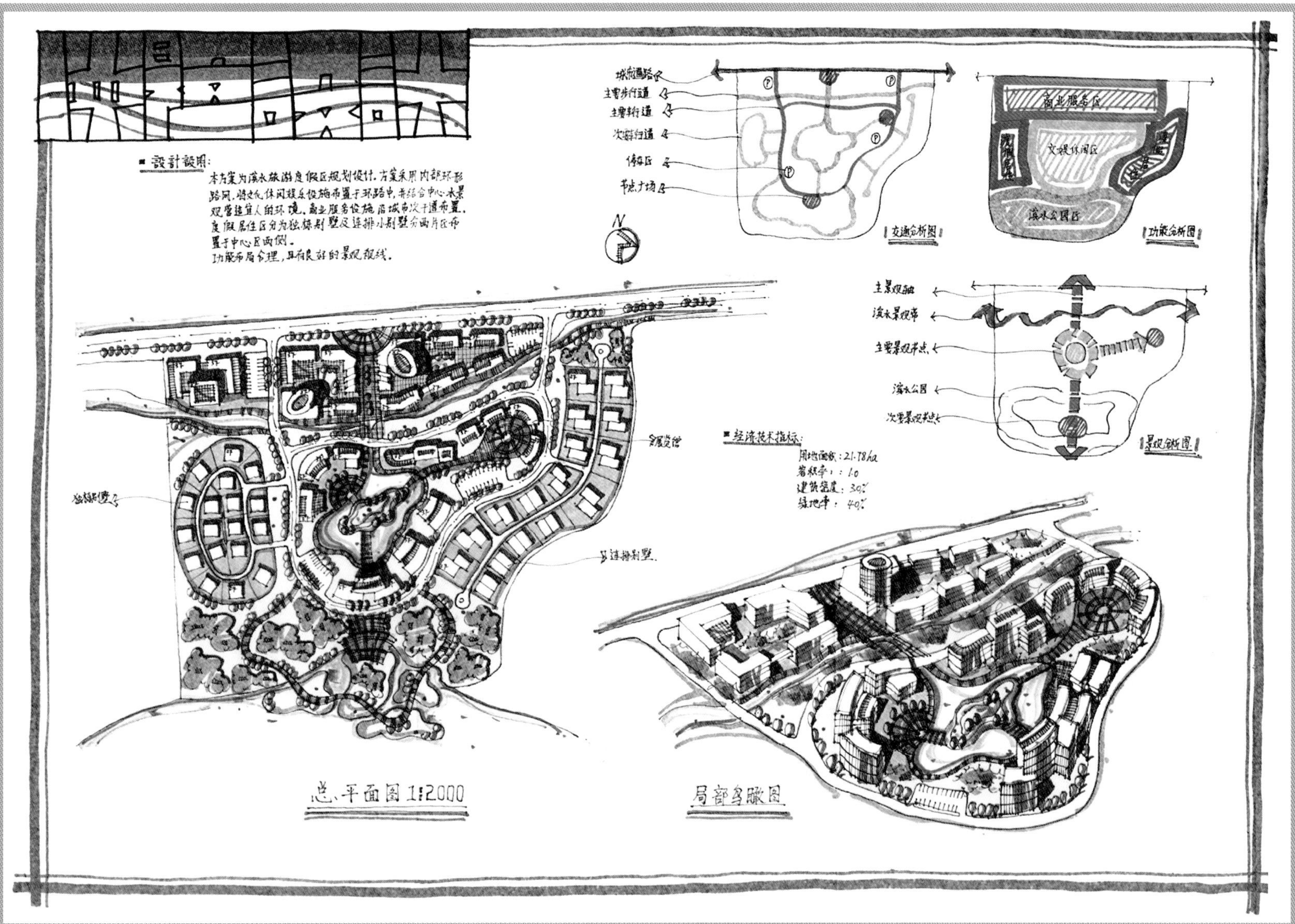

六、进行植物、铺装纹理、建筑阴影等内容的上色，并完成鸟瞰图和分析图及其图示、图例的绘制；编写设计说明和指标，以及各级标题。

吕雪静 Lv Xuejing

天津大学2013年规划快题135分（第二名）
华元手绘中国营24/25期学员
2013年度 华元励志奖获得者

二 规划快题表现技巧

- 01 快题表现的基本原则
- 02 快题设计表现工具
- 03 规划快题风格分类
- 04 平面图求鸟瞰的方法
- 05 上色步骤及推荐配色

01 快题表现的基本原则

首先，基本的透视、构图、结构、空间尺度感没有明显错误。

其次，娴熟自如地徒手运用各种线条，使其在画面中有机的结合，主次分明。

第三，所有配景的形象要生动简练，描绘表现有速度感，使这些配景与主体相得益彰。

第四，画面上的色彩、运笔要奔放不羁，笔触能潇洒自如，色彩搭配恰到好处。

02 快题设计表现工具

纸　　张：绘图纸、硫酸纸、拷贝纸

尺　　规：三角板、丁字尺

画　　具：铅笔、钢笔、针管笔、中性笔、橡皮

上色工具：马克笔、彩铅、高光笔

在考试前几天要总结出一个工具清单，将各样工具的名称、数量写清楚，逐个检查后放进包里，以免遗漏。

图板和图纸可能由组织考试的单位提供，如果要求自备，可以选择自己训练时习惯的纸张，预先裁好使用纸胶带固定到图板上。此外，带些草图纸、硫酸纸作为画草图之用。裁纸、贴图这些能够预先做好的工作要提前做好，把考场上能省的时间都省出来。

最近几年绘图工具繁多，考生要根据快速设计的特点来进行挑选。画草图可根据个人习惯选用软一点的铅笔，正图打稿用的铅笔要硬一点的（2H左右）。记得一定要多带几只，预先削好；或者使用自动铅笔，不用削，但是要选择笔芯不容易断的。上墨线建议使用0.3mm或0.5mm的针管笔，尤其是一次性的红环针管笔很适合。马克笔上色建议使用iMark规划系列或者犀牛（Rhinos）规划系列的马克笔，这两种品牌的规划系列马克笔足够满足考生对画面各种色调的要求。这些笔事先在练习和实战中都要尝试一下，选出最适合自己的搭配。

此外，还要准备计算器、涂改液、橡皮、美工刀、纸胶带、80cm的丁字尺、40cm三角板（要一套）、小圆模板、圆规等。尺子、模板要预先擦干净，以免弄脏图面。底图可以用尺规定位，上墨线、马克笔时徒手，尽可能提高速度是画图的重要原则。

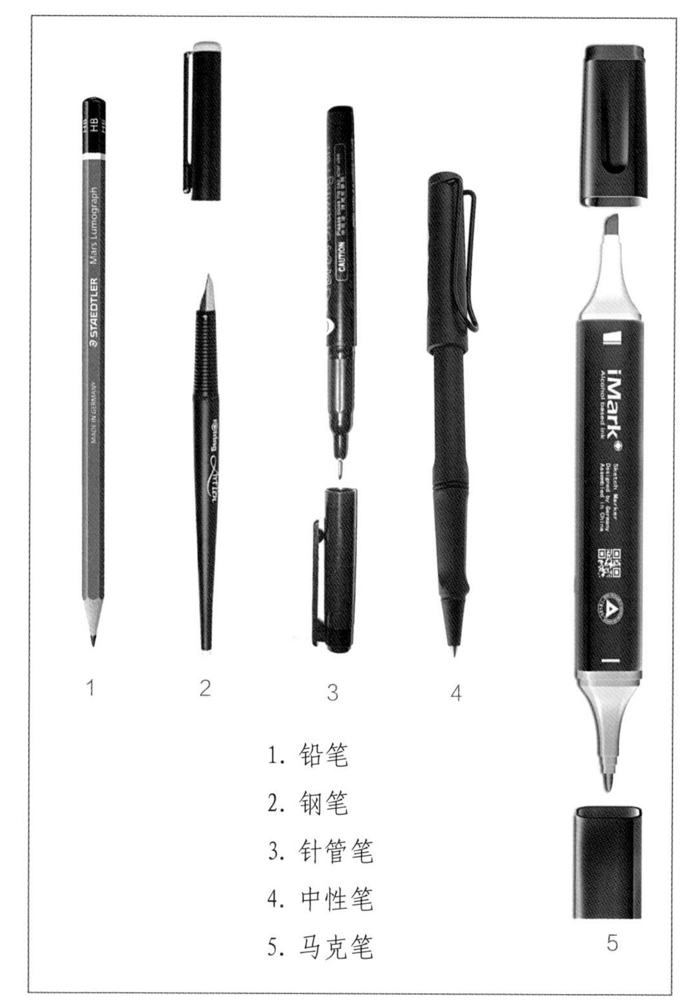

1. 铅笔
2. 钢笔
3. 针管笔
4. 中性笔
5. 马克笔

03 规划快题风格分类

灰色系

整体色调以灰色为主，主要表现为大面积绿地以暖灰或冷灰色表示，线稿细腻，色彩辅助。

彩色系

整体色调以材质的本体色为主要表现方式，线稿细腻，色彩辅助。

其他

以硫酸纸、拷贝纸为作图纸张，色系仍为彩色系，但更鲜艳明亮，通透性强。

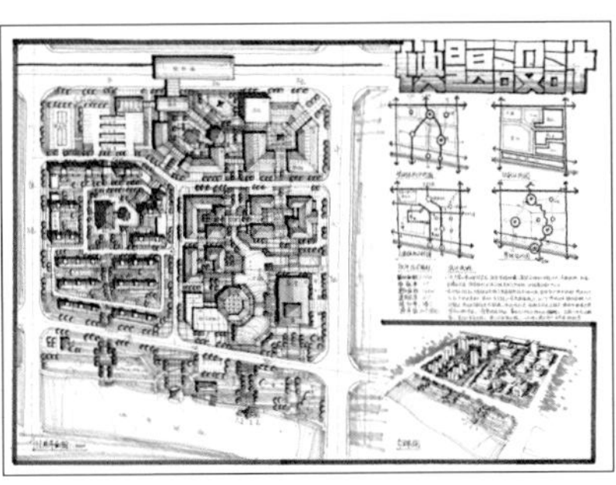

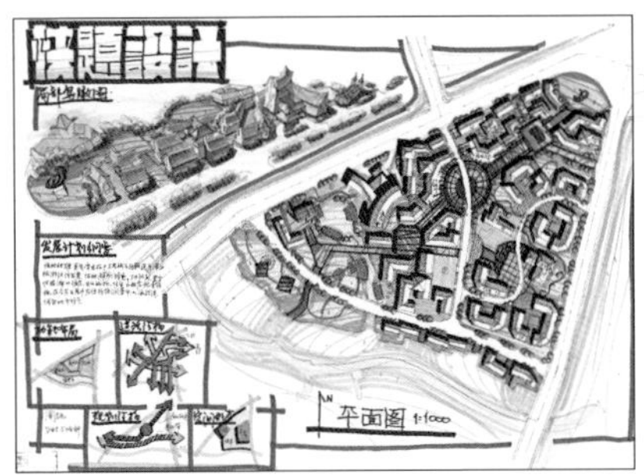

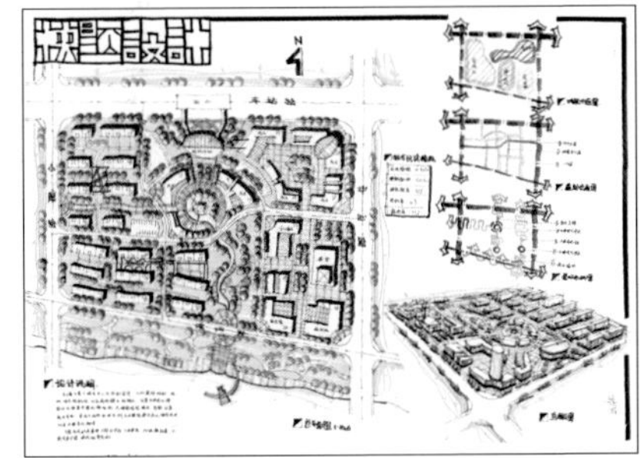

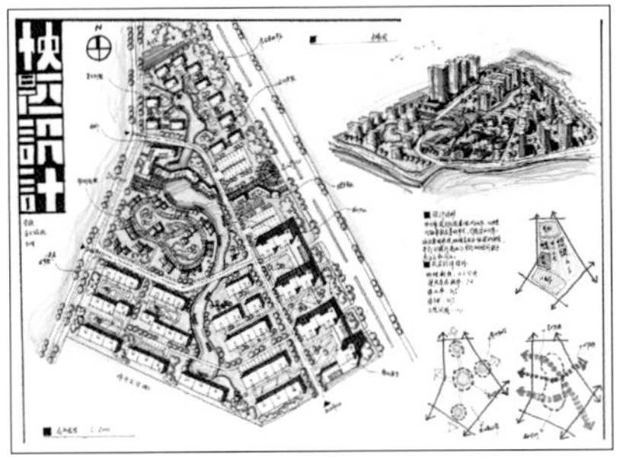

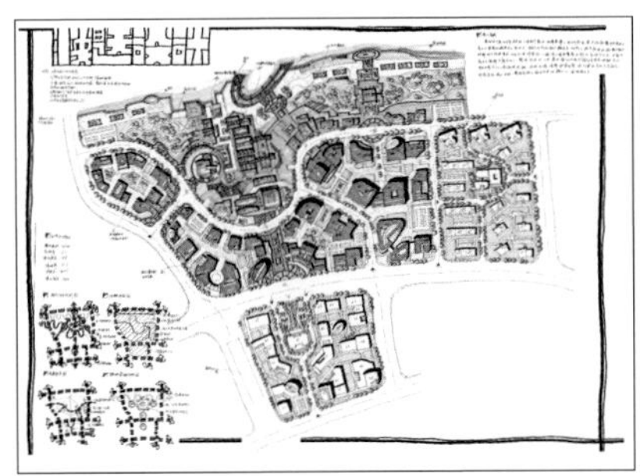

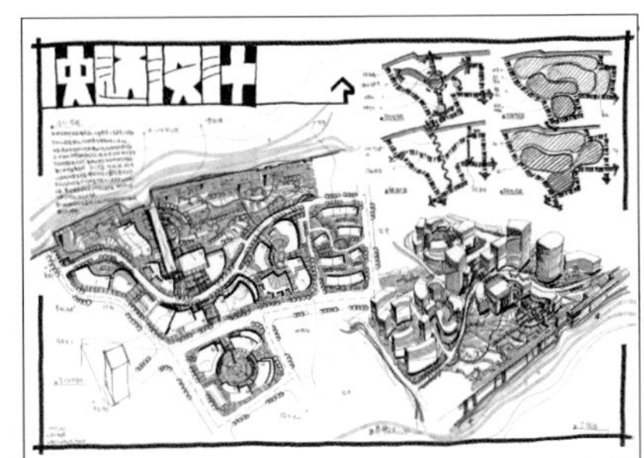

由于地域差异和考核侧重点不同，每个学校都会有自己的考研快题风格和要求，具体风格还需咨询课程老师。

天津大学的规划快题要用钢笔和硫酸纸。硫酸纸属于透明纸，上色比较通透，纸特别滑，不好画，要特别小心。

东南大学快题表现倾向色调偏灰色，上色简洁。

华南理工大学——南方院校的代表，画面倾向颜色鲜艳、纯度高的；常考庭院、古建，最好画些棕榈。

同济大学的快题（复试）对表现的要求倒不高，3小时快题主要是在方案的设计上要有所创新突破，画完为首要任务，在表现上多下功夫其实没必要。规划初试不考快题。

04　平面图求鸟瞰的方法

首先，在已经画好的平面图上用铅笔和直尺绘制出由边长 2 ~ 6cm（不要太大）的正方形组成的网格，网格大小以刚好与基地的四个方向的边缘相切为准，16 格为佳。

其次，将网格放在鸟瞰的地面上，画出网格的透视，即为鸟瞰底盘。要先看鸟瞰底盘的长宽比例是否与总平面基地比例吻合，α≤30°。为了进一步绘制的需要，鸟瞰基地的透视要严谨。

第三，根据平面图上所有的设计内容在平面网格上相应的经纬位置，将设计内容放在鸟瞰网格的相应位置上，这样基本上不用每个内容都去对透视，而保证透视准确。

第四，根据剖面设计的高度，将鸟瞰平面各拐点立起来，各部分的高度比要合适，以最高层建筑为尺度标准，最终画出方案的模型。

最后，按照立面设计要求，完成建筑可见墙面中细部的鸟瞰表现，以及表现出女儿墙的鸟瞰形状。规划鸟瞰则先求出主要建筑体块后，再依次画出路网和行道树、景观等。

1

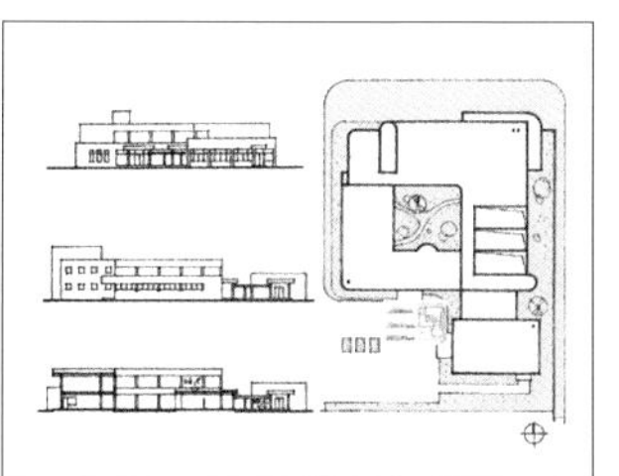

2

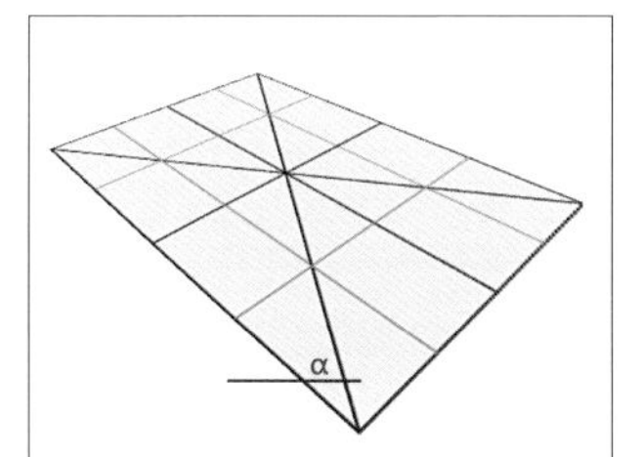

3

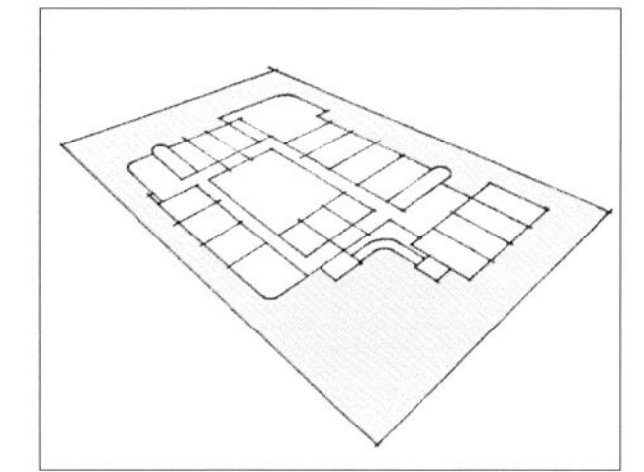

4

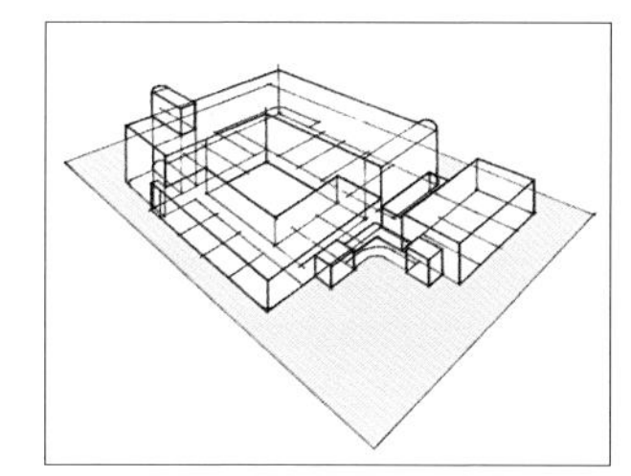

5

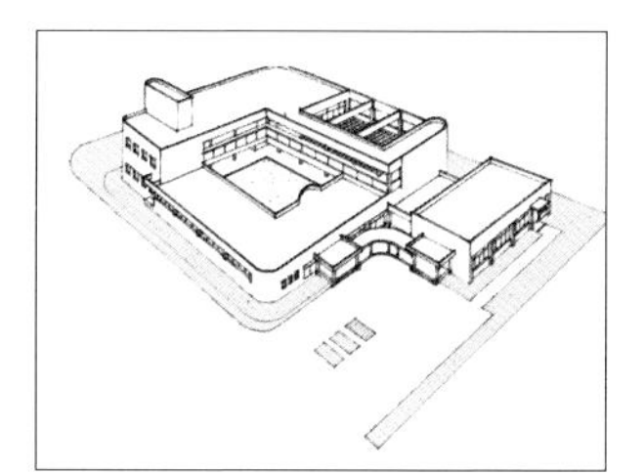

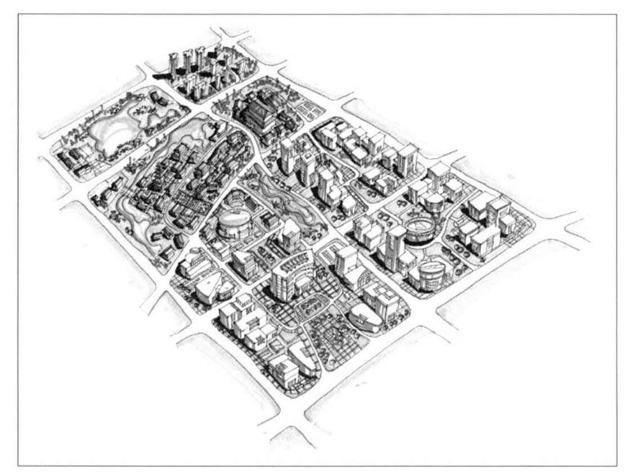

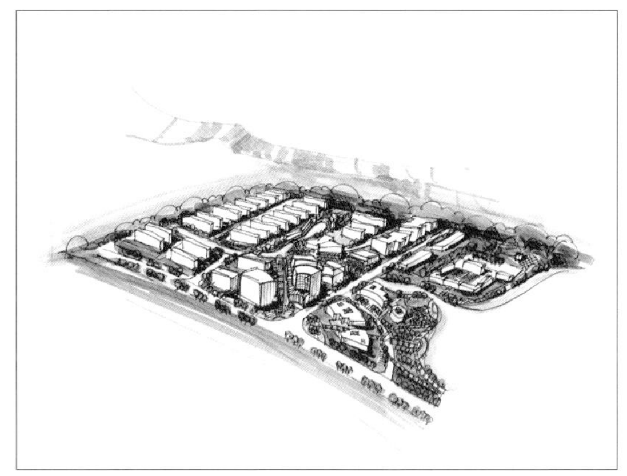

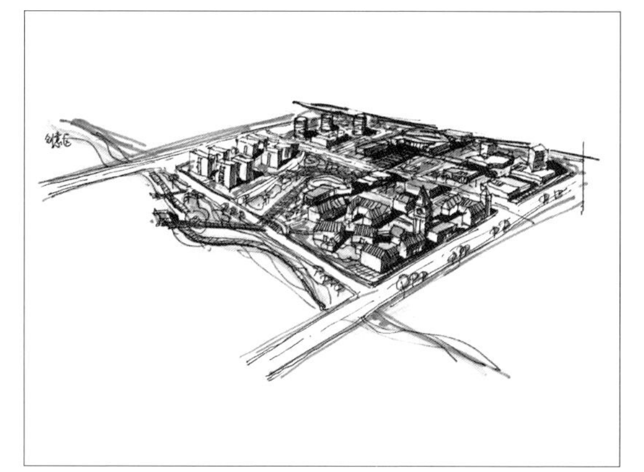

05 上色步骤及推荐配色

快题设计的最大特点就在于设计速度“快”，需要应试者在规定的时间内进行快速审题、快速构思、快速设计和快速表现。快速设计首先要求应试者完成设计，并用专业的方法表达出来；而且还要严格限制时间，要求对设计过程、设计成果进行相当程度的精简和概况，因此必须择其重点，解决主要问题，忽略不太重要的内容。

用色的选择

对于平面图和透视图，一定要选择一套成熟的色彩搭配，例如选择 iMark、Rhinos、法卡勒等马克笔品牌为规划快题挑选的成套专用色，也可以自己尝试着进行搭配。好的色彩搭配应该在色相上属于同一色系或者相接近，个别色彩会比较跳跃用来突出重点。而对于分析图，则可以大胆地使用对比色，以求区别明确，让人一目了然。

通常在快题中，建筑的颜色会用浅色的冷灰略加表现，更多的色彩是留给场地和绿化的。颜色由浅至深依次为建筑、水面、场地、草地、树、阴影。此外，建筑的屋顶是需要留白的，车行道颜色不可过深，淡淡的画一层灰色即可，景观道路或者人行道路可以用稍暖的颜色来表现。阴影建议使用深色的冷灰或者黑色，这样才能够压得住图。一张好的表现图应当是深浅的色阶拉得比较大，对比度较强，素描关系好，而不是糊成一团。

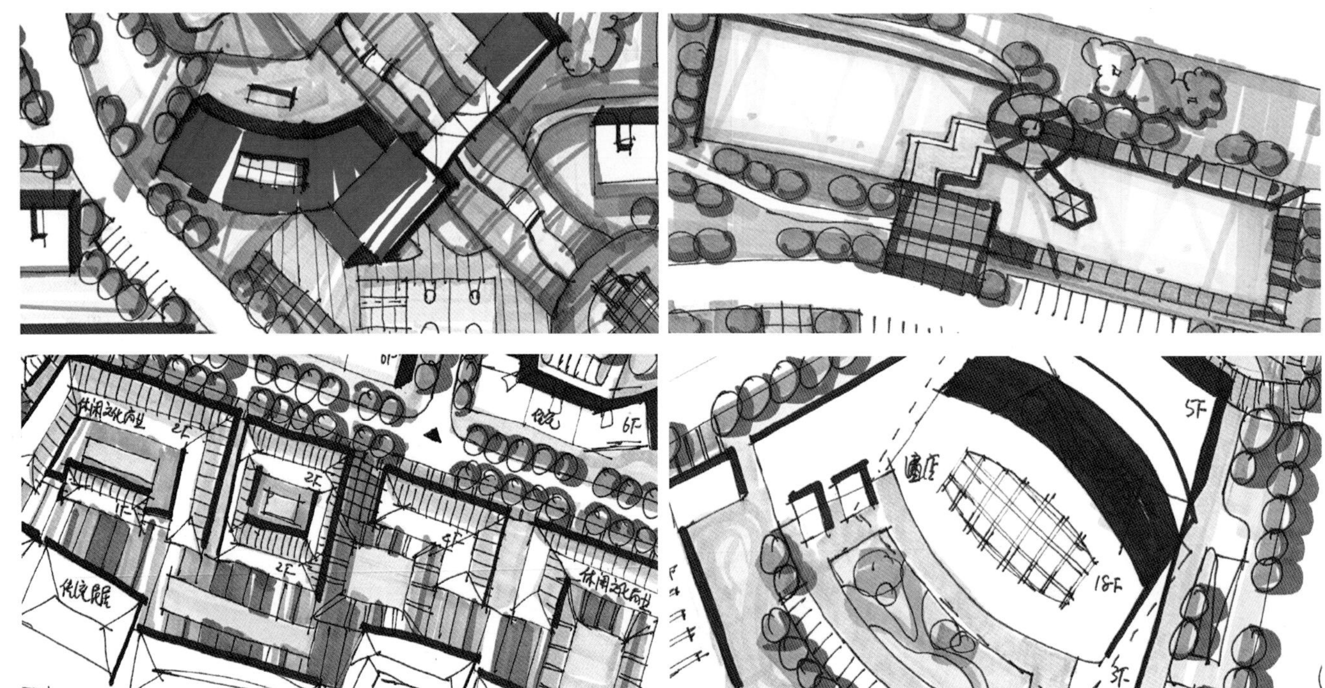

上色的顺序

通常，我们在进行规划快题上色时，应遵循由浅到深、由大面积到小面积的原则，具体的步骤如下：

绿地——水体——玻璃——铺地——植物阴影——建筑阴影。

推荐配色（以德系 iMark 马克笔为例）
绿　　地：GB63、BG3/WG3（灰色系）、GY53（硫酸纸）
水　　体：PB76、PB77
玻　　璃：B31
铺　　地：Y27、Y28、YR102、YR106
植物阴影：G46
建筑阴影：CG7、1

推荐配色（以美系 Rhinos 马克笔为例）
绿　　地：RH505、RH23（灰色系）、RH404（硫酸纸）
水　　体：RH603、RH607
玻　　璃：RH603
铺　　地：RH901、RH905、RH906、RH908
植物阴影：RH406
建筑阴影：RH29、RH111

上色的方法

平涂是最保险的办法，但是要注意远近的深浅变化关系，不能平板一张。在局部尤其是重要建筑、重要场地、草地、水面等处的表现上，笔触应当有变化，使画面活跃、重点突出。

城市规划常用配色

iMark 马克笔

WG1	WG3	CG1	CG3	CG5	CG7
BG3	BG5	GG3	GG5	YG3	R11
R12	R13	R19	Y23	Y25	Y28
GB67	G42	G44	G48	GB62	GB63
B31	B34	B37	PB76	PB77	PR81
YR102	YR103	YR106	YR109	0	1

Rhinos 马克笔

RH11	RH13	RH15	RH17	RH21	RH23
RH25	RH27	RH29	RH31	RH33	RH35
RH37	RH102	RH104	RH201	RH202	RH206
RH302	RH404	RH406	RH501	RH505	RH601
RH603	RH605	RH607	RH608	RH701	RH802
RH901	RH904	RH905	RH906	RH908	RH111

三 规划快题考试层面

◆ 01 总体用地布局规划
◆ 02 控制性详细规划
◆ 03 修建性详细规划
◆ 04 城市设计
◆ 05 竖向设计

01　总体用地布局规划

快题题目不会选择超出考生平均能力、生僻的规划类型，而是会选择一些难度适中，在工作和学习中较为常见的类型。

城市总体用地布局规划，是近年来快题考试中出现的新题型，主要考察的院校有南京大学、浙江大学，以及各大设计院入职考试。通常的考察形式是做一个区域的总体布局规划，以及区域的主要道路交通规划，再从中选出一个地块做详细设计。

此类考试题型对时间、速度和专业素养的要求较高，学生在考前需要提前准备好城市用地分类、各用地布局特点与要求，还要掌握好各用地类型在布局图中的表现色彩，以便在考试时能迅速准确地作出判断和解答。

考生在做总体用地布局规划时，应重点关注基地周边现有条件，如水系河流的流向，是否有铁路或高速公路过境，是否有客运、货运站，是否有山体等特殊地形，基地与外部联系的主要道路走向，以及基地的风玫瑰等，这些通常是影响布局规划的主要因素和限制条件。

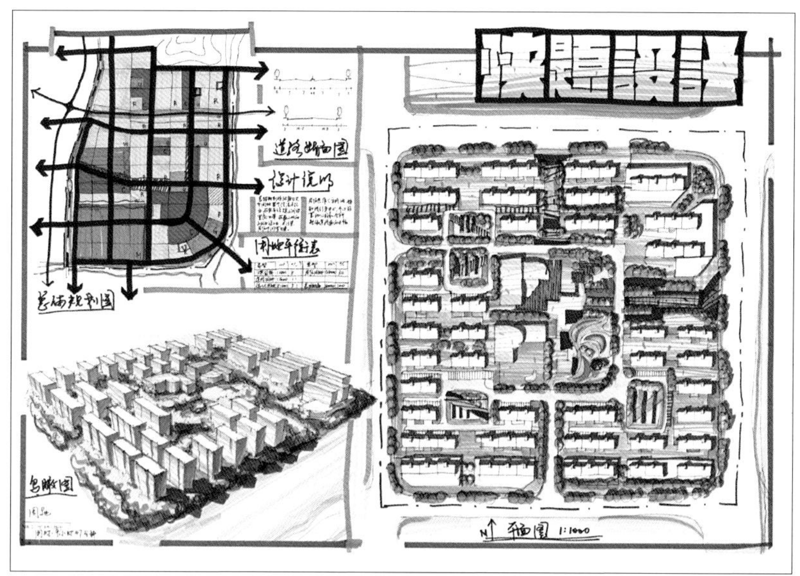

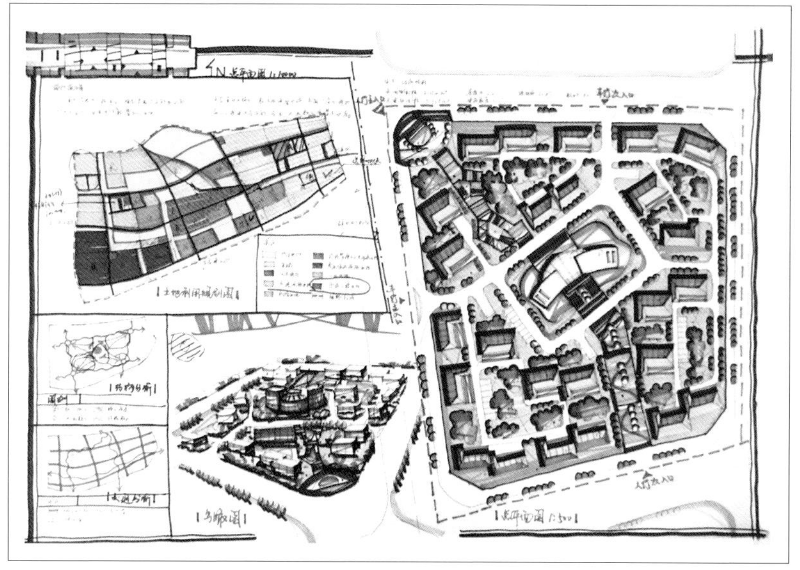

02 控制性详细规划

控制性详细规划（regulatory plan）作为城市规划的一个重要阶段，近年来也开始出现在快题考试当中，如浙江大学的研究生考试、设计院入职考试等，是作为衡量规划师基本素养的一个重要方面。控规是指标体系性的，用指标和色块指引和控制某地块的建设情况，属指引性的详细规划，具有弹性，具有法定图则的性质。

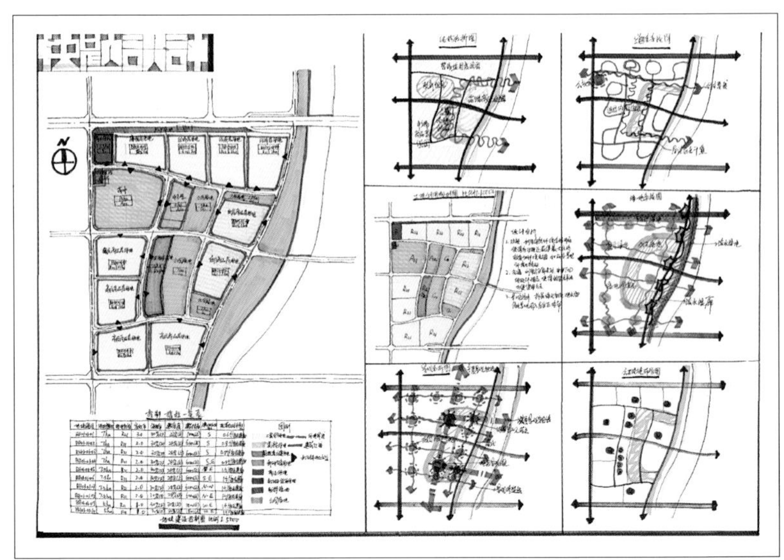

控制性详细规划是以城市总体规划或分区规划为依据，确定建设地区的土地使用性质、使用强度等控制指标，道路和工程管线控制性位置，以及空间环境控制的规划。

在控制性详细规划快题设计时，考生应提前掌握控规的强制性指标和引导性指标，各用地类型表现色彩，并且能够准确绘制控规指标一览表。

控制性详细规划应当包括下列基本内容：

（1）土地使用性质及其兼容性等用地功能控制要求；

（2）容积率、建筑高度、建筑密度、绿地率等用地指标；

（3）基础设施、公共服务设施、公共安全设施的用地规模、范围及具体控制要求，地下管线控制要求；

（4）基础设施用地的控制界线（黄线）、各类绿地范围的控制线（绿线）、历史文化街区和历史建筑的保护范围界线（紫线）、地表水体保护和控制的地域界线（蓝线）等“四线”及控制要求。

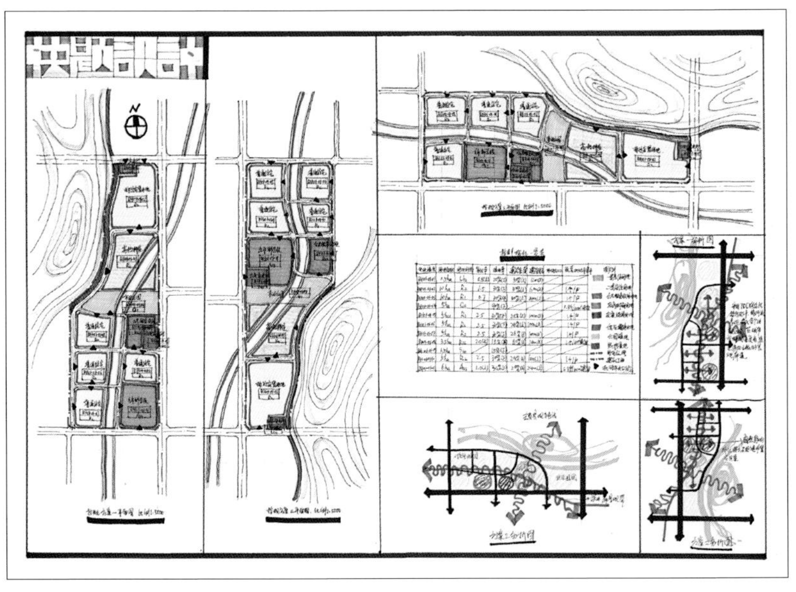

03　修建性详细规划

A 住区

城市的住区规划是详细规划中最常见也是最基本的一种规划类型，主要包括居住小区规划和商住混合区规划两种。

在进行住区规划快题设计时，应重点掌握住区设计规范、居住建筑平面、住区道路交通布局、住区公共空间与轴线组织。住区规划设计时要坚持“以人为本”的原则，营造分区合理、交通便捷、景观宜人、空间递进、层次丰富的人居生活环境。

住区规划主要包括以下内容：

（1）根据居住区规划设计任务书的要求，确定规划用地位置及范围；

（2）确定人口和用地规模；

（3）按照确定的居住水平标准，选择住宅类型、层数、组合体户比及长度；

（4）确定公共建筑项目、规模、数量、用地面积和位置；

（5）确定各级道路系统、走向和宽度；

（6）对绿地、室外活动场地等进行统一布置；

（7）拟定各项经济指标；

（8）拟定详细的工程规划方案，居住区规划应符合使用要求、卫生要求、安全要求、经济要求、施工要求和美观要求等。

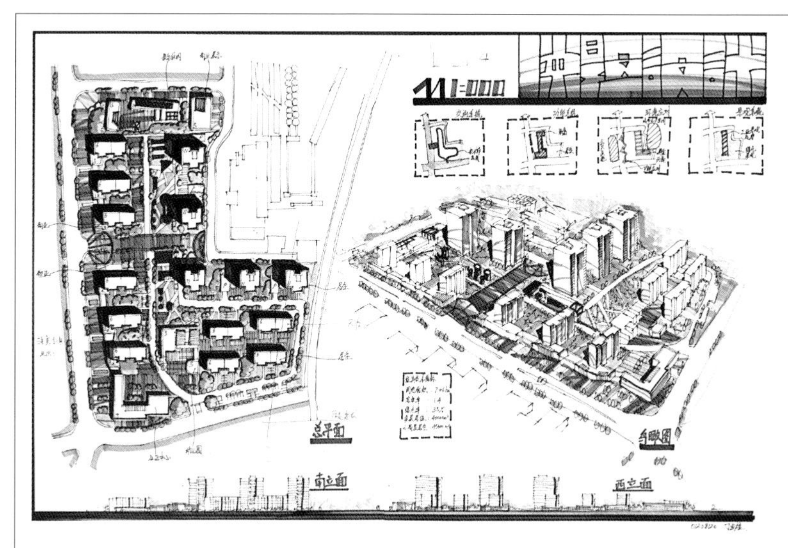

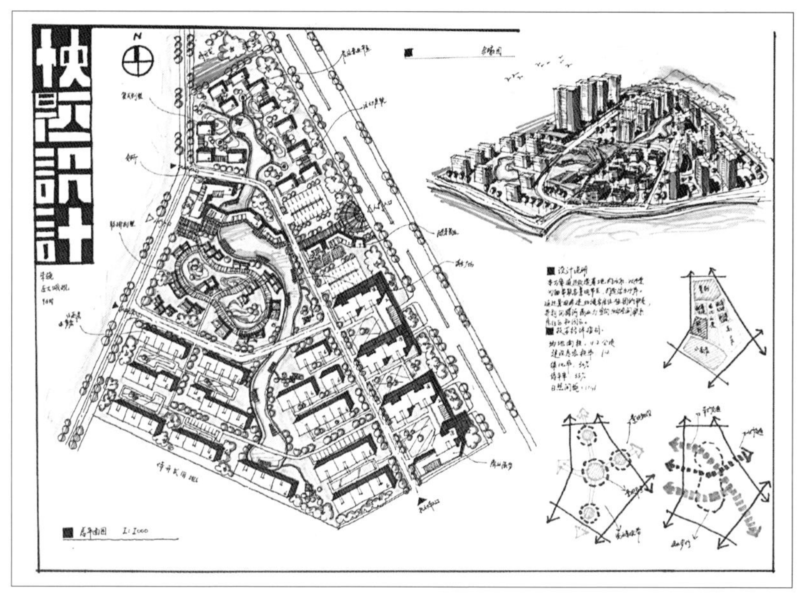

B 城市公共中心

城市公共中心是城市中供市民集中进行公共活动的地方，可以是一个广场、一条街道或一片地区，又称为城市公共中心。城市中心往往集中体现城市的特性和风格面貌。

城市公共中心规划是详细规划设计考试的重点，主要包括城市商业中心规划、城市行政中心规划、城市文化中心规划、城市体育中心、城市博览中心、城市商务中心规划、城市综合性公共中心规划等考试类型。

考生在设计城市公共中心规划时，应综合考虑各功能分区之间的区别与联系，并找到中心与人流的主要流线，考虑基地周边用地性质与基地内部功能、交通的联系，以及轴线的组织。

不同规模、性质的城市，对公共活动中心有不同的需求。按照城市规模，小城市一般有一个综合性公共活动中心，　可以满足各方面的要求。大、中城市，除全市中心外，还会有副中心、地区中心等，它们之间既相对独立，又相互联系，形成公共活动中心体系。

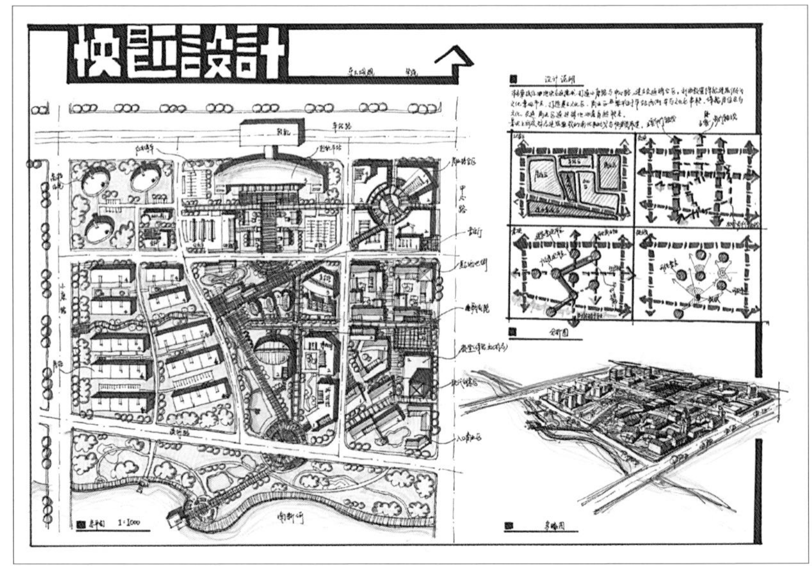

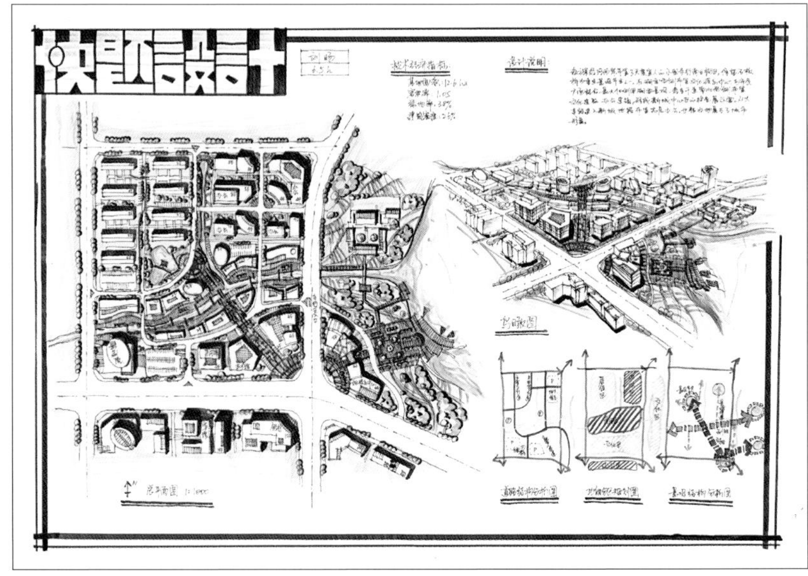

C 园区

在快题考试中，园区设计主要可分为校园、高新科技园和厂区几种类型。

在进行园区设计时，考生应提前准备好各种类型建筑形体、场地尺寸和空间组织形式，注意功能分区与轴线联系，综合考虑整个园区的流线和完整性。

在校园整体设计中还应注意：

（1）建筑单体之间应相互协调、相互对话和有机关联，以形成沿街立面和外部空间的整体连续性；

（2）从校园整体风格出发，建筑物或景观应该具有有机秩序，并成为整体系统中的一个单元；

（3）外部空间和建筑空间的设计是不可分的，规划建筑景观设计应成为校园建设发展中的一项重要工作。

高新科技园区则不同于市区，是一个自然、生态、充满浪漫色彩的，集工作、休闲、居住于一体的多功能场所。

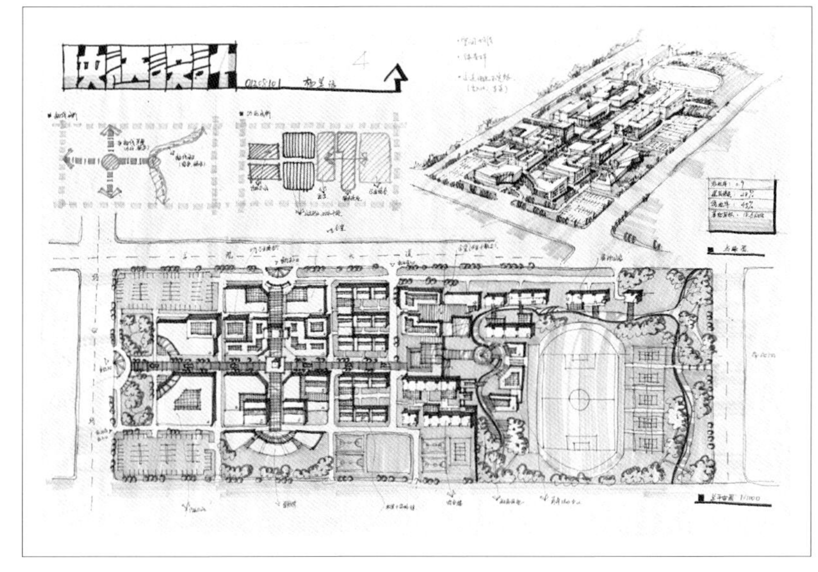

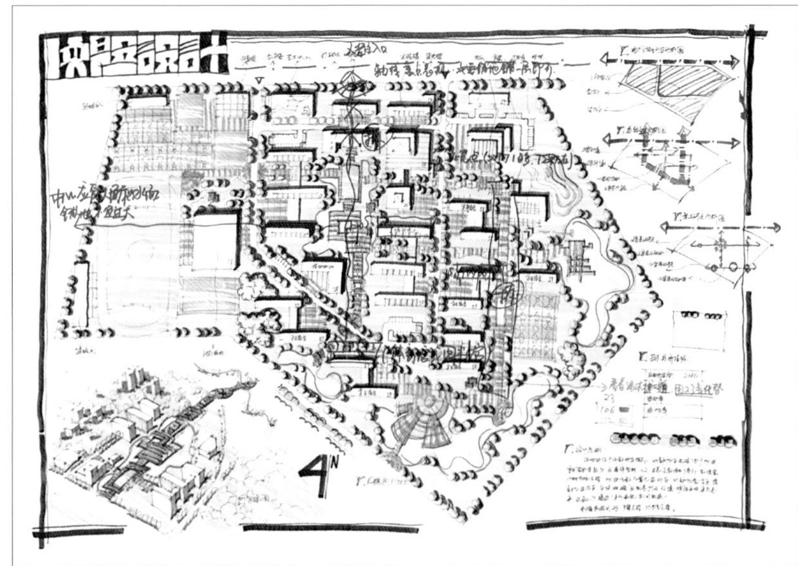

风景旅游规划是指为了保护、开发、利用和经营管理旅游区，使其发挥多种功能和作用而进行的各项旅游要素的统筹部署和具体安排。

城市风景区规划也是近年来考试的热门类型。主要考察形式有风景区和风景区入口地块设计。

考生在进行景区规划设计时，重点应考虑景区特有的地域条件、景区人的活动特点，重点营造景区招牌、特点，以及符合当地民俗文化特色的地域性设计。

旅游区规划的主要内容包括：

（1）确定旅游区的性质和主题形象；

（2）划定旅游区的范围和外围保护带；

（3）划分景区和其他功能区；

（4）确定保护旅游区内资源环境的措施；

（5）确定旅游容量和旅游活动的管理措施；

（6）统筹安排公用、服务和其他设施；

（7）估算投资和效益；

（8）其他需要规划的事项。

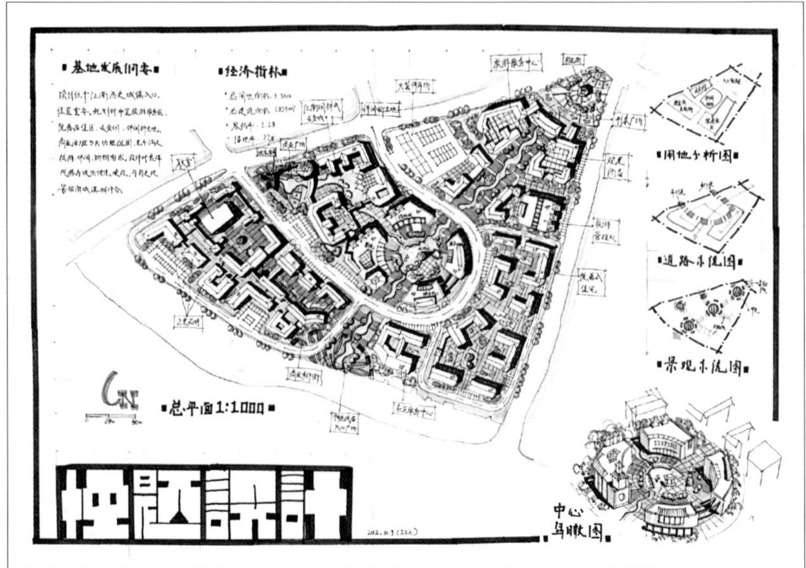

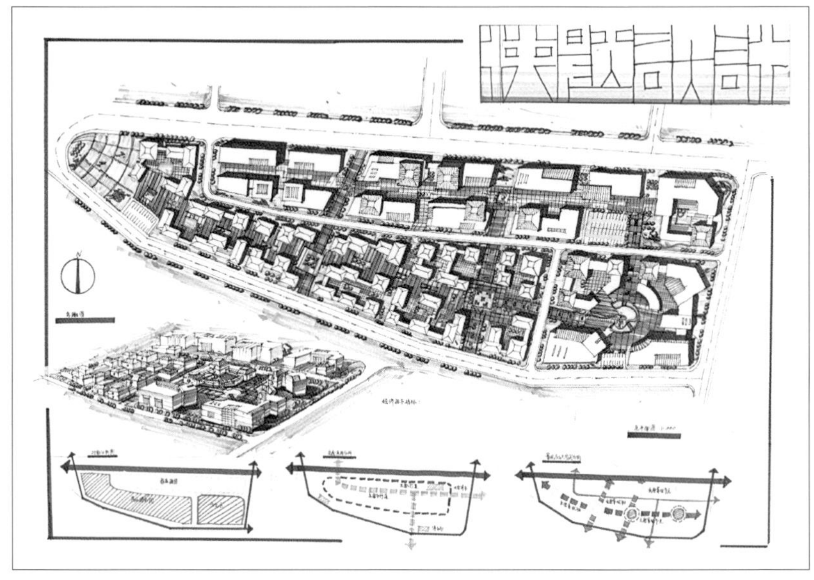

E 城市更新、旧城改造

城市更新是一种将城市中已经不适应现代化城市社会生活的地区做必要的、有计划的改建活动。1858 年 8 月，在荷兰召开的第一次城市更新研讨会上，对城市更新作了有关的说明：生活在城市中的人，对于自己所居住的建筑物、周围的环境或出行、购物、娱乐及其他生活活动有各种不同的期望和不满；对于自己所居住的房屋的修理改造，对于街道、公园、绿地和不良住宅区等环境的改善要求及早施行，对形成舒适的生活环境和美丽的市容抱有很大的希望，包括所有这些内容的城市建设活动，都是城市更新。

城市更新与改造也是近年来考试的热门题型，此类题型不仅要求考生具有基本的专业素养，还对学生的综合能力提出了更高的要求。

在进行城市更新、旧城改造时，重点应考虑基地原有特点、建筑布局和交通走向，在最大可能利用现状的基础上，对其进行改造和更新，常见的有功能更新、建筑更新和复合功能等类型，以期满足现有社会的发展和城市总体的规划趋势。

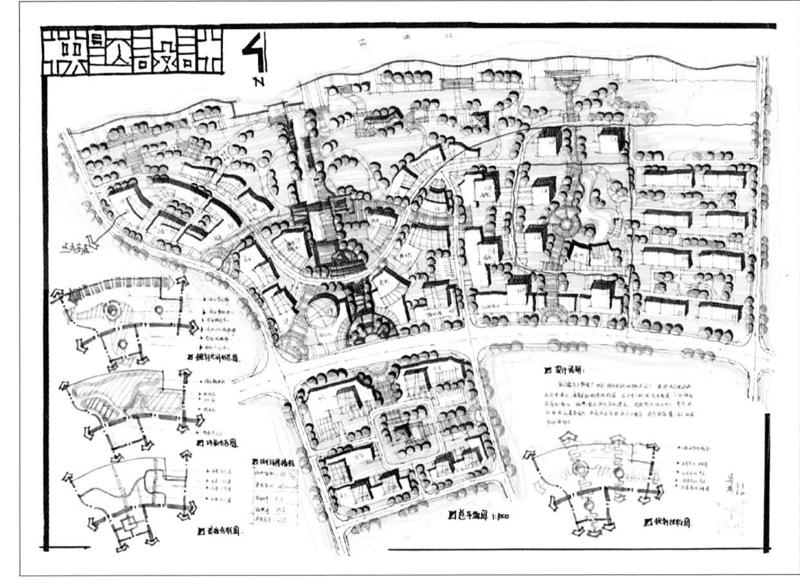

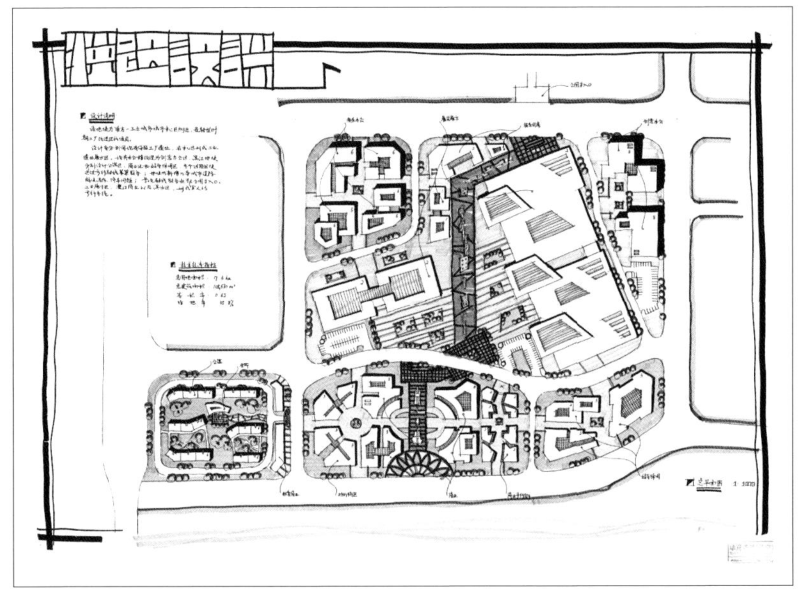

04 城市设计

城市设计（又称都市设计，英文 Urban Design）的具体定义在建筑界通常是指以城市作为研究对象的设计工作，介于城市规划、景观建筑与建筑设计之间的一种设计。城市设计作为快题考试的一种类型，对考生的综合能力提出了更高的要求。

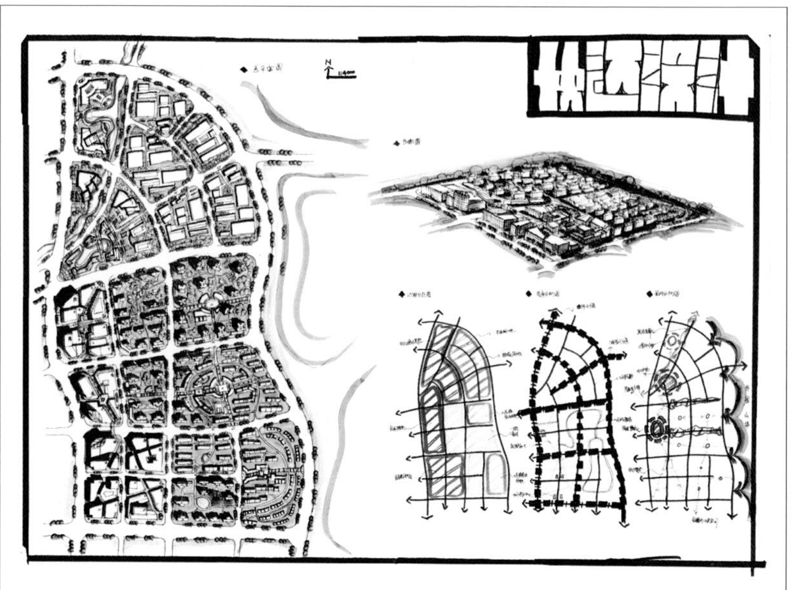

首先地块的面积较大，功能复合，增加了工作量。其次，城市设计在快题中的设计深度和表现手法也都与详细规划有一定的区别，重点在于表现城市肌理和城市形态，突出城市主、副中心，营造整体的城市空间感受。

城市设计指引主要包括：

（1）特定的主要城市设计课题的指引，如市区边缘地区和乡郊地区的结集程度和密度；

（2）功能多元化；

（3）设计；

（4）建筑物的高度和外形；

（5）车流和人流；

（6）园景设施和休憩用地的供应；

（7）公共空间；

（8）街景；

（9）文化遗产；

（10）观景廊；

（11）实施。

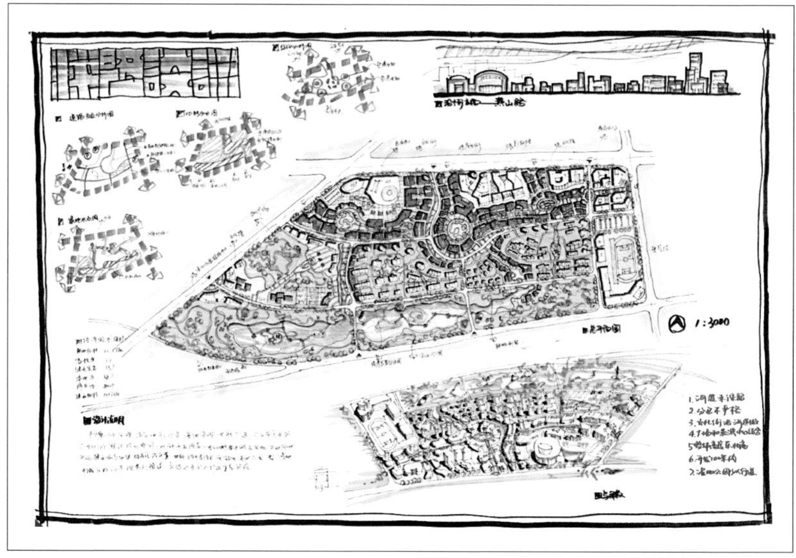

05 竖向设计

建设场地不可能全都处在设想的地势地段。建设用地的自然地形往往不能满足构筑物对场地布置的要求，在场地设计过程中必须进行场地的竖向设计，将场地地形进行竖直方向的调整，充分利用和合理改造自然地形，合理选择设计标高，使之满足建设项目的使用功能要求，成为适宜建设的建筑场地。

竖向设计，亦称竖向规划，是规划场地设计中一个重要的有机组成部分，它与规划设计、总平面布置密不可分。当地域范围大、在地形起伏较大的场地，功能分区、路网及其设施位置的总体布局安排上，除须满足规划设计要求的平面布局关系外，还受到竖向高程关系的影响。规划快题中考察到学生的竖向设计的类型较少，主要表现为街景立面和城市道路断面。

城市街景立面在设计时应注意营造城市天际线，做好高低起伏、虚实对比、体块大小穿插，整体做到循序渐进。

城市道路断面需要考试时熟记四种基本道路断面形式（见本书第四部分），以及它们适用的道路等级，保证考试时做到得心应手。

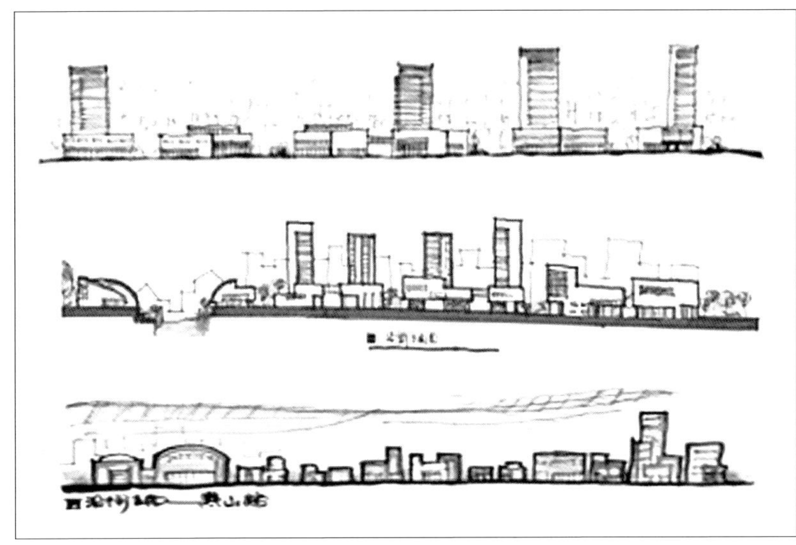

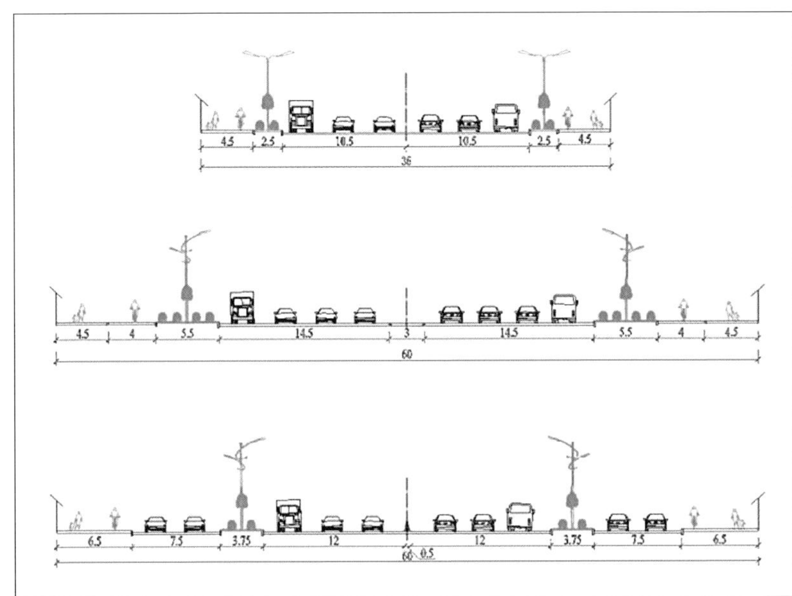

四

规划必备设计理论

◆ 01 规划快题内容与布局
◆ 02 规划快题任务书分析
◆ 03 规划快题常用建筑知识
◆ 04 规划快题必备场地设计
◆ 05 规划快题设计规范

01 规划快题内容与布局

规划快题的内容一般有固定的形式，总结下来通常包括以下几个部分：总平面图、分析图、效果图、标题、设计说明和技术经济指标六种。

总平面图

总平面图是规划快题的关键，也是最重要的内容，它直观地展现了作者的设计思路和设计意图，也是整张规划快题的主要考点。

总平面设计时，有很多细小的得分点，这些是考生不应当失分的地方，总结起来主要有：图示、比例、指北针、机动车出入口、建筑形制、建筑层数、地下车库等，这些也是最后查缺补漏时应当重点注意的地方。

方案成形之后，只有铅笔底稿和骨架而缺乏内容，这时应当花一点时间进一步深化，增加设计深度。快题中能够表达的细部主要是建筑形体的小变化、场地的细化、驳岸的设计、植被的设计等。

（1）线条的风格

快题的线条美表现在帅气洒脱，线条交接可以大胆出头，这样也能提高画图速度。

（2）建筑要细化

如果时间紧张，建筑可以以体块表示；如果时间较为充裕，建筑应当细化处理，表现出自己的建筑形体处理能力，加强效果。

首先，建筑形体的变化。建筑的轮廓通常会有凹凸进退，而且屋顶应当有处理，不宜一抹平。

其次，商业建筑、文化建筑、幼儿园建筑应当反映特殊的功能要求，可以增加一些玻璃天窗、连廊的设计，丰富图面。

（3）场地的细化

场地的细化要注意尺度、与环境的空间要素，打格子是很实用的方法，可以通过格子的大小来表现尺度和互相区分。

（4）材质的表达

常见的材质包括水面、草地、木栈道、石铺地等，应当通过材质的表达丰富空间环境。水面可以通过岸线双线、增加水波等手法来表现；草地主要依靠马克笔的颜色和平涂笔触来表现；木栈道则通过画水平线来表示木板的肌理。

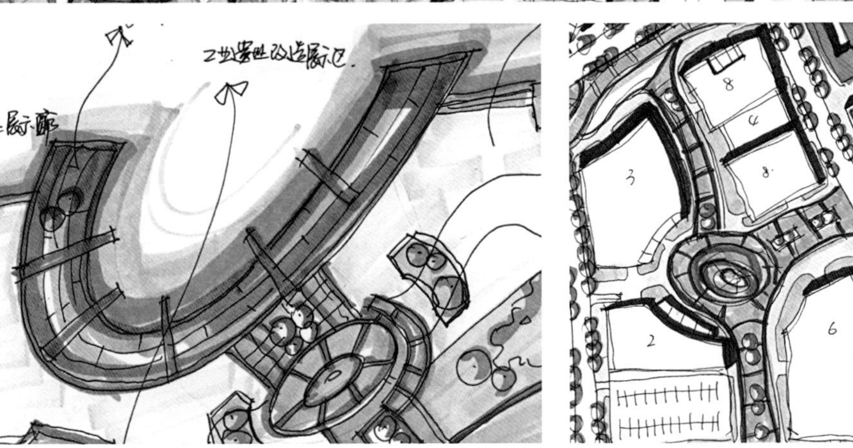

（5）植被的表达

不同作用的树应当加以区分，行道树可以整齐地画成单株的样式，大小和画法都一样；绿地中的树林可以用成组成团的表现方式；重要区域可以选择种植景观树，这种树木一般冠径会比较大，刻画得也较为详细，此外绿地中的树完全可以多画一些，强化出生态的人居环境。

（6）阴影的表达

阴影是加强总平面立体感的重要手段。建筑、树木都需要画阴影，水面也应当画出内阴影来表现岸边的高度。建筑的阴影能够反映建筑的高度，多层建筑与高层建筑的阴影要区分开，上部的住宅和办公要与底层的商业建筑区分开，建筑与亭子等构筑物的阴影大小要区分开。

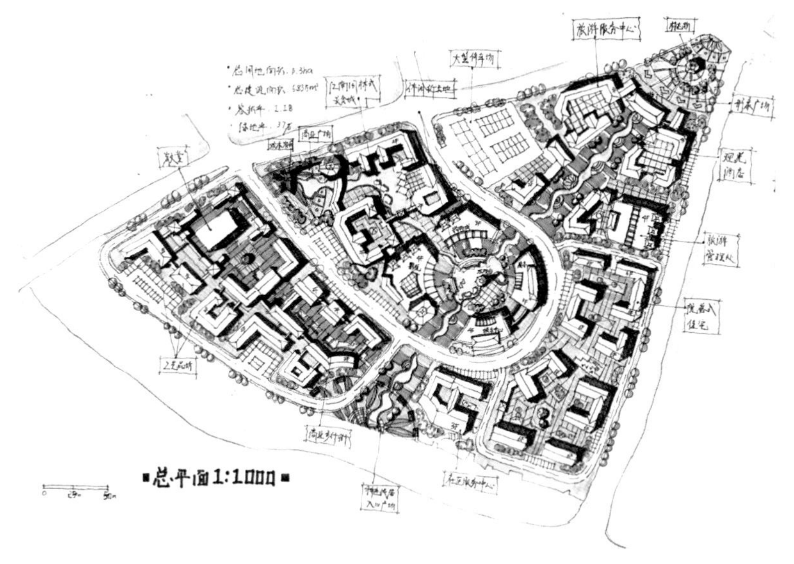

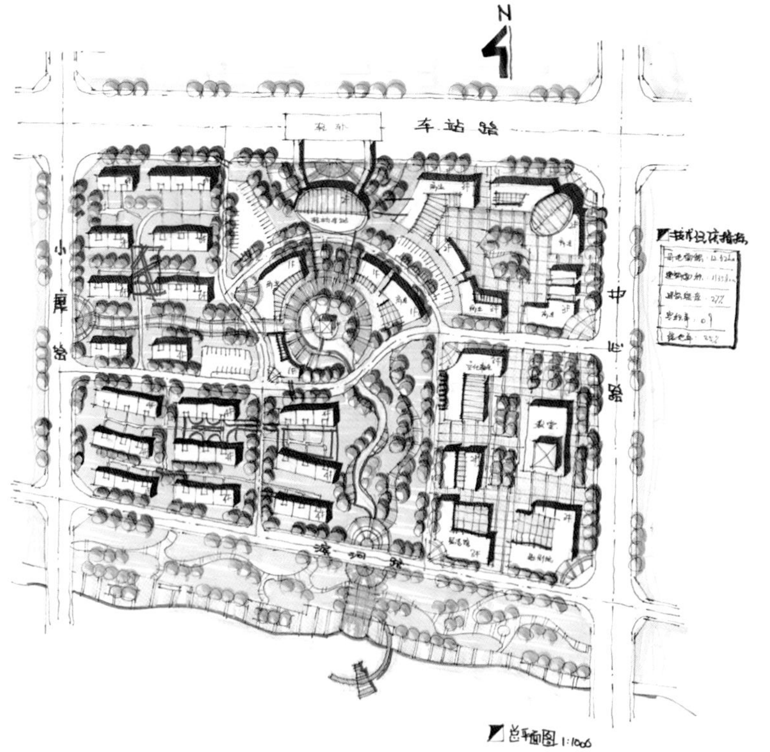

分析图

在考题中有时不会限定分析图的类型，这时考生可以选择空间结构分析图、交通组织分析图、绿化系统分析图等常规类型。如果有独特的想法，可以针对想法做一张分析图。在排版时要整齐统一，也可以加一些立体的阴影简单修饰；要画出简单的地形表明位置；图例选择要对比鲜明，表达清晰。

分析图要具备几个基本要素，即用地地形、周边道路、图例等。有的考生只画出分析的内容，没有地形的表示，缺乏分析内容与用地的对应关系。图例选择上要求有表现力，每种图例的差别比较大，表达要清楚。功能分区的字可以写在图上，而道路交通、景观规划应当另外做出图例。

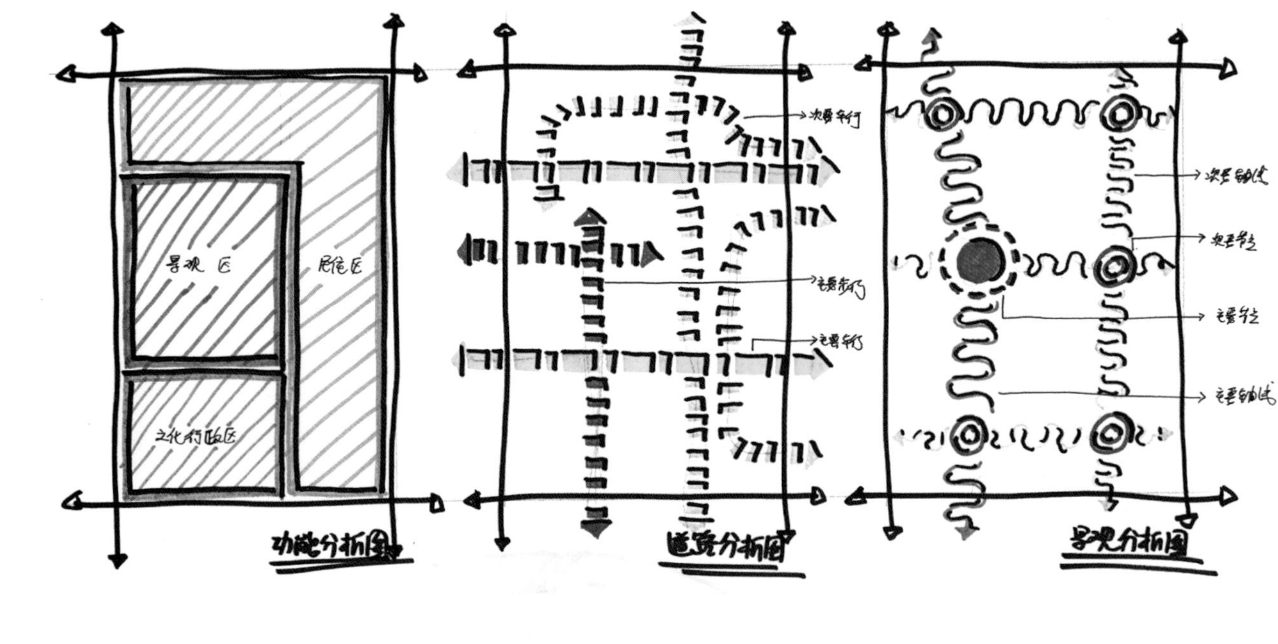

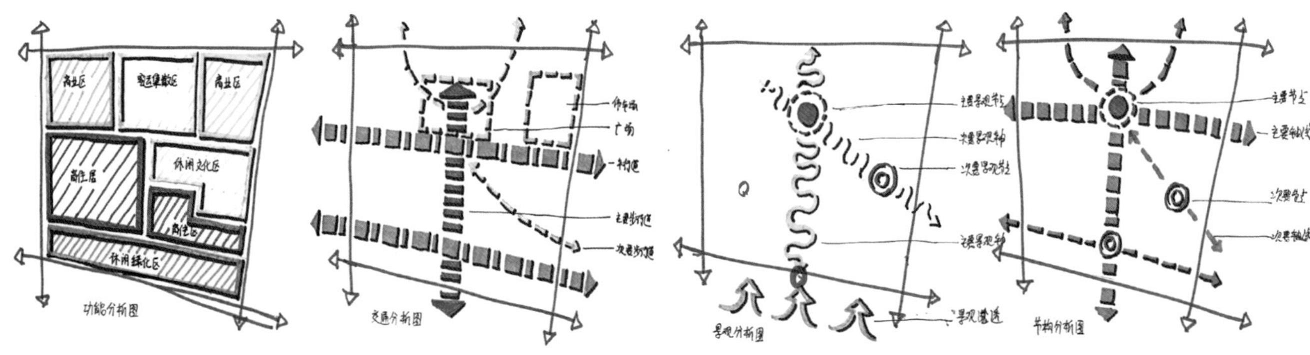

鸟瞰图

城市规划快题中的透视图主要是指城市鸟瞰图，绘制鸟瞰图时要注意以下几点：

（1）角度的选择

鸟瞰图能够清晰地表达出规划用地的空间关系。出于这个目的，一定要选择较高的视高，这样前后建筑之间才会重叠的较少，核心广场和主要绿地才能清晰地展现出来。鸟瞰角度通常会选择从南侧看过来，这样展现的是建筑的向阳面，场地和绿地上阳光灿烂，能体现出用地内充满生机、充满活力的城市生活气氛；尤其对于居住小区而言，南立面往往是住宅最美观的一面。如果用地周边有特殊的条件要求，比如有河流、城市绿地等良好的景观要素，在方案中往往会与这些要素相融合考虑，这时可以选择从这些外部要素的方向看小区，这样能够比较清楚地反映出内外连续的绿地、景观视廊等，而这些也往往是方案设计的精华之所在。当然，表现图重在空间效果，如果是从北侧看过去空间效果好也可以选择，在色彩表现阶段依然要表现成阳光灿烂的景象，评委老师是可以理解的。

如果表现能力欠佳，就把视点选低一点，这样后面的建筑和场地会被较多地遮挡起来，也是一种保险的方法。

（2）透视类型的选择

常见的透视类型有一点透视、两点透视、三点透视及轴侧透视。城市规划快题考试中宜选择两点透视。两点透视中，用地长边一侧的消失点应当远一些，这样可以将长侧展现得清晰一些。

（3）求形体

在选择了透视角度后，首先将用地的边界、道路、主要控制线、主要场地根据消失点迅速求出来，然后将建筑抽象为长方体等基本几何形体，按照建筑轮廓、建筑高度求出来，然后，在此基础上进行形体的细致刻画以及场地的表现。

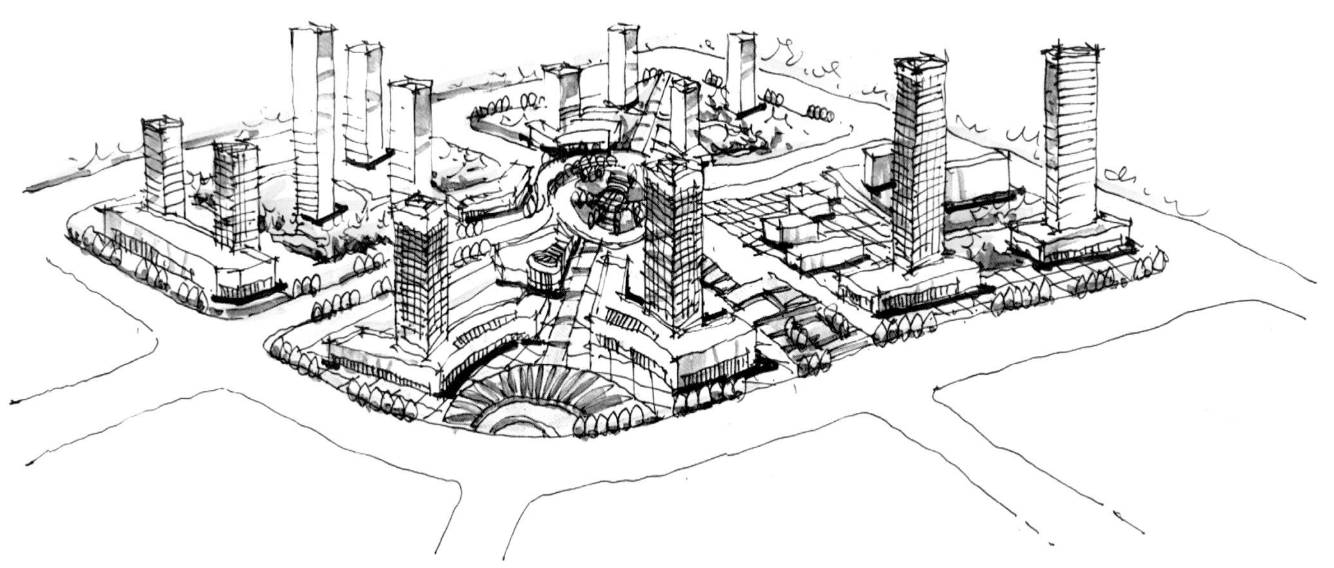

（4）形体深化

与平面图的细化一样，透视图再深入要有重点，不要平均施力，只要对近景的建筑、主入口、核心场地周边的建筑进行进一步刻画即可，这样不会浪费时间，而且还会有较为强烈的透视效果。对于公共建筑，应做出形体高低错落的变化，大实大虚的对比，使建筑性格与住宅明显区分开。对于住宅，按照平面图作出住宅的凹凸变化以及屋顶的楼梯间等，画出分层线，增加尺度感；屋顶可以画双线；对于山墙面可以增加窗户、装饰性构架等。远景的建筑可以只有基本形体，连分层线都不需要。

（5）场地深化

像平面图一样，在广场、步行道等场地上打上格子，同样也要注意格子的大小和尺度问题。

（6）环境深化

鸟瞰图的环境主要是树和水。和平面图一样，对不同作用的树应当加以区分，分别采用单株和树丛的表现方法。同样，树可以画得多一些。此外，对于树的高度，行道树可以高一点，用地内的树可以稍微矮一些；次要空间的树小一点，核心空间的树大一些。树以能遮住建筑的部分根部为好，这样建筑会显得好看一些，建筑与环境的关系也更加融合，而且也可以减少对建筑的刻画工作，否则建筑与环境过于脱节，图面显得生硬。最后，鸟瞰图不必过于严谨对应平面图。

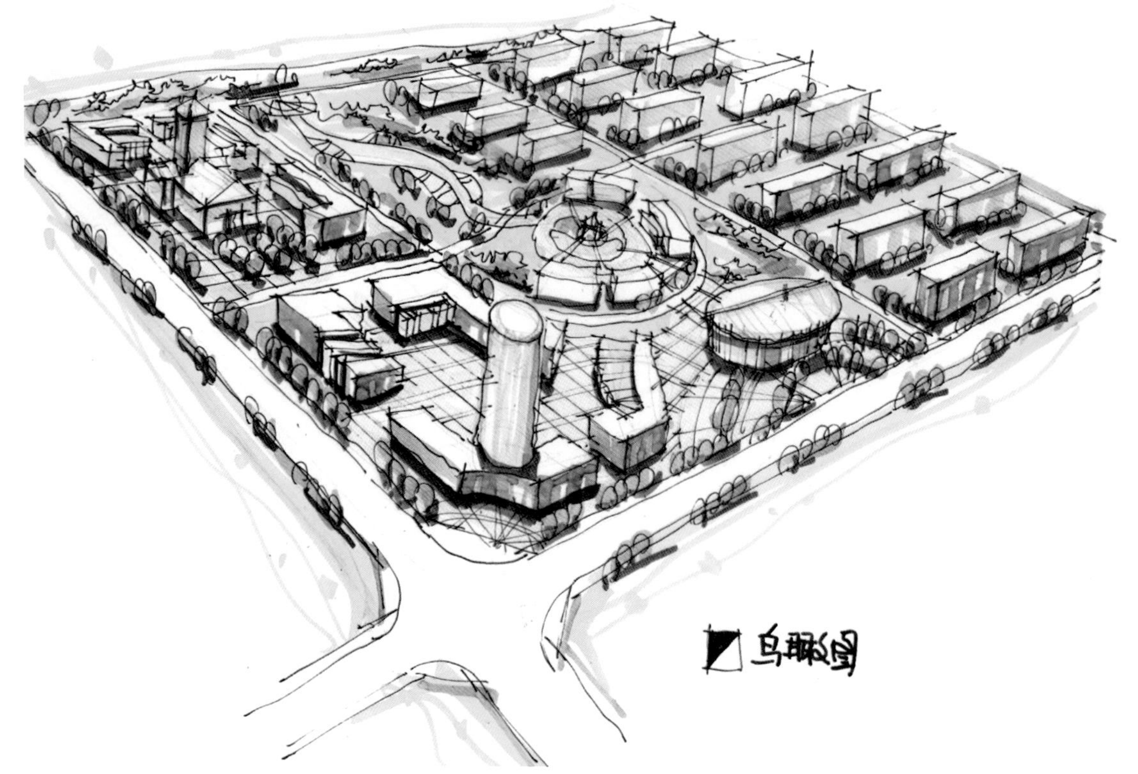

标题

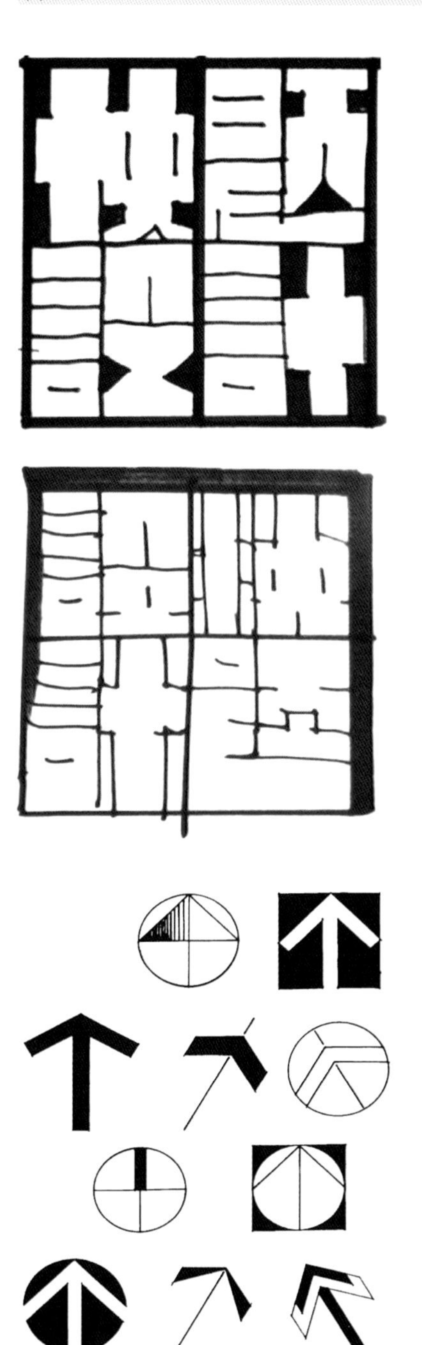

规划快题的标题字，主要包括两部分：一是快题设计4个字，考生可提前准备并熟记一种字体；二是各种图示，如总平面图、分析图、鸟瞰图、设计说明、技术经济指标等，这一类标题属于同一等级，故字体、字号的表达方式需要统一。

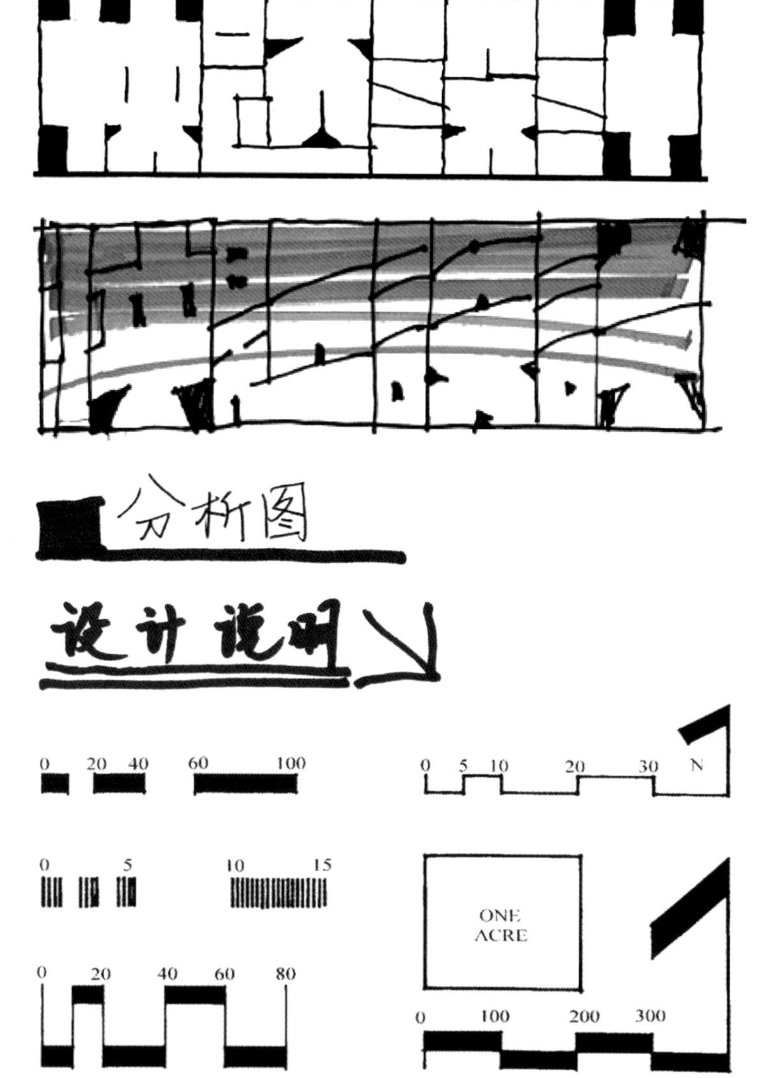

设计说明

考试前可以预先准备一个套路，内容分成6条：
第1条　简述基地现状和周边环境；
第2条　整体设计思路和目标；
第3条　用地的功能布局；
第4条　用地的道路交通组织；
第5条　用地的绿化景观组织；
第6条　总结。

一般分为两个段落，其中第一、二两条成一段落，四至六条成一段落，形成两段式的设计说明结构。

设计说明在编写时要追求清晰的文字结构、简洁的语言，让评委看出自己思维的逻辑性。同时注意语言的简洁扼要。

关于指标，一般来说，在绘图前就应当根据要求计算，并按面积布置平面，最终的结果才不会与任务书要求出入太大；同时可根据自己的经验在合适的范围内适当估算指标。

技术经济指标

规划快题中常见的技术经济指标及其单位主要有6个：
总用地面积　hm^2
总建筑面积　m^2
建筑密度　%
容积率　－
绿地率　%
停车位　个

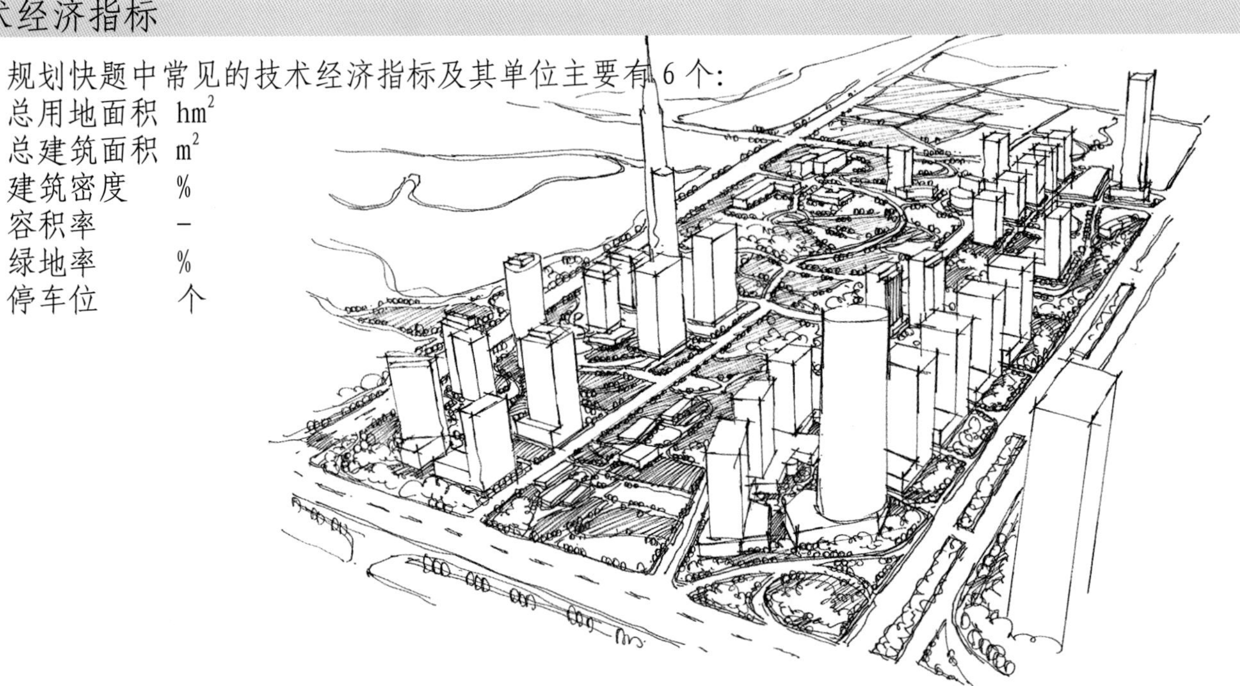

从分解步骤到整体连贯

设计与表现的过程大致可以分为9个步骤，也可以根据个人的实际情况分得更细。

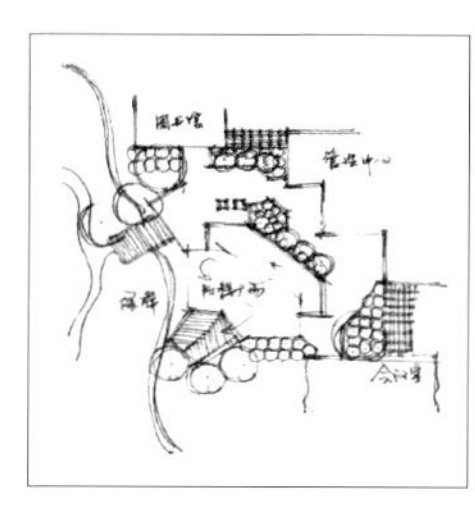

(1)构思

收集快题题目或者课程作业，在草图纸上多练习勾勒框架。

一方面不必做得太深入，只需要有目的地练习构思能力，以节约时间；另一方面不能随便画几个圈、画几条线有了图形感就了事，必须明确空间结构、交通结构，能够基本解决各方面的问题，同时具有深入设计的可能性，这样的练习才会有成效。练习时争取在15～20分钟内就能快速构思出一种有效的总体框架。

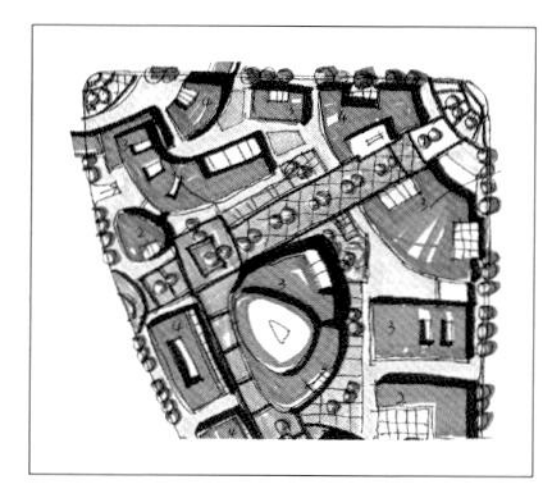

(2)建筑形体

在修建性详细规划和城市设计中常见的建筑类型有住宅、商业建筑、办公建筑、文化建筑、教育建筑、交通建筑等。建筑平面无需表达，仅需表达平面、立面、鸟瞰图即可。

在练习时按两个步骤进行：

第一步　首先选取一些现成的、适应性强的平面反复练熟，以此作为基本单元；

第二步　练习在具体空间处理时如何加以变通，使之符合整体空间构建的需要，例如围合入口空间、围合圆形广场、顺应地形等高线、顺应河流走向等。

(3)中心景观

中心景观是空间的焦点，可以分别练习以自然要素为主的自然景观和以人工要素为主的特色景观。

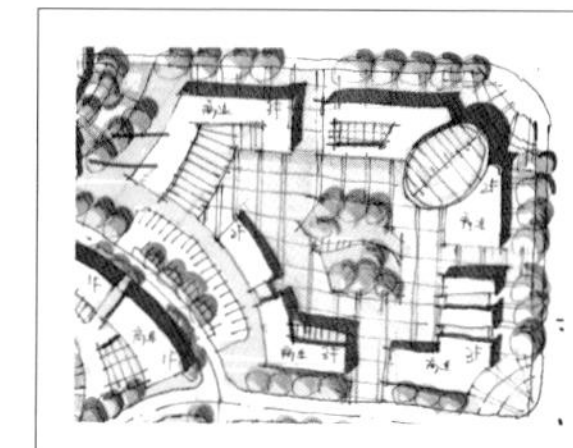

(4)场地

场地的划分是体现设计水平的重要因素。多多练习适用于各种规划类型的场地做法。

（5）文字

主要练习常见图名、常用指标、常用设计说明等。

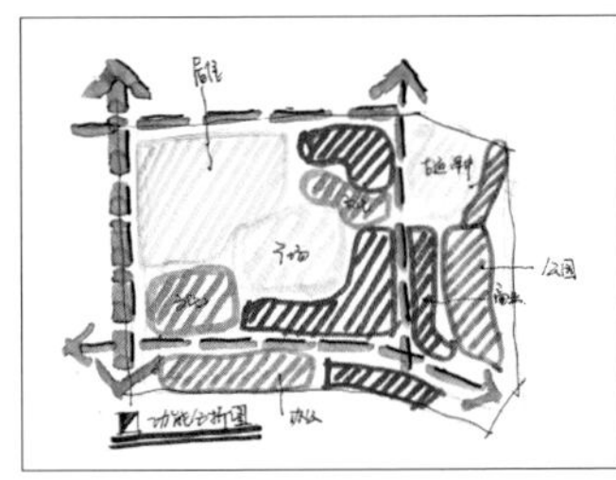

（6）分析图

练习空间结构图、交通组织图、绿化景观系统图等，注意图例的画法。

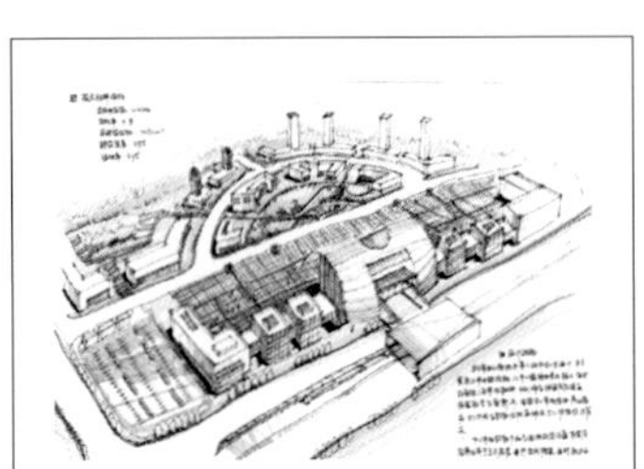

（7）表现图主体

表现图主要依靠平时多做线条和透视的训练，掌握它们的规律，争取可能的加分。

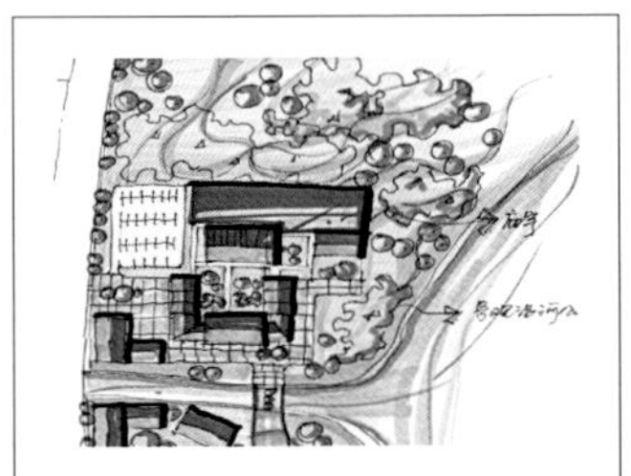

（8）表现图配景

练习树和草地的表达，这个不需要太多发挥，只要尺度正确、位置适当就好。费时不多却衬托建筑，大大丰富了图面效果。

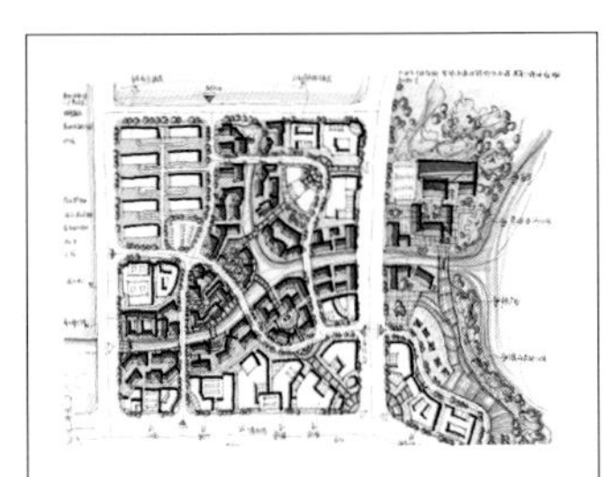

（9）色彩

在练习色彩表达时可以拆解成硬地、草地、水面等不同局部分开来练习，然后再合起来练习整体效果。

将各个分解步骤练习熟练之后，再将其中两三个步骤结合起来，进行下一步练习，一直到形成完整的图面表现为止。在参加快题方案班集训时的图纸不要扔掉，留存起来，经常翻出来查看，随时总结经验，同时可以作为自己的个人快题资料集。

02 规划快题任务书分析

在实际的快题试题中，通常会首先描述规划用地的区位，明确用地在城市中的位置，以及周边地块的性质和特征等情况，然后划定规划用地的红线；在这些设计基础条件上，提出规划设计要点，明确规定容积率、绿地率、建筑高度控制要求、套型比例、停车位数量等具体指标要求，要求绘制总平面图、分析图、透视图，提供设计说明和主要经济技术指标。

快题设计主要包括快速审题、快速构思、快速设计三部分，具体分为解读任务书、总体构思、草图勾勒、正图绘制、分析图的表达等几个内容。

解读任务书，分析现状

快题试题给出的用地条件和规划设计要求是多种多样的，但是仔细分析之后可以发现，根据一些关键的要求是可以分为几个大类的，只要分别掌握了几个大类各自的特殊要求，了解不同类型的考察侧重点，在具体的考试中就能做到游刃有余。同时，注意用地条件可能有很多方面，分析时要注意轻重取舍，抓住主要矛盾。

（1）气候自然条件

注意指北针、风玫瑰、比例尺等基本信息。我国北方、南方的气候差异很大，其空间形态也存在很大差别，在应试前要针对自己报考的单位或学校所处地区进行相关条件的了解。

（2）区位及周边环境

根据区位条件和周边环境用地条件，规划用地可以分为两种:
第一种是城市中心区，周边均为商业、办公用地，高楼林立，建筑密度高，道路宽阔;
第二种为环境优美的城市用地，临近城市公共绿地或山川河流等自然生态要素。

不论是哪一种用地，都应当以整体性为原则，从城市区域的角度来研究规划用地与周边环境用地的关系，空间、体量、界面、视线要有呼应关系，机动车、人行道等流线要连通，争取较大空间尺度上的空间和谐、功能和谐。第一种用地应当考虑基础设施共享、人流方向、相邻界面的处理;第二种用地重点考虑以自然生态要素为出发点来确定用地内部空间结构组织、绿地系统组织的关系。

（3）周边道路交通

针对周边城市道路状况，规划用地可以分为四种：
第一种为单边道路的规划用地;
第二种为双边道路的规划用地;
第三种为三边道路的规划用地;
第四种为四边道路的规划用地。

周边城市道路状况决定了规划用地出入口的位置，从而影响到内部交通组织方式。单边道路用地的机动车出入口没有选择，只能设在仅有的道路上，通常会选在中部位置。如果相邻用地为开放的城市公共绿地或者城市广场，可在不影响其使用前提下设置人行出入口。其他三种用地需要先研究周边道路的性质，通常机动车出入口尽量避免设置在城市主干道上，而是应当设置在城市次干道、城市支路上。

（4）用地形状特征

针对规划用地的形状特征，可以分为规则形用地（通常为方形、长方形）、不规则形用地（如梯形、L形、三角形等）两种。如果是规则形用地，考生的运气就太好了，只要把自己整理的各种规划类型的完美原型套上去，按部就班地正常发挥就能得到一个较为理想的分数；如果是不规则形用地，则能考察出考生对空间、交通组织的基本功，在组织空间、排放建筑的时候建议在不影响朝向的前提下将建筑贴边布置，尽可能地反映出用地形状的特征，同时把基地充分利用起来。通常情况下考题中的基地为完整地块，有时也会出现两块甚至更多的零散用地，对于零散用地的规则，本书会有针对性论述。

（5）用地地形特征

考题中的地形一般可分为平地、坡地、局部山林、局部水面四种。通常还是以平地的地形条件居多，这时考生可以撇开竖向设计的考虑，难度较低；如果出现坡地的地形，则应当注意坡向与朝向的关系，来决定建筑是以平行等高线还是垂直等高线来布置，最重要的是道路与等高线的关系，注意坡度应当不大于8%；选择活动场地的位置时，要充分结合等高线，并可借助坡地形成场地的趣味；此外，机动车停车的问题也可以利用高差来解决。如果用地内局部有水面、山体等，就应当围绕这些要素来组织空间，使之成为方案的特征，而不能作为闲置的非建设用地来消极处理。

（6）用地地貌特征

规划用地地貌特征可分为三种：
第一种为空地，用地现状为荒地，或者说建筑物均可拆除；
第二种为有保留建筑物、构筑物的用地；
第三种为保留有自然要素的用地，通常是树，也可能是树林。

有保留建筑物、构筑物的用地，对于符合功能要求的应当很好地把保留物组织进自己的方案中。对于要规避的因素，如高压线等，可通过道路绿化将其隔离。对于保留的植物，如果是名木、古树，应当作为重要景观节点来利用；如果是成片的树林，则应当以此为基础组织自己的绿化系统。

（7）容积率要求

初步测算高层、多层的数量和比例关系，初步测算建筑密度。

（8）配套设施要求

主要是对配套设施的内容及规模的要求，注意不要有遗漏。

（9）建筑高度控制

这是必须严格遵守的要求。如果可以规划高层，布点和用地的天际线就是需要着重考虑的方面。

华元方案C班　规划优秀快题分析

2008同济大学硕士研究生规划设计快题考试真题

——江南某风景旅游城镇入口地段规划设计

■ 一、项目背景及规划条件

江南某历史城镇，也是重要的风景旅游城镇。规划基地位于镇区入口地段，其中有一座保存完好的老教堂，西南侧为规划保留的传统民居。北侧的祥洪路为镇区主要道路，向西通往主要景区，向东出镇连接国道，东南侧的明珠路为城镇外围环路的一段（如图）。

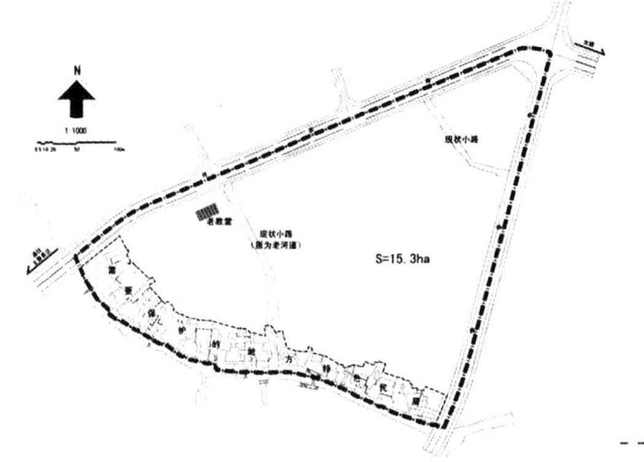

■ 二、规划设计要求

(1) 该基地规划应符合城镇入口地区形象及空间要求，并充分考虑历史城镇和风景旅游城镇的风貌与景观要求。

(2) 该基地规划主要功能为旅游观光服务的商业购物、旅游观光酒店、住宅及相应配套设施等，并应综合考虑绿地、广场、停车以及设置城镇入口标志物等要求。

(3) 根据规划条件，合理拟定该基地的发展计划纲要（包括该基地的发展政策要点及功能配置，文字不超过200字），编制该基地规划设计方案。

(4) 规划各类用地布局应合理，结构清晰；组织好各类交通流线与静态交通设施，重视城镇主要道路的景观设计；住宅建设应形成较好的居住环境，配套完善，布局合理。

■ 三、规划设计成果

- (1) 基地发展计划纲要（包括该基地的发展策划要点及功能配置，文字不超过200字）
- (2) 规划设计总平面图（1 ： 1000 ）
- (3) 表达规划设计概念的分析图（比例不限，但必须包含规划结构、功能布局、交通组织和空间形态等内容，应当准确体现发展计划纲要）
- (4) 局部的三维形态表现图或鸟瞰图
- (5) 主要的规划技术指标

任务书分析及设计方法

一、基地内外环境分析——确定功能分区

分析基地的周边环境：山、水、主次干道，以及基地周边的用地性质；分析基地内部现状环境（新建建筑、保留建筑、内部水体、现状路），确定功能分区。

1. 基地外部条件分析

规划基地位于江南某风景旅游城镇的镇区入口地段，要充分考虑到江南建筑及城市的设计方法与风格，建筑屋顶坡度较大，有助于排流雨水，由于江南太阳高度角都比北方大，房屋间距较小，这是一般布局。水巷、驳岸、踏渡、石板路、水墙门、过街楼等都是水乡的风格建筑。

(1) 基地北侧的祥浜路为镇区主要道路，向西通往主要景区，向东出镇连接国道，是连通镇区与景区之间的唯一主要干道，具有极好的商业效益与大量的人流活动。因此可沿路布置沿街商业，充分发挥其公共服务功能与经济效益，并沿街设置停车场，供来往车辆停放，并在北部入口处设置雕塑，形成该风景旅游城镇标志物。

(2) 基地东南侧的明珠路为城镇外围环路的一段，道路等级与祥浜路相比较次一级，适合安排住宅民居及相应的配套设施，环境相对安全舒适。

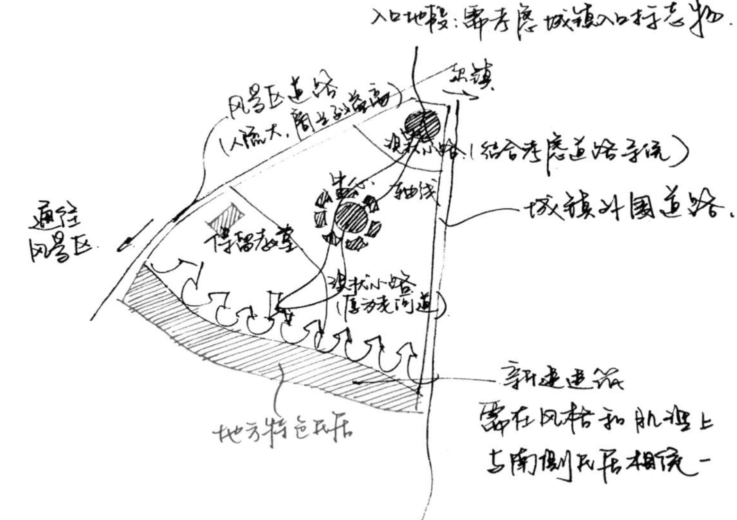

功能布局图

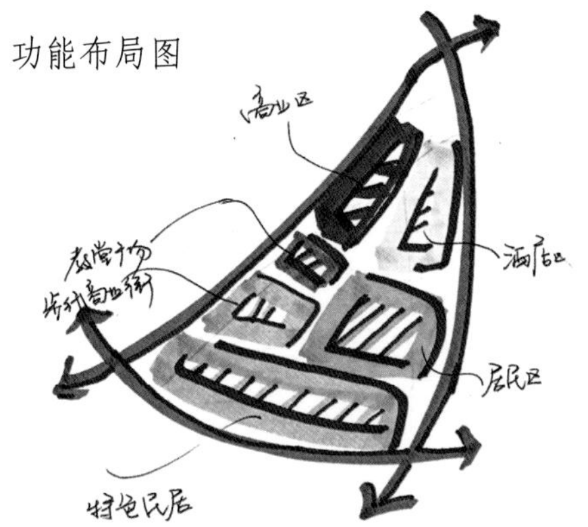

2. 基地内部现状分析

规划用地内部现状条件较多，对设计思路有一定的引导与控制，并决定了基地的主要交通流线，对商业购物、住宅酒店、广场绿地的分部也有着直接的影响。

(1) 基地西部有一座保存完好的老教堂，设计时可考虑与商业购物街相互融合，并保持建筑形式与风格的统一。

(2) 基地南部为完整的需要保护的地方特色民居，较之分析，应为极具江南特色的低层民居建筑，因此基地内规划的新建建筑应保留并延续这种风格。

(3) 基地内部现有两条现状小路，其中西南部一条原为老河道，这为设计思路提供了多样性与选择性。设计时，将西南部小路保留并拓宽，保留其原始功能，并与南部民居相连，形成良好的交通系统。

二、设计构思分析——明确规划结构

设计师对空间结构的把握度和对平面的创意感，反映了规划人员的设计能力。空间结构是规划最为关注的一部分，可以从以下几个方面来剖析。

1. 中心广场——中心区是政治、经济、文化等公共活动最集中的地区，是公共活动体系的主要部分，也是人流集散的重要场所。因此在设计中必须有大面积硬质铺装场地存在，即地块的中心广场。设计时将其与商业街和院落住宅相结合，位于场地的中部，在整个地块设计中起到的核心作用。

2. 主要轴线——设计中将主要轴线贯穿整个地块，由北侧入口广场开始，穿过观光酒店直至地块中心区，并最终延续至南部保留教堂，形成完整的步行系统和景观视廊，同时也对空间创造的趣味性提供丰富的设计平台。

3. 道路交通——路网是城市的骨架，路网关系决定了城市的中心与轴线。规划地块在两条城市道路上均有开设机动车出入口，各组团分开组织交通，由于规划基地面积较小，故设一环路，解决内部主要车行交通，并保证内部建筑的通达性。步行系统与景观轴线相结合，整个道路系统的设计，保证步行系统的连续性和消防系统的畅通性。

三、城市空间分析——确定城市形态

城市形态是城市给人的直观表象，是人们处于城市中的直观感受，是城市功能与空间组织在地域上的投影，也是城市发展轨迹的缩影。

1. 空间形态

城市空间是人们居住、生活、工作、游憩、交通的载体。设计时以中心广场为核心，应保证广场周围有建筑围合，建筑之间有呼应关系，同时有一条贯穿南北向的景观步行轴线，突出核心空间的重要地位。

2. 建筑形态

建筑形态主要是设计和建筑的第五立面——屋顶平面，设计时主要通过江南传统建筑的表现风格，形成坡屋顶、院落式的建筑形态，与南部的地方特色民居相呼应，丰富屋顶平面，加强建筑的联系性。

3. 景观形态

景观形态即是场地与环境的关系；良好的景观设计能够丰富总平面，提高方案的档次，抓住改卷老师的眼球，使自己的试卷在众多考卷中脱颖而出。

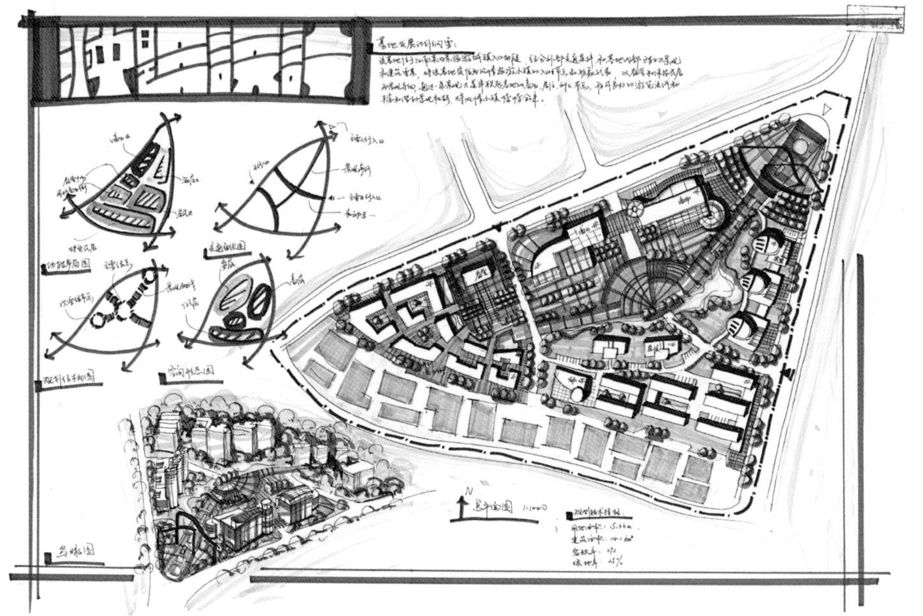

四、图纸表达的规范性

◆ 三图：平面图、效果图、分析图
◆ 三字：标题字、技术经济指标、设计说明
◆ 其他：指北针、比例尺、层高、建筑性质等须注明

作　者	方思宇	用　时	六小时
表现方法	钢笔+马克笔（犀牛 Rhinos+iMark）	图纸尺寸	594mmx841mm
用　纸	A1 绘图纸	期　数	华元 40C6 期学员
成　绩	保送 中国城市规划设计研究院	本　科	浙江大学 09 城市规划

03　规划快题常用建筑知识

规划快题中的建筑设计，是在建设基地的地形图上，将已有的、新建的和拟建的建筑物、构筑物、道路、绿化等按照与地形图同样的比例绘制出来的平面图，主要用于表明新建筑的平面形状、层数和新建道路、绿化、场地及管线的布置情况，并表明原有建筑、道路、绿化等和新建筑的相互关系，以及环境保护方面的要求等。

日照间距

4层或4层以上的生活居住建筑采用日照间距系数确定其间距。生活居住建筑包括居住建筑(居民住房、公寓房）和公共建筑（托儿所、幼儿园、中小学、医疗病房、集体宿舍、招待所、旅馆、影剧院等）。

两栋4层或4层以上的生活居住建筑（至少一栋为居住建筑）的间距当采用规定的建筑间距系数后，仍小于以下距离时，按下列规定执行:

（1）两长边相对时: ≥18m;

（2）两短边相对时: ≥10m;

（3）一长边对一短边: ≥12m;

（4）间距符合本规定，但小于防火间距的规定时，按有关消防规定执行。

居住建筑侧间距要求:

（1）多层与多层≥6m;

（2）多层与高层≥9m;

（3）高层与高层≥13m。

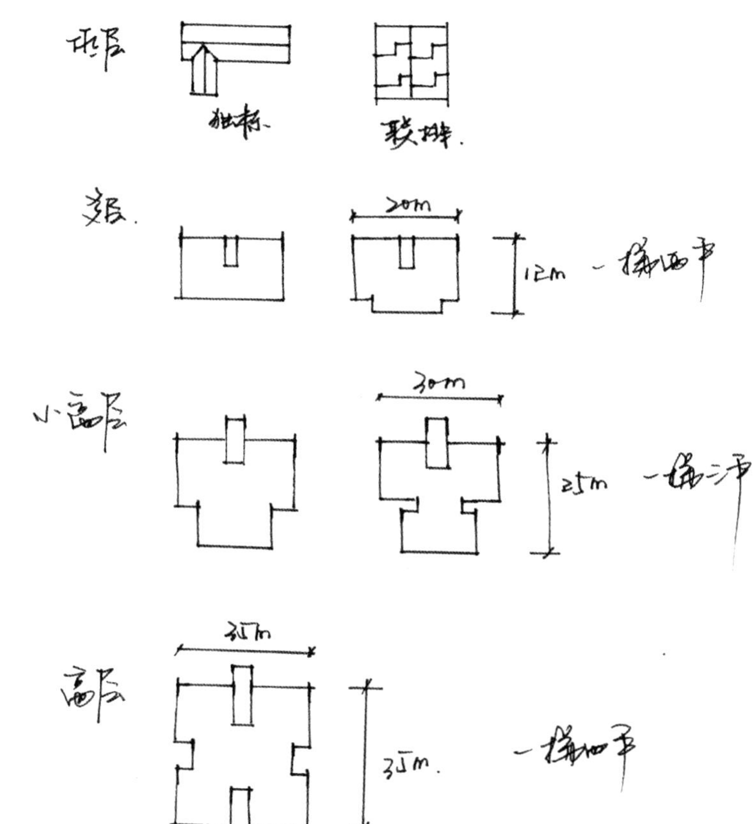

公共建筑平面设计要求

规划快题中的公共建筑平面设计应重点考虑建筑的图底关系和场所精神，考生在考前应熟记集中不同性质、不同类型公共建筑的建筑平面和空间组织形式，考试时可直接抄用或根据条件适当改动即可，缺乏建筑功底的同学以抄绘和记忆为主，切忌自己凭空创造，或者随意绘制建筑平面。

具体在进行公共建筑平面及其周边环境设计时，应注意满足以下要求：

（1）街区内的道路应考虑消防车的通行，其道路中心线间距不宜超过160m。当建筑沿街长度超过150m或总长度超过220m时，应在适当部位设置穿过建筑物的消防车道。确有困难时，应设置环形消防的车道。

（2）消防车道穿过建筑物门洞时，净高和净宽均应≥4.0m。门垛间净宽应≥3.5。

（3）消防车道净宽及净高均应≥4.0m。供消防车停留的空地，其坡度不宜大于3%。

（4）高层建筑消防车道宽应≥4.0m，车道距高层建筑外墙宜大于5m，车道上空4.0m范围内不应有障碍物。

（5）高层建筑周围应设环形消防车道，当设环形消离车道有困难时，可沿建筑两个工边设消防车道。

超过3000个座位的体育馆、超过2000个座位的会堂和占地面积超过3000m^{2}的展览馆等公建，宜设环形消防车道。

（6）尽头式消防车道应设回车场，回车场不宜小于15m×15m，大型消防车的回车场不宜小于18m×18m。

（7）环形消防车道至少应有两处与其他车道连通。尽头式消防车道应设回车道或不小于12m×12m的回车场。供大型消防车使用的回车场应不小于15m×15m。

（8）有封闭内院或天井的沿街建筑应设车街道和内院的人行通道，其间距不宜大于80m。

（9）建筑的封闭内院或天井，其短边超过24m时，宜设进入内院的消防车道。

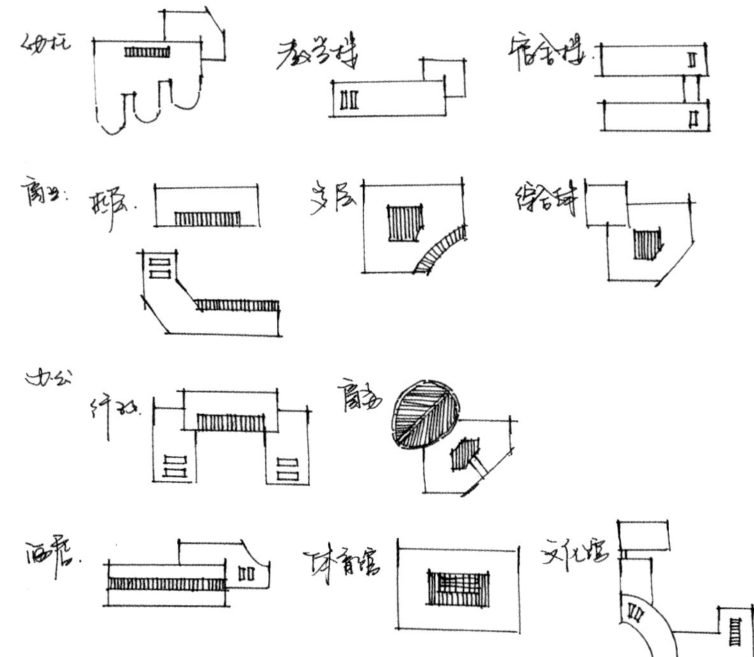

04　规划快题必备场地设计

硬质场地：停车场、道路、运动场地、铺地

停车场设计原则

（一）车辆停放方式

（1）平行式

平行式停车车身方向与通道平行，是路边停车带或狭长地段停车的常用形式。特点：所需停车带最小，驶出车辆方便，但占用的停车面积最大。用于车道较宽或交通较少，且停车不多、时间较短的情况，还用于狭长的停车场地或作集中驶出的停车场布置，也适用停放不同类型车辆及车辆零来整走。例如，体育场、影剧院等地的停车场。

（2）垂直式

垂直式停车车身方向与通道垂直，是最常用的停车方式。特点：单位长度内停放的车辆最多，占用停车道宽度最大，但用地紧凑且进出便利，在进出停车时需要倒车一次，因而要求通道至少有两个车道宽。

（3）斜放式

斜放式停车车身方向与通道成角度停放，一般有 30°、45°、60° 三种角度。特点：停车带宽度随车长和停放角度有所不同，适用于场地受限制时采用，车辆出入方便，且出入时占用车行道宽度较小。有利于迅速停车与疏散。缺点：单位停车面积比垂直停放方式要多，特别是 30° 停放，用地最费。

（二）车辆停车与发车方式

（1）前进式停车、后退式发车：停车迅速，发车费时，不宜迅速疏散，常用于斜向停车；

（2）后退式停车、前进式发车：停车较慢，发车迅速，平均占地面积少，是常用的停发车方式；

（3）前进式停车、前进式发车：停车迅速，发车迅速，但平均占地面积较大，常用于公共汽车和大型货车停车场；

（三）设计原则

（1）按照城市规划确定的规模、用地、与城市道路连接方式等要求及停车设施的性质进行总体布置；

（2）停车设施出入口不得设在交叉口、人行横道、公共交通停靠站及桥隧引道处，一般宜设置在次要干道上，如需要在主要干道设置出入口，则应远离干道交叉口，并用专用通道与主干道相连；

（3）停车设施的交通流线组织应尽可能遵循“单向右行”的原则，避免车流相互交叉，并应配备醒目的指路标志；

（4）停车设施设计必须综合考虑路面结构、绿化、照明、排水及必要的附属设施的设计。

城市道路分类与断面设计

城市道路等级分主干道、次干道、支路三级；各级红线宽度控制：主干道 30 ~ 40m，次干道 20 ~ 24m，支路 14 ~ 18m。

城市道路等级分为四类：

(1)快速路：城市道路中设有中央分隔带，具有四条以上机动车道，全部或部分采用立体交叉与控制出入，供汽车以较高速度行驶的道路。又称汽车专用道。快速路的设计行车速度为 60 ~ 80km/h。

(2)主干路（全市性干道）：连接城市各分区的干路，以交通功能为主。主干路的设计行车速度为 40 ~ 60km/h。主要联系城市中的主要工矿企业、主要交通枢纽和全市性公共场所等，为城市主要客货运输路线，一般红线宽度为 30 ~ 45m;

(3)次干路（区干道）：承担主干路与各分区间的交通集散作用，兼有服务功能。次干路的设计行车速度为 40km/h。为联系主要道路之间的辅助交通路线，一般红线宽度为 25 ~ 40m;

(4)支路（街坊道路）：次干路与街坊路（小区路）的连接线，以服务功能为主。支路的设计行车速度为 30km/h。是各街坊之间的联系道路，一般红线宽度为 12 ~ 15m 左右。

除上述分级外，为了明确道路的性质、区分不同的功能，道路系统应该分为交通性道路和生活性道路两大类。

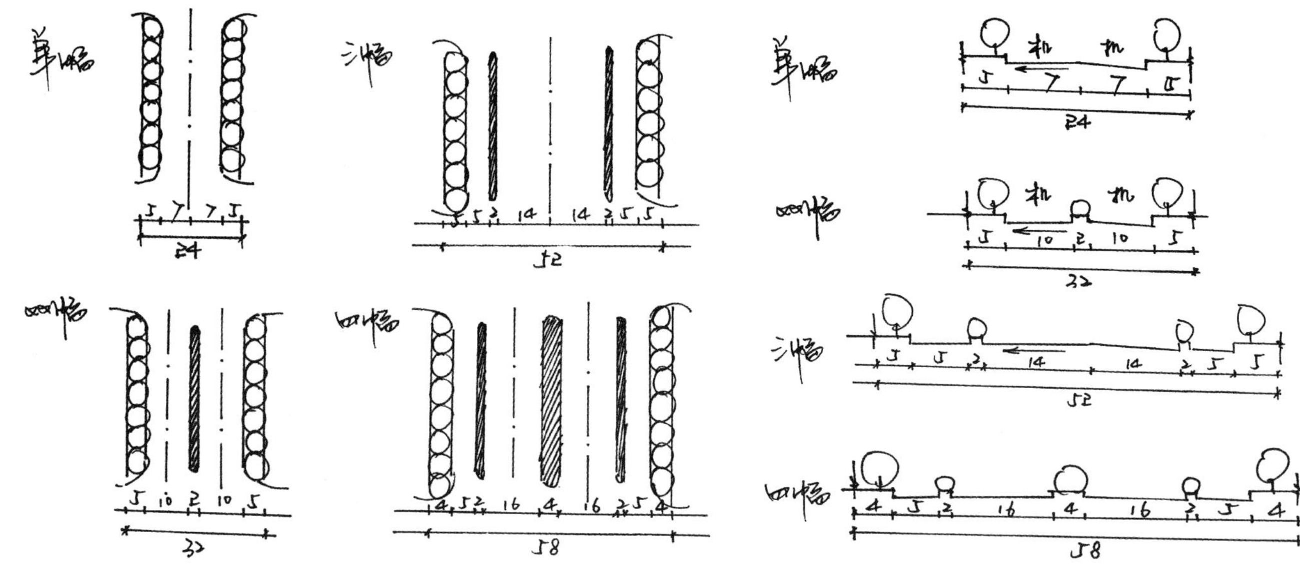

常用运动场地设计

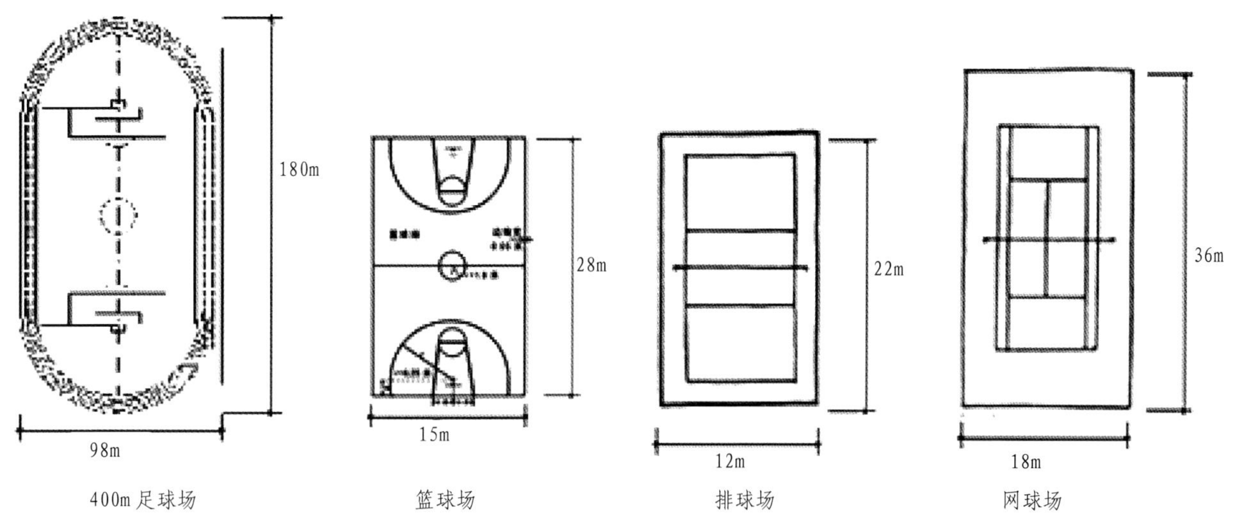

体育馆设计要求

（1）总出入口布置应明显，不宜少于两处，并以不同方向通向城市道路。观众出入口的有效宽度不宜小于0.15m/百人的室外安全疏散指标；

（2）观众疏散道路应避免集中人流与机动车流相互干扰，其宽度不宜小于室外安全疏散指标；

（3）道路应满足通行消防车的要求，净宽度不应小于3.5m，上空有障碍物或穿越建筑物时净高不应小于4m。体育建筑周围消防车道应环通；当因各种原因消防车不能按规定靠近建筑物时，应采取下列措施之一满足对火灾扑救的需要：

1）消防车在平台下部空间靠近建筑主体；

2）消防车直接开入建筑内部；

3）消防车到达平台上部以接近建筑主体；

4）平台上部设消火栓。

（4）观众出入口处应留有疏散通道和集散场地，场地不得小于0.2m^2/人，可充分利用道路、空地、屋顶、平台等。

（5）基地的环境设计应根据当地有关绿化指标和规定进行，并综合布置绿化、花坛、喷泉、坐凳、雕塑和小品建筑等各种景观内容。绿化与建筑物、构筑物、道路和管线之间的距离，应符合有关规定。

（6）场地的对外出入口应不少于两处，其大小应满足人员出入方便、疏散安全和器材运输的要求。

铺地设计

1. 组团绿地

组团绿地是直接靠近住宅的公共绿地，通常是结合居住建筑组布置，为组团内居民提供室外活动、邻里交往、儿童游戏、老人聚集等良好的室外条件。有的小区不设中心游园，而以分散在各组团内的绿地、路网绿化、专用绿地等形成小区绿地系统。也可采取集中与分散相结合，点、线、面相结合的原则，以住宅组团绿地为主，结合林荫道、防护绿带以及庭院和宅旁绿化构成一个完整的绿化系统。

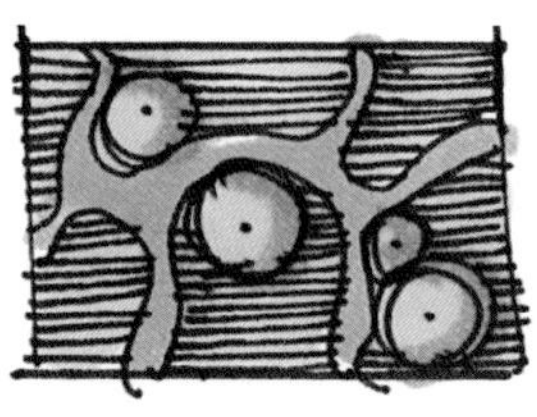
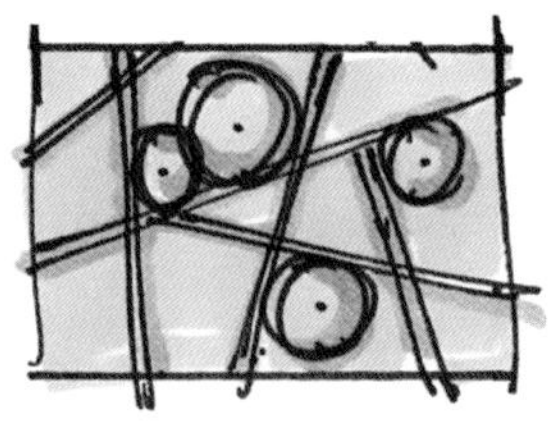
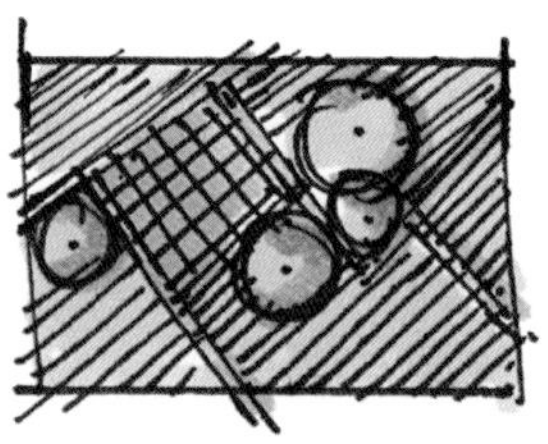
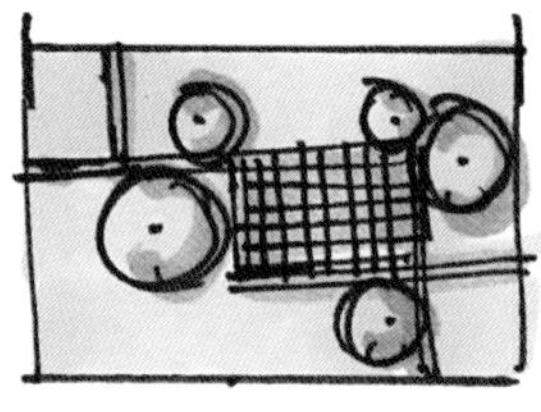

2. 中心广场

(1) 广场的环境应与所在城市所处的地理位置及周边的环境、街道、建筑物等相互协调，共同构成城市的活动中心。(2) 丰富广场空间的类型和结构层次与周围整体环境在空间比例上的协调统一。丰富空间的结构层次。可以利用尺度、围合程度、地面质地等手法从广场整体中划分出主与从、公共与私密等不同的空间领域。(3) 广场与周围建筑环境和交通组织上的协调统一。(4) 广场与周围建筑环境和交通组织上的协调统一。

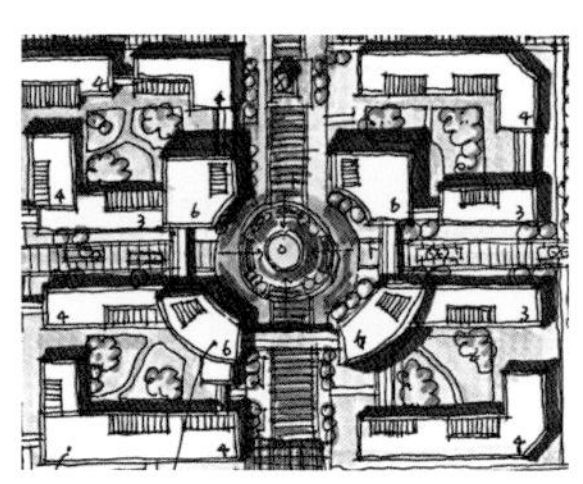
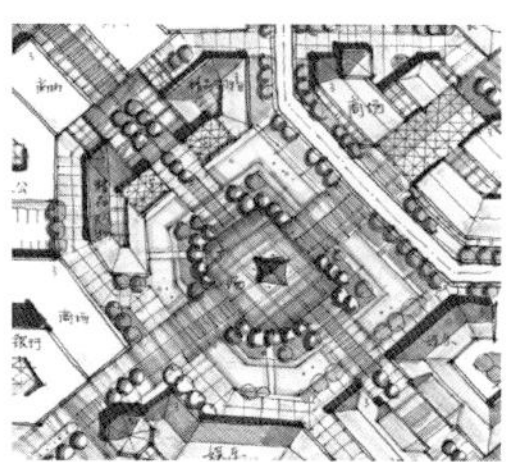
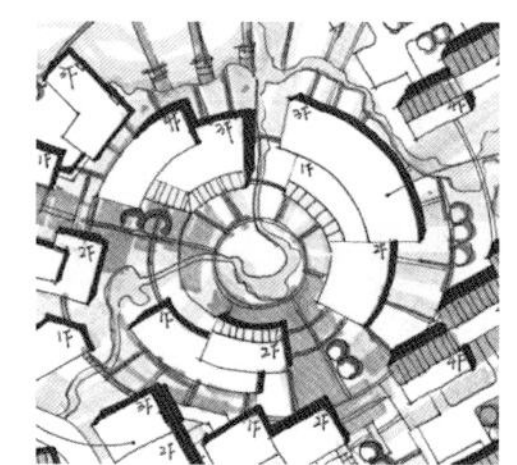
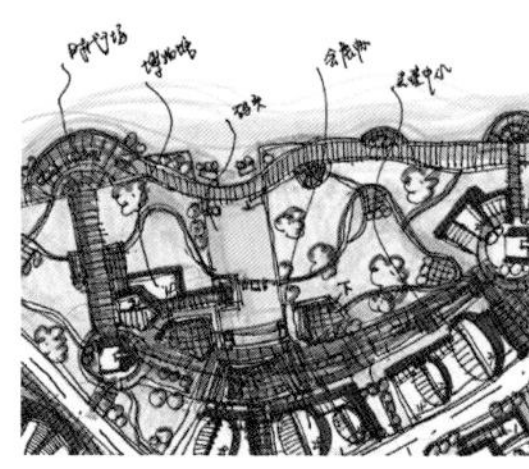

3. 轴线

轴线是一个场地中把各个重要节点串联起来的一条抽象的直线。轴线是一条辅助线，可以是实轴，如步行道；也可以是虚轴，如视觉廊道。它将把各个独立的景点以某种关系串联起来，让方案在整体上不散，作为它们的骨架。轴线在设计时要做到起承转合，即优秀的轴线设计是由开端、发展、高潮和结尾四步完整的阶段构成的。

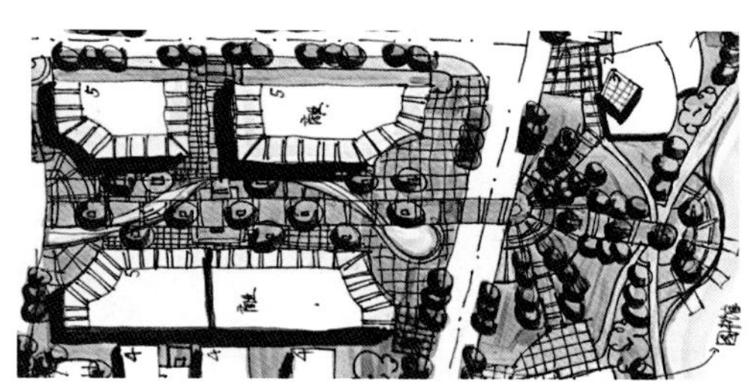

软质场地：水体、绿化

水体

在快题设计中，水体的大小起到不同程度的作用，小尺度的水景能形成空间的视觉中心，大尺度的水体对应着场地的虚实划分。水景设计会起到画龙点睛的作用。在总平面上，水体的形态远比成片的种植要更抢眼，对于尺度较大的水体，水体的效果好坏给人第一印象的是平面形态的好坏，因此，水体边界轮廓的设计非常重要，在节点透视上也应着力体现。

自然式水体有以下常见的几种形式：肾形、葫芦形、羊肠形、串形等。水体的特点要注意有聚有散、曲折变化、虚实交错。自然式水体要注意空间大小的区隔，以便于功能区分和景观构成。

水体特点：有聚有散、曲折变化、虚实交错

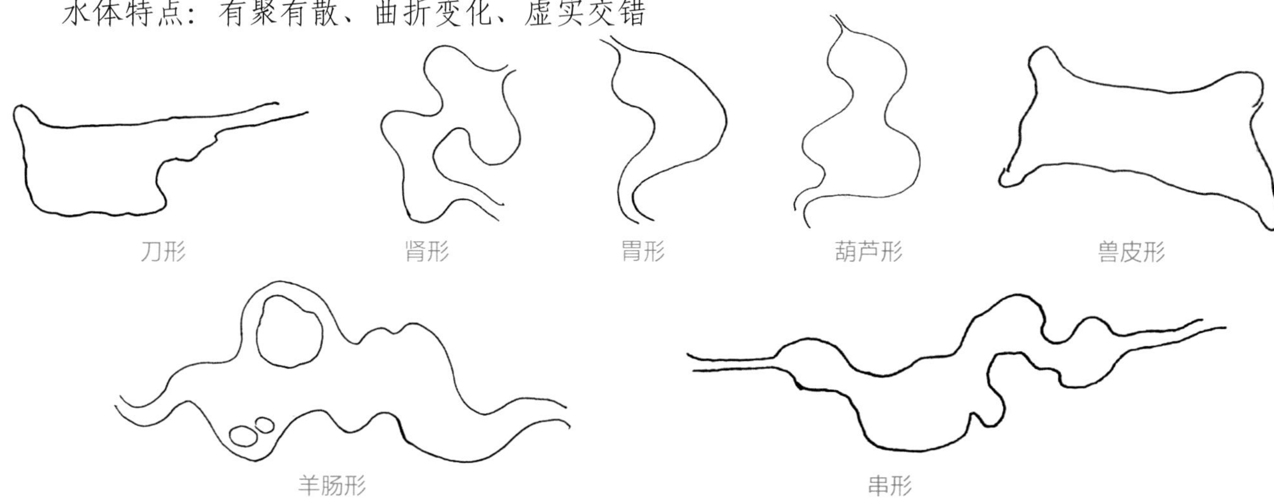

绿化布置

按照植物的类型，可以分为乔木、灌木、草、特殊植物等。植物的形态千差万别，可以根据植物的体量和形态的差异来营造不同的空间。实际的项目设计中，要考虑影响植物生长的因素，如气候、土壤酸碱度等；不能违背植物的生长规律，例如将南方植物种在寒冷的北方。在快题考试中，更多的是考察考生植物配置的基本知识和植物造景能力。

快题设计中植物的作用

（1）强化空间结构

植物可以通过点状元素反映出轴线，一般结构树的色彩跟其他植物有所区别，以强调景观结构。注意：乔木的体量对于平面尺度表达非常重要，中等乔木的树冠尺度一般在5m左右。乔木的树冠是平面图中重要的尺度参照。

（2）植物造景，形成围合空间

通过树丛、小品建筑等元素的结合形成围合空间，也可以用低矮灌木排列形成围合空间。

（3）独立造景

在小的空间设计中，可以将植物成为视觉中心，独立成景。

树丛：树丛不仅可以遮阴，形成私密空间，也可以阻隔外界的喧闹，作为划分空间的手段。甚至有时候同种树形成的树丛可以形成独立的景观，如樱花林、水杉林、银杏林，不同季节具有不同色彩。

单体树：单棵树通常作为孤植表现，例如大草坪中一棵大树提供遮阴、嬉戏的功效，中庭里一棵古树作为观赏保护功效等等。这些树通常选择形态优美、色彩丰富、婀娜多姿的品种。平面表现上也要突出特色，表现出具体的枝叶和鲜艳的色彩。

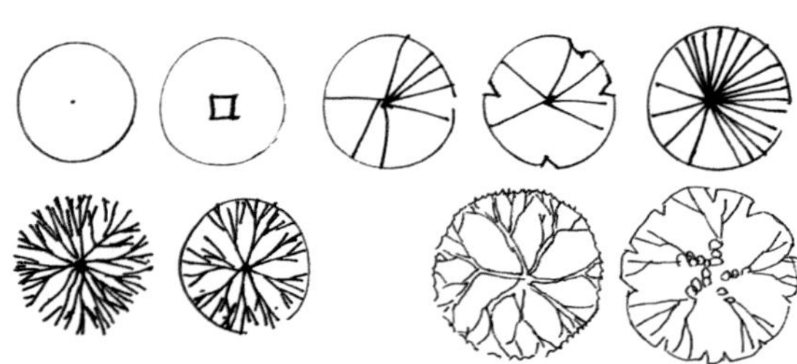

树丛 + 单体树：树丛作为背景可以衬托出单体树种的特色

树丛 + 单体树 + 灌木：多层次的植被内容丰富，视觉效果好，阻隔空间能力强。

植物平面的上色：在平面图中，植物上色主要是以绿色为主，重点突出或者区别层次可选用紫色或者橙色，但颜色不宜过多。

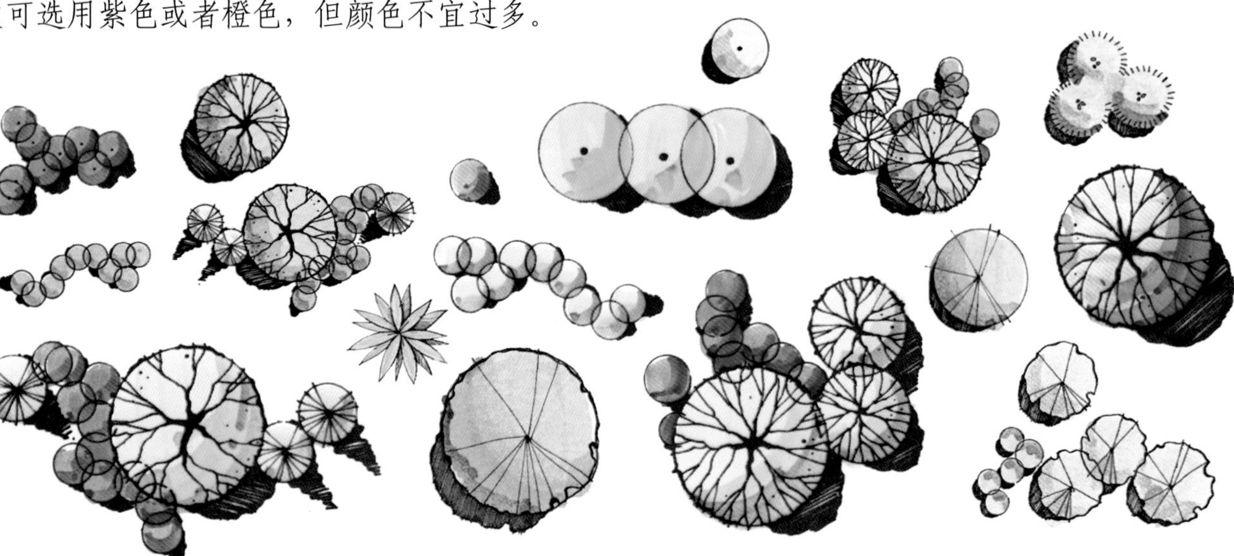

05 规划快题设计规范

城市居住区规划设计规范

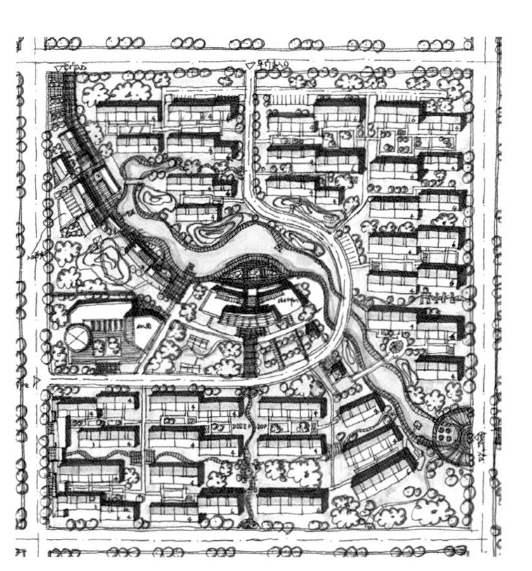

城市居住区规划设计

1. 住宅侧面间距，应符合下列规定：(1) 条式住宅，多层之间不宜小于6m；高层与各种层数住宅之间不宜小于13m；（2）高层塔式住宅、多层和中高层点式住宅与侧面有窗的各种层数住宅之间应考虑视觉卫生因素，适当加大间距。

2. 绿地率：新区建设不应低于30%；旧区改建不宜低于25%。

3. 组团绿地的设置应满足有不少于1/3的绿地面积在标准的建筑日照阴影线范围之外的要求，并便于设置儿童游戏设施和适于成人游憩活动。

4. 居住区道路：红线宽度不宜小于20m；小区路：路面宽6～9m，建筑控制线之间的宽度，需敷设供热管线的不宜小于14m；无供热管线的不宜小于10m；组团路：路面宽3～5m；建筑控制线之间的宽度，需敷设供热管线的不宜小于10m；无供热管线的不宜小于8m；宅间小路：路面宽不宜小于2.5m；

5. 居住区内尽端式道路的长度不宜大于120m，并应在尽端设不小于12m×12m的回车场地；

6. 居民汽车停车率不应小于10%；

7. 居住区内地面停车率（居住区内居民汽车的停车位数量与居住户数的比率）不宜超过10%；

8. 居民停车场、库的布置应方便居民使用，服务半径不宜大于150m

城市广场设计规范

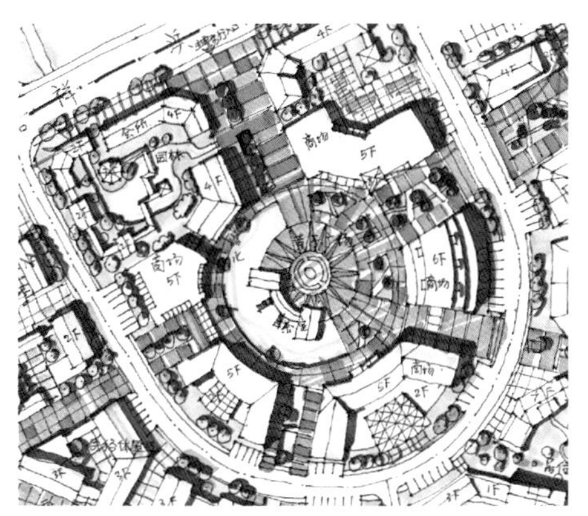

城市广场设计

1. 应按照城市总体规划确定的性质、功能和用地范围，结合交通特征、地形、自然环境等进行广场设计，并处理好与毗连道路及主要建筑物出入口的衔接，以及和四周建筑物协调，注意广场的艺术风貌。

2. 广场应按人流、车流分离的原则，布置分隔、导流等设施，并采用交通标志与标线指示行车方向、停车场地、步行活动区。

3. 公共活动广场主要供居民文化休息活动。有集会功能时，应按集会的人数计算需用场地，并对大量人流迅速集散的交通组织以及与其相适应的各类车辆停放场地进行合理布置和设计。

4. 集散广场应根据高峰时间人流和车辆的多少、公共建筑物主要出入口的位置，结合地形，合理布置车辆与人群的进出通道、停车场地、步行活动地带等。

5. 飞机场、港口码头、铁路车站与长途汽车站等站前广场应与市内公共汽车、电车、地下铁道的站点布置统一规划，组织交通，使人流、客货运车流的通路分开，行人活动区与车辆通行区分开，离站、到站的车流分开。必要时，设人行天桥或人行地道。

6. 大型体育馆(场)、展览馆、博物馆、公园及大型影(剧)院门前广场应结合周围道路进出口，采取适当措施引导车辆、行人集散。

7. 商业广场应以人行活动为主，合理布置商业贸易建筑、人流活动区。广场的人流进出口应与周围公共交通站协调，合理解决人流与车流的干扰。

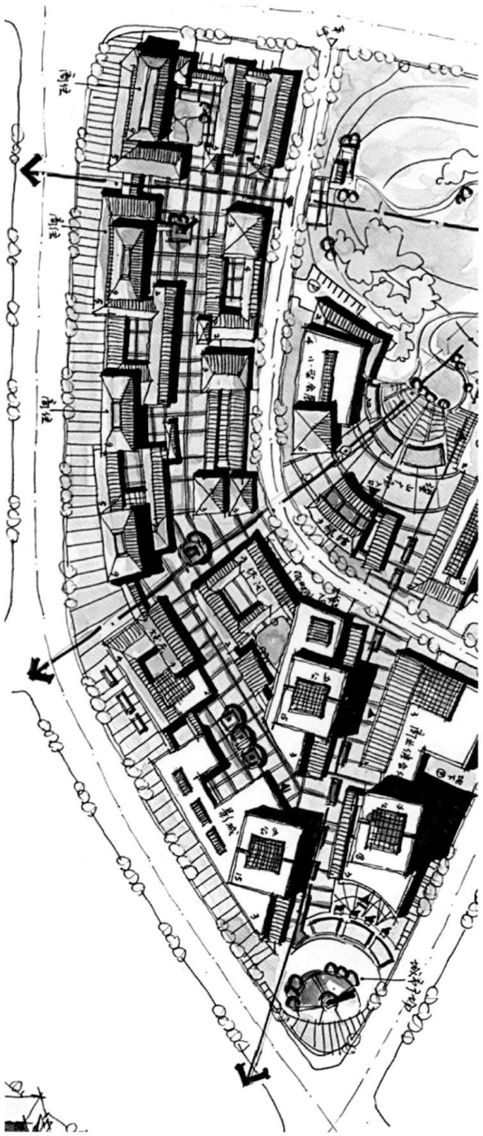

商业建筑选址和布置

1. 大中型商店建筑基地宜选择在城市商业地区或主要道路的适宜位置。大中型菜市场类建筑基地，通路出口距城市干道交叉路口红线转弯起点处不应小于 70m。小区内的商店建筑服务半径不宜超过 300m。

2. 商店建筑不宜设在有甲、乙类火灾危险性厂房、仓库和易燃、可燃材料堆场附近；如因用地条件所限，其安全距离应符合防火规范的有关规定。

3. 大中型商店建筑应有不少于两个面的出入口与城市道路相邻接；或基地应有不小于 1/4 的周边总长度和建筑物不少于两个出入口与一边城市道路相邻接。

4. 大中型商店基地内，在建筑物背面或侧面，应设置净宽度不小于 4m 的运输道路。基地内消防车道也可与运输道路结合设置。

5. 新建大中型商店建筑的主要出入口前，按当地规划部门要求，应留有适当集散场地。

6. 大中型商店建筑，如附近无公共停车场地时，按当地规划部门要求，应在基地内设停车场地或在建筑物内设停车库。

步行商业街设计规范

1. 改、扩建两边建筑与道路成为步行商业街的红线宽度不宜小于 10m;

2. 新建步行商业街可按街内有无设施和人行流量确定其宽度，并应留出不小于 5m 的宽度供消防车通行。

3. 步行商业街长度不宜大于 500m, 并在每间距不大于 160m 处，宜设横穿该街区的消防车道。

4. 步行商业街上空如设有顶盖时，净高不宜小于 5.50m，其构造应符合防火规范的规定，并采用安全的采光材料。

5. 步行商业街两侧如为多层建筑，因交通功能而设置外廊、天桥和梯道时，应符合防火规范的规定。

6. 步行商业街的各个出入口附近应设置停车场地。

7. 商业步行区的紧急安全疏散出口间隔距离不得大于 160m。区内的道路网密度可采用 13 ~ 18km/km^2。

8. 商业步行区的道路应满足送货车、清扫车和消防车通行的要求。道路的宽度可采用 10 ~ 15m，其间可配置小型广场。

9. 商业步行区内步行道路和广场的面积，可按每平方米容纳 0.8 ~ 1.0 人计算。

10. 商业步行区距城市次干路的距离不宜大于 200m; 步行区进出口距公共交通停靠站的距离不宜大于 100m。

11. 商业步行区附近应有相应规模的机动车和非机动车停车场或多层停车库，其距步行区进出口的距离不宜大于 100m，并不得大于 200m。

步行商业街设计

中小学校、幼儿园设计规范

1. 校址应选择在阳光充足、空气流通、场地干燥、排水通畅、地势较高的地段。校内应有布置运动场的场地和提供设置给水排水及供电设施的条件。

2. 学校宜设在无污染的地段。学校与各类污染源的距离应符合国家有关防护距离的规定。

3. 学校主要教学用房的外墙面与铁路的距离不应小于 300m；与机动车流量超过每小时 270 辆的道路同侧路边的距离不应小于 80m，当小于 80m 时，必须采取有效的隔声措施。

4. 学校不宜与市场、公共娱乐场所等不利于学生学习和身心健康以及危及学生安全的场所毗邻。

5. 校区内不得有架空高压输电线穿过。

6. 中学服务半径不宜大于 1000m；小学服务半径不宜大于 500m。走读小学生不应跨过城镇干道、公路及铁路。有学生宿舍的学校，不受此限制。

7. 运动场地应能容纳全校学生同时做课间操之用。小学每学生不宜小于 $2.3m^2$，中学每学生不宜小于 $3.3m^2$。

8. 中小学每六个班应有一个篮球场或排球场。运动场地的长轴宜南北向布置，场地应为弹性地面。

9. 托儿所、幼儿园必须设置各班专用的室外游戏场地。每班的游戏场地面积不应小于 $60m^2$。各游戏场地之间宜采取分隔措施。

校园规划设计

汽车客运站设计规范

1. 一、二级汽车站进站口、出站口应分别独立设置，三、四级站宜分别设置；汽车进站口、出站口宽度均不应小于 4m；

2. 汽车进站口、出站口与旅客主要出入口应设不小于 5m 的安全距离，并应有隔离措施；

3. 汽车进站口、出站口距公园、学校、托幼建筑及人员密集场所的主要出入口距离不应小于 20m；

4. 汽车进站口、出站口应保证驾驶员行车安全视距。

5. 汽车客运站站内道路应按人行道路、车行道路分别设置。双车道宽度不应小于 6m；单车道宽度不应小于 4m；主要人行道路宽度不应小于 2.5m。

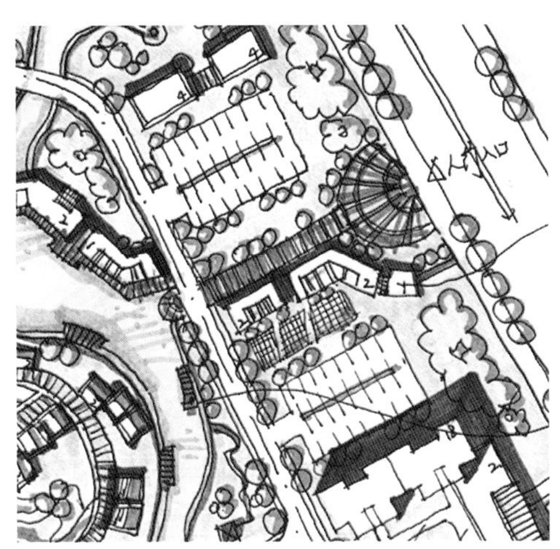

停车场设计

停车场设计规范

1. 大型建筑物的停车场应与建筑物位于主干路的同侧。人流、车流量大的公共活动广场、集散广场宜按分区就近原则，适当分散安排停车场。

2. 停车场的出入口不宜设在主干路上，可设在次干路或支路上并远离交叉口；不得设在人行横道、公共交通停靠站以及桥隧引道处。

3. 自行车停车场出入口不应少于两个。出入口宽度应满足两辆车同时推行进出，一般为 2.5 ~ 3.5m。场内停车区应分组安排，每组场地长度以 15 ~ 20m 为宜。

城市公共设施服务设施半径

城市中各种服务设施的半径是设计师在进行城市规划设计中必须考虑的因素，也是城市规划规范中的硬性指标，这里我们为大家总结了常用的服务设施服务半径：

1. 幼托的服务半径不宜大于 300m；小学的服务半径不宜大于 500m；中学的服务半径不宜大于 1000m[《城市居住区规划设计规范》（2002 年版）GB 50180-1993]。

2. 中学服务半径不宜大于 1000m；
小学服务半径不宜大于 500m[《中小学校建筑设计规范》（1986 年版）GBJ 99-1986]。

■ 居住公共服务设施的服务半径：
居住区公共服务设施半径不大于 800 ~ 1000m；
居住小区公共服务设施半径不大于 400 ~ 500m；
居住组团公共服务设施半径不大于 150 ~ 200m。

■ 居住商业中心的服务半径：
居住区商业中心步行半径不大于 500m；
小区、商业点半径不大于 300m。

3. 中小型超市：
按照 500m 的服务半径设置 1 处，在大型综合超市的服务半径内，原则上不再另行设置。

■ 农贸市场（农贸超市）：
按照服务半径不大于 1000m，服务人口 1 万 ~ 2 万人设一处，占地面积按 480m²/ 千人（服务人口）的标准配置。

4. 居住社区服务设施服务半径：
一般服务半径不超过 500m。

■ 门诊所：
一般 3 万 ~ 5 万人设一处，社医院的居住区不再设独立门诊社区卫生服务站，
原则上按服务人口 0.5 万 ~ 1 万人，按服务半径不超过 1000m 设置 1 处。

5. 公园、绿地
保证居民出行 1000m 半径内有一处综合性公园，在 300 ~ 500m 半径内有一处小游园。

6. 城市低压（变）配变站的服务半径:

（1）供电半径一般不超过400m[《城市电力网规划设计导则》（2006年版）Q/GDW 156-2006]。

（2）市区供电半径一般为250m，繁华地区为150m。[《城市中低压配电网改造技术导则》（DL/T 599-2006）]

（3）变电室负荷半径不应大于250m，尽可能设于其他建筑内。[《城市居住区规划设计规范》（2002年版）]

（4）35kV/10kV变电所的服务半径5 ~ 10km;
110kV/35kV ~ 10kV变电所的服务半径15 ~ 30km;
220kV/110kV ~ 10kV变电所的服务半径50 ~ 100km。

7. 燃气调压站的服务半径:

（1）中低调压站负荷服务半径500m。[《城市居住区规划设计规范》（2002年版）GB 50180-1993]

（2）液化石油气储配站的服务半径不宜超过5km; 调压站的供气半径以0.5km为宜，供气区域狭长，可考虑适当加大供气半径。

8. 垃圾转运站和垃圾收集点的服务半径:

（1）垃圾转运站的服务面积是0.7 ~ 1.0km^2，垃圾收集点服务半径不应大于70m。[《城市居住区规划设计规范》（2002年版）GB 50180-1993]

（2）人力收集的小型转运站，服务半径不宜超过0.5km，机动车收集小型转运站，服务半径不宜超过2.0km; 垃圾运输距离超过20km时，应设置大、中型转运站。[《城市垃圾转运站设计规范》（CJJ47-91）]

（3）小型转运站每0.7 ~ 1km^{2}设置一座，大、中型转运站每10 ~ 15km^{2}设置一座。小型的服务半径500m。

9. 城市公共厕所的服务半径:

（1）主要繁华街道公共厕所之间的距离宜为300 ~ 500m，流动人口高度密集的街道宜小于300m，一般街道公厕之间的距离约750 ~ 1000m为宜; 居民区的公共厕所服务范围: 未改造的老居民区为100 ~ 150m，新建居民区为300 ~ 500m。[《城市公共厕所规划和设计标准》（DG/TJ 08-401-2007）]

（2）流动人口高度密集的街道和商业闹市区道路，间距为300 ~ 500m。一般街道间距不大于800m。

（3）每1000 ~ 1500户设一处; 宜设于人流集中处。[《城市居住区规划设计规范》（2002年版）GB 50180-1993]

10. 机动车停车场库的服务半径:

（1）服务半径不宜大于150m。[《城市居住区规划设计规范》（2002年版）GB 50180-1993]

（2）在市中心地区不应大于200m; 一般地区不应大于300m; 自行车公共停车场的服务半径宜为50 ~ 100m，并不得大于200m。[《城市道路交通规划设计规范》（GB 50220-95）]

11. 城市加油站的服务半径:

（1）城市公共加油站的服务半径宜为 0.9 ~ 1.2km。[《城市道路交通规划设计规范》（GB50220-95）]

城市消防站的服务面积:

（2）普通消防站一般不应大于 7km²；设在近郊区的普通消防站仍以接到出动指令后 5min 内消防队可以到达辖区边缘为原则确定辖区面积，其辖区面积不应大于 15km²。特勤消防站兼有辖区消防任务的，其辖区面积同普通消防站。[《城市消防站建设标准》（建标 152-2011）] 服务半径是 1.4 ~ 1.8km。

12. 城市热源的供热服务半径:

（1）输送蒸气的距离为一般为 0.5 ~ 1.5km, 不超过 3.5 ~ 4.0km;

（2）送热水的距离为 4 ~ 5km，特殊情况可到 10 ~ 12km;

（3）热电厂的输送距离一般为 3 ~ 4km。

13. 邮政服务网点的服务半径:

城市人口密度大于 2.5 万人 /km²，服务半径为 0.5km;

城市人口密度大于 2.0 ~ 2.5 万人 /km²，服务半径为 0.51 ~ 0.6km;

城市人口密度大于 1.5 ~ 2.0 万人 /km²，服务半径为 0.61 ~ 0.7km;

城市人口密度大于 1.0 ~ 1.5 万人 /km²，服务半径为 0.71 ~ 0.8km;

城市人口密度大于 0.5 ~ 1.0 万人 /km²，服务半径为 0.8 ~ 1.0km;

城市人口密度大于 0.1 ~ 0.5 万人 /km²，服务半径为 1.01 ~ 2.0km;

城市人口密度大于 0.05 ~ 0.1 万人 /km²，服务半径为 2.01 ~ 3.0km;

14. 公共交通车站服务半径:

（1）公共交通车站服务面积，以 300m 半径计算，不得小于城市用地面积的 50%；以 500m 半径计算，不得小于 90%;

（2）在路段上，同向换乘距离不应大于 50m，异向换乘距离不应大于 100m；对置设站，应在车辆前进方向迎面错开 30m;

（3）在道路平面交叉口和立体交叉口上设置的车站，换乘距离不宜大于 150m，并不得大于 200m;

（4）长途客运汽车站、火车站、客运码头主要出入口 50m 范围内应设公共交通车站;

（5）城市出租汽车采用营业站定点服务时，营业站的服务半径不宜大于 1km，其用地面积为 250 ~ 500m²;

（6）无轨电车和有轨电车整流站的规模应根据其所服务的车辆型号和车数确定。整流站的服务半径宜为 1 ~ 2.5km。一座整流站的用地面积不应大于 1000m²;

（7）公共交通车辆调度中心的工作半径不应大于 8km；每处用地面积可按 500m² 计算。

五

高分学员经验交流

01 清华大学——曹哲 *
02 同济大学——张 *
03 东南大学——丁孟 *
04 天津大学——刘 *

曹哲 * Cao Zhe*

清华大学 14 级规划硕士研究生
本 科：天津大学 09 级城市规划
华元 * 手绘中国营 13 方案 C3/C4 期学员
HUA 青年设计师国际交流基金获得者（2014 年度）

很多学校的考研、保研考试，以及各个单位的入职选拔考试都涉及快题，然而规划专业涉及面之广很难仅通过快题来全面考察，快题主要为城市设计部分在空间应用方面的考察。另外，快题属于中国规划系统内应运而生的一种考核类型，甚至反映了一种大规模生产所追求的高效与速度，在某些方面和保护规划是相悖的，也会被诟病。但是只要明白快题设计的适用范围以及由此而学到的技能与知识，也是一件有意义的事情。

原先学校中的课程设计和竞赛等等，均是以前期详细的调研、中期缜密的分析设计和不断的方案推敲、后期良好的表现汇报为流程，然而快题却是要求在规定时间内完成一套完整、纯熟的方案。与前者相比，的确显得"糙快猛"。自己刚上手时没有预期顺利，慢慢才觉得，快题设计考试是一个带有"台上十分钟、台下十年功"属性的考核。只有通过大量不同类型方案的积累，对于不同建筑类型体量、形态的掌握，建筑组团的形态与功能合理性的运用，各种相关规范指标的融会贯通，以及熟练的手绘技巧，才能在短短几小时内行云流水、一气呵成。正因如此，在评卷时，城市设计空间表现方面的基本功才一见高下。因快题和设计作业有着本质的不同，所以快题设计往往需要以考试为导向。

不同学校、不同单位的快题类型也不一样。有些北方设计院以几平方公里的考核为主，甚至包括总规和修详规程度的城市设计；北方部分学校以 30~50hm^2 为主，且用地性质与使用功能较多，对于空间部分创意与景观设计的深度不是考核重点，比较注重方案完整性和规范性；而南方部分学校规划用地则在 10hm^2 左右，但是对场地设计和表现要求较高，有些考核甚至包括道路断面设计、沿街立面设计、总体规划的中心城区的用地性质等。在考试之前，均需要有针对性的训练，明白考核重点。简单地说，用地规模和比例不同，在日常训练中的侧重点都不一样。6 小时快题中，40hm^2 以上的 1:1000 的图纸，对速度与熟练度要求更高，甚至对于居住建筑、公共建筑等需要手到擒来，对于商业建筑可以多思考发挥，但大体结构需要避免散乱无章；40hm^2 以上的 1:2000 的图纸在速度上考核不高，但更注重方案的独特性与结构的合理性。

除此之外，针对不同性格、习惯的人，训练侧重点也有所不同。对于方案习惯精雕细琢和反复推敲或者有完美主义倾向的人，在前期会非常痛苦，需要训练所谓的"方案忍受度"和时间观念；对于追求高效速成和过度表现的人来说，又需要训练方案的前期构思与细度深化。

而偏向于前者的我在快题训练初期也经历了很久的转型期，大致在 5 个方案之后，手才开始快起来，才开始不过度纠结。我当时在华元报了两期，计划第一期以专业知识梳理，方案搜集、不同类型方案设计训练为主，所以 8 次设计没有一次在规定时间内完成。但在快题设计相关规范、不同类型（比如居住区、校园、综合体、产业园）题目的解读、不同空间结构、建筑组团、建筑选型的案例搜集方面收获不少；并且华元的第一期在郊区的全封闭环境，反而更有助于安心训练。第二期我计划严守时间，主要练习速度与熟练度，并且在方案构思、一草、线稿、上色、鸟瞰、分析图等每个阶段，根据不同用地大小，都严格计划了各阶段时间并单项训练。

以 6 小时快题为例，前 2~3 小时的方案构思、一草、线稿为脑力项目，而剩下的上色、鸟瞰分析全靠手绘与熟练度，所以手绘的优势也不可小觑。我在学习中发现，很多同学由于熟练的马克上色技巧、纯熟的钢笔线稿功力以及快速的图框与分析图绘制能力，会比平均速度快出至少 1 小时。当然，在规划快题中，手绘所占分值不超过三成。

方案首先追求合理与规范，其次是方案特色与空间塑造，再者为表现。说到规范性，则要求全面解读规划技术规范，从《民用建筑设计通则》、《高层建筑防火规范》、《居住区设计规范》等资料中摘取重点、全面贯通，比如沿街建筑不得超过 150m 等很多细小的点都会在设计时需要考虑，这被认为是基本素质的体现。同时，技术经济指标和图要一致对应。以上所述如果有误都是至关重要的"硬伤"。合理性通俗地讲，是指"做什么像什么"，从建筑体量、形态、密度、排布等方面要有可识别性。而这也就是快题设计和竞赛的明显不同。方案特色与空间塑造必须在前一阶段完成的基础上才能有所体现，而我自己由于在训练初期舍本逐末，过度追求方案特色亮点，才导致时间分配失误、合理性欠缺，也经历了较为痛苦的过程才"转型"。说到手绘与表现，它的意义在于根据自身情况有一套纯熟的配色和上色顺序与习惯，这方面训练所取得的时间节省回报是相当高的，例如对于一些常用的居住组团等则应达到快速抹出的程度。

说到更为具体的快题知识，相信市面上任何一本快题书都有详细解读，我就不赘述了。在此，特别感谢提供教学环境的蔡老师以及在北京郊区连续 10 日每天陪我们画图并评图到深夜的助教老师们。清楚地记得，最后一个雷雨夜晚，风雨交加，全区停电，但是老师们还是拿着手机照着图给我们一一讲评。虽然如今已经顺利通过保研考试，但总会想起那远离喧嚣的 10 天、那样一个停电过程中所有师生在黑暗中分享心事的夜晚和安静夜色中的笔触的簌簌声。

曹哲 * 于天大
2013.11.20

张 * Zhang *

同济大学 14 级规划硕士研究生
本　　科：湖南大学 2009 级城市规划
华元＊手绘中国营 13 方案 C5 期学员
HUA 青年设计师国际交流基金获得者（2014 年度）

离保研考试结束有一段时间了，应华元手绘清华中心老师之邀，写了这篇自己对快题学习的见解，希望对同学们有所帮助。时间比较仓促，不足之处还请大家海涵。

工具准备

纸张：A0/A1 硫酸纸，裁成 A4 或者其他顺手大小的草图纸。
铅笔：H 或 B，2B 以上就会弄得太脏了，擦起来容易擦破，还浪费时间。
丁字尺：120cm 一把（备考清华用的，其他学校考 A1 大小快题可用 90cm）。
马克笔：为保证画图速度，按照用色习惯，挑出草地、树、铺装、阴影这五六种常用色。我用的是德系 iMark，绿色系马克笔推荐犀牛 Rhinos，在硫酸纸上不晕色，很好用（当然纸张也有关系，还有墨线笔有的牌子也会晕色。考试时候碰到马克笔晕墨线的话，建议正面上墨线，反面上马克笔）。

图形准备

推荐华元的《高分规划快题 120 例》。有最全的资料储备和方案班学员的设计实战，可以多临几遍，然后找同学互相听写，以最快的速度画出。最为关键要记的几个部分是：
一种你最顺手的“快题设计”四个艺术大字，高度为 5-7cm/ 好看的行道树、团状树形式 / 各类型的建筑屋顶平面形式及其大小 / 各种类型的广场铺装形式。

图形准备（以 A1/6 小时快题为例）

审题：20~30min

主要审清快题的类型（居住区 / 商业中心 / 历史文化保护区 / 地铁站等），确定此类快题需要的功能配比（题目给出则按题目），确定容积率，按照要求计算出各类功能所占面积，计算好各项指标。

构思：20min

用裁好的草图纸把给的图拓下来，确定地块内部一级路网的位置，并在上面按照计算好的功能配比确定各功能的位置；用马克笔大体确定建筑的体量，各开放空间的位置、中心景观的形式要做到心中有数，但不必画出。

平面图铅笔稿：60min

先将平面图、分析图、鸟瞰图及图名的大体位置确定，然后在硫酸纸上一边思考一边画平面图铅笔稿，主要是确定建筑的位置、开放空间的形式和大致的铺装、道路与建筑的关系。为了节省时间有些入户小路可以直接在上墨线时再画。

平面图上墨线：60~90min

认真画线条，虽然要提速度，但也要注意美感。城市道路以及地块内一级道路要画三线。10hm^2 以下的地块，建筑画双线，停车场要画出车位，铺装不要太细，将不同材质分清即可。

平面图上颜色：60min

平涂，目的是表现方案，将各材质分开，使有立体感，因此有限时间内不必追求一种材质中的变化，而要强调不同材质的区分，但在中心景观或轴线上可适当表现。上色顺序为：草地、水面、铺装、建筑和基地内部树的阴影。如果时间还够，可以再上基地内树的颜色和城市道路行道树阴影；如果时间不够，可用马克笔统一将城市道路行道树处画波浪线，很漂亮，效果很好，我一般不论有无时间都这么画，推荐犀牛马克笔的几个绿色系配色：RH502 和 RH505 或者 RH402 和 405。

分析图：15~30min

为了用色统一，要用平面图上已有的颜色来画，要看清楚，最好加个黑投影。

鸟瞰图：60min

真的要画好一个透视得几个小时，但鸟瞰图分值为 15 分，因此这时候要根据时间来决定，只要确定透视正确，建筑体量清楚，绿树多一点，即可。我一般是先将整个地块及内部的主要道路透视求出来，这是确定大的透视感觉不会错，然后再根据感觉拉出建筑体量，上墨线时候再将树丛画好。鸟瞰上色最简单，只有树丛、投影、建筑暗面以及能看到的水这几部分。树丛和投影这两部分画完大的关系就出来了，如果没有时间其他可以忽略不画，有时间再刻画。一般一小时可以将铺装也涂一涂。

检查：5~10min

写好经济技术指标，给图纸加框，检查遗漏的其他东西（指北针，图名等），尽量把图纸打一个边框，黑色或者深灰色，这样比较能“镇”得住图纸，整体效果也会比较好。

张　*　于中规院
2013.11.18

丁孟 * Ding Meng *

东南大学 2013 级规划硕士研究生
本　　科：东南大学 2008 级城市规划
华元 * 手绘中国营 33 期学员

衷心感谢中国建筑工业出版社以及华元手绘，特别是华元手绘南京东南中心的老师对我的信任，给我这次宝贵的交流机会。

（一）一个“非优秀”学生的升学经历

在接到蔡院长邀请之后，我纳闷了好久——“为什么是我？”说实话，这样的“榜样”不应该是我。我既不是“牛校”骄子也不是职场精英，更不是创业先驱。如果从学习成绩看的话，我的本科成绩单也只是普普通通的“中不溜儿”而已。如果我身上有点什么特别的话，那就是带着一点伪文青的矫情，说破大天，我就是个“非优秀”学生。对了，还记得《中国合伙人》里程冬青的演讲么？他讲了他最熟悉的东西——失败，拳拳到肉、情真意切，确实很有煽动力。我就没那么多人生蹉跎了，从小到大一直都比较顺利，除了失过一次恋和复试失误之外，一直都平平稳稳地带着一点侥幸走了过来，我的关键词是：稳定。

讲讲我的考试经历。可能已经有同学看出来了，我是个有点“不靠谱”的人儿，可是每次关系到升学的考试我都顺利地通过了——第一次是小升初，学校降线两分刚好将我录取；中考，超过录取分数线 0.5 分成功考入内蒙古自治区最好的高中——呼市二中；高考，是整个高中生涯发挥最好的一次，由于阴差阳错建筑学院多了一个指标，我终于读到了自己心仪的专业。

看上去还挺美好的吧。但我们往往只注重结果，而忽略了过程中的得失。在我“侥幸”的背后，其实还是下了许多辛苦的，没人能够不劳而获。汗水是必须的。再讲个小段子。高考前那个寒假回家过大年，奶奶跟我说：“要有提头上山的魄力！”我听成了“剃头上山”，开学之后顶着圆圆的光脑袋冲刺到了最后，从入学时的 471 名到 60 多名。偶尔表现下决心也是有用的。另外就是摆正心态，既有勇气改变也要有胸襟去接纳，放轻松很重要。

（二）做出选择吧！

靠这三点，我踏入了大学的校门。但是在毕业来临之前，我发现这样是不够的。人生第一次自己的选择终于来临。工作、出国还是考研，这是个问题。感性如樱木可以对泽北说：“我也要去美国。”极端理性可以像卷福一样用种种线索推导出自己的方向。“大学给了我们选择的权利，让我们看清了自己”，做这个选择一定要从自己的情况出发的。就我个人的情况来说，已经在建筑学院学习生活了五年，但对规划的学习只有三年时间，对各个方面内容也仅仅接触到皮毛。在这种情况下工作，起点略低后劲乏力；出国，虽然负担得起但没有明确的学习方向会更辛苦；读研，性价比最高的选择，可以稳步提高学历并接触更细化具体的研究课题为将来探路。

这只是选择的开始而已，在这个阶段之后还会迎来更多需要抉择的十字路口。2014 年研究生考试报名人数有 172 万，也就有 172 万次选择。但世界上只有一个你，要做出适合自己的、能让未来自己快乐的选择。

（三）考研没那么难

我复习时间算比较早的，从 7 月学校放假开始。先后上了两个复习班，华元手绘与一个政治班，英语和专业理论是自学。每个人的思维活跃点与身体疲劳点都不一样，具体的时间安排还是以适合自己为原则，不过最好可以与相互信任的同学结伴复习，一个人可能走得很快，但一群人一定可以走得更远。说说各科的复习心得。

英语：平心而论，我的英语基础应该是中等偏上（也许我平均线划低了一点），以四、六级来看，分别考了 500 多和 400 多，一定有许多同学比我强。就是这样的我，最后考研考了 75 分这个还不错的成绩。总的来说，英语复习我还是用“笨办法”慢慢堆出来的：大四下学期开始背单词，强度不大，每天一个 list，尽可能地记住，在 9 月之前搞定单词。阅读是我时间投入蛮大的一个部分，两本黄皮书（基础和提高）我都做完了，从一开始的五个全错到后来错一两个，进步可以看得见，有助于提高信心。真题尽量放在后面吧，先做难的摸摸底，最后做简单的找自信，考前一定会有信心！

政治：68 分这个成绩马马虎虎吧。我已经很满意了，因为我从小写字奇丑无比，卷面差得一塌糊涂。但是答题卡没有美丑之分，去搞定那些选择题吧。虽然政治很枯燥无聊，但还是要尽可能地去理解它所传达的信息，下辛苦就能搞定。

规划原理：我们考的那年正好赶上改革，东大规划第一次考原理。对于原理这门科目我认为过程中的收获远远比结果重要得多。复习原理实际上是对之前知识的一次系统性梳理，对碎片化知识的整合。从学习的角度看，第一点是要建立知识框架，明确了结构才能有效地吸收内容，孤立地记忆不及系统地融会贯通。从考试的要求看，首先要认真读考试大纲，比如 2013 年东大规划考试参考书目只有《城市规划原理》（第四版），而 2014 年则多出了两本，事后大家发现许多内容都是从那两本新参考书目中选取的。多收集些其他院校的真题做做也对自己很有帮助。

规划快题：交给华元吧，哈哈！只有一点建议：这是考试，不是竞赛。不需要想太多太复杂，一定要稳中寻找亮点。

最后用加缪在《西西弗斯的神话》中的一句话作为结束——“没有命运不可以被轻蔑征服”（There is no fate that cannot be surmounted by scorn）。虽然世事荒谬人生无奈，但抛下迷茫疑惑奋勇一搏着实精彩，加油，少年！

丁孟 * 于东南大学
2013.9

刘 * Liu *

天津大学14级规划硕士研究生
本　　科：天津大学09级城市规划
华元＊手绘中国营39期/13方案C4期学员
HUA青年设计师国际交流基金获得者（2014年度）

快题，无论是考研还是应聘，都是一项应试的功夫，它的准备与应对都是要有的放矢的。有些点只要稍加注意就可提分不少。在这里我谈一谈自己关于规划快题的小经验、小感悟，仅供学友们参考。

首先要认清自己的“对手”，也就是审题。3小时和6小时的快题是大有不同的：6小时的快题是对规划的手法和细节、考虑问题周全与否有一定要求的，而3小时快题考的就是绘图的基本功和表现力，只要路网通顺、功能不出大问题，就不会在方案这方面扣分，所以构思方案10min左右就要开始动笔了。题目中要求有的必须有，题目中不做要求的，能不画就不画。比如题目中说地块中要有哪几种功能，尽量都做足不要缺；题目中要求给重要公共建筑物加名称标注，如果没加，5分就白丢了；如果题中对分析图的数量没有要求，能画两个就不要画三个，画得越多错得越多，不但不加分反而扣分。

其次，练过整套快题的人一定知道时间有多紧迫。快题的训练从头到尾都围绕着怎么提速、怎么在有限的时间里拿到更多的分数展开。该画不该画的要认清，该画的里面哪些要重点表现尤其要分清。整个方案里一定要有出彩的点，这个点要着重笔墨去表现，其他地方就可以简略、一带而过，千万不可平均用力。比如你擅长做景观，就把山水亭树的小中心花园做好看；比如你中心区的标志性组团做得好，就把最重要的节点表现细致、无论屋顶还是铺装都比别处精心。只有这样才能在海一般的试卷中脱颖而出、夺人眼球，也让考官知道你的实力。

再有一点，画快题要做到“习惯成自然”。其一是尺度，其二是各类规范。比如主次支路在1∶1000的图中分别大概是4cm、2cm、1cm就差不多；比如设计商业街，大型的购物中心的体块要多厚，小餐饮步行街最少进深多少，在google上随便找个自己去过的商业建筑量一量就有概念了。所有在快题中可能会用到的规范都要心里有数，落笔就要尽量避免出错。比如画带有裙房的高层，很多人会画个大块儿表示裙房，里面再画个小块儿表示高层，然而四面裙房的设计显然是违背防火规范的。只要把高层块儿的其中两边画在裙房之外，就减少了一个错误点，举手之劳，何乐不为。再如，除了在有山、水、大型植被或有保留建筑的地块旁边，都可以画上几个地下停车的出入口。这些只是装饰，不一定非常合理，只要让老师看到你有考虑就可以了。

关于速度的提升，初期时要练线条的熟悉感。墨线无论画多快，都要保证两头粗、中间细的硬朗笔触；马克笔上色时，粗细旋转要非常熟练，在给复杂形状涂色时，如果能很好地使用笔触变化更加灵活的发泡型笔头，效率会很大提高。在后期练习整幅快题时，我建议，先自己从头至尾地模拟画上一回，记录每个步骤所用时间。每个人慢的地方是不一样的，审题、出方案、墨线、上色、鸟瞰、分析图等等，感觉哪个步骤拖后腿了就重点提高哪个步骤的速度。

时间上，总的来说，如果是6小时快题，可以把时间分成出方案和表现两个大的部分。以我自己为例，我计时临摹一张成图，无论是A1还是A0纸张，用时总在3.5~4小时左右，说明我表现的速度极限就是这样了，换句话说，我必须要保证在两个小时之内构思完方案，才能比较有保证地全面画完快题。这样在做方案时心里就会有数，要保证完成度，到了一定时间，即使方案不完美也要放弃钻研，着手下个步骤。平面、上色、鸟瞰、分析图和文字部分，每个步骤都要做到心里有个计时器。在有限的时间里，每个倒计时都要从最重要的开始画起。比如整幅图中，平面要画得最好，平面中重点出彩的部分又是最重要的，那么在画平面时就要首先画重点组团和几个大轴线，其他的就“龙飞凤舞”地在倒计时结束前搞定；鸟瞰中，近处的或是重点部分的建筑多画几笔屋顶和层线，其他的建筑就随意拉线，下面用云线团树一遮就OK了。关于鸟瞰多说一句，个人感觉，全局鸟瞰和局部鸟瞰的用时其实差不多。因为图面大小是差不多的，局部需要更多地表现细部，而全局只需把大轴线、大空间结构位置表现对即可。无论哪一种鸟瞰，放手去画，20分钟左右都可以完全搞定。鉴于很多学校的老师偏爱全局，不如练习的时候多练全局，上了考场万一只剩10分钟时间，一个局部也是难不倒你。

关于上手绘班的问题还要补充一点。学手绘的目的，尤其是方案班，不是说上完几天课就成了快题大牛了，最重要的收获应该是清楚自己接下来要练什么、怎么练，以及需要积累哪些东西。这里的积累不是说要死背方案，全照搬在考场上是必死的，积累的是构图及规划思路。比如做个小区，知道可以一个大环路围出来个中心，在中心引个水池点几个小高，周围几个多层组团这就是一种思路，而至于这个中心的形状位置、路网的具体布置、开口方向等，则视情况而定就好了。

另外要补充一点的是，考研的同学们一定不要小瞧那些“不言自明”的内部消息哟，不然吃亏的是自己。比如一定要到报考学校所在的考点考试啦、评卷老师们的偏好啦，稍稍注意一下就能提高一个档。不用多言大家都懂的。

好啦，就说到这儿啦，祝大家的手绘学习之旅愉快顺利！

刘 * 于天大
2013.11.10

六

高分快题名师点评及名校历年真题题型

答题一律做在答题纸上（包括填空题、选择题、改错题等），直接做在试题上按零分计。

准考证号＿＿＿＿＿＿　系　　别＿＿＿＿＿＿　考试日期＿＿＿＿＿＿

适用专业＿＿＿＿＿＿＿＿＿＿　考试科目＿＿＿＿＿＿＿＿＿＿

城市公共中心规划设计

一、项目背景及规划条件

规划地块位于华北某地区，总用地面积约50hm^2，基地内西部有一古塔（12m × 12m），西南部有一幢政府大楼，中部有一条南北向河流贯穿基地；地块外部东侧、北侧和西侧均为居住区，南侧为文化区。

二、规划设计要求

规划设计时要求保留古塔；保留现有政府大楼，并在此基础上进行扩建，作为市政府的行政中心；新建一个市级博物馆、一个市级图书馆、一个市级公园、一个园林式酒店，剩余地段新建一个居住区（容积率 1.5 左右，以多层为主）。

三、图纸要求

总平面图（1 ： 1000），全景鸟瞰图，能表达设计思路与意图的分析图若干，设计说明及技术经济指标。用时 6 小时。

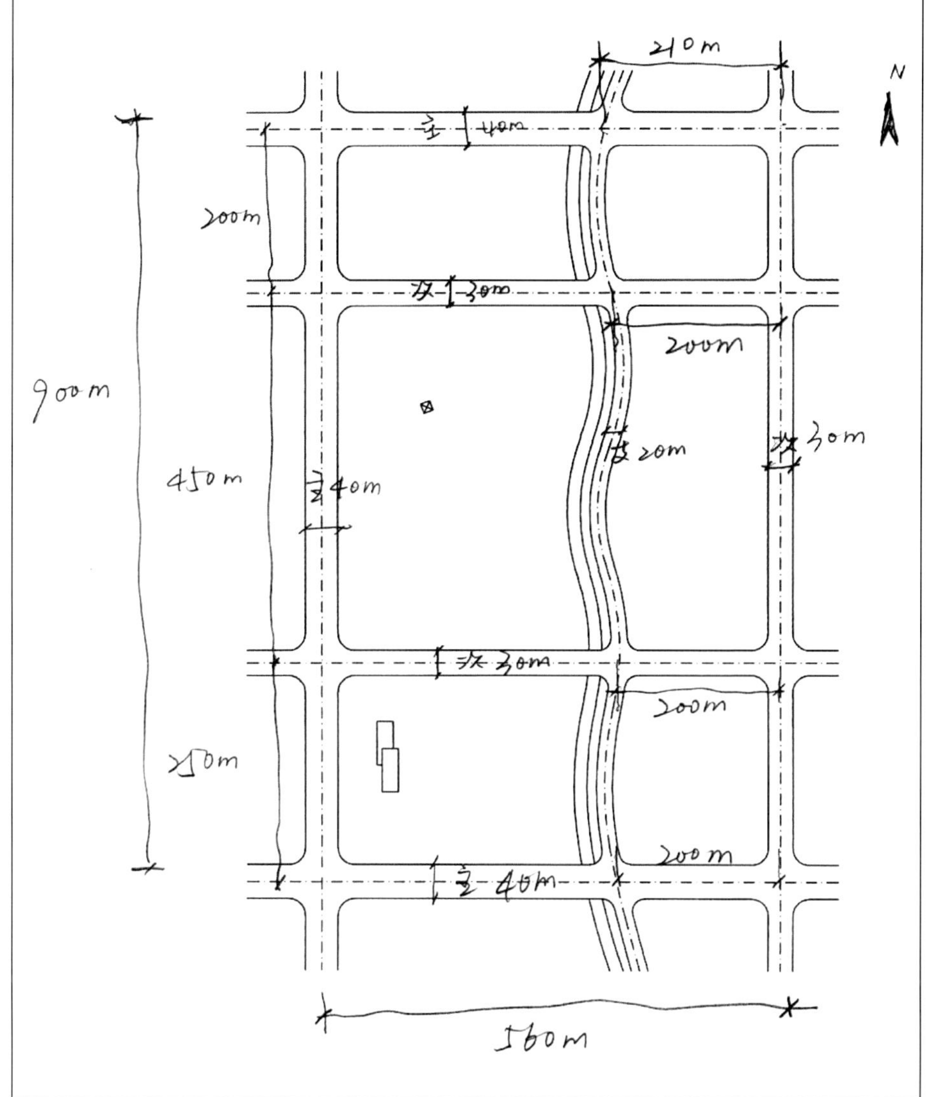

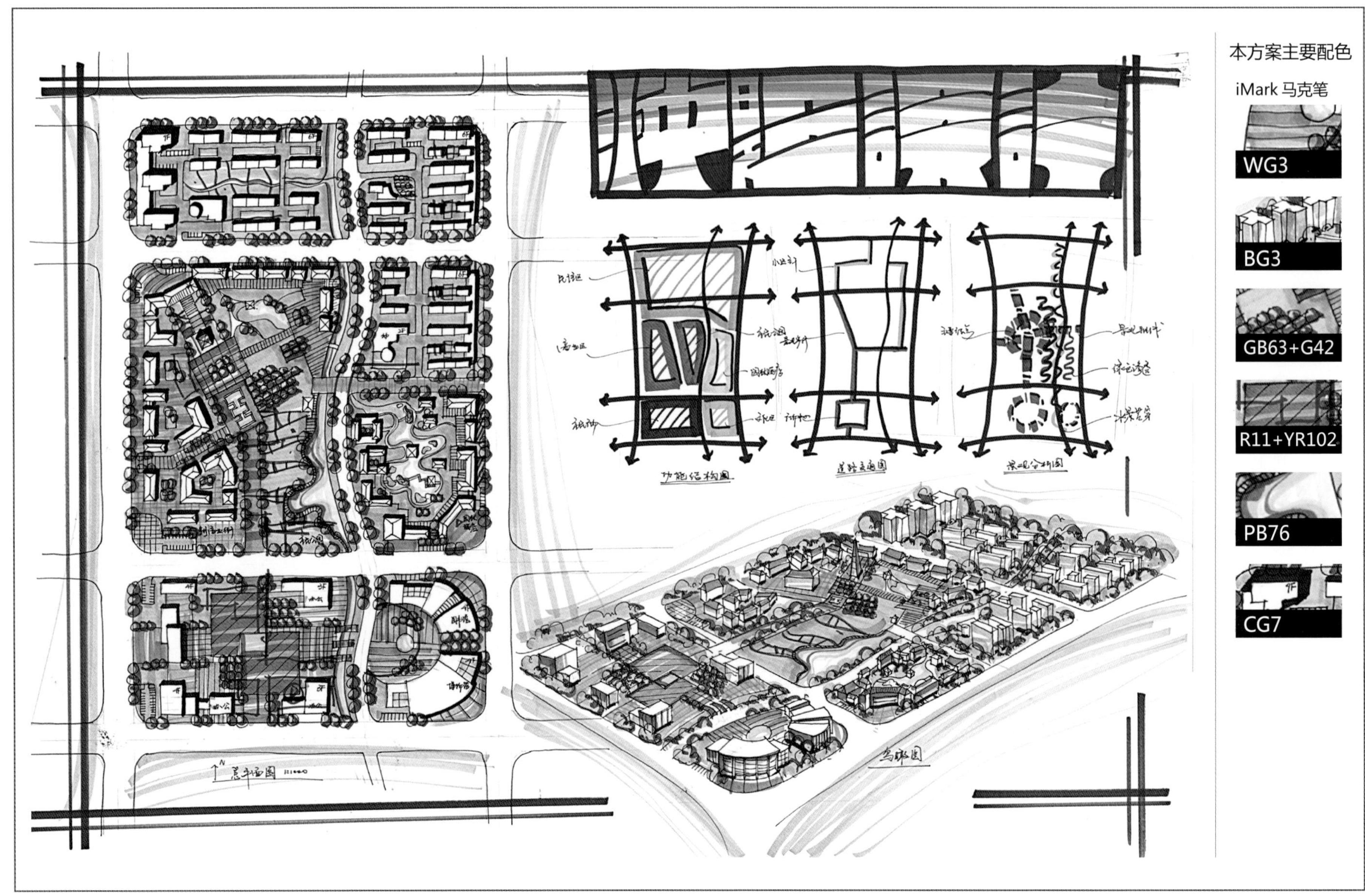

例 01　城市公共中心规划设计

作　　者	方思宇	报考院校	中国城市规划设计研究院
表现方法	针管笔 + 马克笔（iMark）		
用　　纸	A1 绘图纸	用纸规格	594mmx841mm
用　　时	6 小时	期　　数	华元方案 C6 期

名师点评 ▲

本方案功能布局合理，结构清晰。南面扩建的行政中心与博物馆和图书馆围合的文化广场遥相呼应，形成南面文化区。北面剖屋顶建筑依水而建，烘托出古色古香的商业街区和园林式酒店，规整布局与自由水面相得益彰，延续西部保留古塔的自然古韵。地块内部通过铺砖变化拉出从行政中心到古塔的轴线，通过巧妙转折，不失细腻。空间形态上，行政区布局较为零散，不利于形成结实的空间界面。平面表现整体，透视图在前景建筑表现上较为细致。

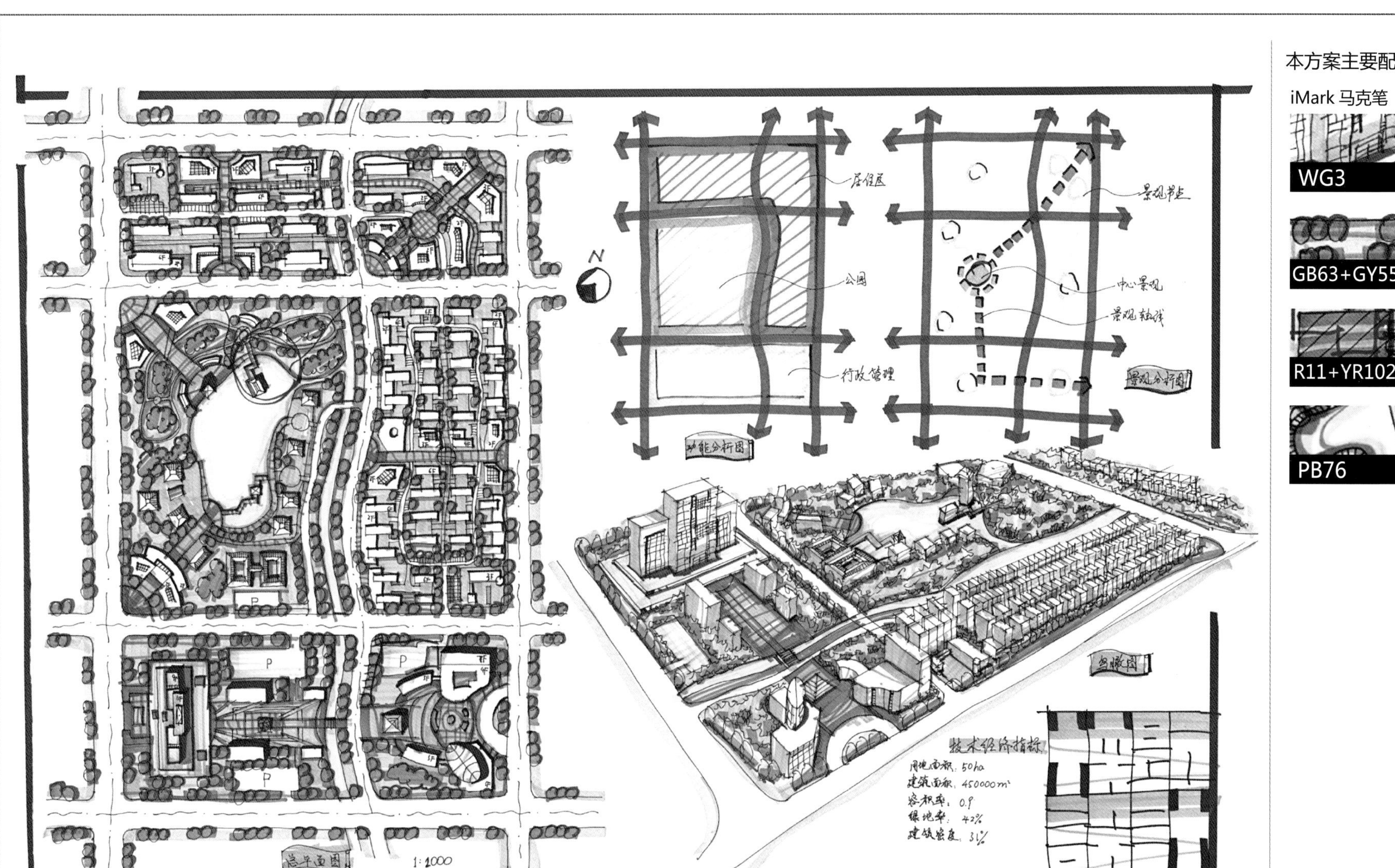

本方案主要配色

iMark 马克笔

WG3

GB63+GY55

R11+YR102

PB76

例 02　城市公共中心规划设计

作　　者	曾柯杰	报考院校	重庆大学
表现方法	针管笔＋马克笔（iMark）		
用　　纸	A1 绘图纸	用纸规格	594mmx841mm
用　　时	6 小时	期　　数	华元方案 C6 期

名师点评 ▲

根据现状道路将规划地块分为三个部分，功能分区明确。居住区位于北部和东部，而东北角地块形成配套商业服务，位置便于服务两侧居民，功能合理。西南部结合保留政府大楼扩建形成轴线对称的行政中心广场，轴线向东联系到东南角用地，布置大型公共服务设施，利于利用街角地块创造良好的城市景观环境。西部结合现状河流集中布置公共绿地，保留古塔成为公共绿地与步行系统的中心标志物，提高了场地的可识别性。

建筑尺度把握有问题。效果图表现中住宅区与设计不相符合，密度过大，空间单调呆板。

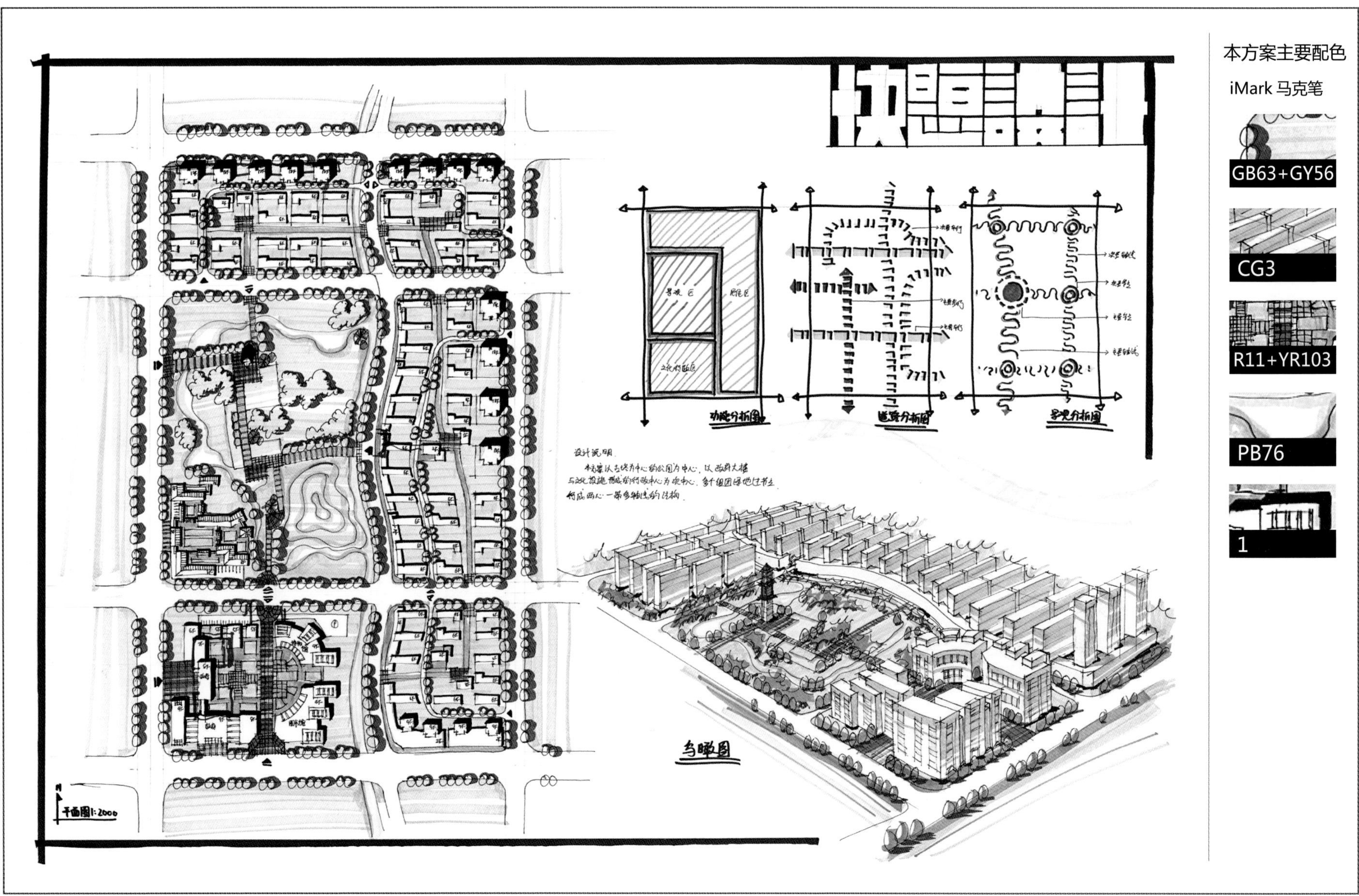

例 03　城市公共中心规划设计

作　　者	何 浏	报考院校	浙江大学
表现方法	针管笔 + 马克笔（iMark）		
用　　纸	A1 绘图纸	用纸规格	594mmx841mm
用　　时	6 小时	期　　数	华元方案 C6 期

名师点评 ▲

本方案功能布局合理。在空间形态方面体现了良好的图底关系。图书馆、博物馆的建设行政中心的扩建结合，形成了围合度很高的行政中心和文化广场。建筑临街采用塔式住宅和底商的方式，利于临街街道商业价值的利用。内部多采用折尺形板楼组合实现空间围合。步行系统呈环状，串联了居住区、行政中心与绿地，突出了保留古塔的标志物地位。空间形态的表现单调呆板，没有体现塔板结合的特点。居住区用地比例过大，整个规划不像城市公共中心，更像居住区。

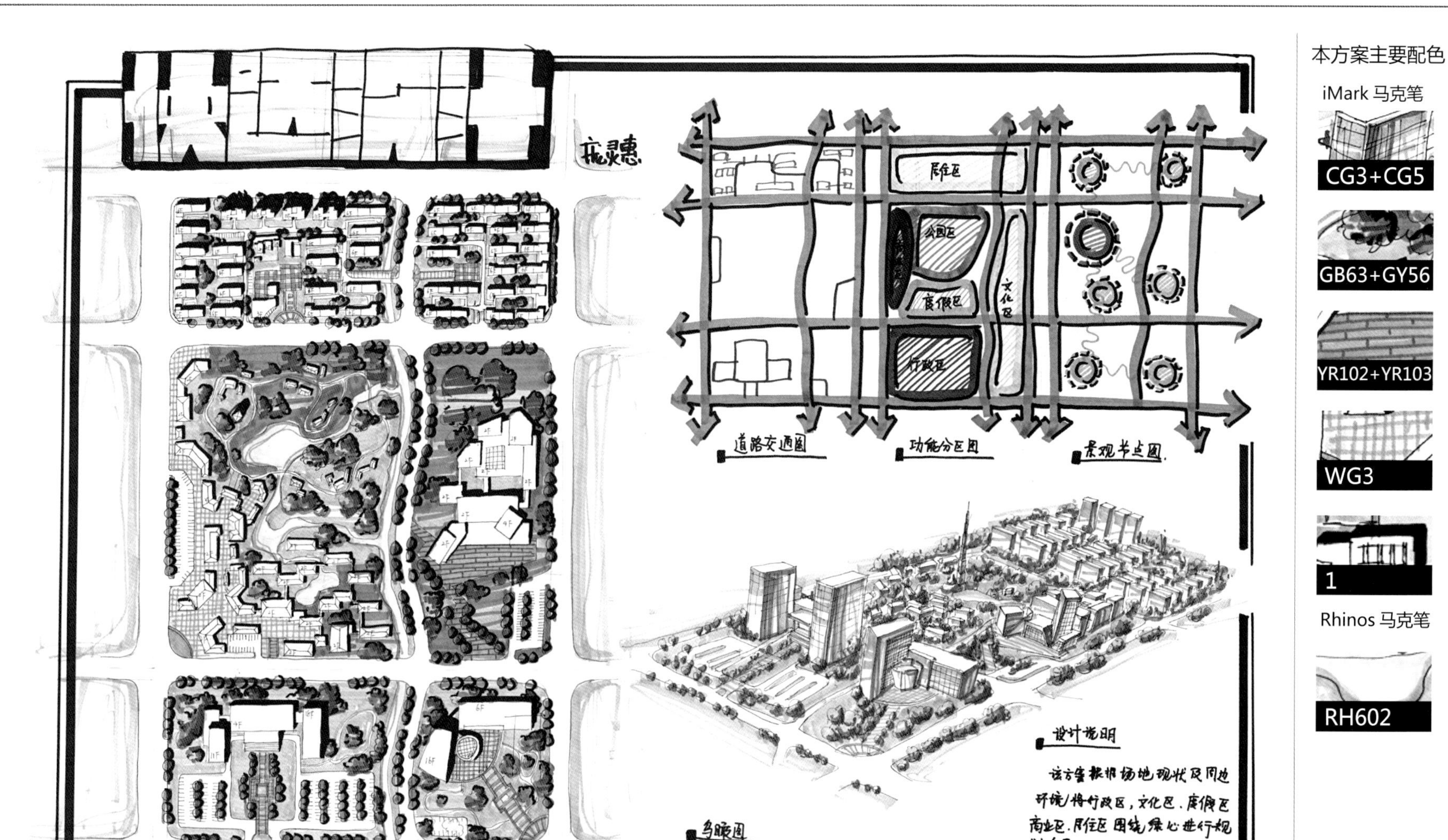

本方案主要配色

iMark 马克笔

CG3+CG5

GB63+GY56

YR102+YR103

WG3

1

Rhinos 马克笔

RH602

例 04　城市公共中心规划设计

作　　者	庞灵惠	报考院校	北京城市规划设计研究院
表现方法	针管笔＋马克笔（Rhinos+iMark）		
用　　纸	A1 绘图纸	用纸规格	594mmx841mm
用　　时	6 小时	期　　数	华元方案 C6 期

名师点评 ▲

功能布置合理，各功能地块围绕中心绿地布置，保留了古塔。公共设施的布置体现了作为城市标志物的重要性和开放性，博物馆、图书馆和行政中心分别占据了三个地块，充分布置了停车设施，使公共设施具有良好的疏散能力。居住用地北侧采用高层塔楼住宅，充分利用市政路的间距。沿西侧市政路布置的商业用地与中心绿地相渗透，形态为自由走向、尺度宜人的步行街，缓解市政道路的压力。

各地块相对孤立，地块之间在形态上、行为上对应不足。南部改造行政中心体量过大，缺乏过渡体量。

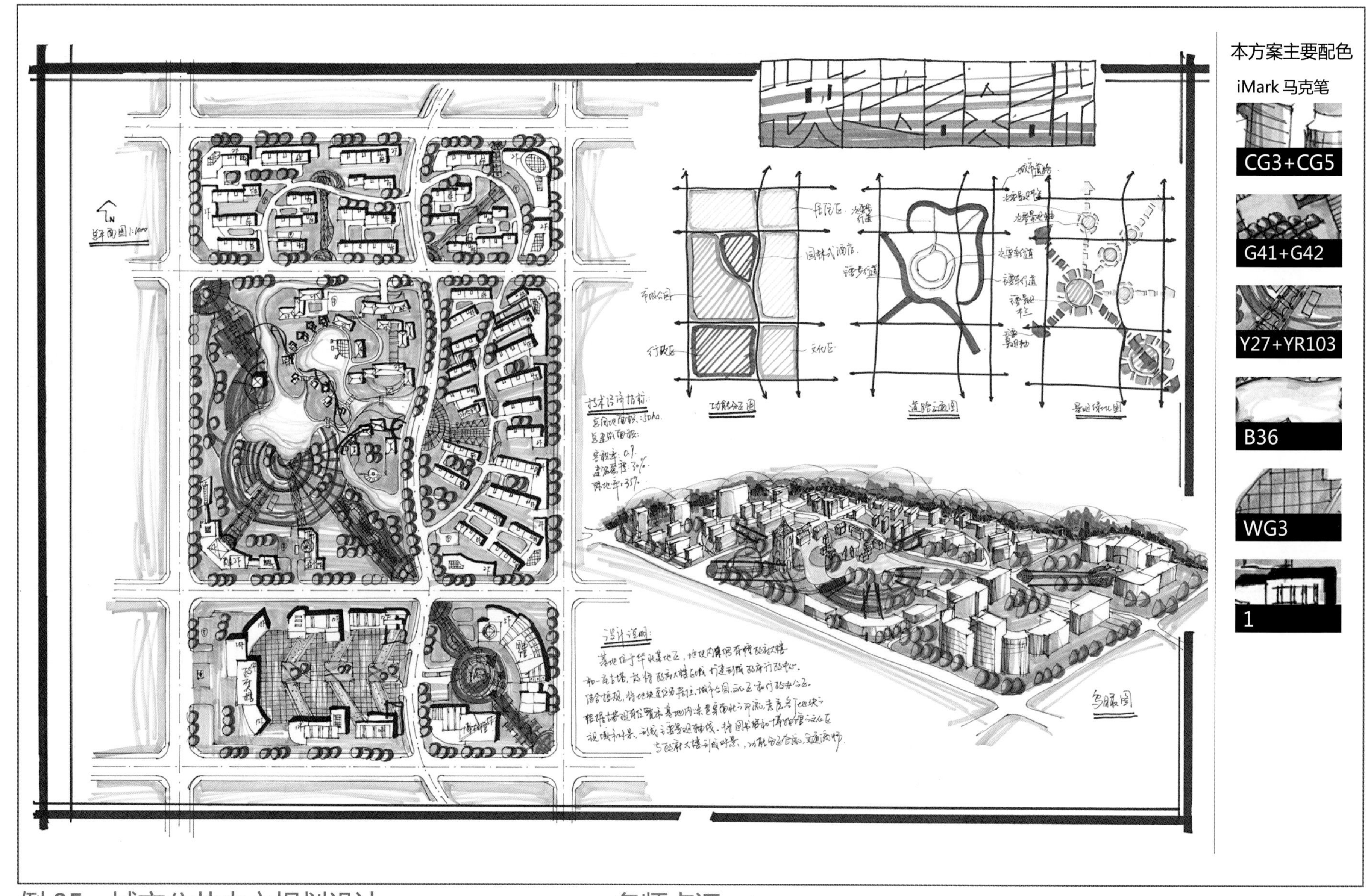

例 05　城市公共中心规划设计

作　　者	戴会景	**报考院校**	合肥工业大学
表现方法	针管笔 + 马克笔（iMark）		
用　　纸	A1 绘图纸	**用纸规格**	594mmx841mm
用　　时	6 小时	**期　　数**	华元方案 C6 期

名师点评 ▲

功能布局合理，各功能地块围绕中心绿地布置，保留了古塔。西南部结合保留政府大楼扩建形成轴线对称的行政中心广场，轴线向东联系到东南角用地，布置大型公共服务设施，利于利用街角地块创造良好的城市景观环境。商业设于住宅临街的底商和东北角，利于临街街道商业价值的利用。特点鲜明的景观轴线以绿地为中心呈放射状，为此东部住宅也呈放射布置。

语言不够统一，园林式酒店的位置阻碍了居民进入公绿地，也阻碍了放射轴线从东北地块向中心的延伸。

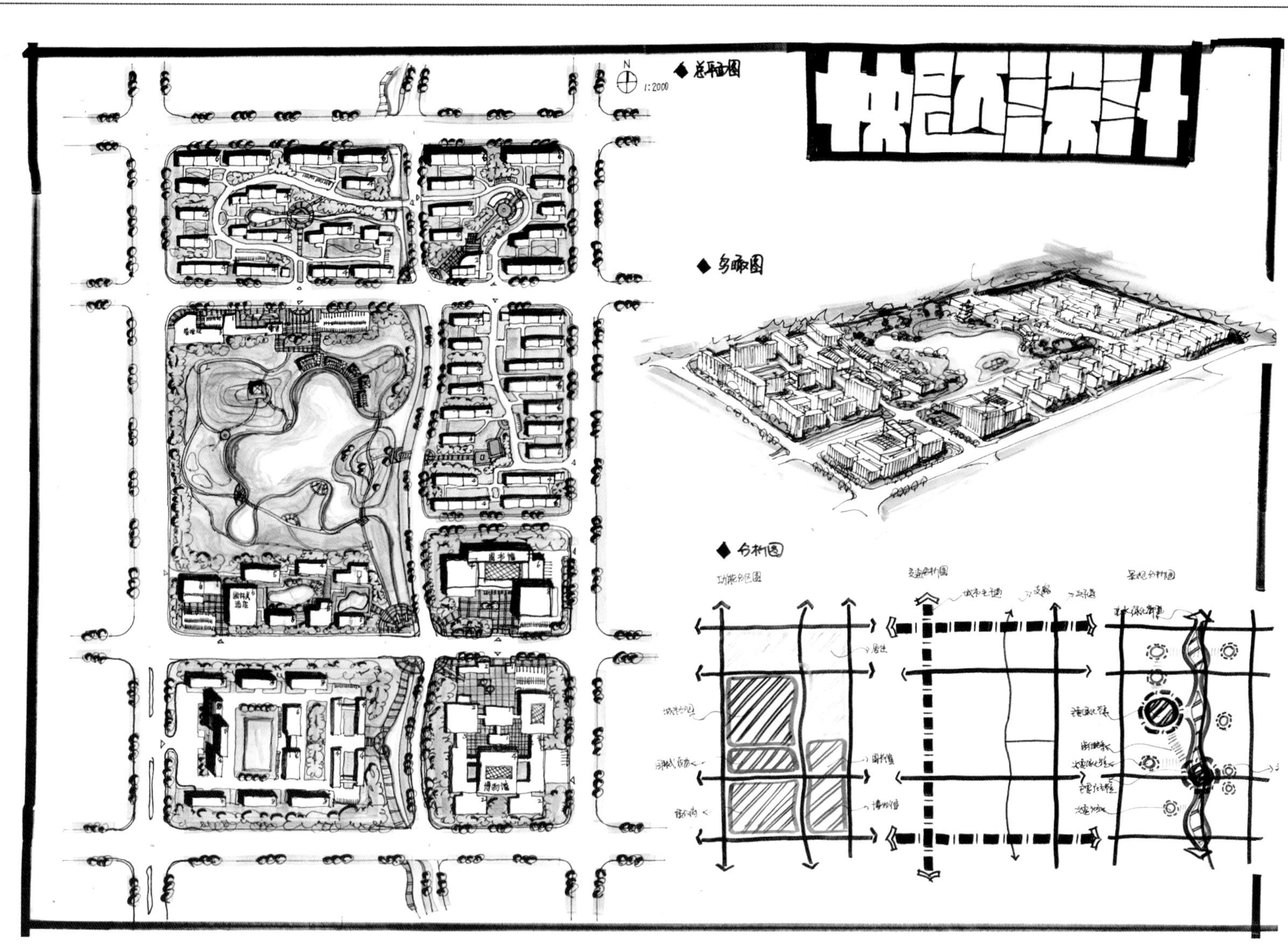

本方案主要配色

iMark 马克笔

BG3

G43+G42

GY54

Y27

1

例 06　城市公共中心规划设计

作　　者	高　晖	报考院校	中国城市规划设计研究院
表现方法	针管笔 + 马克笔（iMark）		
用　　纸	A1 硫酸纸	用纸规格	594mmx841mm
用　　时	6 小时	期　　数	华元方案国庆 C6 期

名师点评 ▲

本方案功能布局清晰，收放自如。以交叉口为依托形成文化广场，发散出西南行政中心、西北商业娱乐中心以及东面文化中心。西面市级公园对现有水景进行良好改造，通过园径与木亭的串联点缀，烘托出古塔周边灵动自由自然风光，也为古塔预留出良好、通透的视线范围，是规划的亮点。 北面与东面居住区也注重区内游园的细致刻画，不显呆板。建筑形态通过矩形组合变化围合成丰富多样的功能空间。整体表现上，平面图与透视色调未统一，透视表现略潦草。

答题一律做在答题纸上（包括填空题、选择题、改错题等），直接做在试题上按零分计。

准考证号＿＿＿＿＿＿ 系　别＿＿＿＿＿＿ 考试日期＿＿＿＿＿＿

适用专业＿＿＿＿＿＿＿＿ 考试科目＿＿＿＿＿＿＿＿

城市中心区规划设计

一、项目背景及规划条件

规划地块位于华北某地区，总用地面积约 $40hm^2$，地块东侧为一高校，北侧为大型商业区，西侧和南侧为多层居住区，东侧至一条轻轨线路并有一轻轨站点。

二、规划设计要求

要求一个商业步行街、一个居住区（容积率1.5左右，多层为主）、一个高校配套科技园、一个高校配套学生宿舍区（多层，含一个食堂和部分运动场地）。

三、图纸要求

总平面图（1：1000）、鸟瞰图、分析图若干。用时6小时。

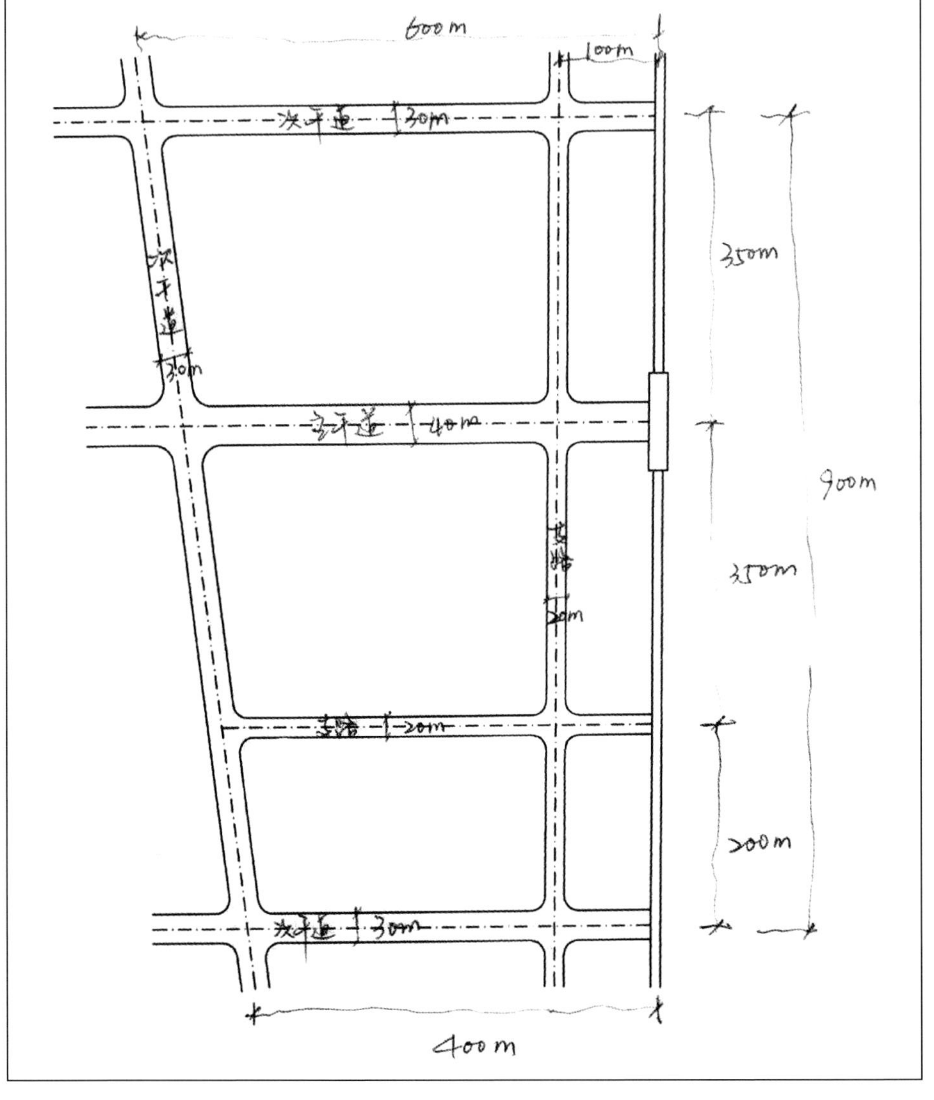

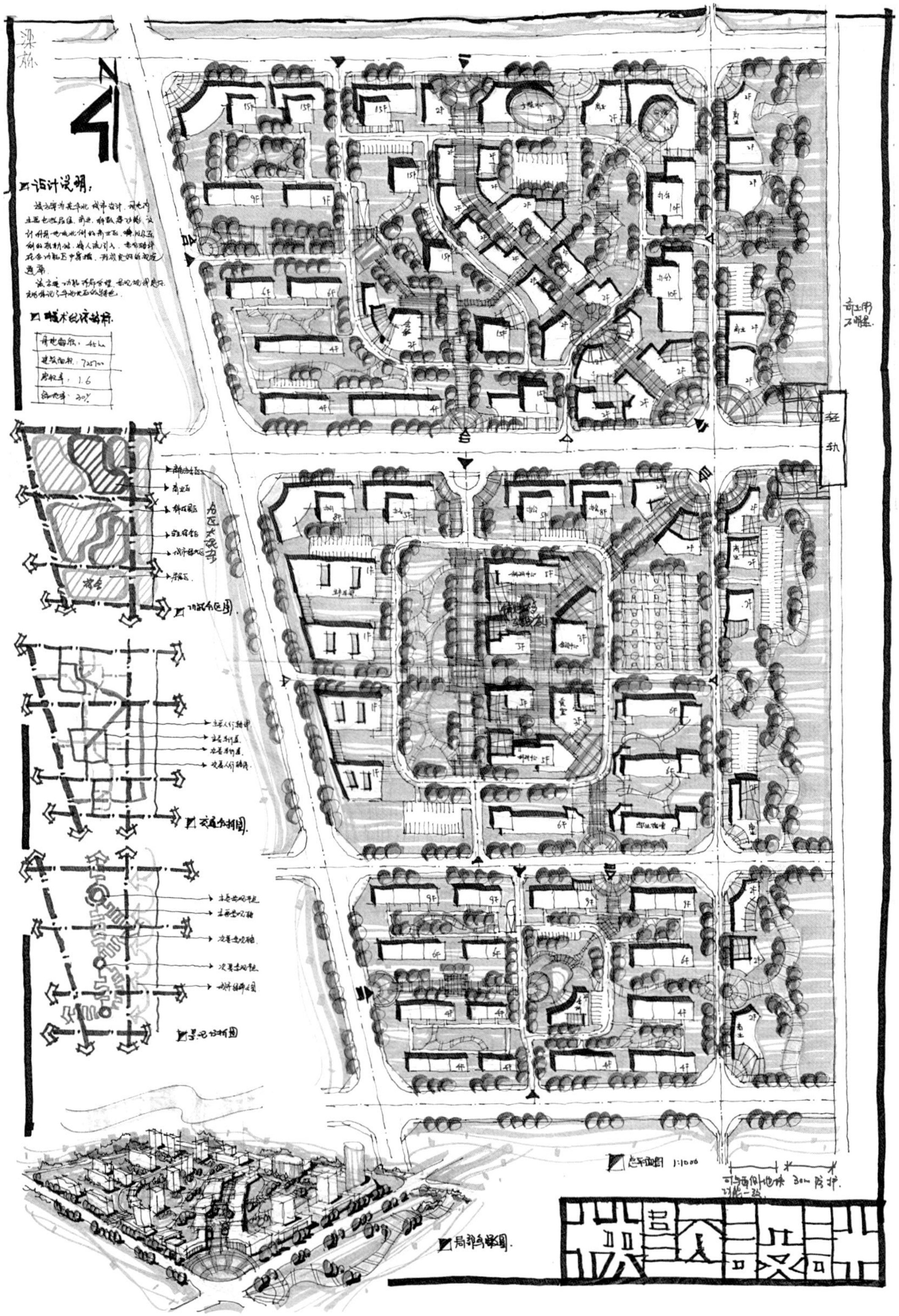

本方案主要配色

iMark 马克笔

GY53

Y23+Y27

CG7

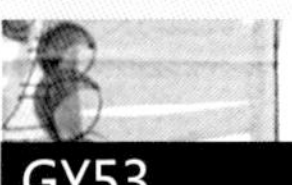

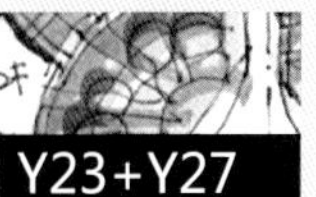

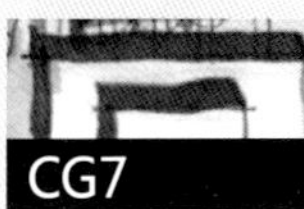

例 07　城市中心区规划设计

作　　者	梁　栋	报考院校	北京建筑大学
表现方法	钢笔 + 马克笔（iMark）		
用　　纸	A0 绘图纸	用纸规格	1164mmx841mm
用　　时	6 小时	期　　数	华元方案 C3 期

◀ 名师点评

本方案功能布局合理。高校配套科技园和学生宿舍与东侧高校相邻。商业步行街嵌入用地中部，并沿中部街道两侧布置，与北侧大型商业区联系的同时，跨越三条街道，并主要沿中部主干道两侧发展，将主要交通压力分散。

规划范围内有一条通而不畅的内部环线，串起了各个功能地块，同时结合景观轴线将各地块划分成活泼的形状，建设密度较大，建筑在形体组合方面变化多变，建筑空间充满活力，方案有良好的图底关系。本方案在建筑形式变化与地块形状的配合方面，体现了较高的布置能力。

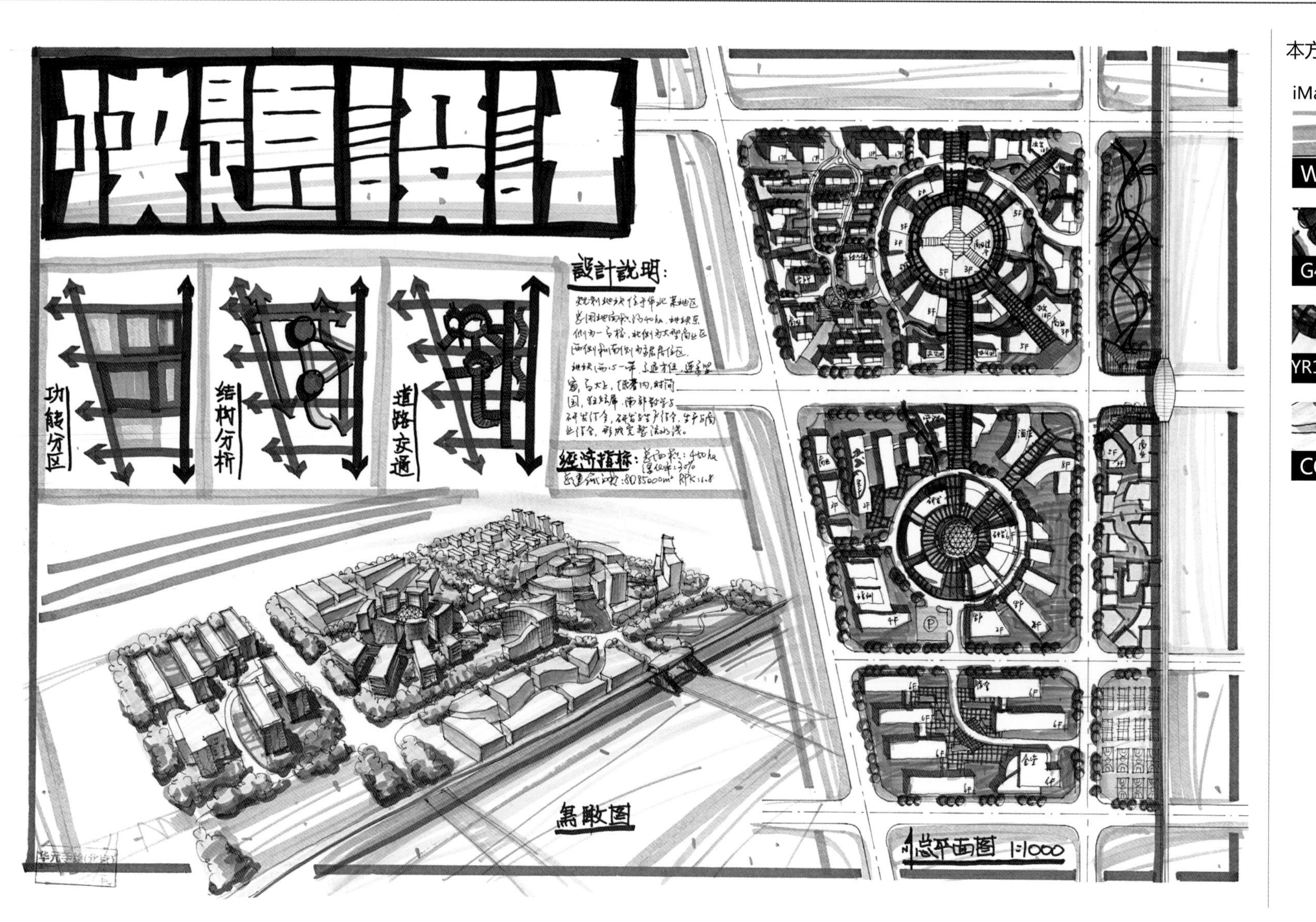

本方案主要配色

iMark 马克笔

WG3

G43+G42

YR103+YR106

CG3

例 08　城市公共中心规划设计

作　　者	周　驰	报考院校	山东建筑大学
表现方法	针管笔 + 马克笔（iMark）		
用　　纸	A1 绘图纸	用纸规格	594mmx841mm
用　　时	6 小时	期　　数	华元方案 C6 期

名师点评 ▲

方案整体布局完整紧凑，无论是交通系统还是人行空间，都很好地将南北三个地块相互串联。北部居住功能与商业中心相结合，既考虑了功能的趋近性，又满足了公共设施的配套要求。商业中心围绕 C 型路网展开，中心感强。轨道站点周边考虑集散场地和疏散通道，思路合理。科技创业园区中心突出，同时连接宿舍区与公共中心区，位置合理。宿舍区结合考虑运动场地，设计思维全面。科技园内道路呈完整圆形稍显多余，部分步行空间可增加节点和层次，略显单一。

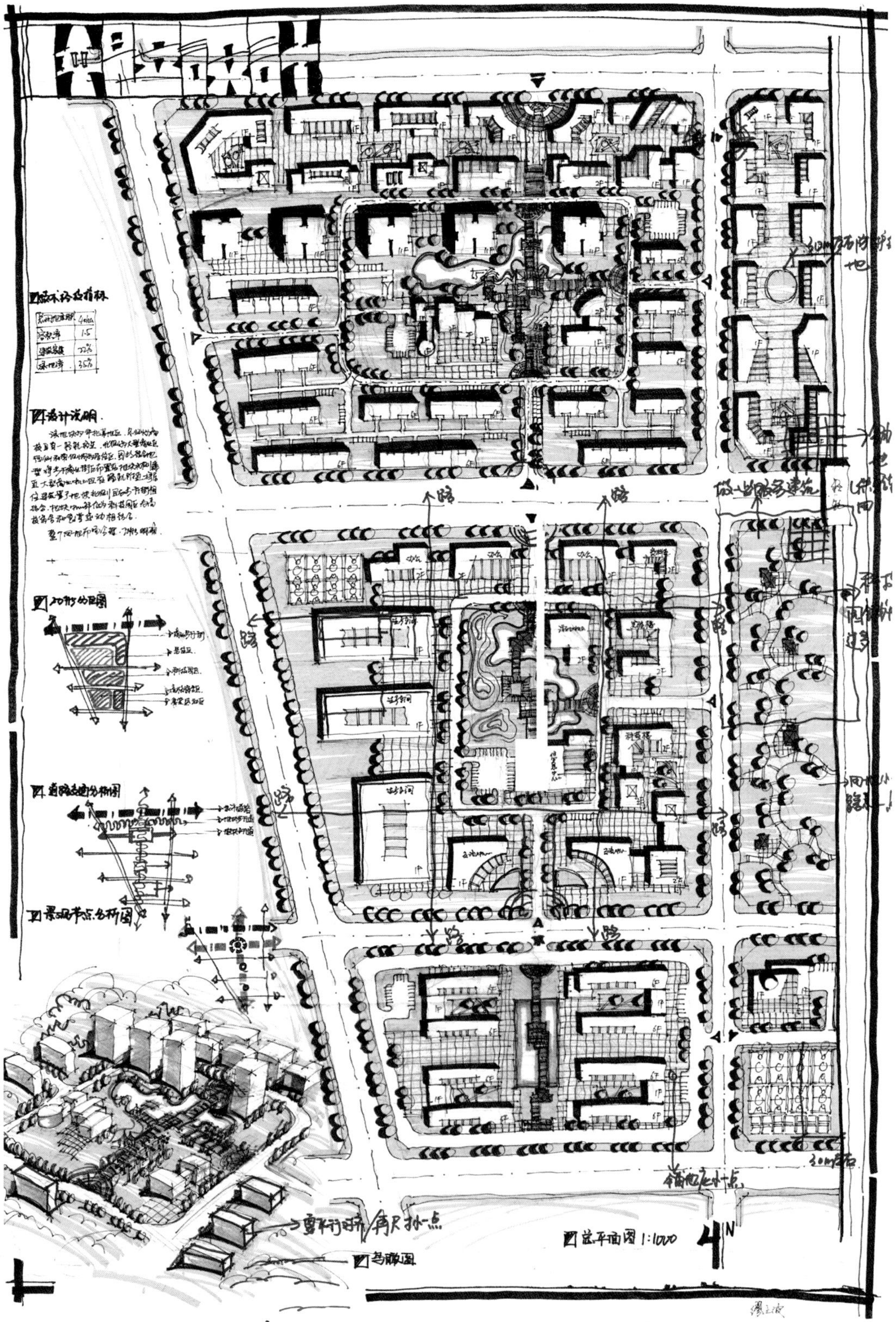

本方案主要配色

iMark 马克笔

GY53

Y23

PB76

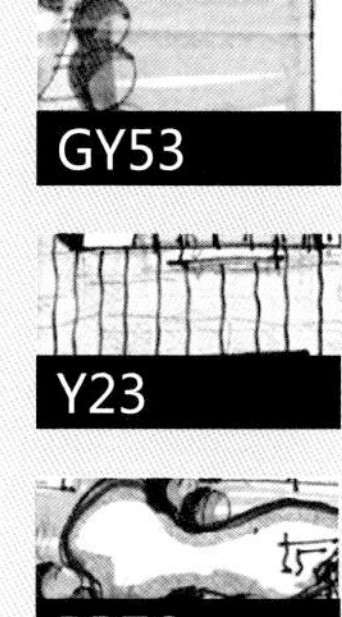

例 09　城市中心区规划设计

作　　者	缪立波	报考院校	北京建筑大学
表现方法	钢笔 + 马克笔（iMark）		
用　　纸	A0 硫酸纸	用纸规格	1164mmx841mm
用　　时	6 小时	期　　数	华元方案 C3 期

◀ 名师点评

本方案功能组织合理，交通流线顺畅，景观布局丰富，图面表达完整，色彩表现娴熟，是一份比较高水平、高质量的快题作品。北部的沿街商业街一直延伸至轨道交通站点，　方便疏散人流。 科技园区围绕环形路网布置，中间组织景观节点，布局合理清晰，各功能联系紧密。轨道站点南部结合布置街头游园，丰富用地的功能，使功能更完善。南部宿舍区布局组织合理，结合运动场布置。整个地块中缺乏中心，特别是商业区组织主要呈带状，难以形成公共中心。

本方案主要配色

iMark 马克笔

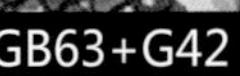

GB63+G42

R19

1

Rhinos 马克笔

RH102

RH108+RH908

例 10　城市中心区规划设计

作　　者	曹哲静	报考院校	清华大学
表现方法	针管笔 + 马克笔（iMark+Rhinos）		
用　　纸	A1 硫酸纸	用纸规格	591mmx841mm
用　　时	6 小时	期　　数	华元方案 C3/C4 期

名师点评▶

本方案功能布局合理。方案设计时通过道路网串起了各个功能地块，同时结合景观轴线将各地块划分成活泼的形状，建设密度较大，建筑在形体组合方面变化多变，建筑空间充满活力，并用红色将公共建筑标出，使方案有良好的图底关系，视觉效果极强。商业步行街沿中部主干道两侧布置，与北侧大型商业区联系直接联系，在地铁站前形成集散空间，将主要交通压力分散。本方案在建筑形式变化与地块形状的配合方面，体现了较高的布置能力。总体表现色彩活跃、效果好，突出了商业步行街。宿舍部分有些体块不像宿舍。

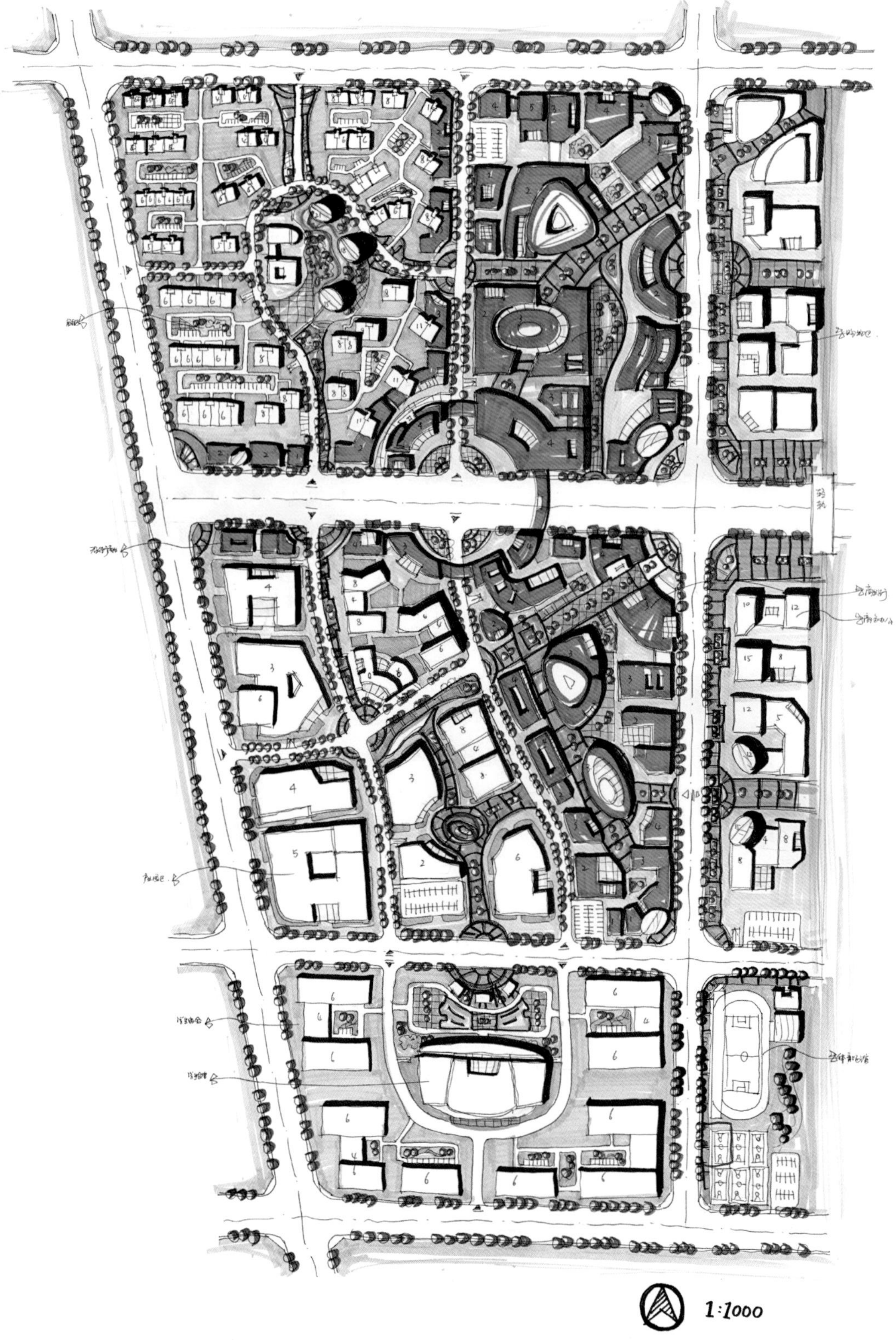

1:1000

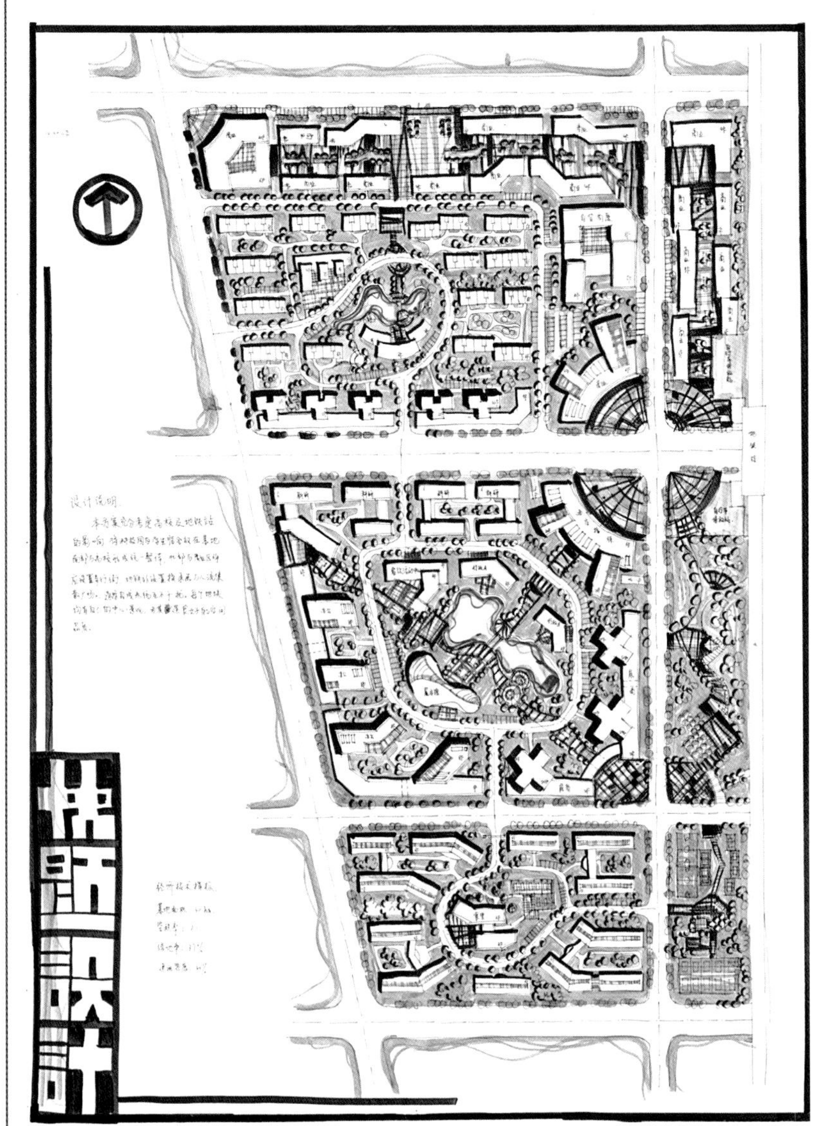

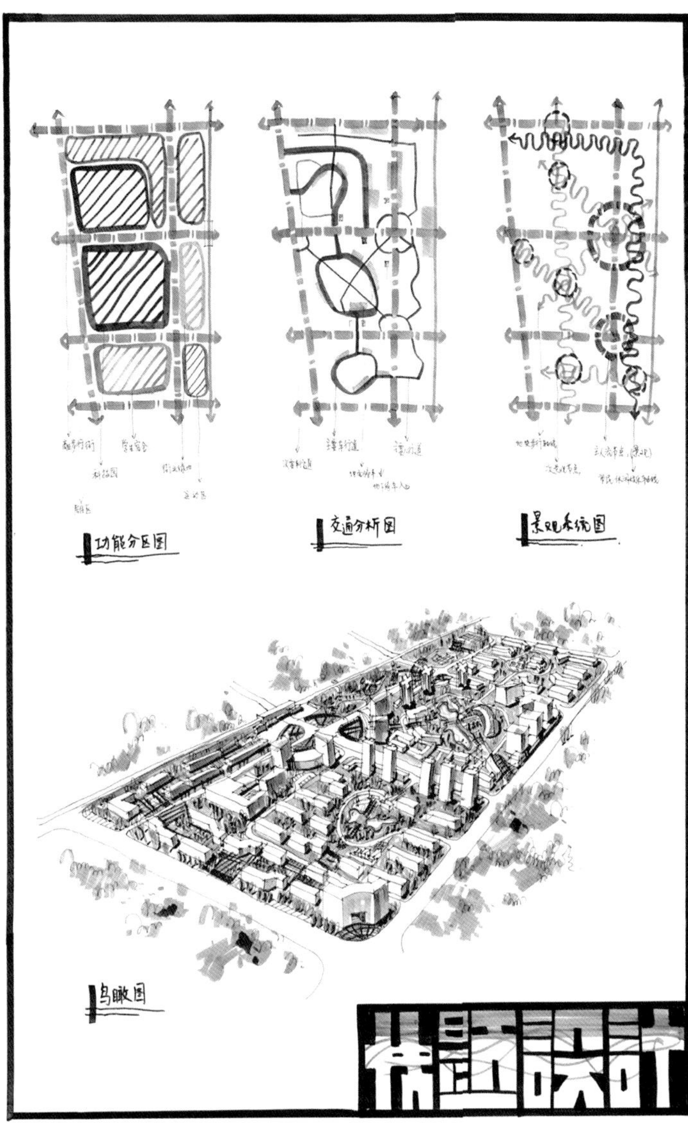

本方案主要配色

iMark 马克笔

G43

Y27+YR106

1

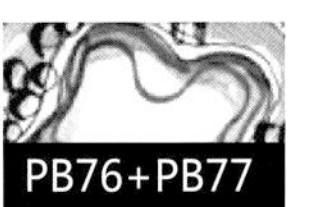

PB76+PB77

例 11　城市中心区规划设计

作　者	张　萌	报考院校	同济大学
表现方法	钢笔＋马克笔（iMark）		
用　纸	A0 硫酸纸 2 张	用纸规格	841mmx1188mmX2 张
用　时	6 小时	期　数	华元方案 40C 期

名师点评 ▲

该方案在两张 A0 绘图纸上绘图，图纸整体表现完整，时间把握充分，是非常优秀的一份快题作品。规划方案中地块北部的商业街区一直延伸到东部地铁站，并在地铁站周边形成开敞空间和公共空间，突出整个地块的中心；之后很自然地通过轴线衔接了居住区与科技园区，并通过道路串联了高校宿舍区。整个设计联系紧密，一气呵成，中心突出，轴线丰富，且考虑了一定的街头游园与休憩的功能。分析图与鸟瞰图也都表现得十分完整、用色和谐，十分突显作者功底。

答题一律做在答题纸上（包括填空题、选择题、改错题等），直接做在试题上按零分计。

准考证号__________ 系 别__________ 考试日期__________

适用专业 __________________ 考试科目 __________________

城市商业中心规划设计

一、设计任务

为某南方城市的新区规划一个新的全市商业中心，中心基地西南侧为城市干道，分别联系火车站及城市行政文化中心。基地内有 T 字形河流穿越，基地地形平坦，滨水有数棵大榕树。基地中基本上是农田。

二、设计要求

1. 进行中心用地规划，使各类用地功能合理、布局有序；
2. 组织商业中心交通，规划步行街，安排好中心的人流、货流，布置停车场地，使中心的交通安全便捷；
3. 设计商业中心的建筑群体与外部空间，形成丰富生动、有特色的城市景观形象；
4. 对步行街、广场及滨水环境进行设计，为市民购物、休憩、娱乐、观光等各种活动提供宜人场所。

三、中心的建设项目

银行	1.2 ~ 1.5 万 m^2	文化娱乐	1.2 ~ 1.5 万 m^2
宾馆	1.2 ~ 1.5 万 m^2	办公、住宅	6 ~ 9 万 m^2
各种商场	7 ~ 9 万 m^2	广场	不少于 0.8 万 m^2
餐饮	1.0 ~ 1.2 万 m^2	地面汽车泊车位	不少于 600 辆

四、设计成果

1. 用地规划与交通组织分析图 1 ： 200 （成绩比例： 15%），
   要求表达不同功能用地布局与人流、货流流线及停车场。
2. 规划总平面图 1 ： 1000 （成绩比例： 70%），
   要求表达各建筑形态、性质、层数，道路绿化以及广场与步行街设计。
3. 中心布局透视或鸟瞰 （成绩比例： 15%）。

五、成果表现

墨线彩图、徒手或用绘图工具不拘（用时 3 小时）。

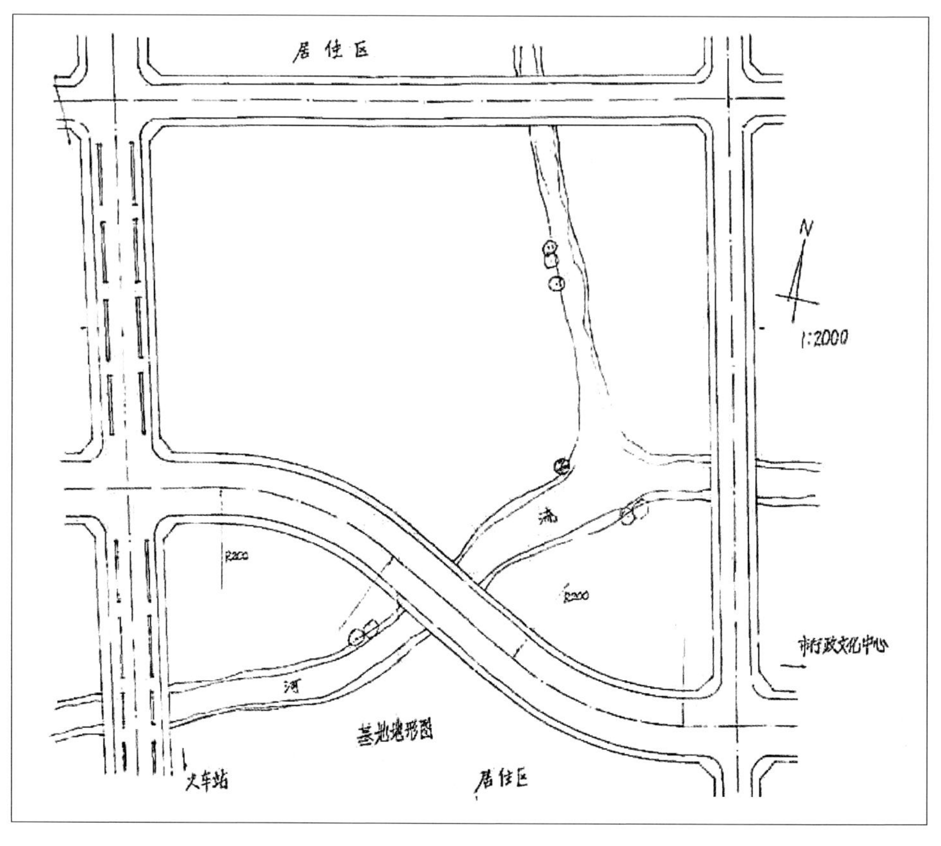

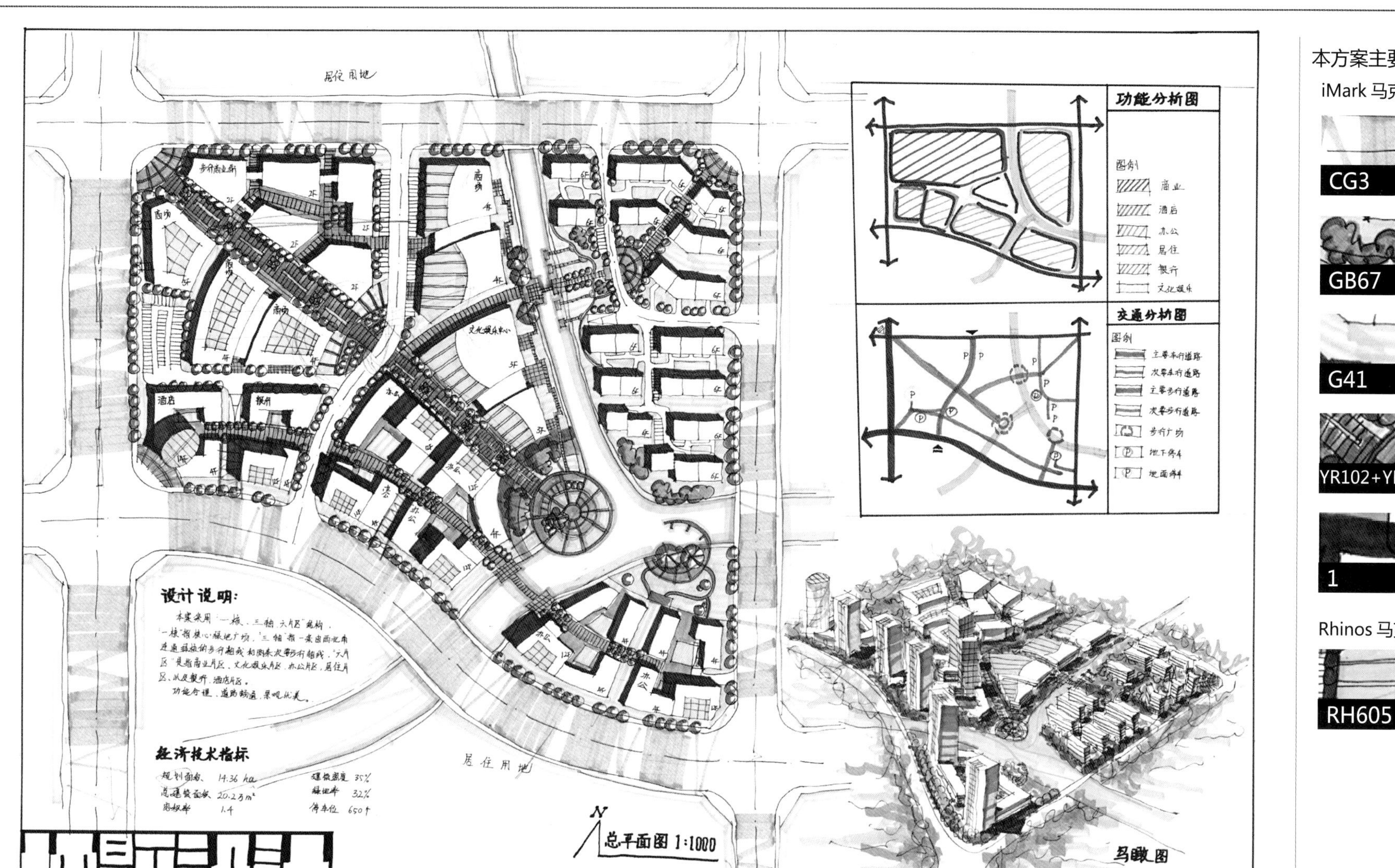

本方案主要配色

iMark 马克笔

CG3

GB67

G41

YR102+YR103

1

Rhinos 马克笔

RH605

例 12　城市商业中心规划设计

作　　者	池润漠	报考院校	东南大学
表现方法	针管笔＋马克笔（Rhinos+iMark）		
用　　纸	A1 绘图纸	用纸规格	594mmx841mm
用　　时	3 小时	期　　数	华元方案 C5 期

名师点评 ▲

该设计规划范围内地形复杂，各线性要素复杂交织，将用地分割成不规则的形状。本方案因势利导，结合场地现状创造了变化丰富的空间。建筑形式迎合了地块形状高密度布置，在其中穿插了与地形相适应的景观轴线，整体具有良好的图底关系。充分利用滨水特点，居住空间和公共空间向水面开放，沿河绿地和铺地的设计加强了亲水性。表现方面，建筑主体本身留白，以阴影和绿地衬托建筑，体现了清新淡雅的格调。

中部贯穿道路的开通，破坏了整体步行环境。中部商业部分体量过大，滨水建筑景观的塑造方面还不足。

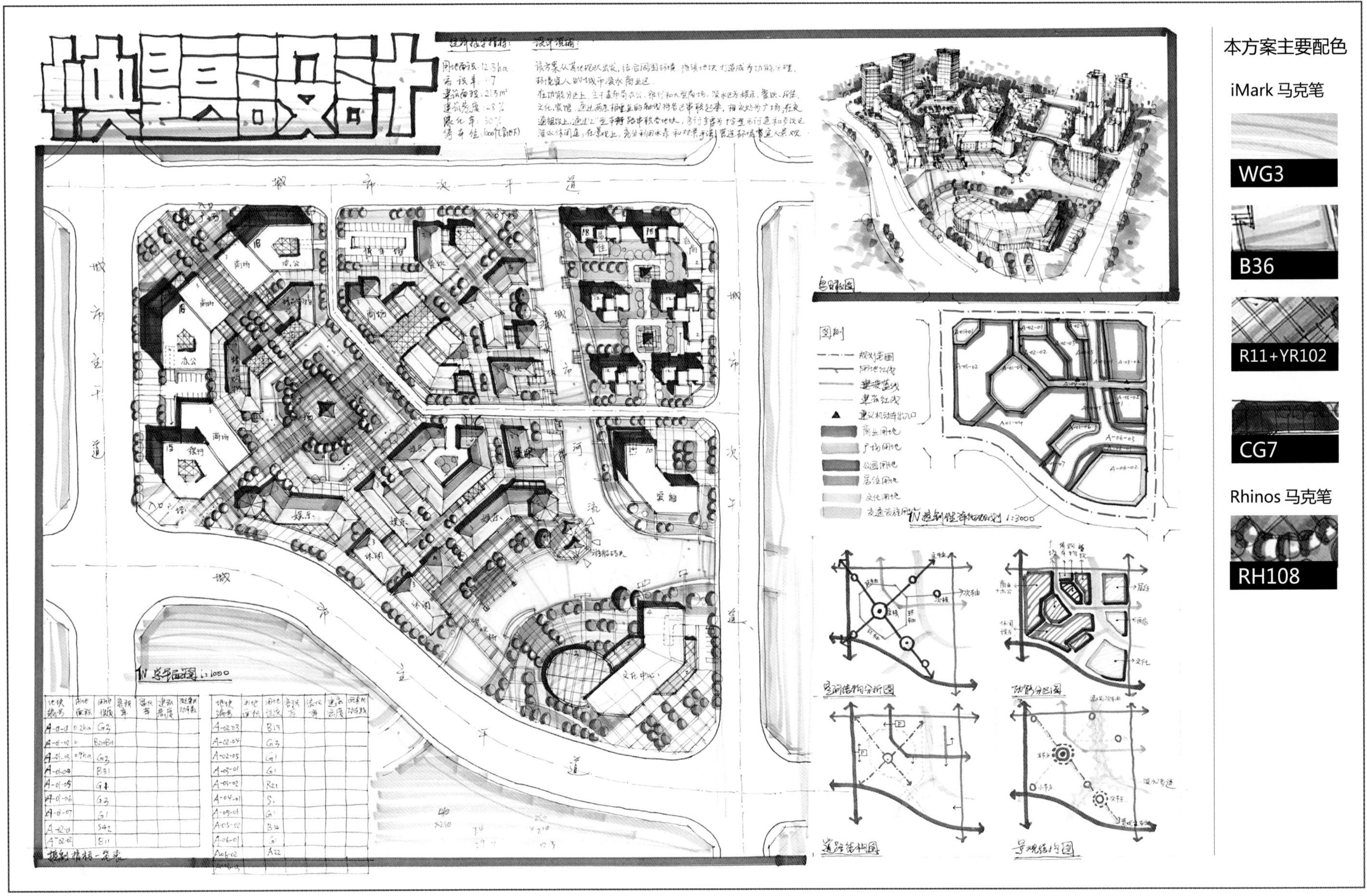

例 13　城市商业中心规划设计

作　　者	黄锷柑	报考院校	东南大学
表现方法	针管笔＋马克笔（Rhinos+iMark）		
用　　纸	A1 绘图纸	用纸规格	594mmx841mm
用　　时	3 小时	期　　数	华元 36A 期

名师点评 ▲

本方案是城市滨水商业中心的规划设计。重点考查学生对于城市重点地区的城市设计和策划，具体表现在对商业区规划、地块多功能组合和滨水空间设计。方案结构明确，轴线关系很漂亮；功能安排合理；色调统一、干净；鸟瞰准确；空间关系和建筑组合整体较好。整体平面图轴线突出，中心广场用较为鲜艳的红色点缀，作为点睛之笔。河岸设计死板，可灵活点，松弛有度，不宜一个样，边上的颜色稍微重点描一下。鸟瞰图颜色画重了。西边绿地率略小。

答题一律做在答题纸上（包括填空题、选择题、改错题等），直接做在试题上按零分计。

准考证号＿＿＿＿＿＿ 系　　别＿＿＿＿＿＿ 考试日期＿＿＿＿＿＿

适用专业＿＿＿＿＿＿＿＿ 考试科目＿＿＿＿＿＿＿＿

江南小城市中心区规划设计

一、设计条件

江南地区某一小城市，2020 年规划人口规模为 15 万。该小城市在总体规划和控制性详细规划中确定了中心区的范围（如图所示，东至中心路，南至南新河，西至小康路，北至车站路），基地总面积为 12.62hm^2。

基地北面的车站路是城市快速干道，并规划有通往临近特大城市的轨道交通线，并设有轻轨车站（见标注）。该基地范围内现有基督教堂一处，塔尖高度为 35m，历史悠久，建筑风格独特，是省级重点保护建筑。此外，基地西侧还有若干要保留的多层住宅。基地周边的用地性质见图中标注。

现根据该规划范围，按照规划设计要求，进行修建性详细规划设计。

二、主要功能

基地内应安排以下功能：

1. 客运交通集散功能：包括轻轨车站及其广场，其中车站站屋设施建筑面积 5000m^2，广场占地 5000m^2，应综合考虑公交换乘、出租车服务及其停车等；
2. 商业功能：商业建筑面积 20000m^2；
3. 文化功能：文化建筑面积 20000m^2；
4. 居住功能：住宅建筑面积 45000m^2（包括保留住宅建筑面积）；
5. 休闲绿化功能：集中绿地占地 5000m^2；
6. 其他交通、景观、市政等辅助设施建筑面积 2000m^2。

三、主要控制指标

1. 规划的总容积率控制在 0.7 ~ 0.9 之间（按照基地总面积计算）；
2. 车站路建筑红线退界道路红线 10m，中心路建筑红线退界道路红线 10m。小康路建筑红线退界道路红线 5m，滨河路两侧建筑红线退界道路红线各 8m；

四、规划设计的成果要求

1. 规划总平面图，1 ：1000，应标明建筑物屋顶平面的范围、建筑名称和层数，区分道路、广场、停车场、绿地和水面等。
2. 概念分析图（表达内容、比例自定）；
3. 鸟瞰图或透视图，不小于 A2 幅面；
4. 主要技术经济指标；
5. 规划说明（不超过 500 字）。

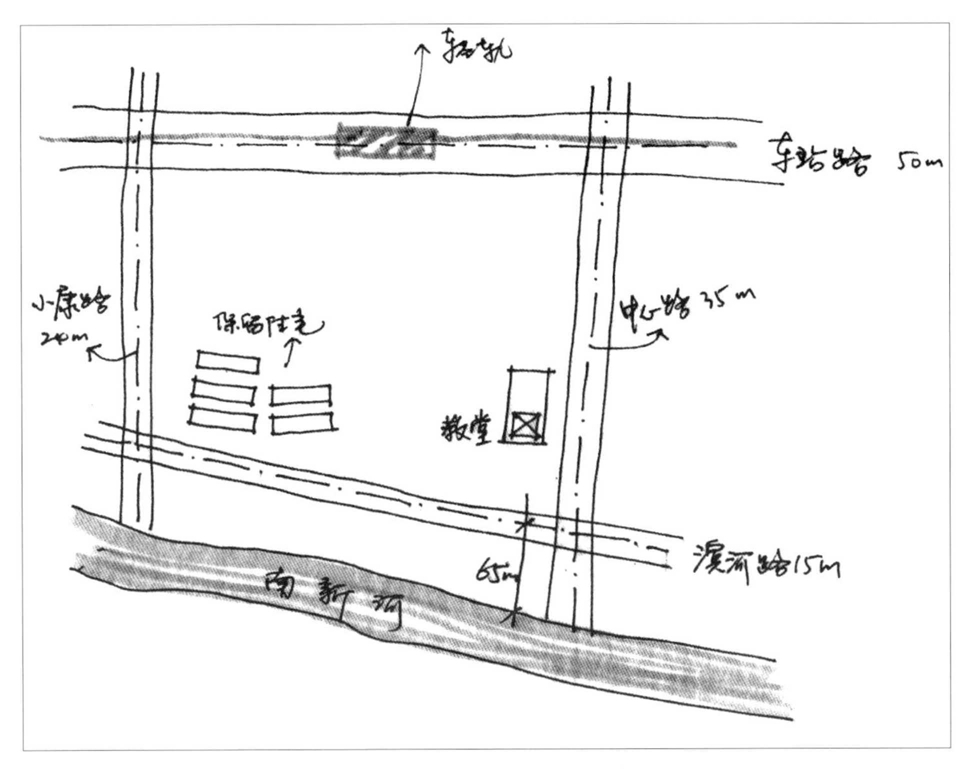

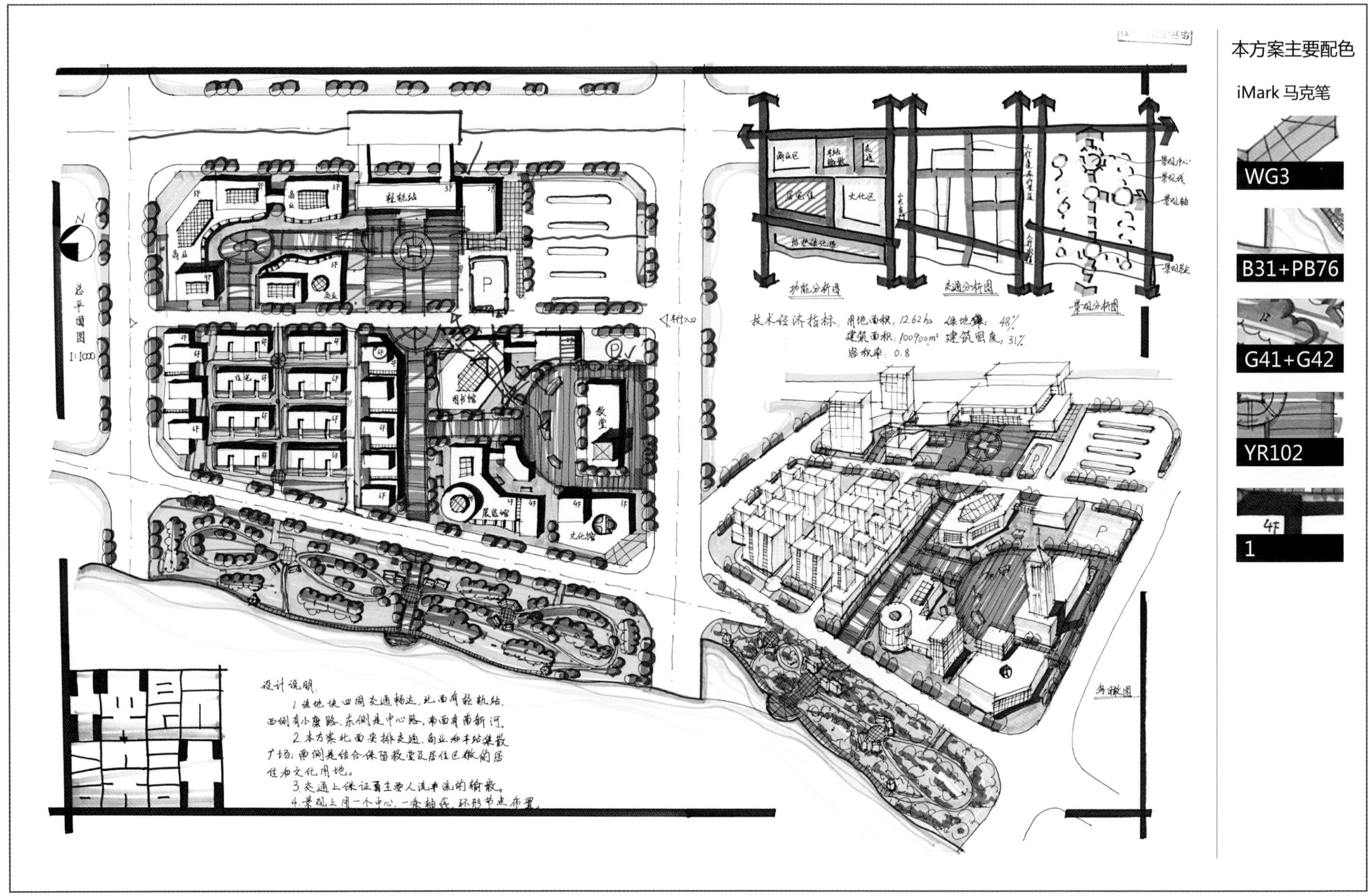

例 14　江南小城市中心区规划设计

作　　者	曾柯杰	报考院校	重庆大学
表现方法	针管笔 + 马克笔（iMark）		
用　　纸	A1 绘图纸	用纸规格	594mmx841mm
用　　时	6 小时	期　　数	华元方案 C6 期

名师点评 ▲

总体功能合理，以客运站为中心布置景观轴线，联系了南部滨河景观，并划分地块。以主要景观轴线划分了商业文化区和住宅区，体现了动静分区的原则，同时又与居住区有近便的关系。文化功能围绕保留教堂广场布置，利于创造良好的城市步行休闲空间；商业功能布置在客运站西侧，有利于形成良好的站前商业形态。

车站集散广场与教堂广场空间联系不顺畅。未能体现保留住宅与新建住宅间的关系与差异。东北角用地布置地上停车，未能利用街角地块建设标志性建筑塑造良好的城市景观。总体建筑未能体现江南水乡的文化氛围。

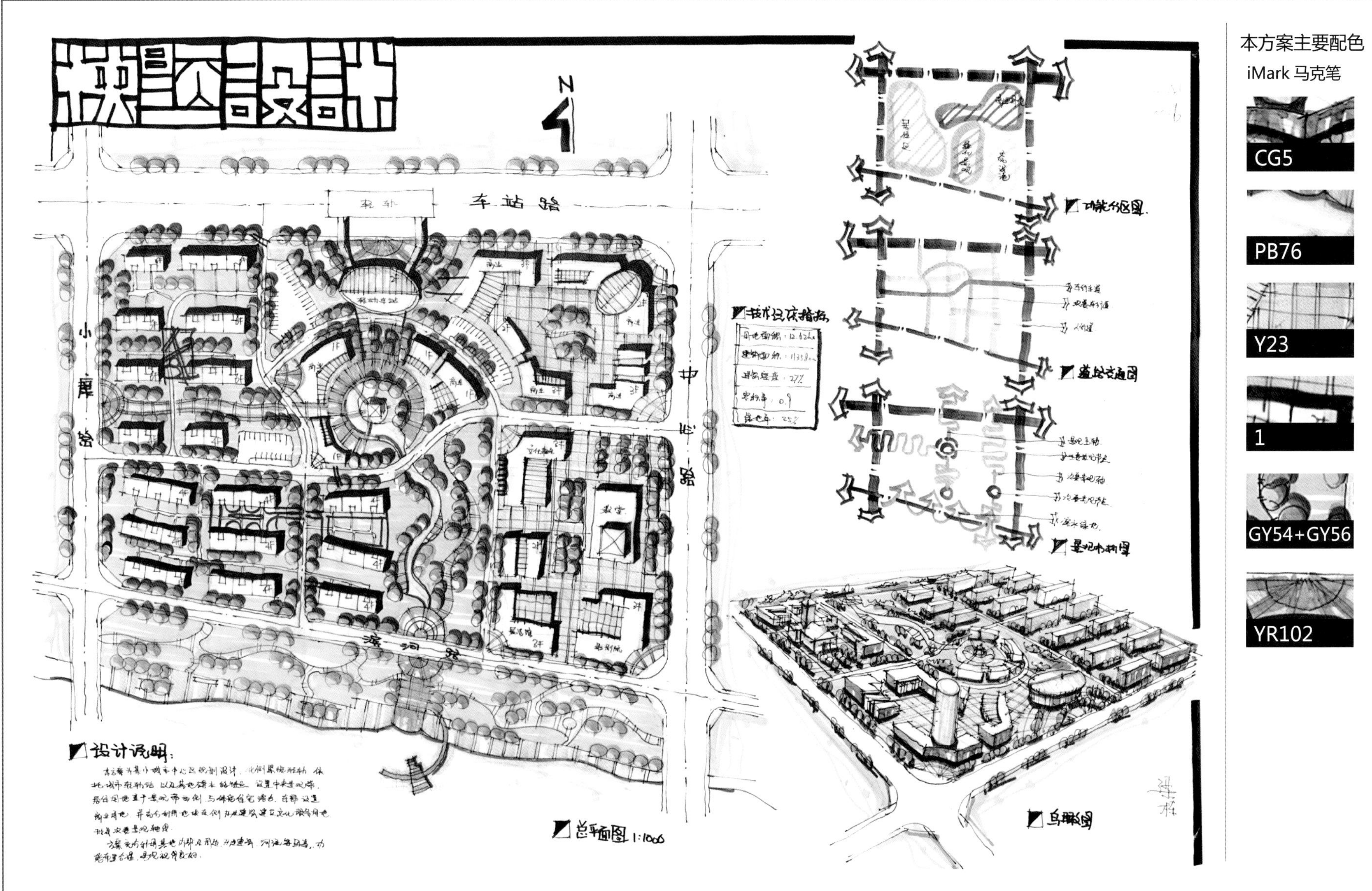

本方案主要配色
iMark 马克笔
CG5
PB76
Y23
1
GY54+GY56
YR102

例 15 江南小城市中心区规划设计

作　者	梁 栋	报考院校	北京建筑大学
表现方法	钢笔 + 马克笔（iMark）		
用　纸	A0 硫酸纸	用纸规格	1164mmx841mm
用　时	6 小时	期　数	华元方案 36C3 期

名师点评 ▲

项目布局合理，场地内部道路走向自由、通而不畅，地块划分灵活。商业与车站疏散广场紧密结合，形成了良好的交通枢纽商业形态；文化区围绕保留教堂布置，与商业区联系近便，保证场所充满活力；居住区布置与商业、文化区相分隔，同时又近便联系。景观上突出了现状车站和东北角地块标志性建筑的处理以及保留教堂，其他建筑布置尺度适宜。滨河绿地的布置具有良好的亲水性。本设计方案表现技法熟练，色彩运用活跃。

居住部分没有体现良好的组团划分，未能形成组团内部中心，宅前道与住宅关系不合适。

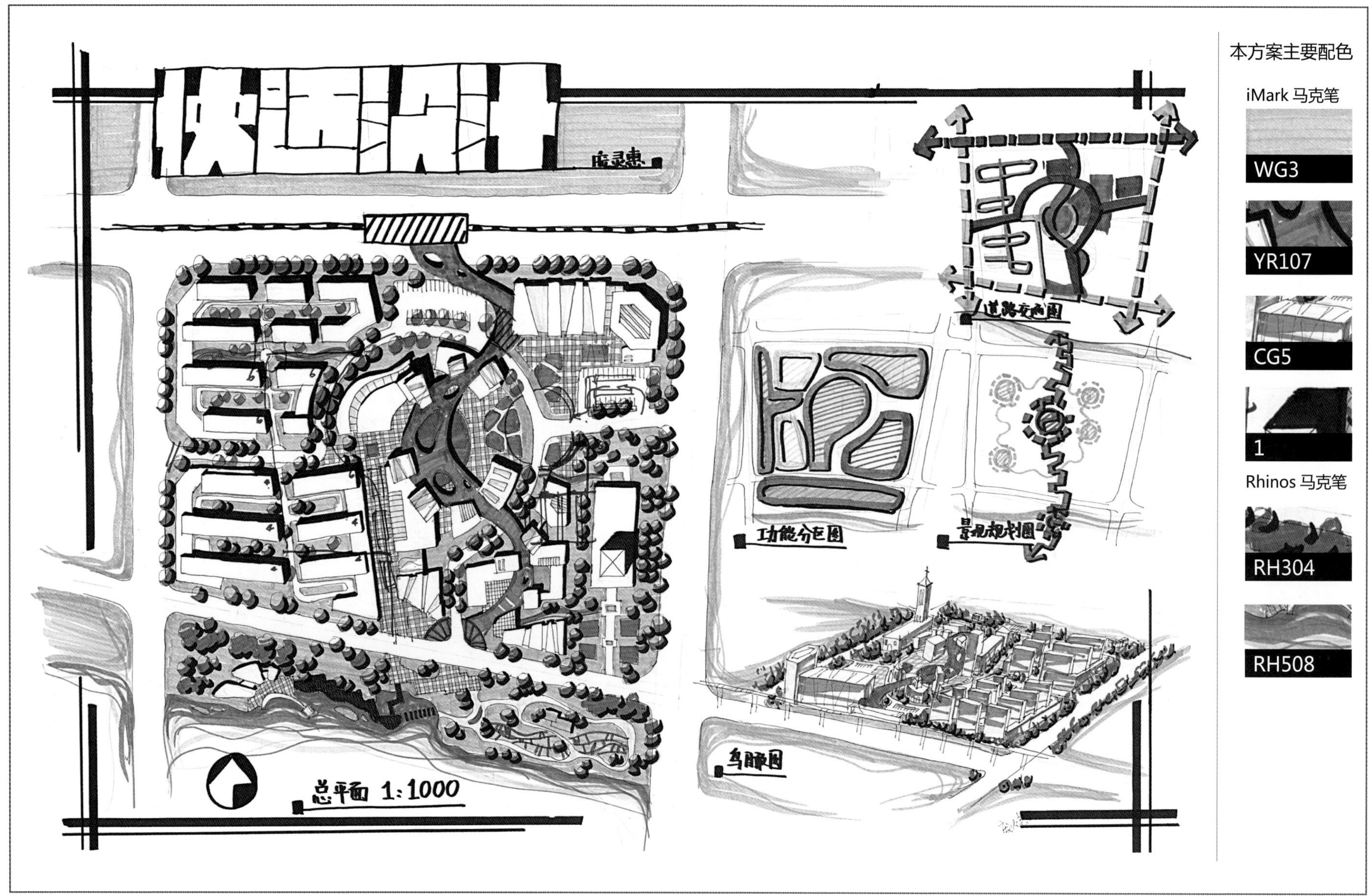

例 16　江南小城市中心区规划设计

作　者	庞灵惠	报考院校	北京城市规划设计研究院
表现方法	针管笔＋马克笔（iMark+Rhinos）		
用　纸	A1 绘图纸	用纸规格	594mmx841mm
用　时	6 小时	期　数	华元方案 39C6 期

名师点评 ▲

功能布局比较独特，客运站楼位于站场东侧，主要创造良好的街角城市景观；主要商业位于用地中部，将人流吸引进用地内部，减少用地对城市交通的直接压力；保留教堂地块围合度不高，以景观绿地环绕，手法独特；居住地块采用板楼与临街底商相结合的方式，围合度好，密度大，有比较结实的图底关系。景观轴线以曲折的形式从车站延伸到河滨。除居住用地之外的其他地块，布局松散，围合度不高，图底关系不好。总体建筑未能体现江南水乡的文化氛围。鸟瞰图的表现不充分。

本方案主要配色

iMark 马克笔

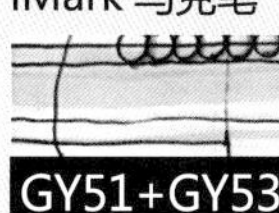

GY51+GY53

WG3

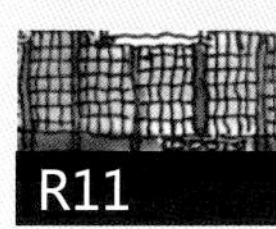

R11

B31+PB76

1

例 17　江南小城市中心区规划设计

作　　者	徐漫辰	报考院校	天津大学
表现方法	针管笔 + 马克笔（iMark）		
用　　纸	A1 拷贝纸	用纸规格	594mmx841mm
用　　时	6 小时	期　　数	华元方案 36C3 期

名师点评▶

规划的站前广场作为整个地块的重点与中心，地位十分突出，并考虑到集散功能和换乘功能，其他主要公建结合站前广场布置，形成强烈的向心性。同时，作为地块内的重点历史建筑——教堂，充分考虑到步行空间的联系和视觉通廊的预留，在教堂周边又通过小体量的建筑群组与之围合，形成一定的副中心。西南部的居住组团独自成一功能区块，并配套公共服务设施，布局完整和谐。效果图重点以突出轻轨站点及其周边环境，表现优秀，整张快题一气呵成。应适当注意建筑体量之间的过渡及开敞空间的尺度问题。

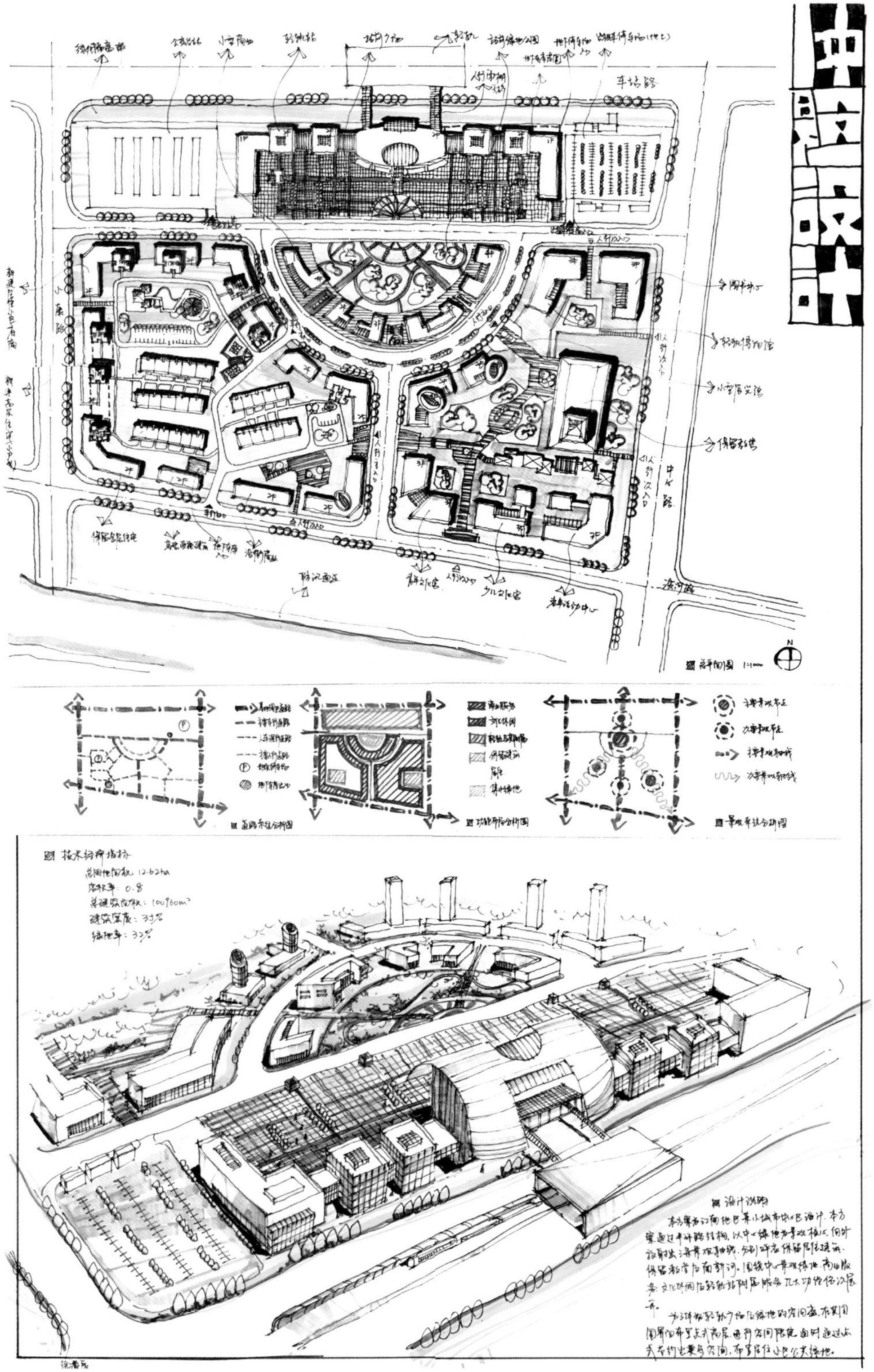

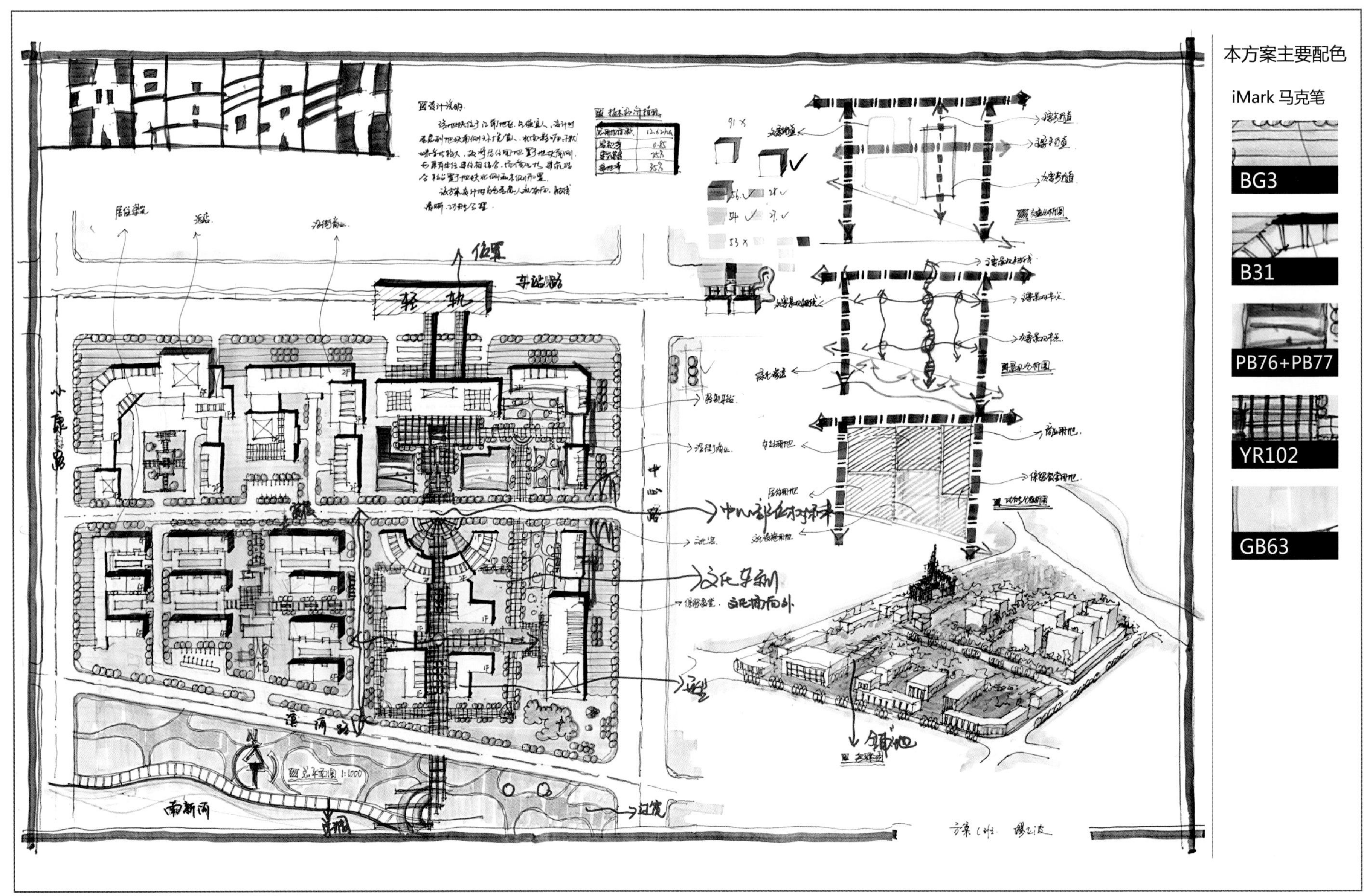

例 18　江南小城市中心区规划设计

作　者	缪立波	报考院校	北京建筑大学
表现方法	针管笔 + 马克笔（iMark）		
用　纸	A1 硫酸纸	用纸规格	594mmx841mm
用　时	6 小时	期　数	华元方案 C3 期

名师点评 ▲

该方案功能布局比较合理，南北向的轴线关系明确，站前广场将人流分散向主要轴线与商业街区内部。地块沿中部主要轴线布置文化建筑，一直联系到南部的城市绿地和滨水空间，营造出丰富的景观层次和公共活动空间。鸟瞰图表现概括，突出保留教堂，建筑设计造型丰富。但方案设计时，交通换乘关系考虑较弱，各功能地块建筑呼应可加强。

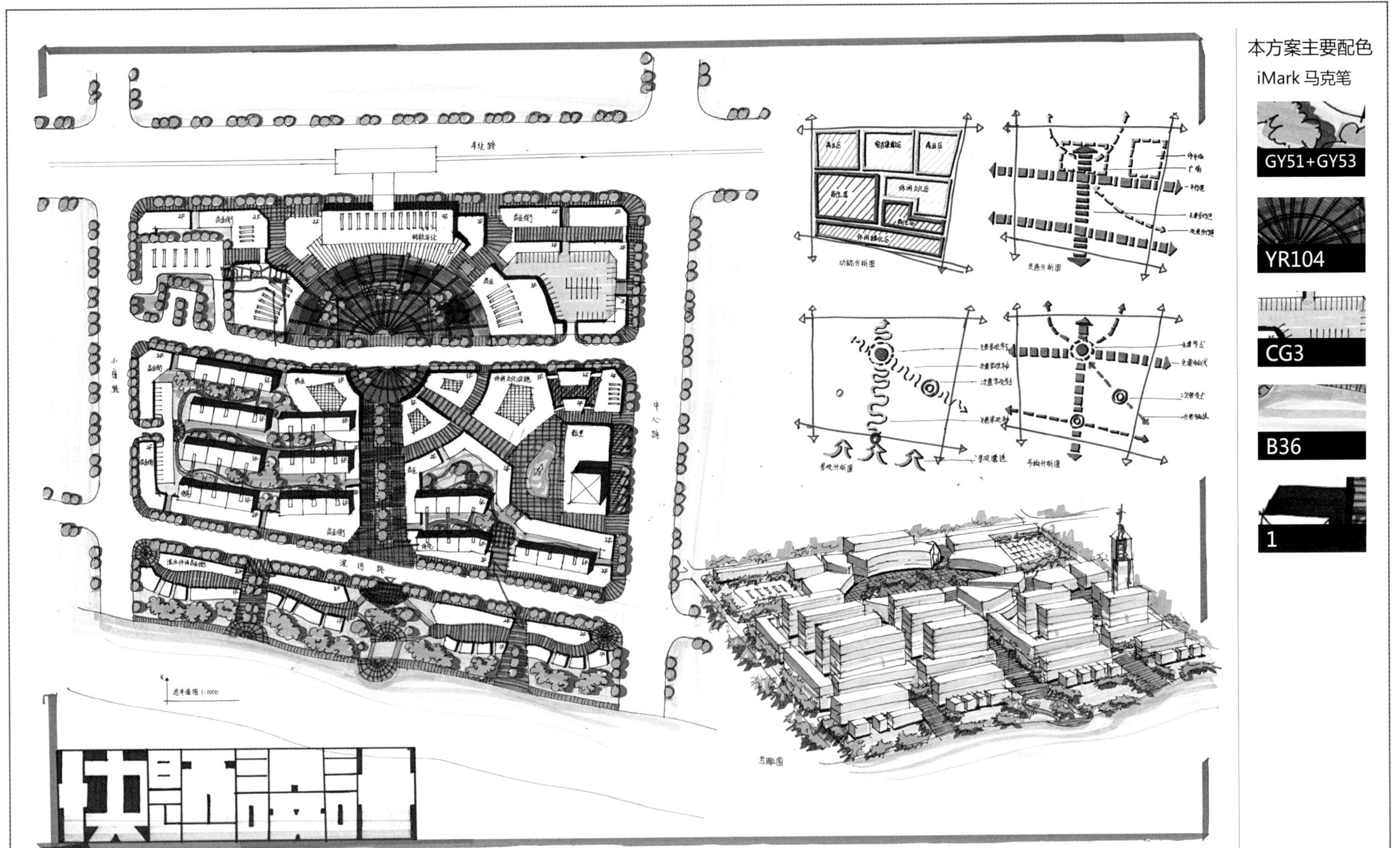

例 19　江南小城市中心区规划设计

作　　者	何 浏	报考院校	浙江大学
表现方法	针管笔＋马克笔（iMark）		
用　　纸	A1 绘图纸	用纸规格	594mmx841mm
用　　时	6 小时	期　　数	华元方案 C6 期

名师点评 ▲

功能布局合理。总体对称布置，商业用地分处车站楼东西两侧，形成了良好的站前商业业态；休闲文化区围绕保留教堂布置，同时与车站疏散广场有方便的联系，利于创造好的文化场所氛围；居住地块采用板楼与临街底商相结合的方式，围合度好。用地广场和景观大道与高密度建设的地块对比强烈，建设地块空间围合度高，图底关系优越。滨河地块也有建设，前虚后实的布置方式增加了沿河界面的层次。

硬质铺地面积过大，鸟瞰图表现显呆板。总体建筑未能体现江南水乡的文化氛围。

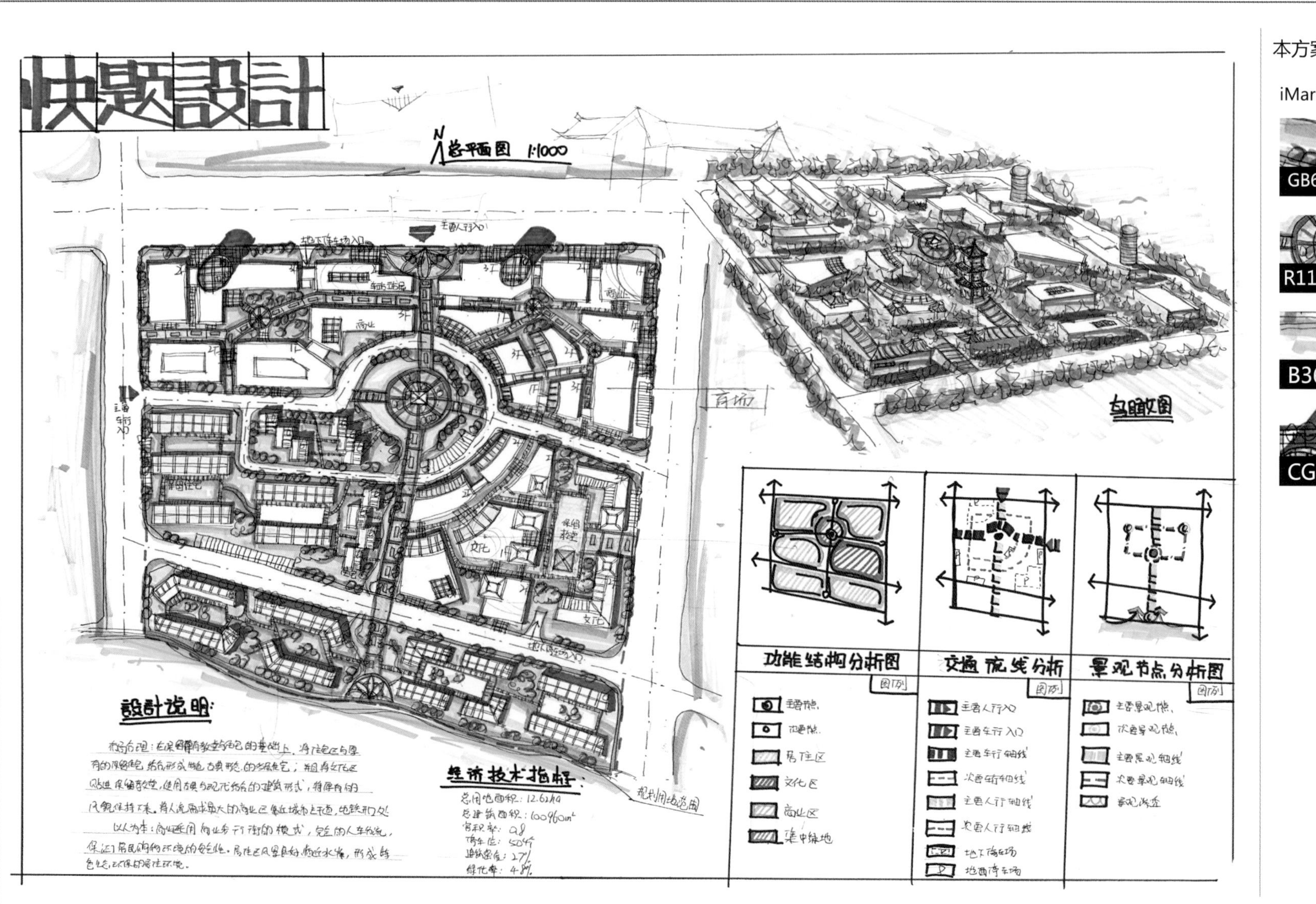

本方案主要配色

iMark 马克笔

GB62+GB67

R11+YR102

B36

CG7

例 20 江南小城市中心区规划设计

作　者	唐瑞婷	报考院校	合肥工业大学
表现方法	针管笔 + 马克笔（iMark+Rhinos）		
用　纸	A1 绘图纸	用纸规格	594mmx841mm
用　时	6 小时	期　数	华元方案 C6 期

名师点评 ▲

功能布局合理，设置了内部环路，并由此划分功能地块，建筑围绕环路成环状布置。商业位于车站两侧，形成了良好的站前商业业态；文化区用地结合保留教堂；居住用地组织在由道路和景观轴线划分的三个地块中，建筑空间形态各不相同，保留了现状住宅。规划用地总体建筑密度大，图底关系较好。

鸟瞰图表现不充分，缺乏细部；教堂以中国阁楼式塔的方式表现，不合适；北部两个圆柱形标志物的设置显勉强。

本方案主要配色

iMark 马克笔

G41+GY56

B36

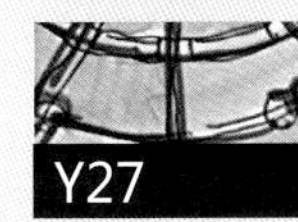

Y27

PB77

1

例 21　江南小城市中心区规划设计

作　者	黄思瞳	报考院校	清华大学
表现方法	针管笔 + 马克笔		
用　纸	A1 硫酸纸	用纸规格	594mmx841mm
用　时	6 小时	期　数	华元方案 C3 期

名师点评▶

功能布局合理，以步行街的方式组织大体量的商业建筑，同时与车站疏散广场紧密联系，形成了良好的站前商业业态。热闹的客运站、文化建筑、商业建筑采用大体量、高密度的建筑空间形态，并结合步行景观轴线布置，安静的居住和休闲部分建设强度较低，密度小，绿地占较大比例，体现了建筑体量、空间形态对比与动静分区相结合。由于高度控制得好，各建筑尺度关系适宜，突出了保留教堂的标志作用。手绘表现技法熟练。

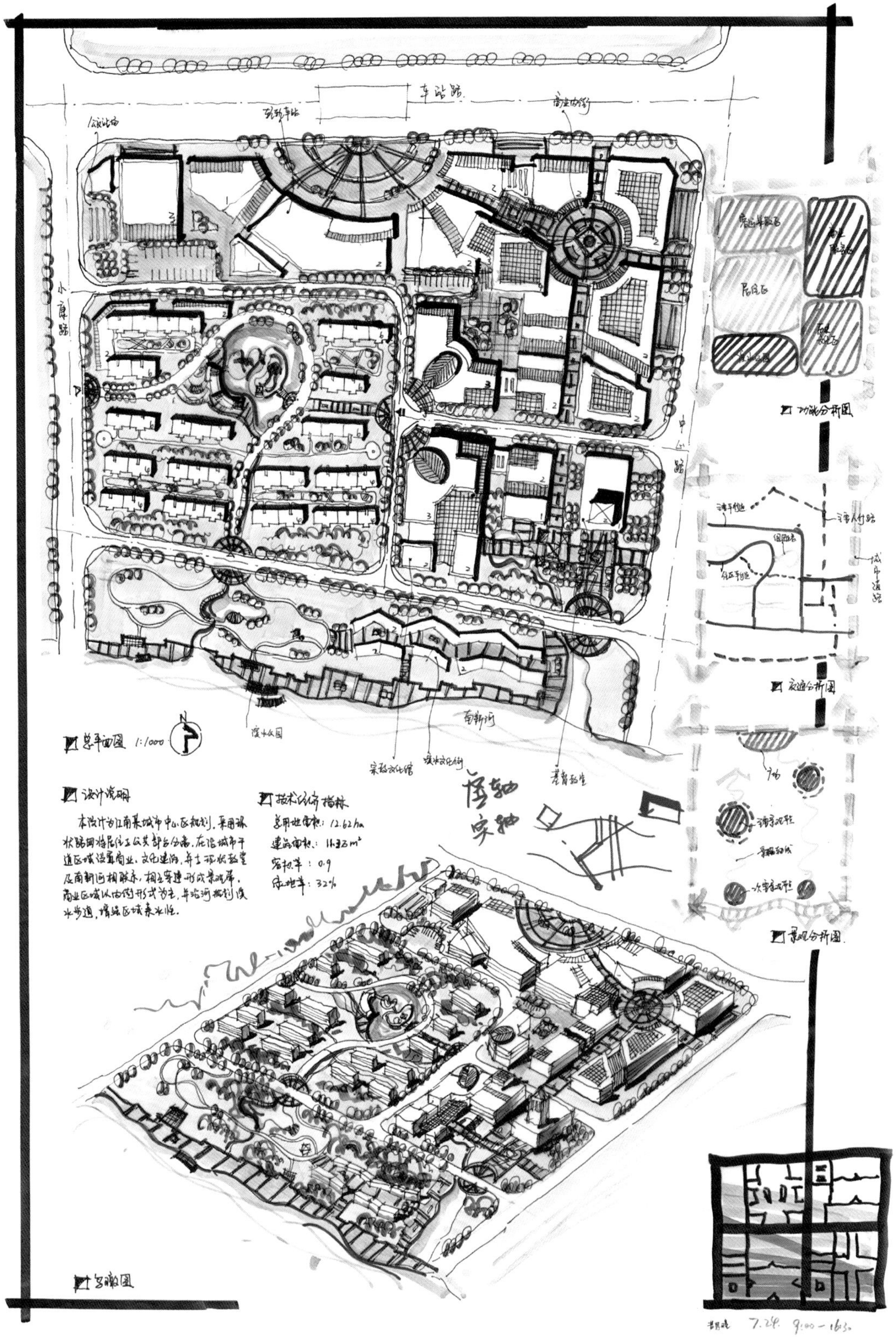

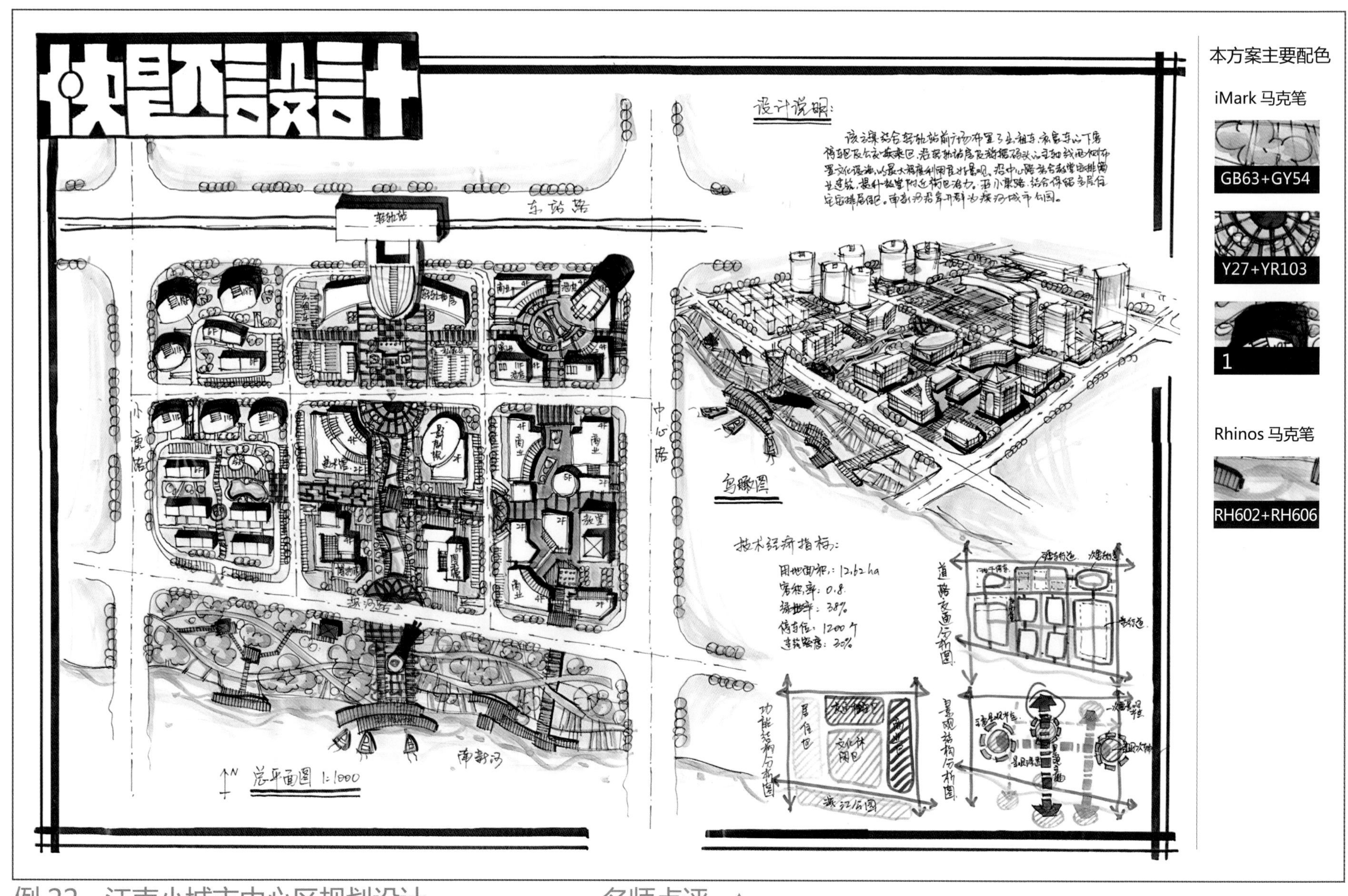

例 22　江南小城市中心区规划设计

作　　者	刘 旸	报考院校	天津大学
表现方法	针管笔 + 马克笔（iMark+Rhinos）		
用　　纸	A1 拷贝纸	用纸规格	594mmx841mm
用　　时	6 小时	期　　数	华元方案 C4 期

名师点评 ▲

功能布局合理，各功能用地平行并列，体现了简洁清晰的用地结构。主要景观轴线以客运站为背景，经过文化区；商业区在东部与主要景观轴线平行，采用步行街的方式；居住区并列于西部，保留了现状住宅。三条平行的轴线均延伸至滨河休闲区。在划分比较规整的地块内，建筑形式与空间形态变化丰富，体现了良好的形式组织能力。手绘表现技法熟练，图面表现充分。中部打通的东西向道路容易将过多的外部交通引入内部。西北角的椭圆形塔楼住宅显得突兀。

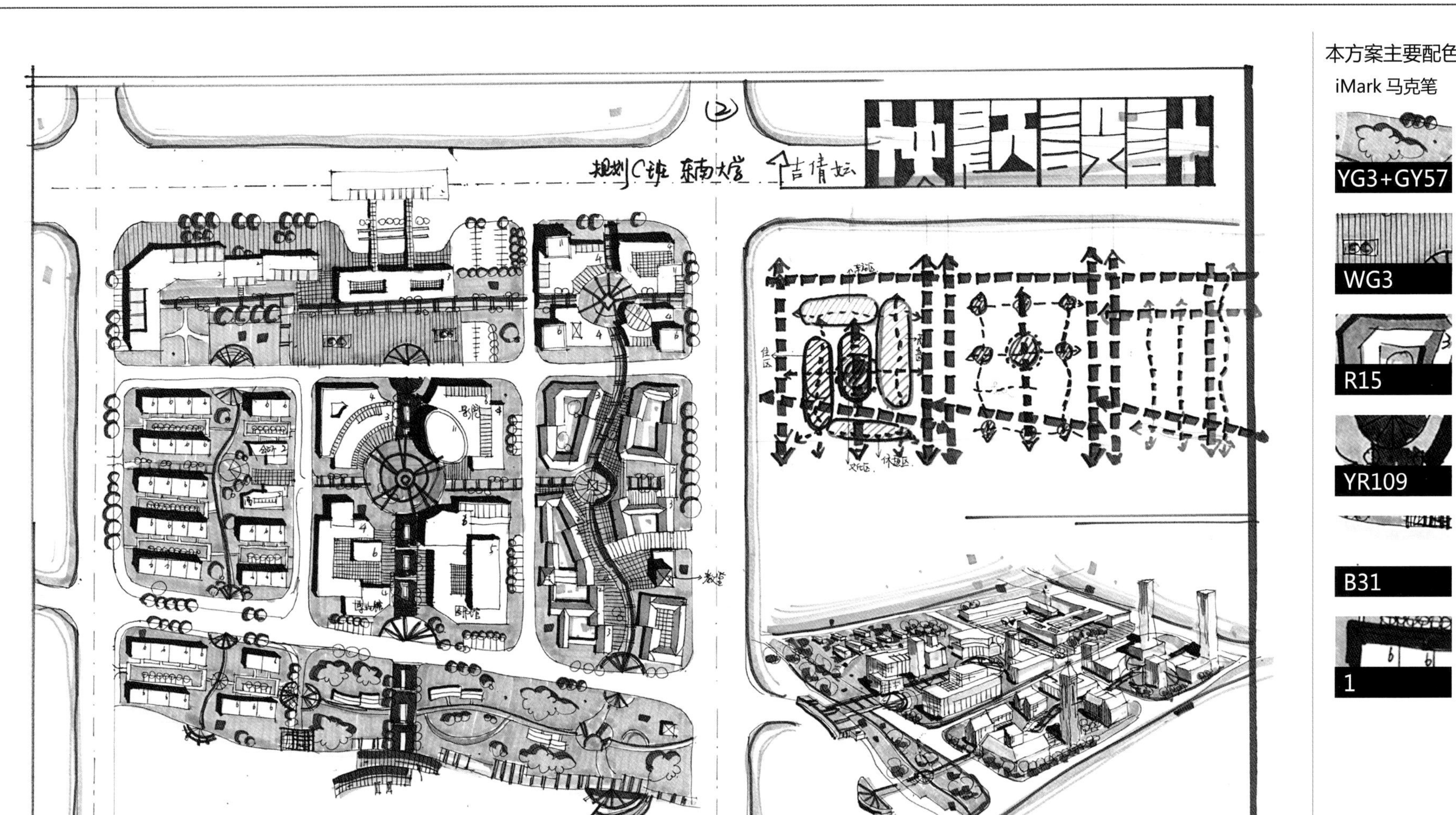

例 23　江南小城市中心区规划设计

作　　者	吉倩妘	报考院校	东南大学
表现方法	针管笔 + 马克笔（iMark）		
用　　纸	A1 绘图纸	用纸规格	594mmx841mm
用　　时	6 小时	期　　数	华元方案 39A/42C1 期

名师点评 ▲

方案功能布局合理，通过丰富的建筑形体塑造了鲜明的地区中心。主要景观轴线以客运站为背景，疏散广场为东西向长条形，向南到达围合度很高的文化区，作为高潮，再向南到达开敞的河滨地带，空间序列结合建筑界面的布置变化丰富；商业区步行路线曲折，中部采用坡屋顶小体量建筑，围合保留教堂形成尺度宜人的步行街，突出了教堂的标志物作用。表现底色采用独特的褐色，图底关系衬托明确。中部打通的东西向道路容易将过多的外部交通引入内部。

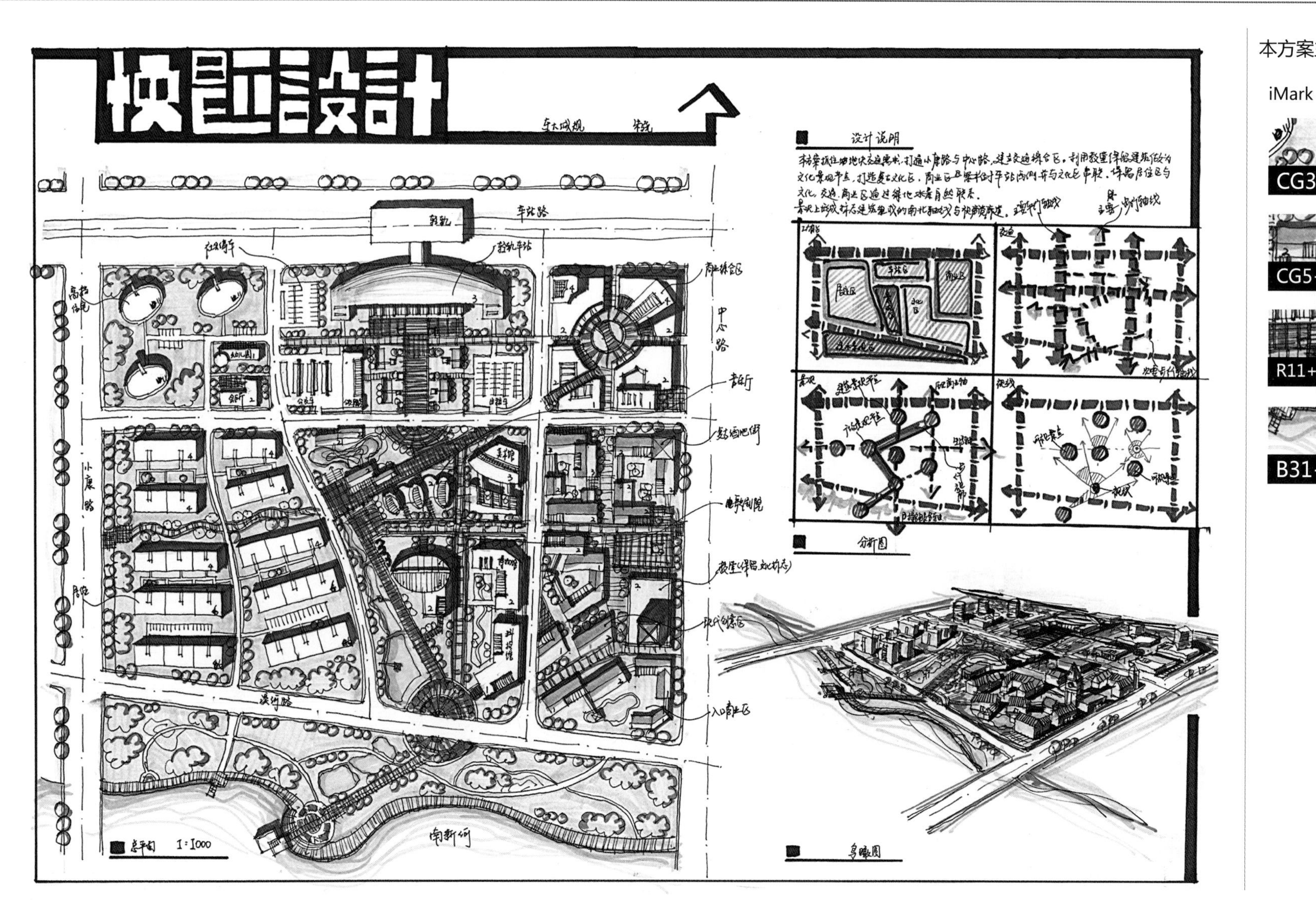

本方案主要配色

iMark 马克笔

CG3

CG5+CG7

R11+YR103

B31+B36

例 24　江南小城市中心区规划设计

作　　者	朱　骁	报考院校	东南大学
表现方法	针管笔 + 马克笔（iMark）		
用　　纸	A1 绘图纸	用纸规格	594mmx841mm
用　　时	6 小时	期　　数	华元方案 42C1 期

名师点评 ▲

方案结构清晰，功能布局合理。对现状保留建筑有较好处理，能够与周边建筑环境融合。南部滨河绿地与北部方案有较好衔接。比较有特点的是场地内设置了斜向景观轴线，与正向道路将用地划分成很多楔形地块，使建筑形体变化多样，行走其中的空间感受丰富。楔形绿地将开敞的滨河空间引入中心地区。

同时带来的问题是中部建筑布局较零乱，方案核心不突出，图底关系没有良好的整体有机形态，斜向轴线也显做作。图纸色彩表达不够清晰。停车场应布置在用地外围。

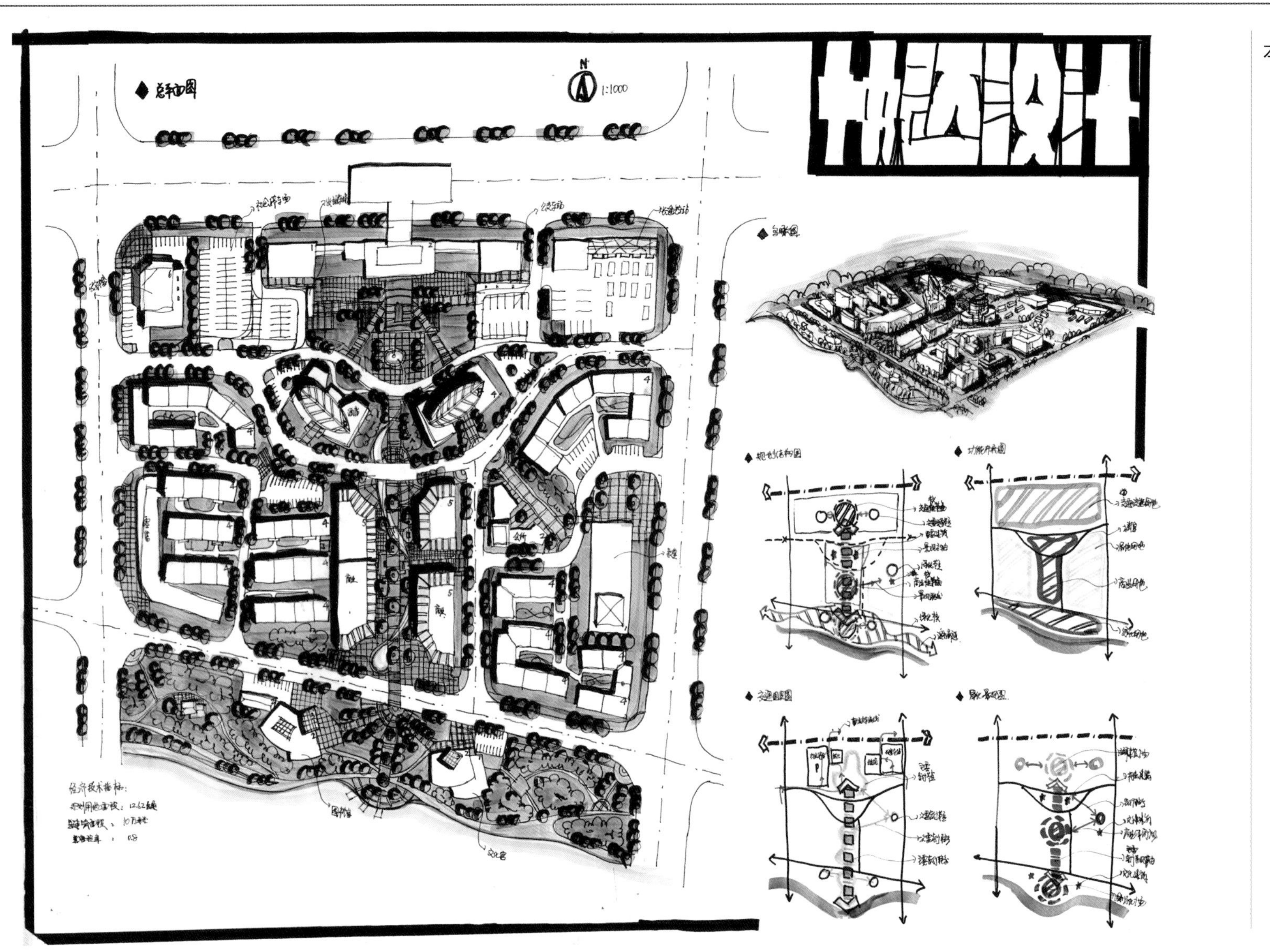

本方案主要配色

iMark 马克笔

G44

Y28

PB76

1

Rhinos 马克笔

RH603+RH606

例 25　江南小城市中心区规划设计

作　　者	高　晖	报考院校	中国城市规划研究院
表现方法	针管笔 + 马克笔（iMark+Rhinos）		
用　　纸	A1 硫酸纸	用纸规格	594mmx841mm
用　　时	6 小时	期　　数	华元方案 41C6 期

名师点评 ▲

该方案整体围绕轻轨车站展开，站前广场和南北中轴十分明显，北部广场与商业区相连，并充分考虑换乘关系。商业建筑遗址沿主要轴线延伸至南部滨水景观区，贯穿整个地块。轴线的两边分别布置居住与保留教堂。南部滨水区设计自然合理，作为轴线的收尾十分顺畅。站前广场绿化面积切分较大，集散场地相对较小。与教堂联系较弱，没有突出教堂的地位，居住偏多。

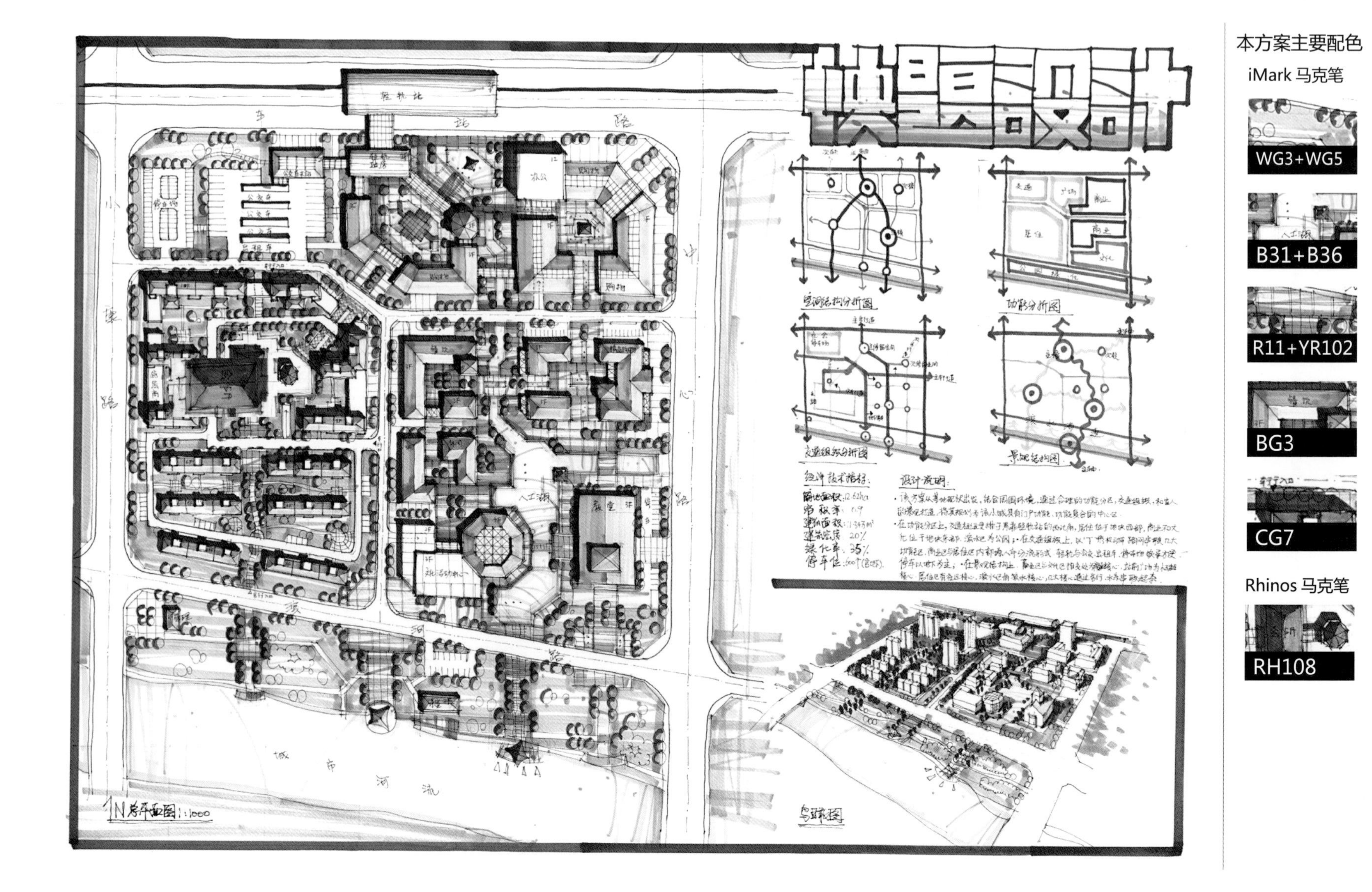

例 26　江南小城市中心区规划设计

作　　者	黄甥柑	报考院校	东南大学
表现方法	iMark 针管笔 + 马克笔（iMark+Rhinos）		
用　　纸	A1 绘图纸	用纸规格	594mmx841mm
用　　时	6 小时	期　　数	华元方案 36A 期

名师点评 ▲

本方案是某小城市带轻轨站的中心区规划设计，重点考察公共交通的换乘和公共服务与地铁站的结合布置。优点：从画面表达来说，是一个很不错的作品。线条干脆流畅，功能安排合理，色调统一、干净，鸟瞰准确；该设计中把文物保护的东西打开，与公共绿地、文化中心等结合布置，同时懂得将商业和轨道站点的连廊结合布置。缺点：对于换乘广场来说，北面的广场面积小了；与轨道站结合的商业建筑体量略小；教堂西边的景观水面做得略大了；轻轨站西边的停车场离轻轨站过远，不利于交通换乘。

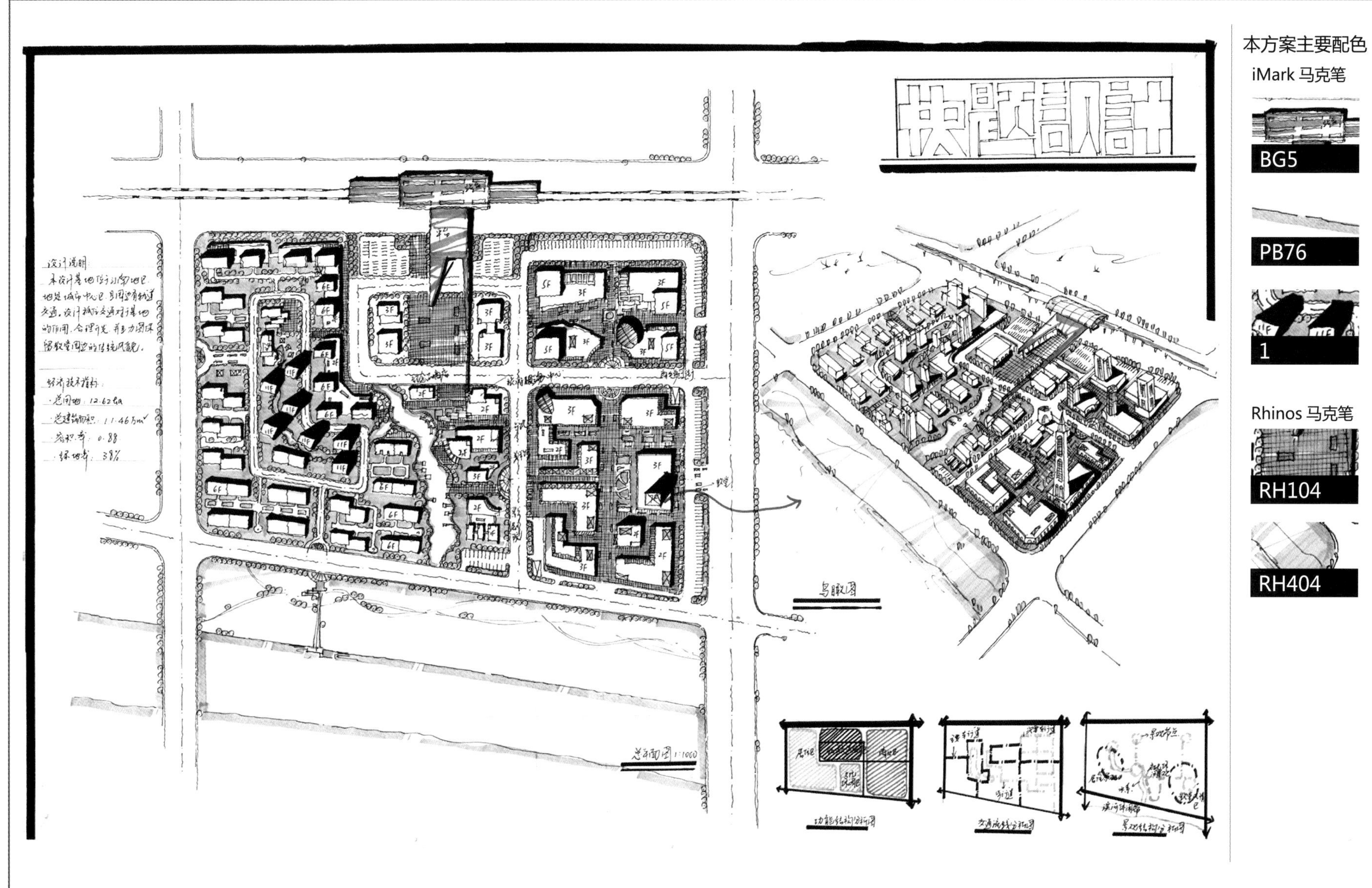

例 27 江南小城市中心区规划设计

作　　者	陈永辉	报考院校	天津大学
表现方法	针管笔 + 马克笔（iMark+Rhinos）		
用　　纸	A1 拷贝纸	用纸规格	594mmx841mm
用　　时	6 小时	期　　数	华元方案 39C2 期

名师点评 ▲

该方案作为小城镇中心区规划设计，北部的轻轨车站入口设置大面积集散广场，以便于人流的疏散，并考虑到周边的公交与出租换乘；引入自然水体将西部的居住区自然划分成独立区域；东部围绕教堂和商业展开城市公共中心。设计师突出了中心公建的建筑组合与步行流线，但与轻轨站和居住区联系较弱。且站前广场被机动车道环绕略有不妥，地块内部车行道路等级较高。鸟瞰图表现干净利落，空间形态丰富，整张图表达完整。

答题一律做在答题纸上（包括填空题、选择题、改错题等），直接做在试题上按零分计。

准考证号__________ 系　别__________ 考试日期__________

适用专业__________________ 考试科目__________________

同济大学彰武路地块规划设计

一、基本概况

该项目位于同济大学四平路主要入口对面，包括彰武路以南汽车一场地块 $10.03hm^2$，彰武路以北邮局地块 $0.69hm^2$。两块地合计 $10.72hm^2$（基地现状情况详见地形图）。

二、规划要求

1. 功能

该地块是同济大学为迎接 2007 年百年校庆进行的一次较大的功能与空间拓展举措。该基地功能定位为：主导功能——科技研发；科技产业辅助功能——培训教学、会议接待、SOHO 公寓。使之成为同济科技创新、孵化、生产、服务面向社会的纽带，是产、学、研三位一体的综合性基地。

2. 要求

（1）处理好四平路与彰武路交叉口同济大学入口的空间关系与形象。

（2）处理好该地块内、外部动静交通。尤其要解决好基地与同济校园的交通关系。

（3）整体构思、功能布局应有新意，功能设置与空间形象可以有所创新。

三、技术经济指标

1. 规划容积率可在 2.0~2.5 考虑，建筑高度不超过 100m。
2. 建筑密度不大于 25%，绿地率大于 35%。
3. 停车比例按 0.5 辆 /l00m^2 计。
4. 各功能建筑比重不硬性规定，规划者可根据自己的考虑来分配。

四、成果要求

总平面图（1 ： 1000）、结构分析图、道路交通系统规划图、空间景观分析图、主导空间表现图（形式不限）、技术经济指标、简单说明。

五、其他要求

1. 考试时间为 3 小时。
2. 成果表达形式不限，深度自己掌握，以表达自己的综合水平为准。

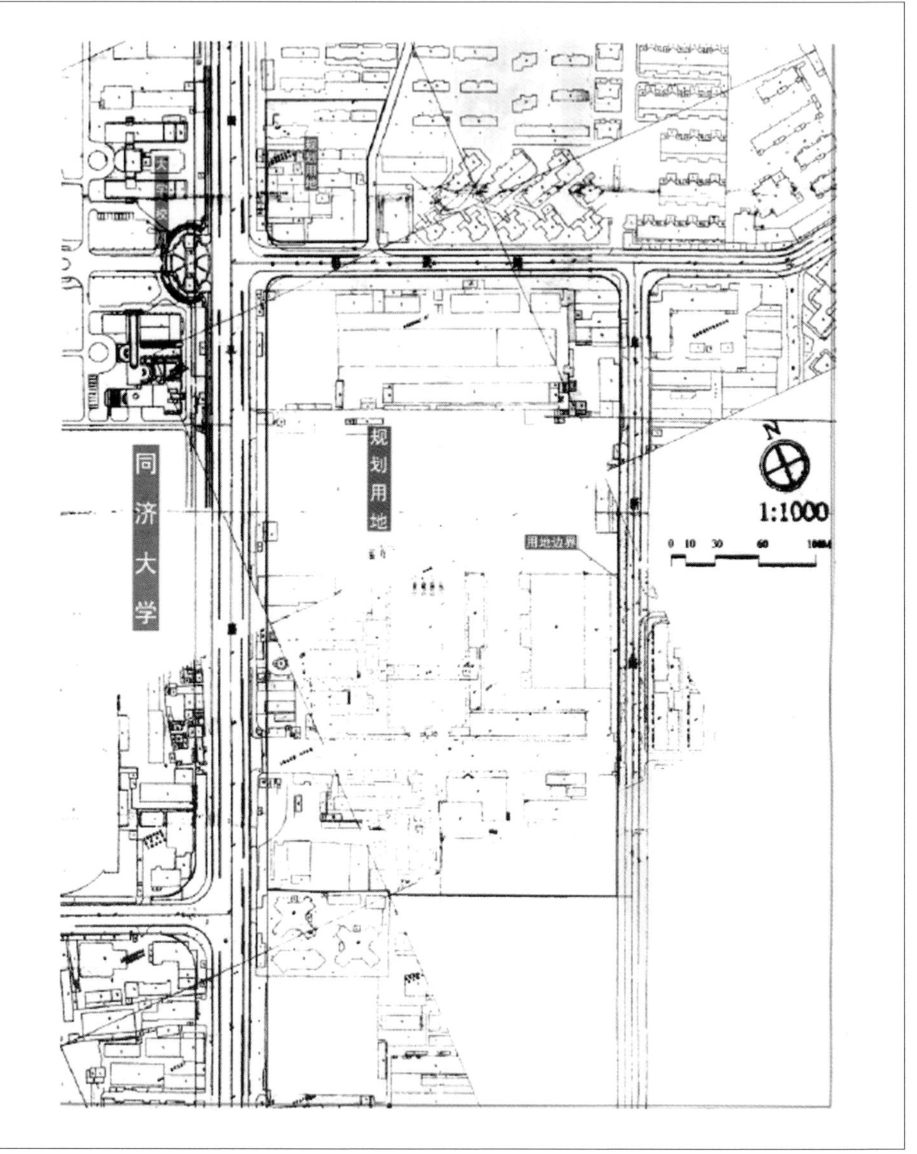

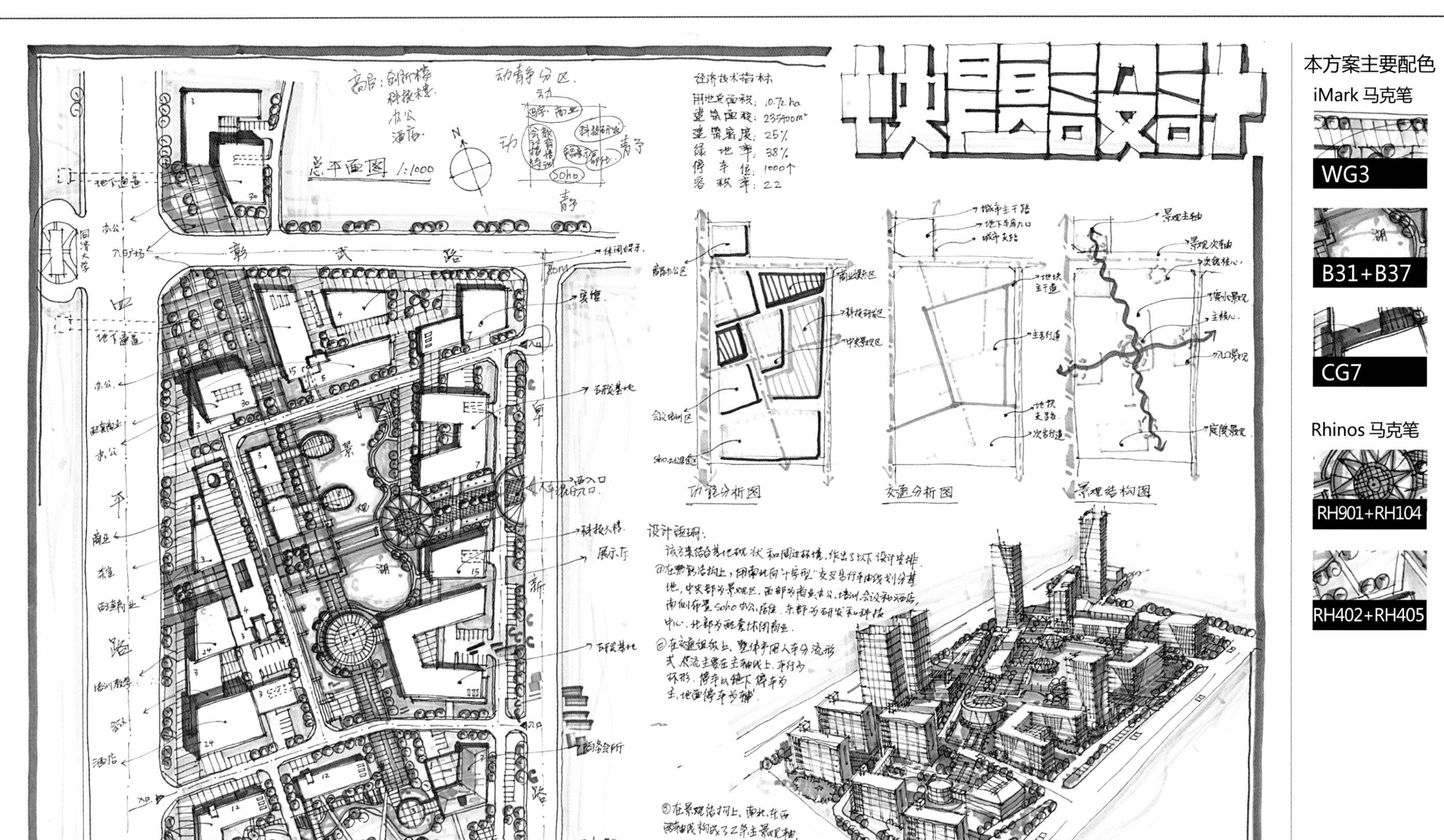

例 28　同济大学彰武路地块规划设计

作　　者	黄甥柑	报考院校	东南大学
表现方法	iMark 针管笔＋马克笔（Rhinos+iMark）		
用　　纸	A1 绘图纸	用纸规格	594mmx841mm
用　　时	6 小时	期　　数	华元方案 36A 期

名师点评 ▲

本方案重点考察产业园的功能布局和内、外部动静交通的关系，以及两条城市道路交叉口即同济大学校门口空间关系。画面表达来说是一个很不错的作品，线条干脆流畅，功能安排合理，用一条南北向的轴线把地块所有的功能联系在一起；轴线空间也富于变化；建筑平面的形式丰富；同时建筑与地块的轴线等空间联系较强。绿色的色调使得画面活泼。鸟瞰透视准确，建筑与空间表达到位。功能布局还是有点混乱，右上角的车行道与城市道路路口间距不够；下面的居住没考虑到地块南边的高层对它的日照所造成的影响。

答题一律做在答题纸上（包括填空题、选择题、改错题等），直接做在试题上按零分计。

准考证号＿＿＿＿＿＿ 系　别＿＿＿＿＿＿ 考试日期＿＿＿＿＿＿

适用专业＿＿＿＿＿＿＿＿ 考试科目＿＿＿＿＿＿＿＿

某南方水乡古镇新区中心城市设计

一、设计条件

（1）区值：见区位示意图。

（2）气候：夏日炎热多阵雨。

（3）现状：见地形图，规划范围的总用地约为 126hm^2，基地东面有大湖，环湖拟规划为全市湖滨文化休憩公园；湖西侧有庙宇一处，香火旺盛，建筑造型及质量均较好，基地中部横贯小河，河上有石板桥一座，极具特色；沿河村庄民居已计划动迁。

（4）功能：根据总体规划，用地功能为商业、文化、办公、居住混合地段，并设有市民休闲广场一处，面积为 1 ~ 2.5hm^2，本中心地区尚未进行控制性详细规划。

（5）建筑项目安排（仅供参考）：商业服务、宾馆、文化娱乐中心、影院、银行、办公楼、住宅等。

（6）建筑容量：毛容积率 1 ~ 1.1。

二、设计要求

构思一个布局合理、环境宜人、交通有序、富有特色的中心区设计方案。

三、设计成果

（1）总平面图（1 ： 1000）。

（2）构思分析图（比例和数量自定）。

（3）局部形态表现图（方式和数量自定）。

（4）简要文字说明（300 ~ 500 字）。

四、特别注意

考生姓名和准考证号标注在设计图纸和设计说明的右下角。

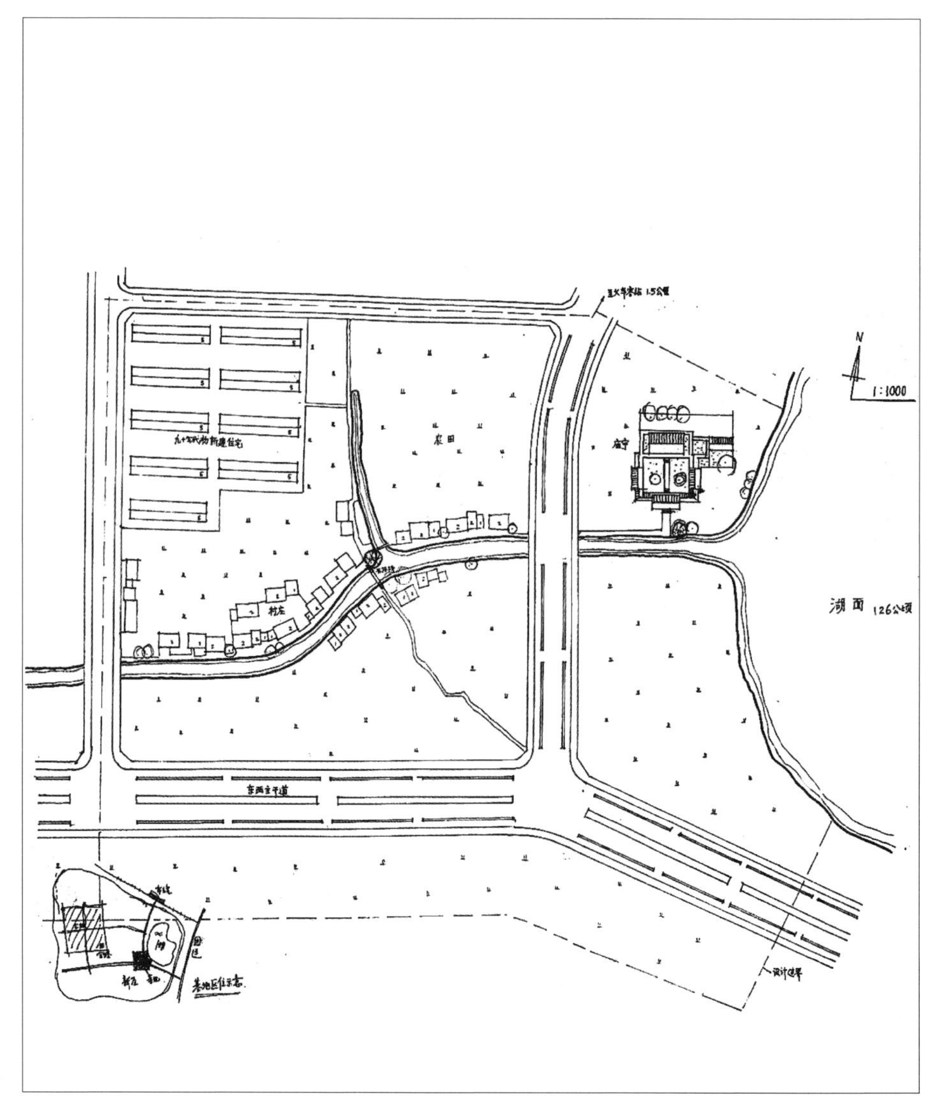

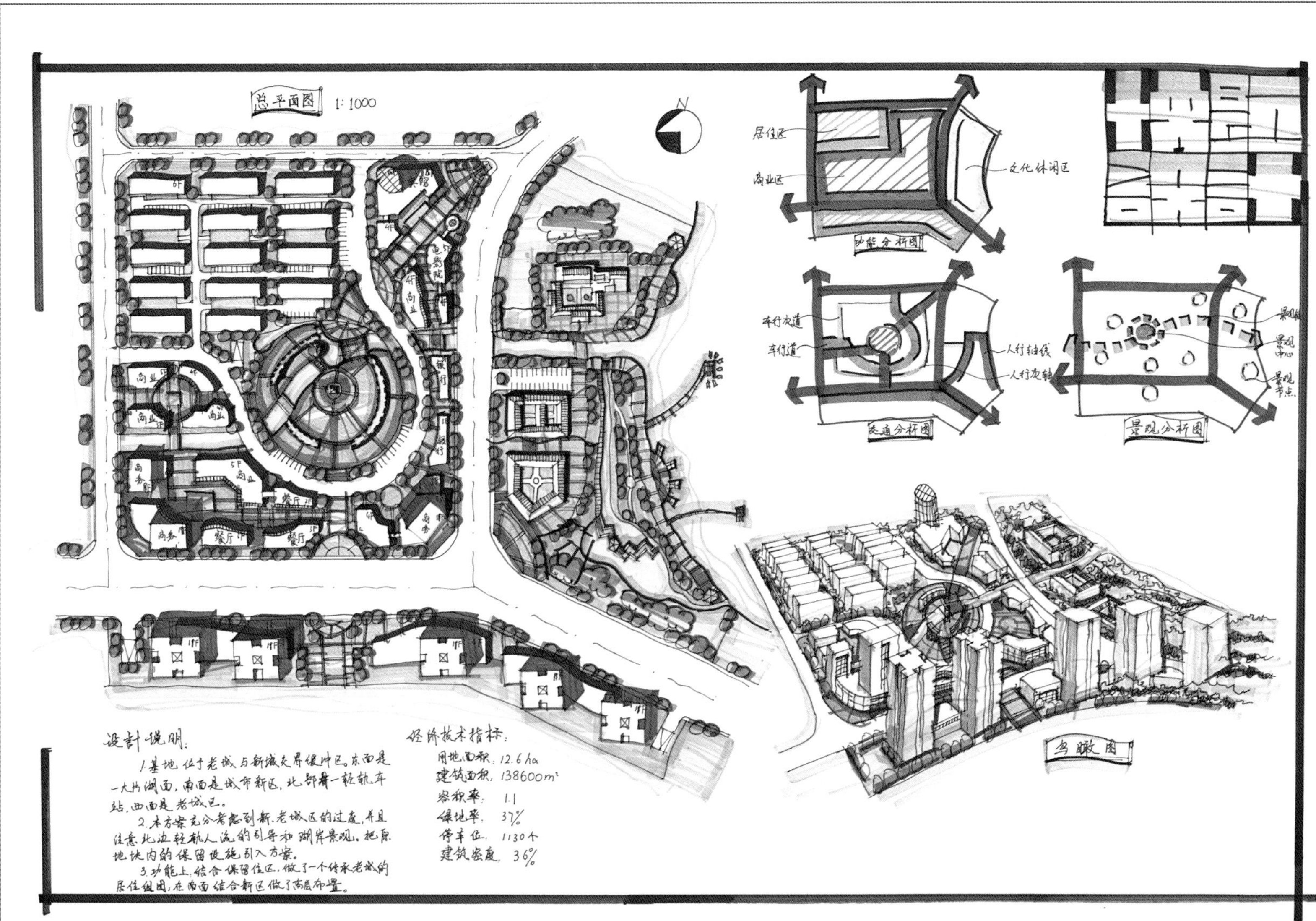

本方案主要配色

iMark 马克笔

GB63+G42

R11+YR102

CG7

Rhimos 马克笔

RH602+RH606

例 29　某南方水乡古镇新区中心城市设计

作　　者	曾柯杰	报考院校	重庆大学
表现方法	针管笔 + 马克笔（Rhinos+iMark）		
用　　纸	A1 绘图纸	用纸规格	594mmx841mm
用　　时	6 小时	期　　数	华元方案 40C6 期

名师点评 ▲

该方案较好地利用现有滨水景观资源，并将水面扩大，引入了宜人尺度的水面，提升了滨水湖岸亲水性；商业街区整体性较好，中心突出，位于现有居住地块和商业等服务设施的中心，并结合了现有水景资源，不足之处是尺度过大；同时，将高层住宅设计在场地南面的地块，保留北部现有住区，并组织为传统居住组团，很好地理解了任务书中明确提出的场地区位是老城向新区的缓冲区。图面色彩搭配清新舒适，布局均衡，效果图较好地表现了南低北高的空间关系。整体是一份满意的答卷。

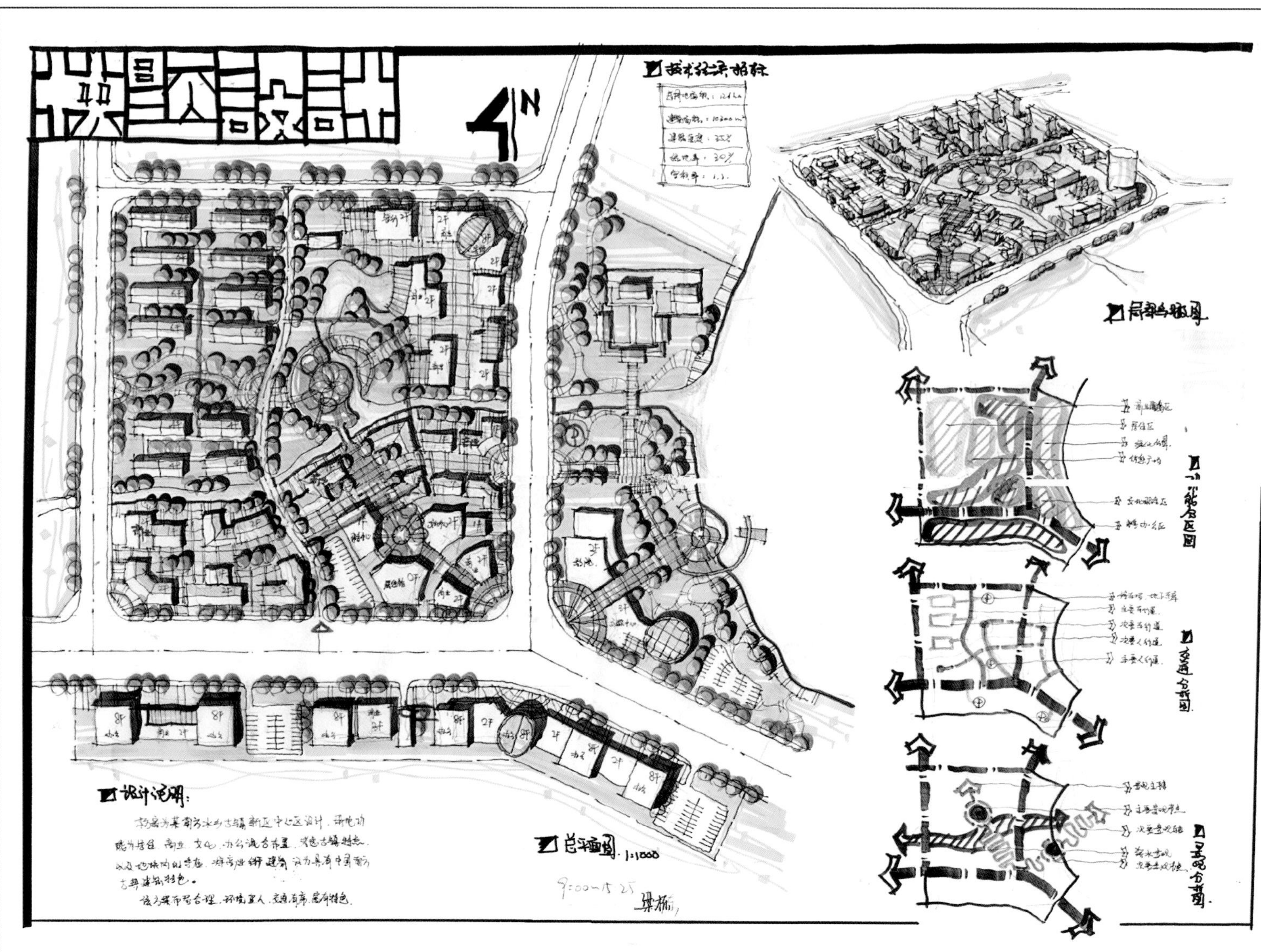

本方案主要配色

iMark 马克笔

PB76

Y23

B36

GY53+GY56

YR102

例 30　某南方水乡古镇新区中心城市设计

作　　者	梁　栋	报考院校	北京建筑大学
表现方法	钢笔 + 马克笔（iMark）		
用　　纸	A1 硫酸纸	用纸规格	594mmx841mm
用　　时	6 小时	期　　数	华元方案 39C3 期

名师点评 ▲

方案整体布局合理，尊重现有住宅和历史建筑；位于南部的新城区，沿街设置大体量建筑。

方案中有几处亮点：1. 将水景进一步引入居住区，并结合中心广场和商业进行设计，很好地丰富了居住区内公共空间的景观；2. 在滨水区规划了文化类建筑，增加了滨水景观区的活力；3. 居住组团、商业组团和滨水区都设计了公共中心，并通过步行道将各中心广场联系了起来，同时增加了滨水区的可达性。

图面整体布局协调，不足之处是分析图的线条需要更加肯定和整洁。

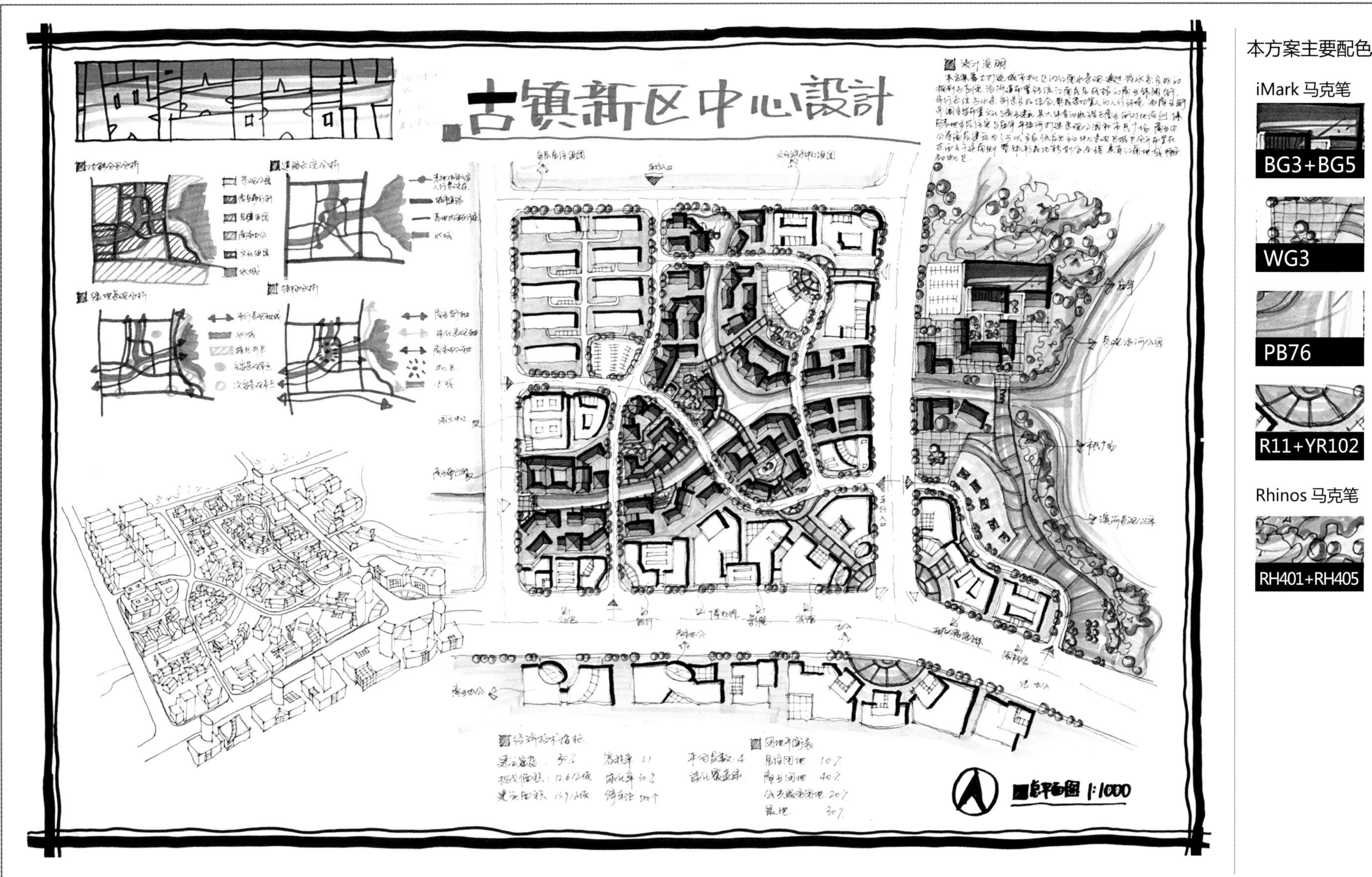

例 31　某南方水乡古镇新区中心城市设计

作　　者	曹哲静	报考院校	清华大学
表现方法	针管笔 + 马克笔（iMark+Rhinos）		
用　　纸	A1 硫酸纸	用纸规格	594mmx841mm
用　　时	6 小时	期　　数	华元方案 39C3/4 期

名师点评 ▲

方案最大的亮点是沿现状河流设计了一系列的院落式古建筑，形成一条滨水景观步行带，很好地体现了老城的传统特色，增加了滨水空间的活力和连续性，并在其中设置了小尺度的广场，架设步行桥，丰富了滨水岸线的灵动性。较大体量的商业建筑，后退至水面的外围，沿街道布置，湖面则保留了较多的自然景观。体现了对水景的多样化的利用。高层建筑则安排在南面的新城区地块，既避让出老城区的空间，又形成了从水面向两侧建筑逐渐增高的整体空间形态。图面色调淡雅，整体是一份较好的快题答卷。

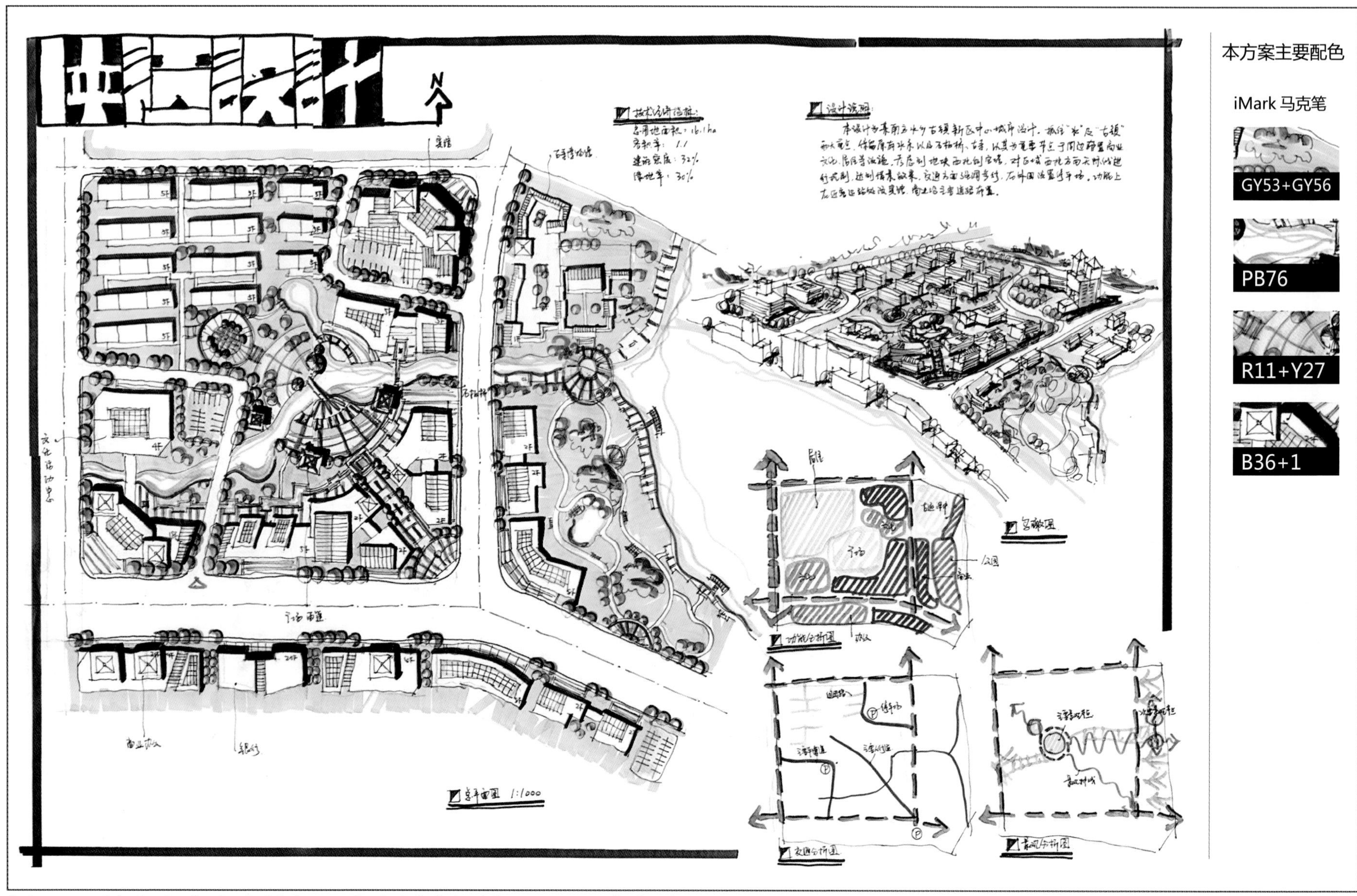

例 32　某南方水乡古镇新区中心城市设计

作　者	黄思曈	报考院校	清华大学
表现方法	针管笔 + 马克笔（iMark）		
用　纸	A1 硫酸纸	用纸规格	594mmx841mm
用　时	6 小时	期　数	华元方案 39C3 期

名师点评 ▲

方案中心突出，在居住和商业中心，设计了一处市民广场，并对现状河流重新设计，集中并优化了现状景观资源和商业资源。现代商业空间占据较大比例，商业空间丰富灵活，开放空间收放自如。同时注重引水入景，在居住区、商业区和自然景观区内均有所体现。古寺周边的建筑，在尺度、形态和空间布局上都有呼应，体现了对传统建筑的尊重和延续。不足之处是，为了保证中心广场的完整性，道路设计作出了避让，使得地块内交通不够连贯。景观表现的用笔和用色略显潦草。

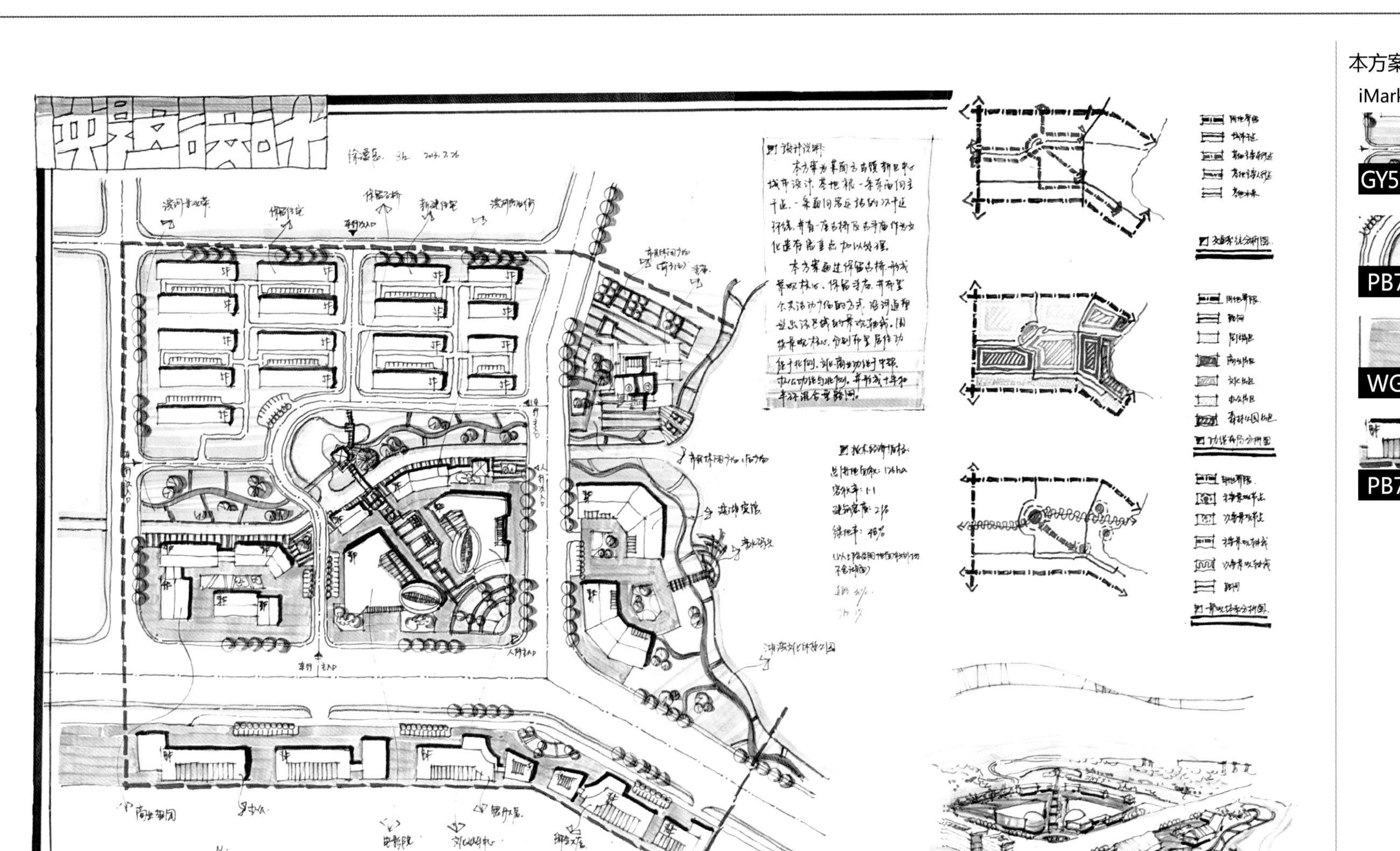

本方案主要配色

iMark 马克笔

GY51+GY53

PB76

WG3

PB77

例 33 某南方水乡古镇新区中心城市设计

作　　者	徐漫辰	**报考院校**	天津大学
表现方法	针管笔＋马克笔（iMark）		
用　　纸	A1 拷贝纸	**用纸规格**	594mmx841mm
用　　时	6 小时	**期　　数**	华元方案 39C3 期

名师点评 ▲

方案整体表达简洁、分区明确，几个功能不同的地块差异明显。对现状河流采用一侧自然景观为主，另一侧作滨河小尺度商业活力空间，是设计方面的重要亮点。重视场地内的保留建筑，并进行了强化，居住建筑扩大并形成规整的组团，古寺周边景观进行了扩大和提升。不足之处是地块内部表达深度不够，比如一些地块的人行、车行等交通组织没有交代清楚；一些要素之间的边界性过于明显，导致地块之间略显独立；建筑形态可以更加多样。图面用色大方，整体格调简洁明快，是一份基本满意的快题答卷。

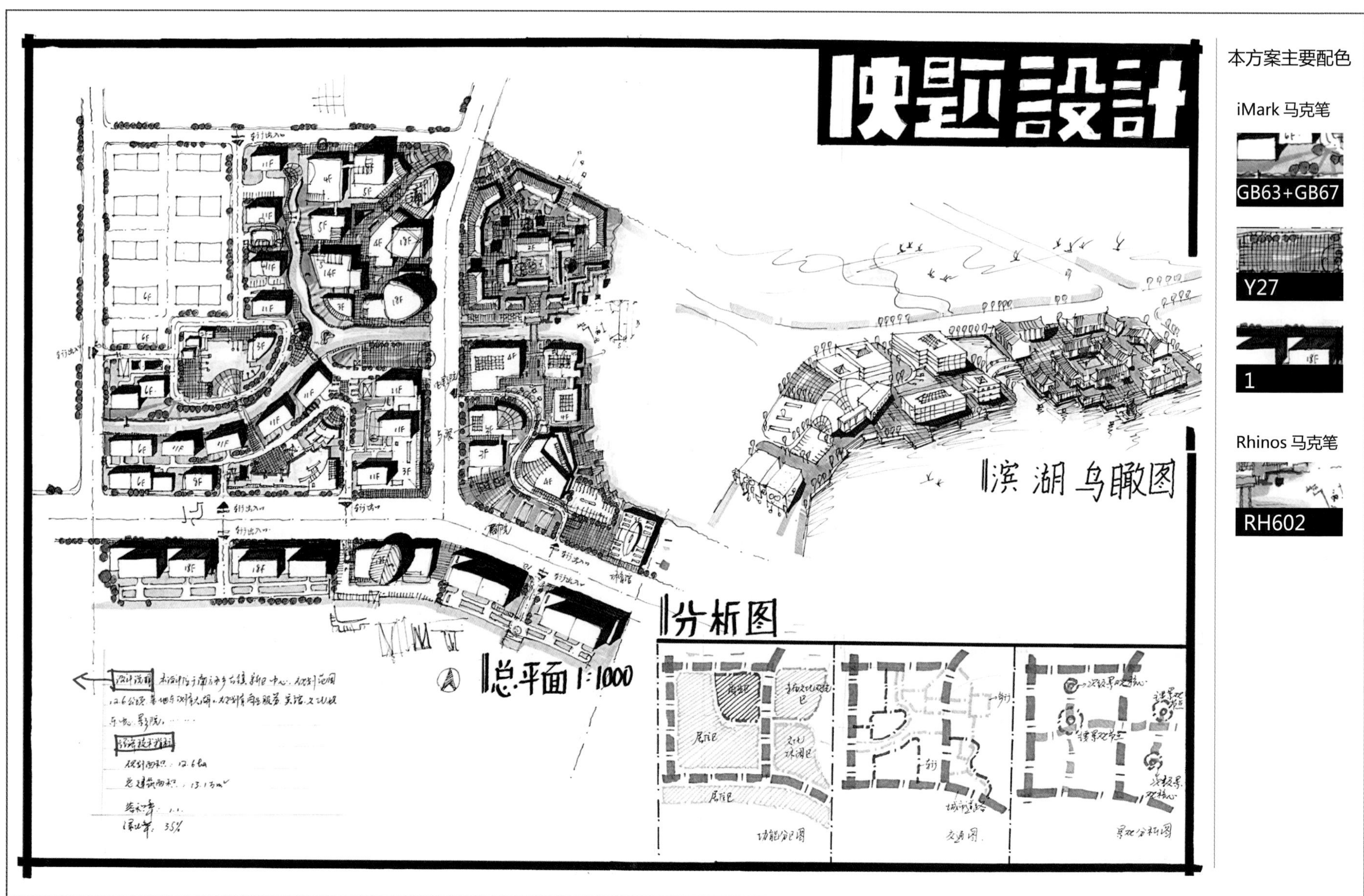

例 34　某南方水乡古镇新区中心城市设计

作　　者	陈永辉	报考院校	天津大学
表现方法	针管笔 + 马克笔（iMark+Rhinos）		
用　　纸	A1 拷贝纸	用纸规格	594mmx841mm
用　　时	6 小时	期　　数	华元方案 39C3 期

名师点评 ▲

本方案特点是建筑形式灵活多样，景观设计细节丰富，场地中的空间设计比较饱满，体现了作者扎实的设计功底。方案整体功能布局合理，现状建筑保留和利用恰当，滨水设计多样化，较好地反映了水乡古镇的新区中心的空间特色。方案亮点是对小尺度水面的塑造，与周围建筑和广场等空间要素相辉相应。不足之处是对任务书中要求的滨湖文化休憩公园的理解不充分，建筑和硬质铺地布得过满，滨湖有过分开发建设之嫌。图面色调古朴大方，布局均衡，是一份基本满意的快题答卷。

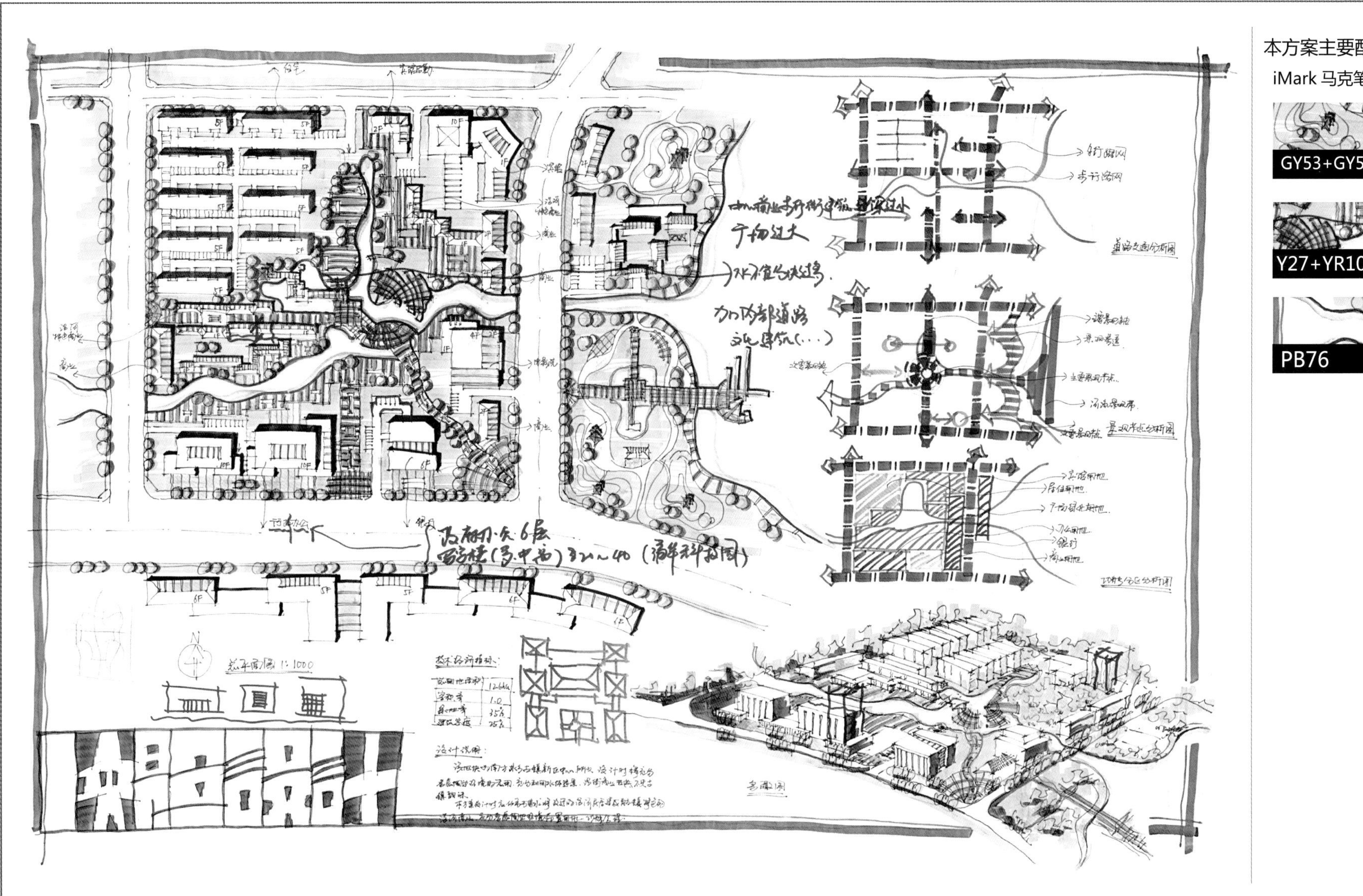

本方案主要配色
iMark 马克笔

GY53+GY56

Y27+YR106

PB76

例 35　某南方水乡古镇新区中心城市设计

作　者	缪立波	报考院校	北京建筑大学
表现方法	针管笔 + 马克笔（iMark）		
用　纸	A1 硫酸纸	用纸规格	594mmx841mm
用　时	6 小时	期　数	华元方案 39C3 期

名师点评 ▲

方案基本满足对任务书中的各项要求，功能合理，保留与新建比例适宜，水乡特色突出，对滨湖公园和市民广场等要求都一一给予了回应。方案中最大的亮点是对现状河流堤岸的优化设计，采用自由灵动的岸线，结合亲水平台，形成一个比较开敞的中心广场。不足之处是：1. 地块内部道路不通畅，车行组织没有交代清晰，地块之间的步行联系、出入口的呼应关系，还可以加强；2. 建筑形态可以更加丰富，特别是沿街大体量的建筑，比较明显，精心设计可为方案增色不少，对应的鸟瞰图也会更加丰富。

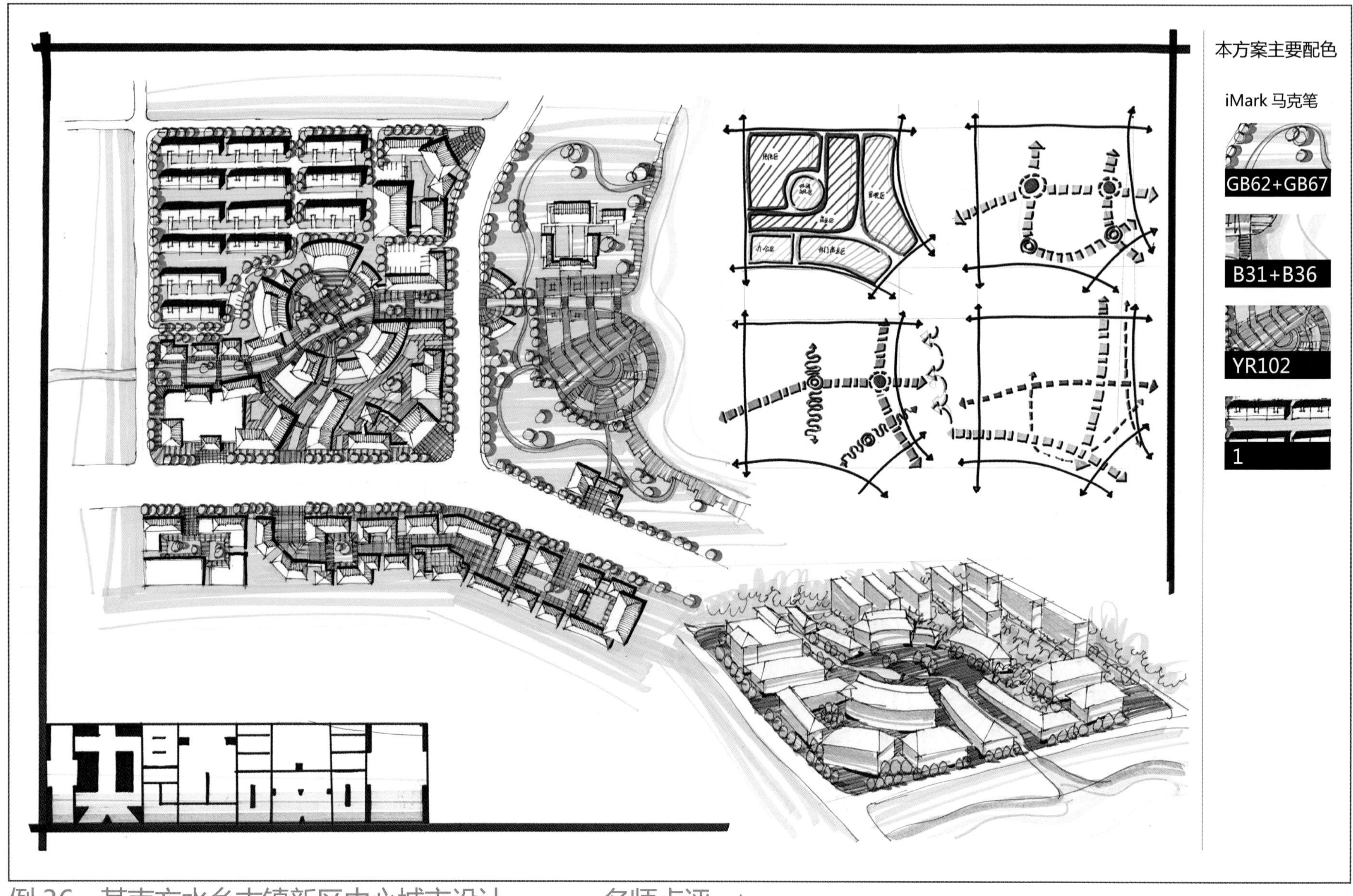

例 36　某南方水乡古镇新区中心城市设计

作　　者	何　浏	报考院校	浙江大学
表现方法	iMark 针管笔 + 马克笔（iMark）		
用　　纸	A1 绘图纸	用纸规格	594mmx841mm
用　　时	6 小时	期　　数	华元方案 40C6 期

名师点评 ▲

本方案最大的特点是对传统老城风貌的保护和发扬，空间秩序层次清晰，商业广场和滨水景观广场作为主要公共空间明确突出，地块之间联系紧密。商业形成街区布置，且商业空间连续灵活，并与其他地块，如滨湖广场之间导向明确，步行联系紧密。滨湖设计的亮点是河流两岸的整体设计，将古寺和滨湖休闲广场连为一体。不足之处是：对新、老城的过渡区这一设计条件，场地南北两侧的设计相似，建筑形式和空间设计上回应不明显，车行道应表现得更加明确。图面用色清新整洁，表达干净简洁，线条肯定。

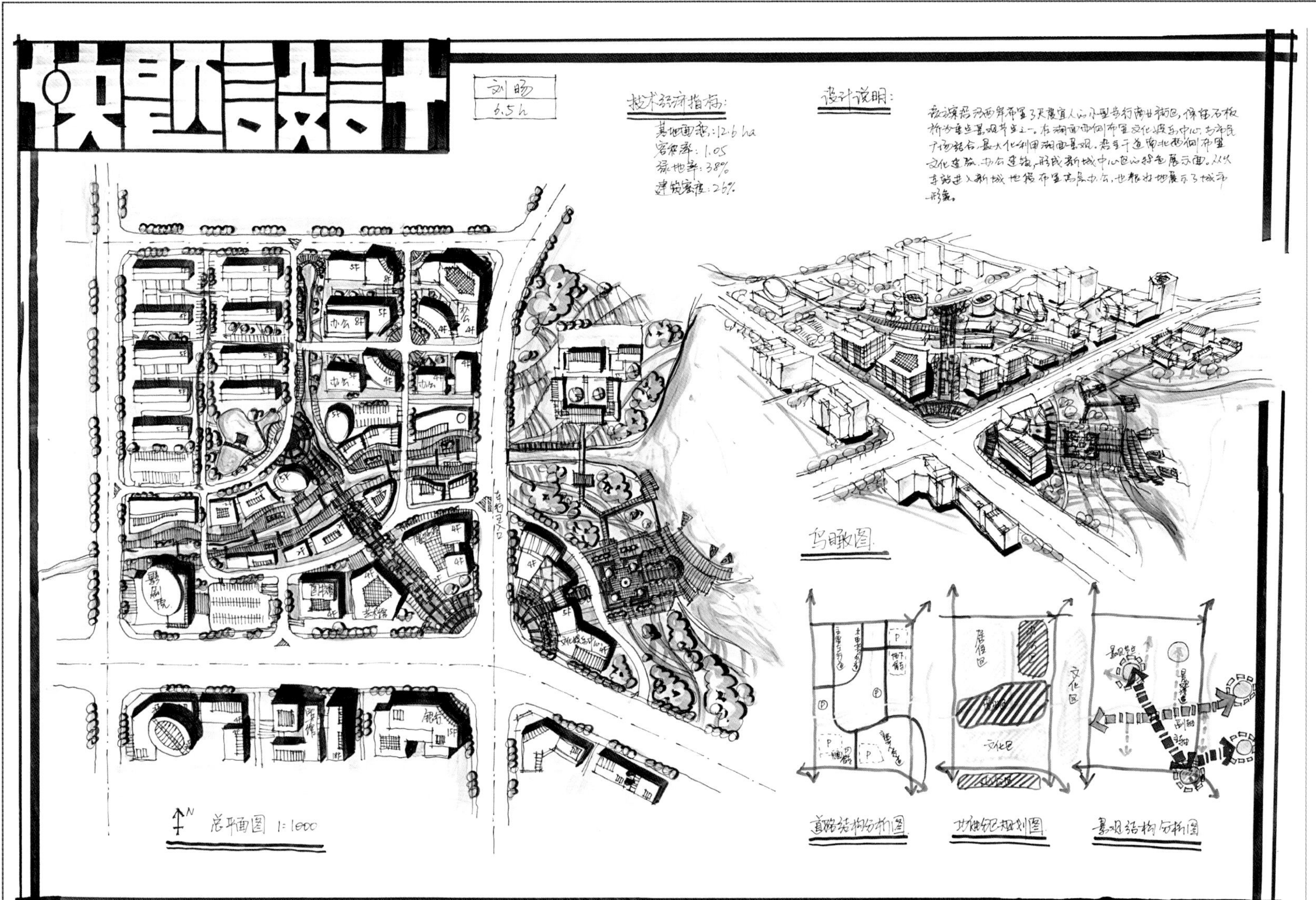

本方案主要配色

Rhinos 马克笔

RH402+RH405

iMark 马克笔

Y27

PB76

1

例 37　某南方水乡古镇新区中心城市设计

作　　者	刘　旸	报考院校	天津大学
表现方法	iMark 针管笔 + 马克笔（iMark+Rhinos）		
用　　纸	A1 硫酸纸	用纸规格	594mmx841mm
用　　时	6 小时	期　　数	华元方案 39C4 期

名师点评 ▲

方案综合水平较高，考虑全面；对任务书理解深刻，布局合理，空间秩序明确；公共空间作为重要轴线表达明确，交通组织通畅有序，基本回应了任务书中提到的场地内各项条件。1. 传统老城区内保留了居住建筑，并引水入景设计为一个相对独立完整的居住组团；古寺周边以自然的手法加以保护。2. 办公区成组团布置，中心广场和内部庭院有所区分。3. 商业区空间丰富，河流两侧商业街以小尺度为主，沿街则多为大体量建筑。4. 滨湖地块结合文化建筑设计了文化休闲广场，增加了滨水活力。

答题一律做在答题纸上（包括填空题、选择题、改错题等），直接做在试题上按零分计。

准考证号＿＿＿＿＿＿ 系　别＿＿＿＿＿＿ 考试日期＿＿＿＿＿＿

适用专业＿＿＿＿＿＿＿＿＿ 考试科目＿＿＿＿＿＿＿＿＿

上海船厂地区城市更新的概念设计

一、项目背景

具有 130 余年历史的上海船厂基地，北靠黄浦江，西侧紧邻上海浦东陆家嘴中央商务区，是十分重要的城市中心滨水区，计划在船厂搬迁后，将进行全面的城市更新，形成高品质的混合功能区，成为陆家嘴 CBD 的有机延续部分。

二、规划设计条件

（1）基地状况：基地西南两侧分别有公交站点和地铁站点；基地的现状地面标高为 4.0m，滨江防汛堤的规划标高为 7.0m（具体位置由设计方案确定）；其他状况详见区位图和地形图。

（2）规划用地性质：商务办公、休闲购物、文化娱乐、居住、观光。

（3）允许建设内容：办公楼群、星级酒店、商业街区、娱乐中心、住宅、博物馆、展示厅、滨江休闲公园等。

（4）特别要求：保留并积极利用向江倾斜的船台（长度为 228m，宽度为 30m）。

三、规划设计要求

总体概念清晰；功能布局与交通组织合理；体现地区的历史文化脉络；城市空间形态具有鲜明特色。

四、规划设计成果

（1）设计总平面（1 ∶ 1000）。

（2）表达设计概念的分析图（比例不限，必须包含规划结构、功能布局、交通组织和空间形态的概念表达）。

（3）简要说明（不得超过 300 字）。

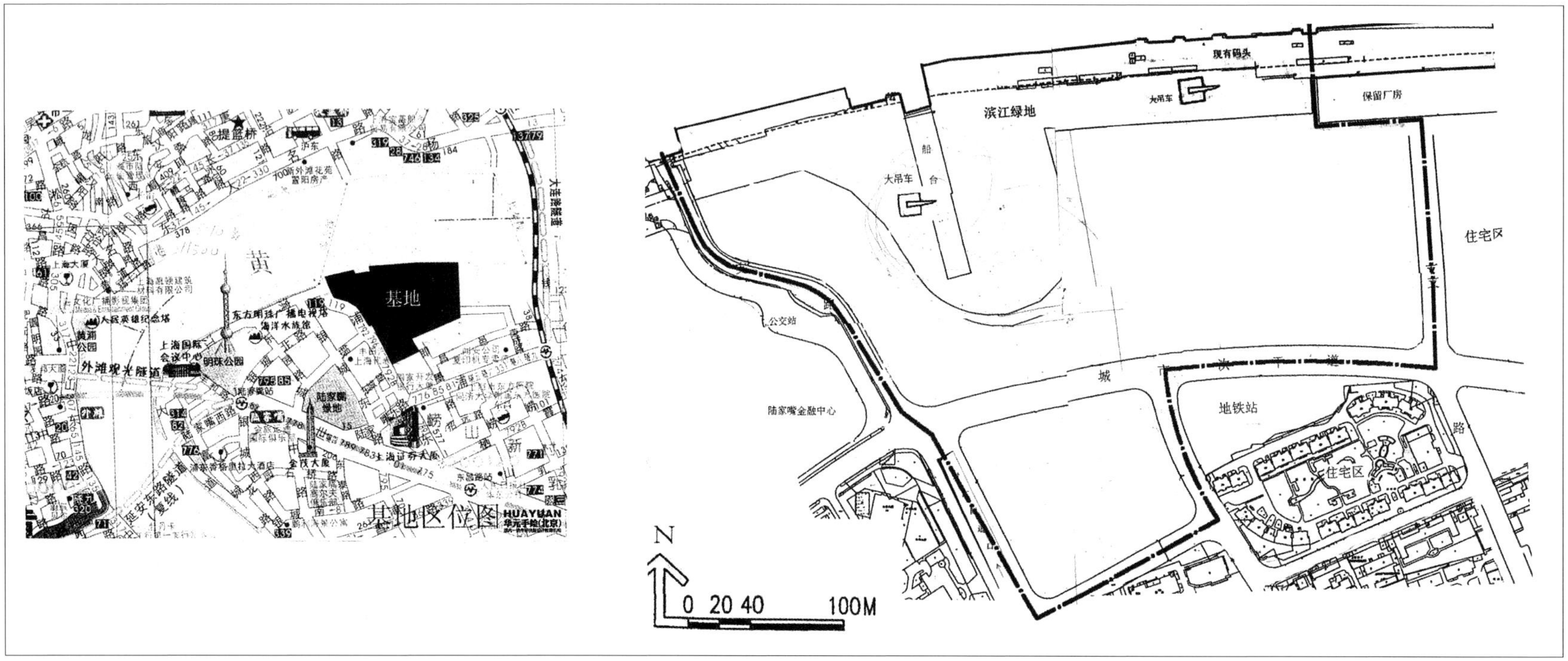

基地区位图

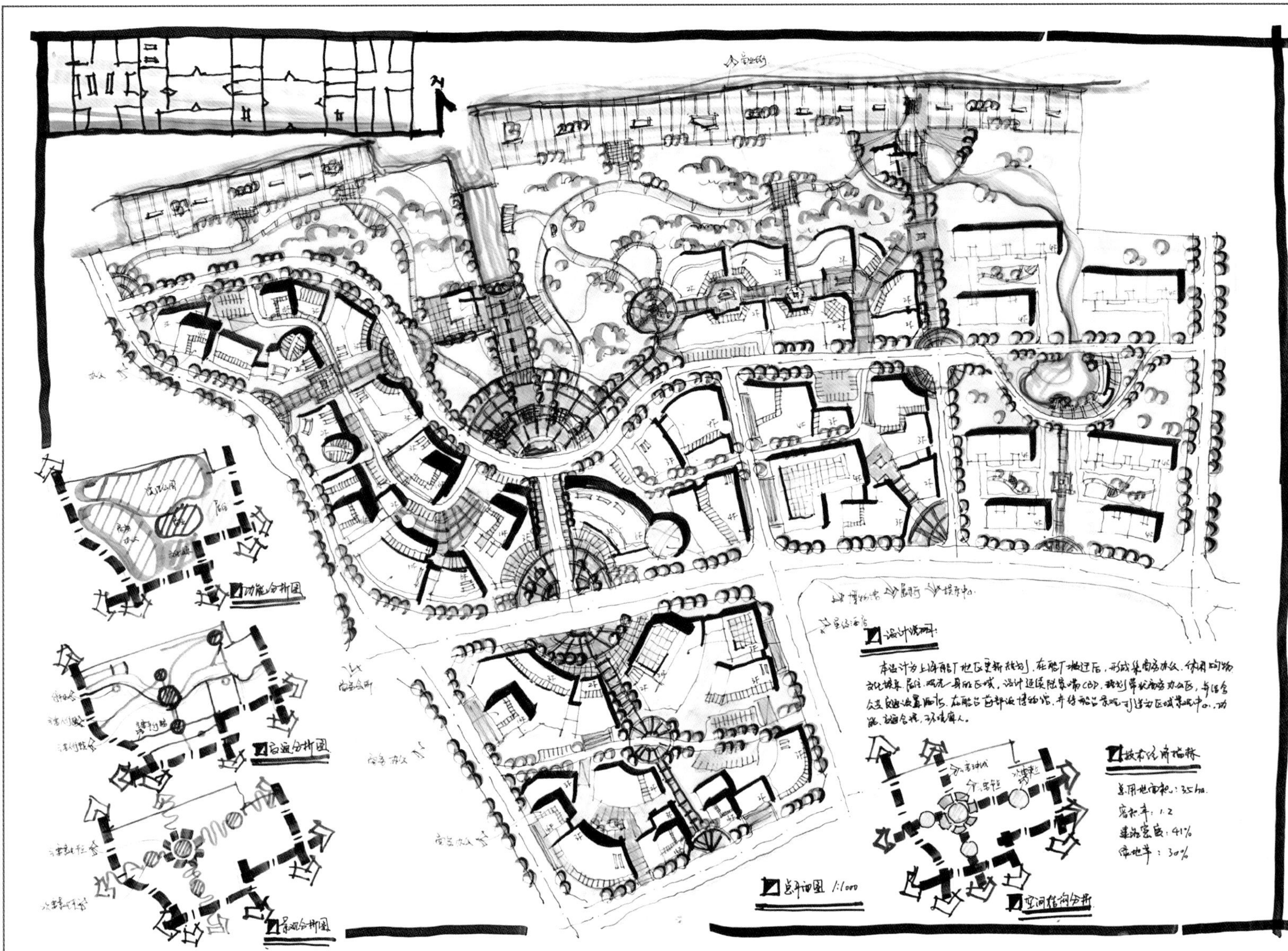

本方案主要配色

iMark 马克笔

Y27+YR103

GB63+G42

PB77

例38 上海船厂地区城市更新的概念设计

作者	黄思瞳	报考院校	清华大学
表现方法	针管笔＋马克笔（iMark）		
用纸	A1硫酸纸	用纸规格	594mmx841mm
用时	6小时	期数	华元方案C3期

名师点评 ▲

该方案较好地满足了设计要求：1. 总体概念清晰，功能布局得当，交通组织合理，综合考虑了内、外部交通条件，地块内人车交通明确；2. 滨江公园向南延伸，进行了景观渗透，且很好地利用了基地高差，引入景观水系；3. 保留了船厂遗存的船台，并加以利用——设置博物馆，强调了地区的历史文化脉络；4. 建筑高度控制较为合理，在商业区达到制高点，形成丰富层次，城市空间形态特色鲜明。

方案整体中心突出，公共空间秩序和层次分明，各地块之间步行系统联系紧密，总体是一份较好的快题答卷。

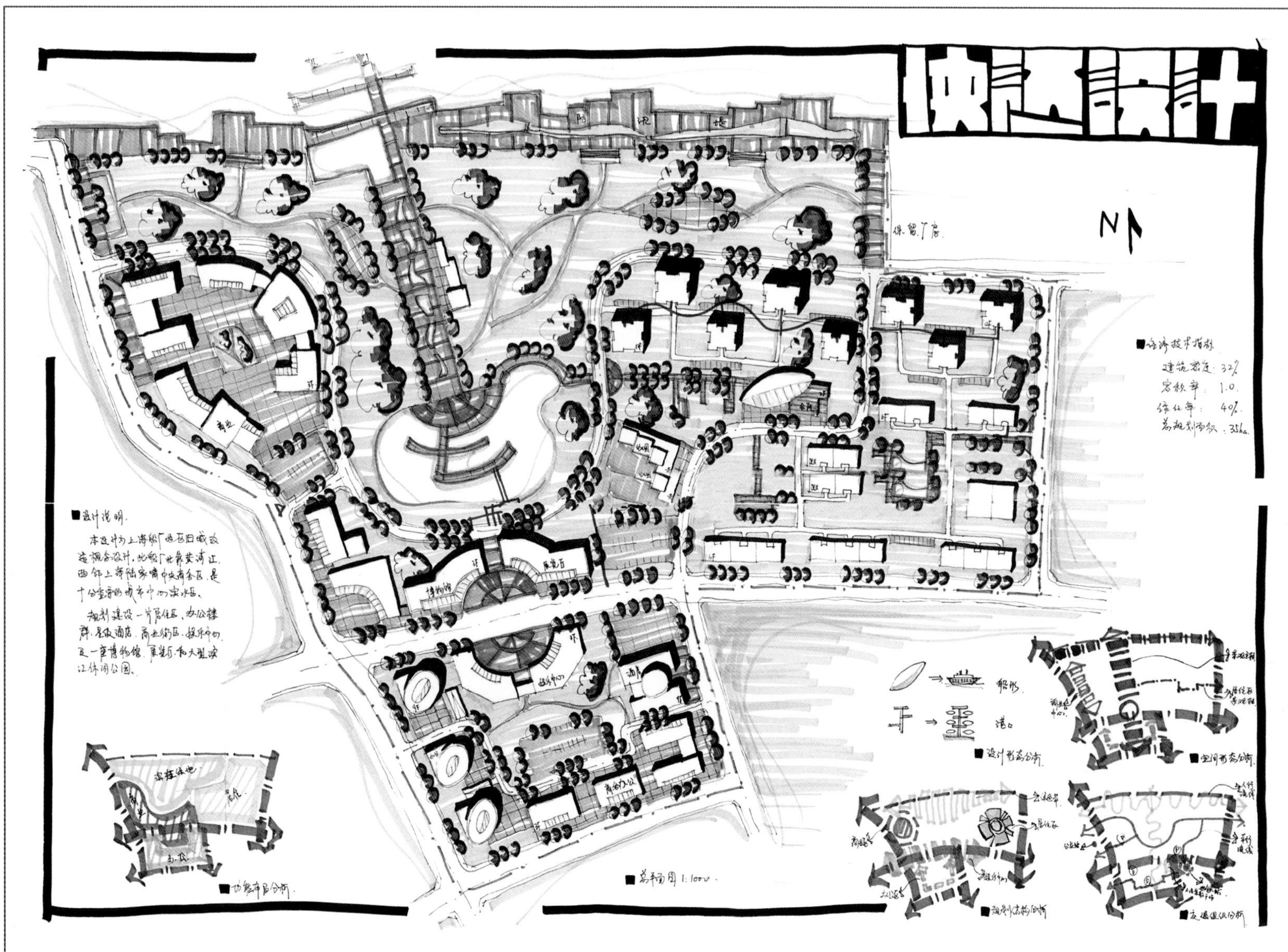

本方案主要配色

iMark 马克笔

WG3

YR102

GB63+G42

PB76

例 39　上海船厂地区城市更新的概念设计

作　　者	伍清如	报考院校	北京工业大学
表现方法	针管笔＋马克笔（iMark）		
用　　纸	A1 绘图纸	用纸规格	594mmx841mm
用　　时	6 小时	期　　数	华元方案 C3 期

名师点评 ▲

方案较好地回应了任务书中的几处关键信息：1. 将商业和办公功能设置在场地的西侧和南侧，以配合 CBD 的有机延续，公共空间主次有序、联系紧密，结合场地区分了街区式、庭院式和沿街式的布局，尺度适宜；2. 滨水区设计为休闲文化景观带，设置了博物馆和展览馆等公共文化建筑，提升了滨水功能活力，并利用船台设计步行联系，增加通水可达性，同时引水入景，提高了公共空间质量；3. 居住布置在场地东侧，与周边现有住宅区相邻，临江的做点式住宅，沿街为板式，较好地考虑了景观均好和住区内部环境质量。

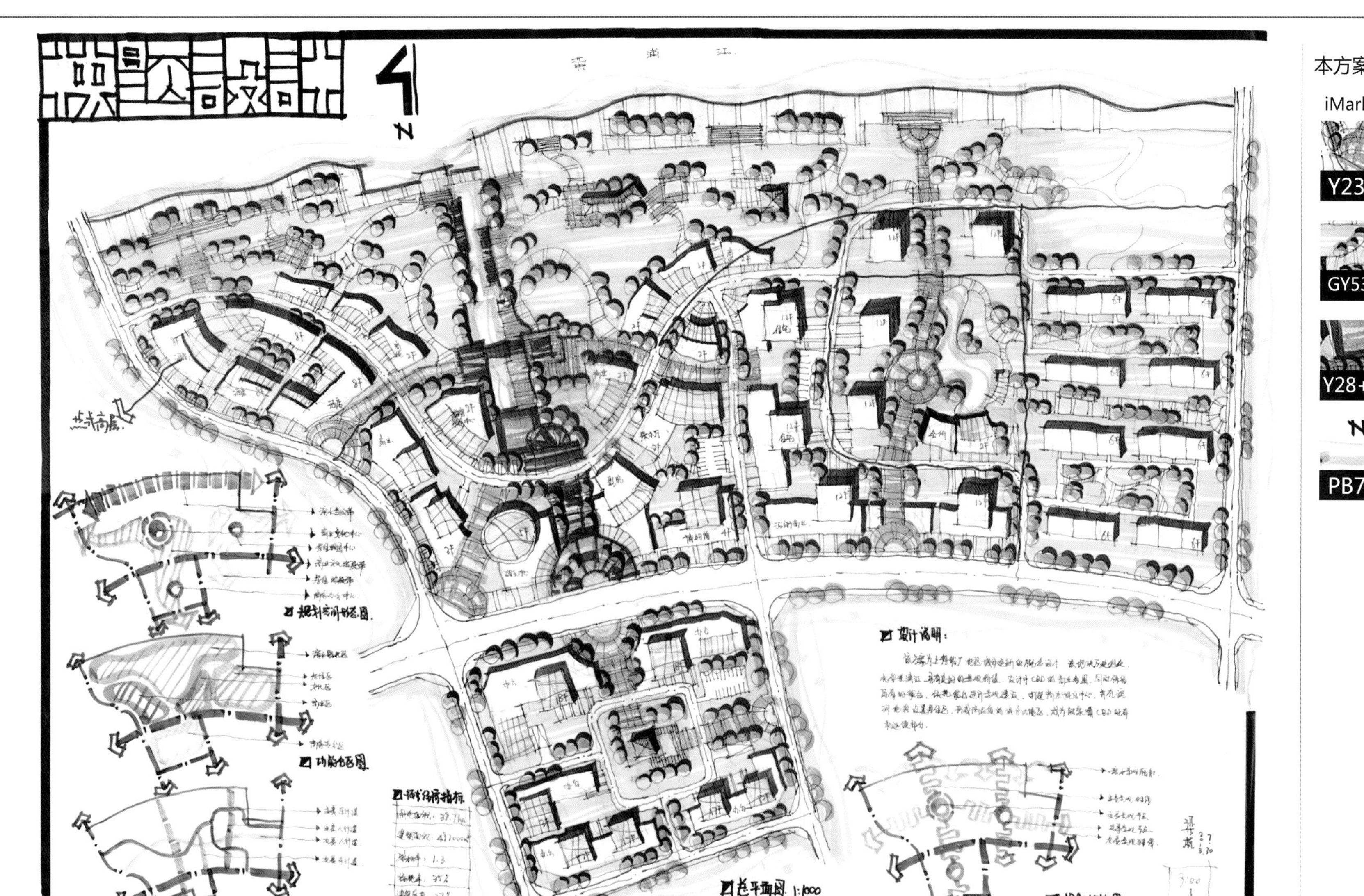

本方案主要配色

iMark 马克笔

Y23+Y27

GY53+GY56

Y28+YR104

PB76

例 40 上海船厂地区城市更新的概念设计

作　者	梁 栋	报考院校	北京建筑大学
表现方法	针管笔 + 马克笔（iMark）		
用　纸	A1 硫酸纸	用纸规格	594mmx841mm
用　时	6 小时	期　数	华元方案 C3 期

名师点评 ▲

总体来说，方案功能布局合理，考虑了与金融中心区、居住区和江景之间的协调关系，公共中心和轴线突出，公共空间秩序清晰，各地块内表达充分，地块之间联系紧密，形态上有所区分。其次，交通组织结构合理，车行系统连贯通畅，步行系统综合考虑了公交站点、码头等交通节点，以及广场、内部庭院和滨江绿地带等各层级开放空间之间的联系。再者，对现状保留的船台、吊车等进行了较好利用，体现了对场地内历史文脉的尊重。图面表达成熟，表现力充分，是一份较好的快题答卷。

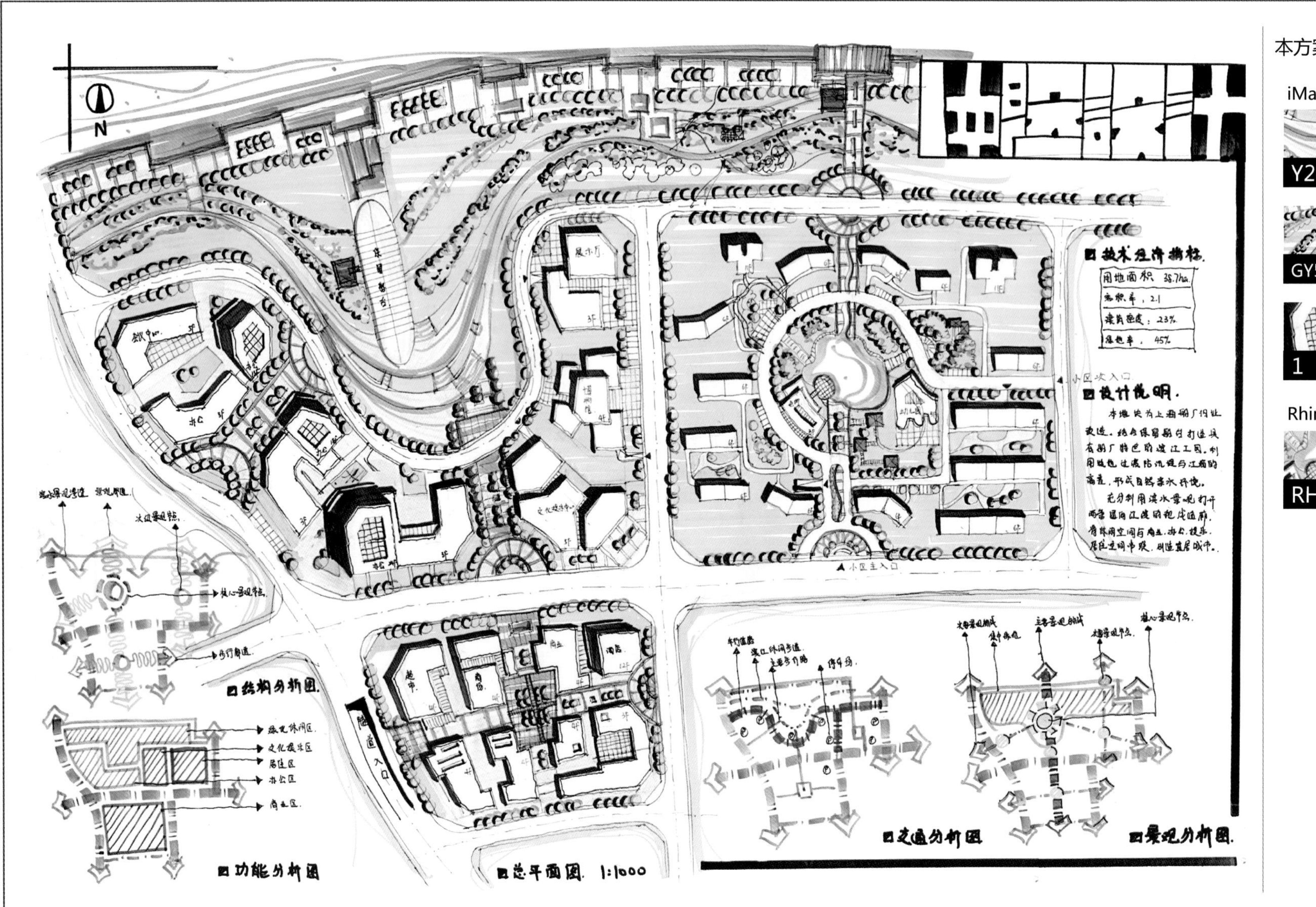

本方案主要配色

iMark 马克笔

Y23+Y28

GY53+GY56

1

Rhinos 马克笔

RH606

例 41　上海船厂地区城市更新的概念设计

作　者	邹　晖	报考院校	清华大学
表现方法	针管笔 + 马克笔（iMark+Rhinos）		
用　纸	A1 硫酸纸	用纸规格	594mmx841mm
用　时	6 小时	期　数	华元方案 C3 期

名师点评 ▲

该方案整体功能布局合理，对任务书理解清晰并做出较好回应：1. 比较好地利用现状船台，扩大为公共中心，并与周边地块步行联系；2. 大体量的商业办公建筑布置在西侧，与金融区协调过渡；3. 居住区相对独立为组团，内部景观均好，引水并行成居住区内部中心，注重与南北地块联系；4. 交通组织清晰，不足之处是局部道路，如船台南侧道路和居住区的道路有待推敲，步行节点和流线组织较好。图面表现方面，线条可以更加肯定，建筑线宜平直，使组团建筑之间有一定呼应关系，图面也会更加整洁。

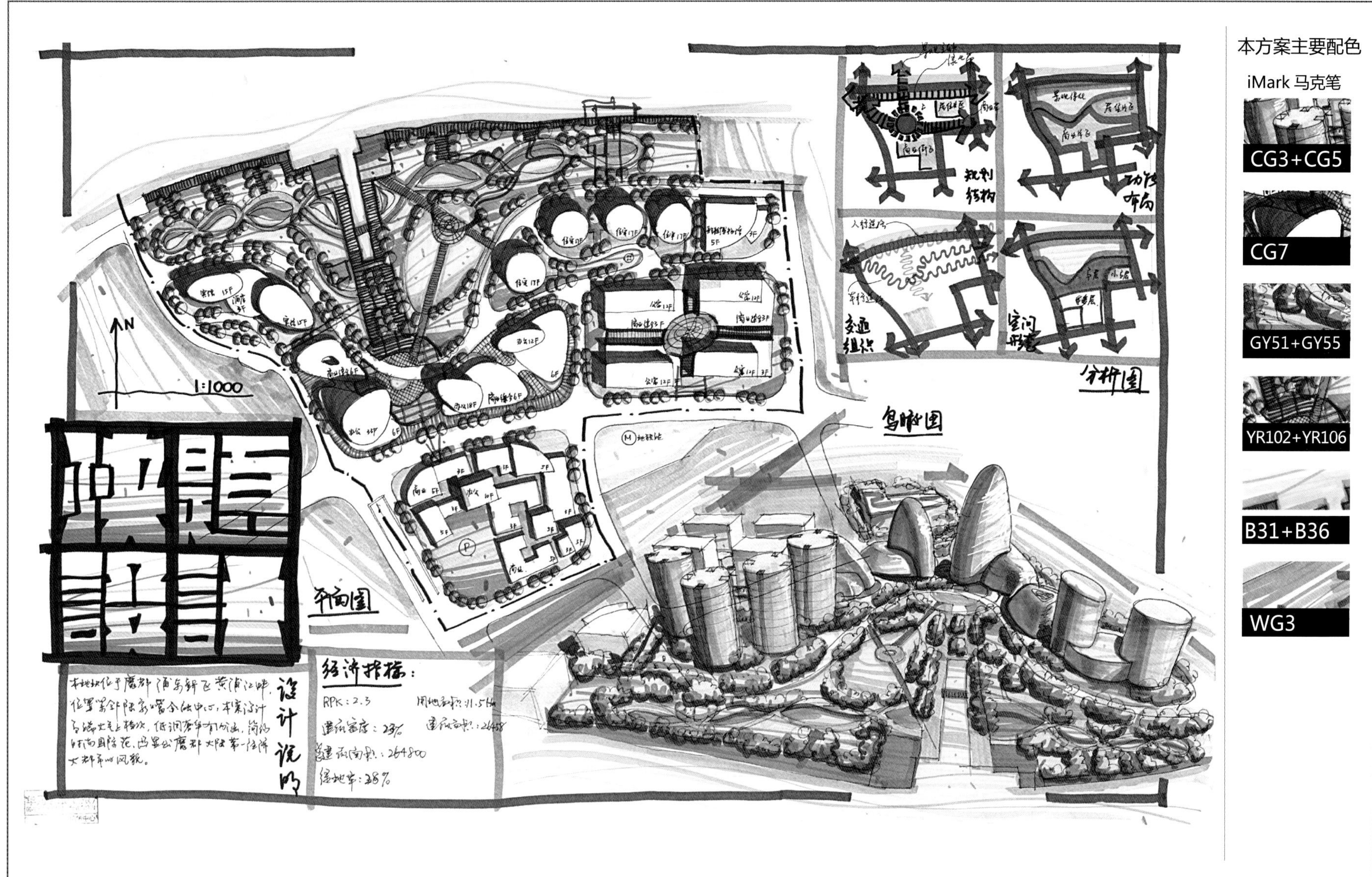

例 42　上海船厂地区城市更新的概念设计

作　者	周　驰	报考院校	山东建筑大学
表现方法	针管笔 + 马克笔（iMark）		
用　纸	A1 绘图纸	用纸规格	594mmx841mm
用　时	6 小时	期　数	华元方案 C6 期

名师点评 ▲

方案整体结构清晰，中心突出，布局灵活合理，空间设计丰富。较好地利用了船台，并引入水景，形成重要的公共绿湖景观带。最大的特点是表达方式灵动活泼，线条充满自信，建筑形态新颖大胆，三图的表现手法成熟，体现了作者深厚的手绘功底，建筑体量感和空间感表达清晰明快，是一份非常优秀抢眼的快题答卷。

方案上还可以做细节上的调整，比如滨水景观的设计可以结合现有码头，调整步行流线；相邻地块之间在主要出入口，有所对应，加强交通联系。

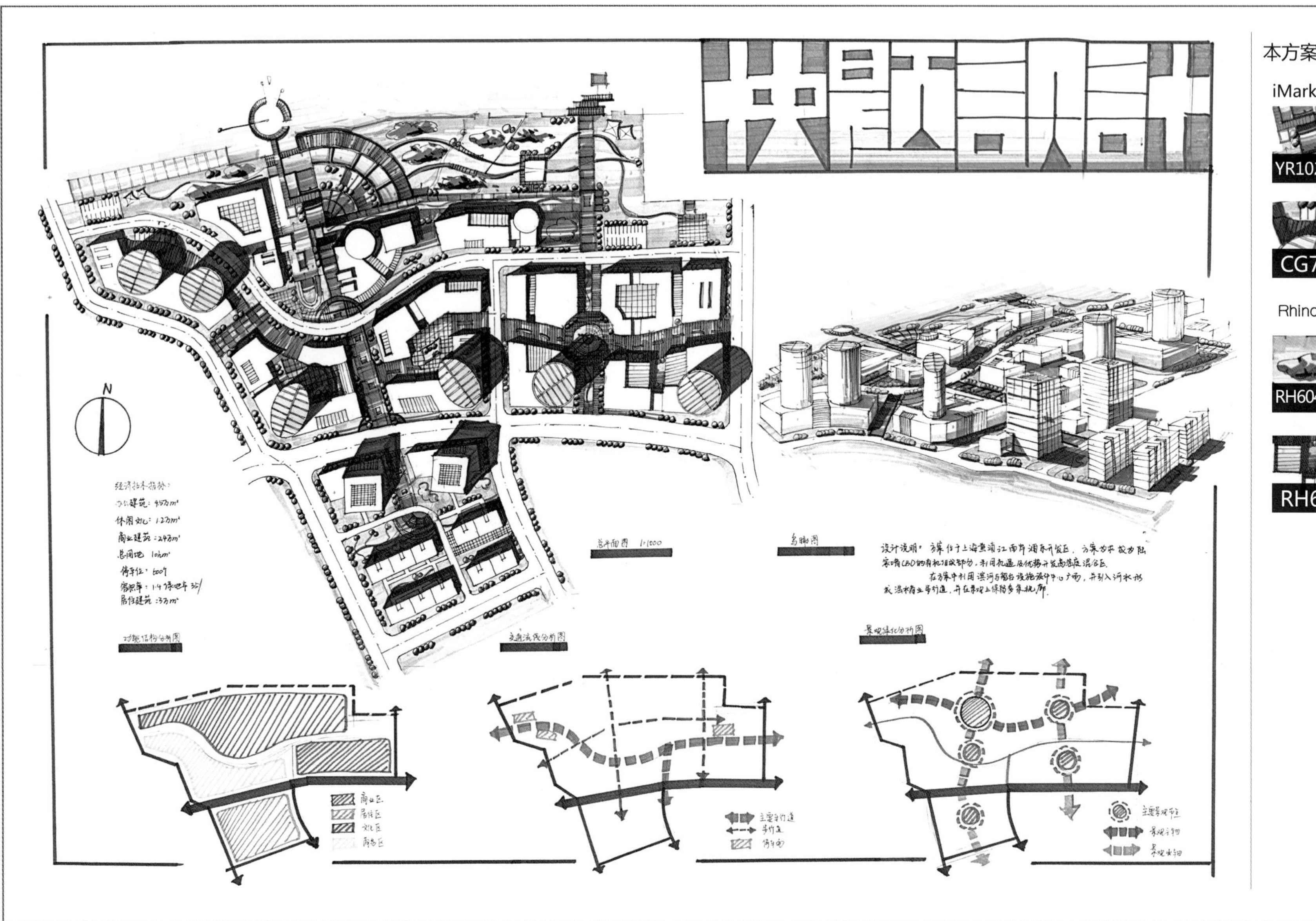

本方案主要配色

iMark 马克笔

YR102+YR103

CG7

Rhinos 马克笔

RH604+RH304

RH602

例 43　上海船厂地区城市更新的概念设计

作　　者	张　清	报考院校	同济大学
表现方法	钢笔 + 马克笔（iMark+ 犀牛 Rhinos）		
用　　纸	A1 硫酸纸	用纸规格	594mmx841mm
用　　时	3 小时	期　　数	华元方案 C6 期

名师点评 ▲

方案对任务书的各项要求给出了反应：1. 作为紧邻金融区的位置，高层建筑沿街设置，符合金融区的典型特色。通过高低错落的塔楼定义了天际线；2. 交通组织清晰，车行交通顺畅，步行联系紧密，将各个交通节点、公共空间节点串联了起来；3. 很好地利用现有船台设施形成中心广场，并引入水面形成滨水商业步行廊道，成为方案的一大亮点。一处小的不足是不应忽略江堤的防洪作用，应保证连续的硬质堤岸。

作图风格整体严谨标准，建筑形态丰富，尺度适宜，表达清晰深入，总体是一份优秀的快题答卷。

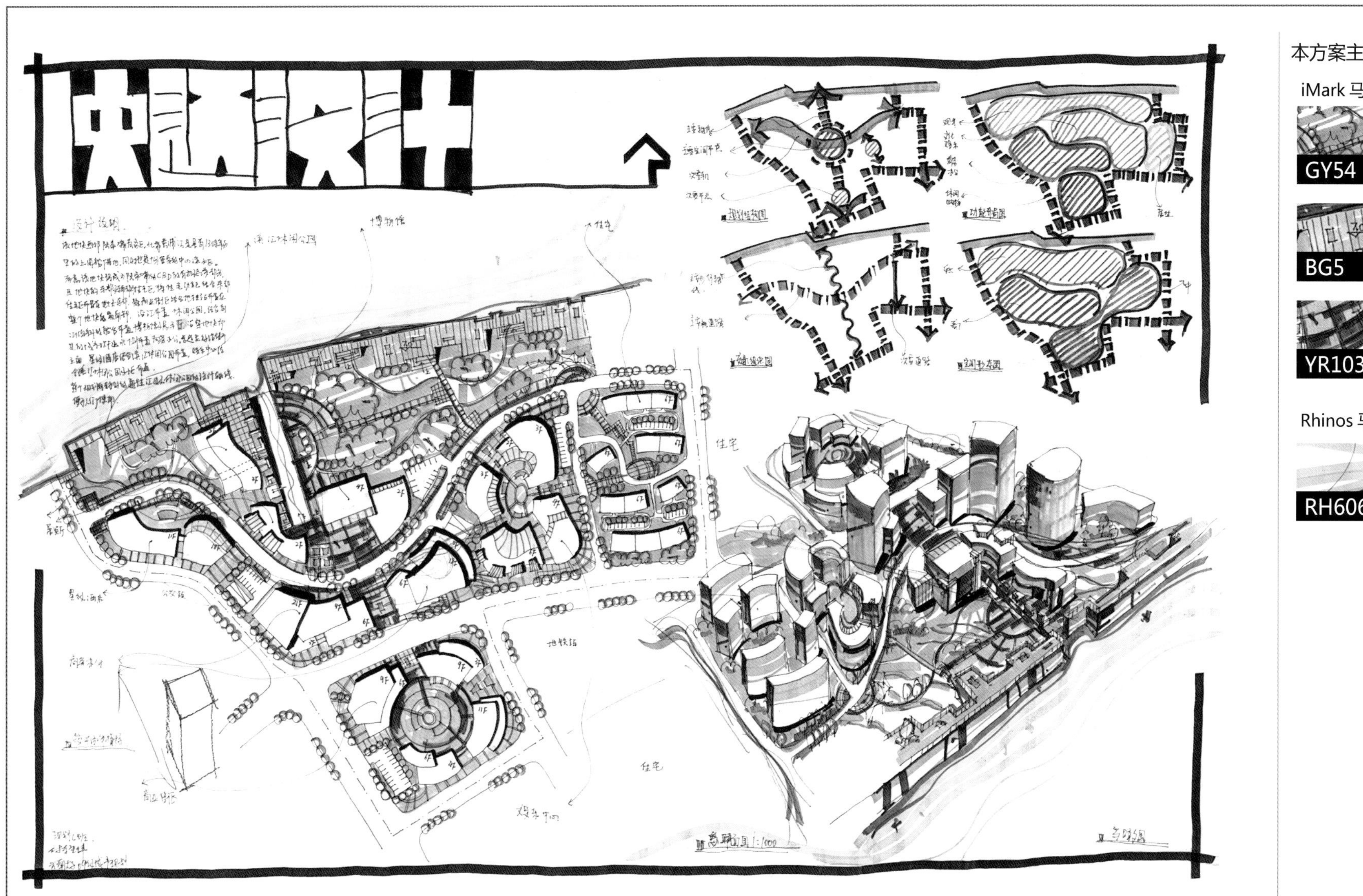

本方案主要配色

iMark 马克笔

GY54

BG5

YR103

Rhinos 马克笔

RH606

例 44　上海船厂地区城市更新的概念设计

作　　者	付轶伟	报考院校	同济大学
表现方法	针管笔 + 马克笔（iMark+Rhinos）		
用　　纸	A1 硫酸纸	用纸规格	594mmx841mm
用　　时	6 小时	期　　数	华元方案 42C1 期

名师点评 ▲

方案综合考虑了任务书中的各项要求，并尝试通过设计手法打破场地内的一些限制条件。1. 滨江绿地设置了文化类建筑和商业娱乐建筑，结合现状保留下来的工业构筑物，如船台和吊车等，形成了一个有活力、有文脉特色的滨水公共空间；2. 大型商业办公临金融区布局，形态活泼，内外空间流畅连续，通过内聚的围合式布局，形成浓厚的商业娱乐气氛，作为金融区向周边城市延续的高质量的商业服务地区；3. 交通组织完善，注重步行联系，公共空间秩序明确，尺度适宜。总体是一份满意的快题答卷。

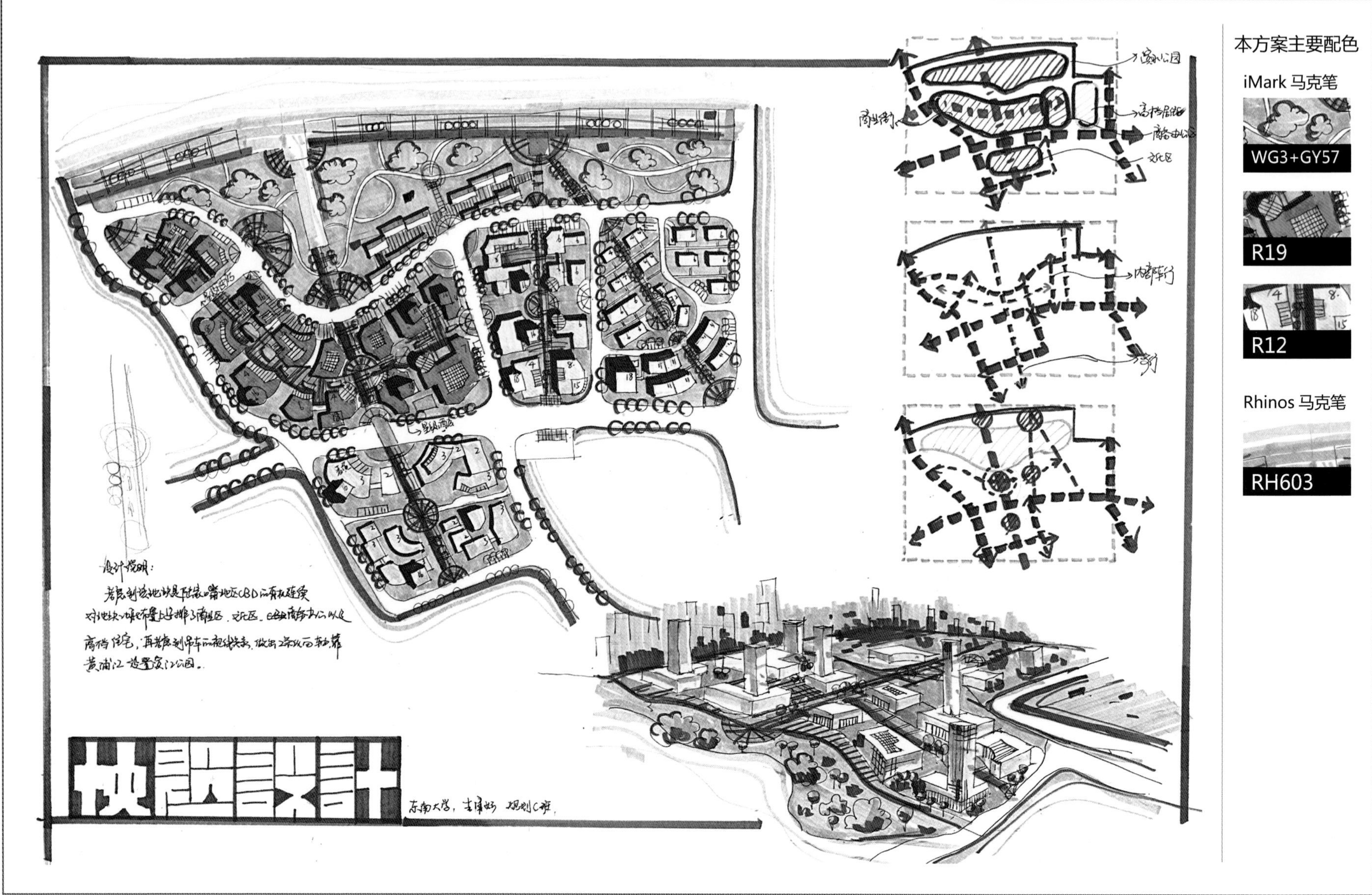

本方案主要配色

iMark 马克笔

WG3+GY57

R19

R12

Rhinos 马克笔

RH603

例45 上海船厂地区城市更新的概念设计

作　　者	吉倩妘	报考院校	东南大学
表现方法	针管笔＋马克笔（iMark）		
用　　纸	A1 绘图纸	用纸规格	594mmx841mm
用　　时	6小时	期　　数	华元方案39/42C1期

名师点评 ▲

本方案十分注重通水路径的打造，通过轴向型的步行通路，将周边地块与滨江绿地紧密联系了起来，增加了江景资源的可达性。将现状保留的吊车等，结合广场设计为重要的景观节点，体现了对历史文脉的尊重和延续。商业成街区布置，并形成连续的内街，保证了商业气氛。不足之处是局部建筑过碎，景观表现还可以更加讲究，如广场、树丛等的表现，船台的改造方式可以更加积极。

图面布局均衡，用色大胆，不同功能地块一目了然，主次明确，是一份基本满意的快题答卷。

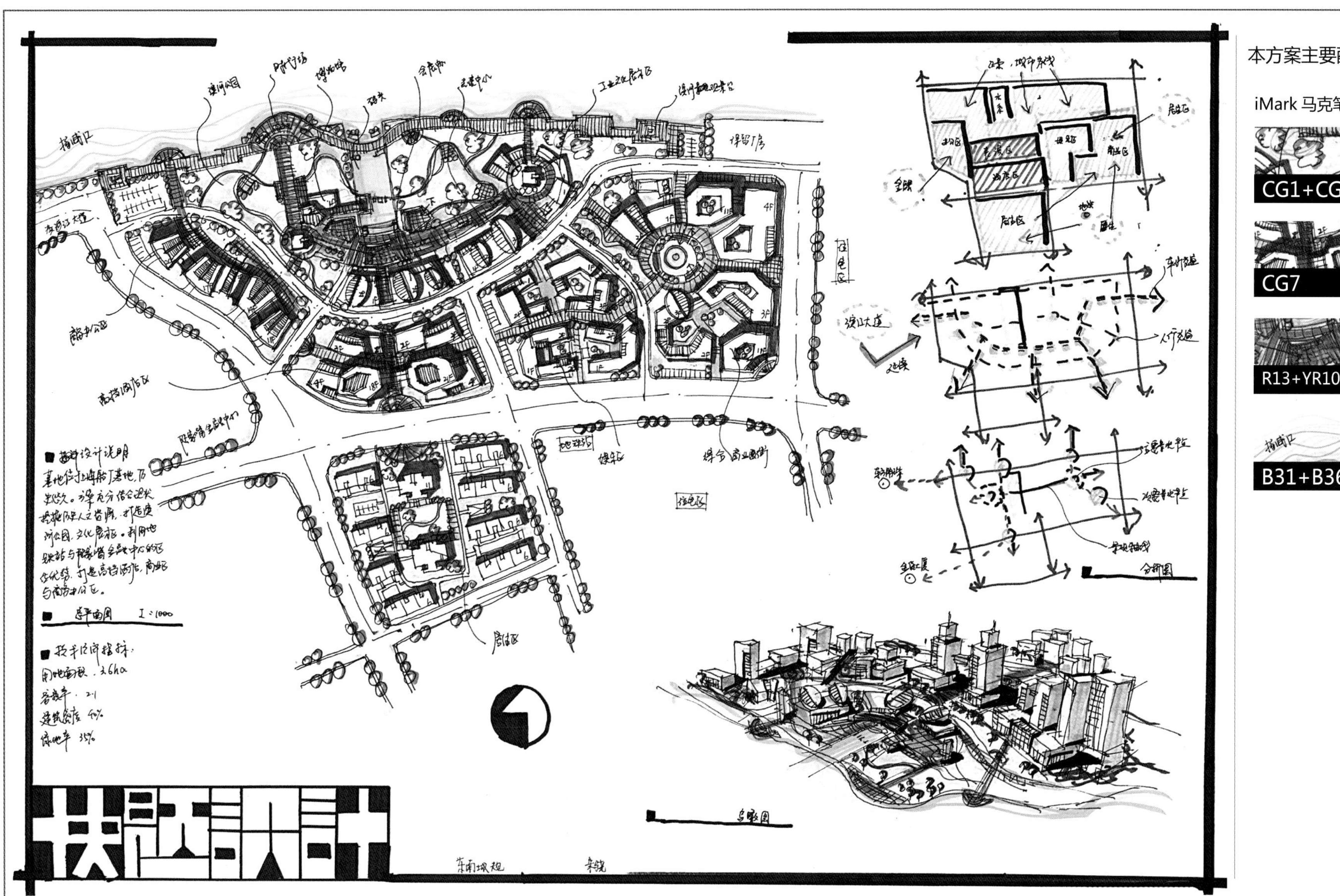

本方案主要配色

iMark 马克笔

CG1+CG3

CG7

R13+YR103

B31+B36

例 46　上海船厂地区城市更新的概念设计

作　者	朱 骁	报考院校	东南大学
表现方法	针管笔 + 马克笔（iMark）		
用　纸	A1 绘图纸	用纸规格	594mmx841mm
用　时	6 小时	期　数	华元方案 42C1 期

名师点评 ▲

整体布局合理，交通组织完善，景观设计深入，建筑形式丰富多样，尺度把握较好。

方案对任务书中的各项限制条件给出了满意的回应：1. 利用现状船台，引入并扩大水面，结合保留的吊车形成视觉中心，通过建筑围合，形成重要的公共中心，形成有历史感的滨水活力空间；2. 商业沿街连续几个街区，整体性较好，主次广场明确，并以步行联系通往滨水空间；3. 住区位于南面单独的地块内，相对完整独立，居住私密性较好。设计表现力强，分析图表达清晰，效果图体量明确，是一份优秀的快题答卷。

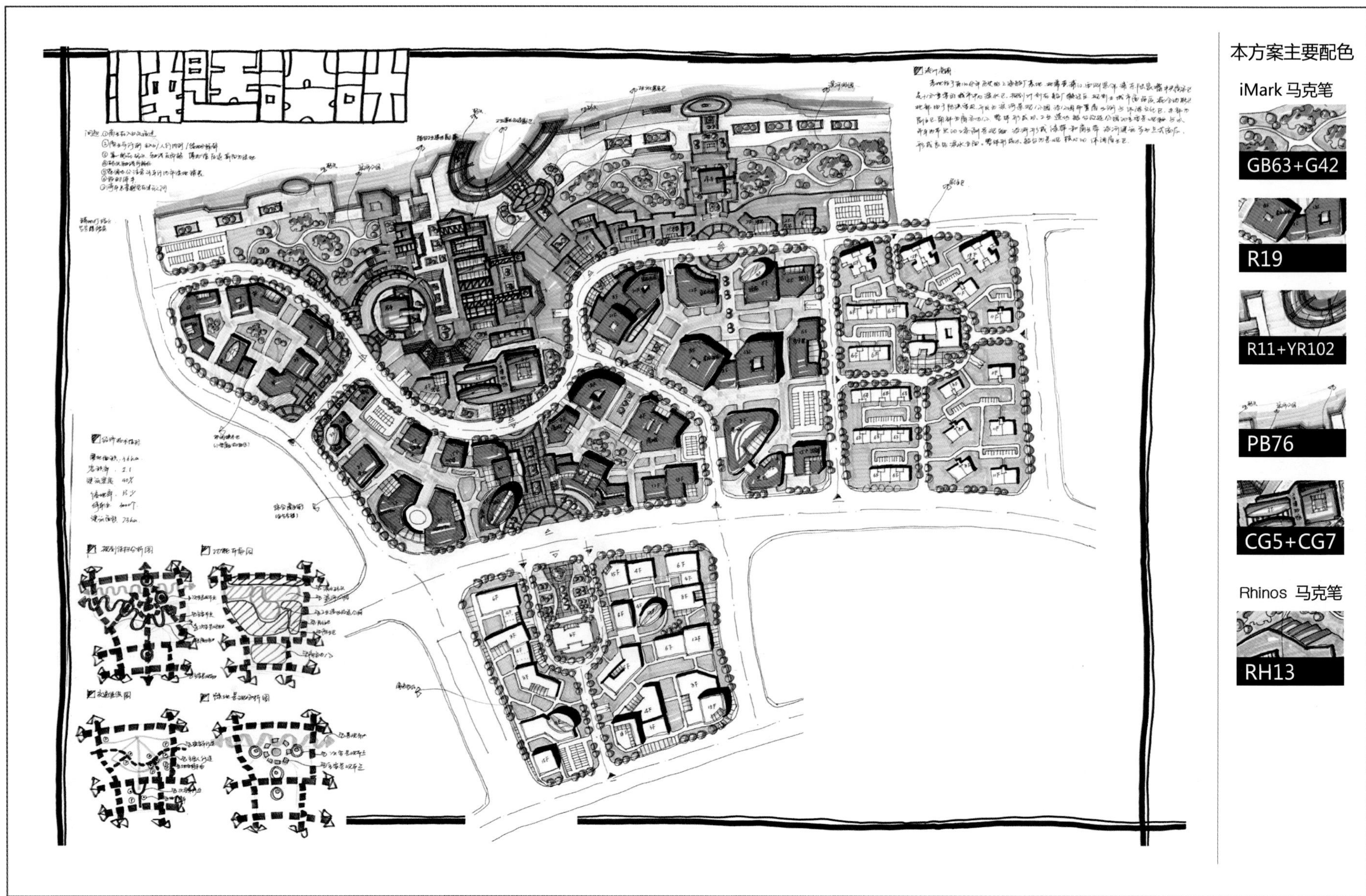

例 47 上海船厂地区城市更新的概念设计

作　　者	曹哲静	报考院校	清华大学
表现方法	针管笔 + 马克笔（iMark+Rhinos）		
用　　纸	A1 硫酸纸	用纸规格	594mmx841mm
用　　时	6 小时	期　　数	华元方案 C3/C4 期

名师点评 ▲

方案是一份在设计标准、空间设计深度和图面表现各方面都非常优秀的快题答卷，很好地理解任务书的各项要求，化解了场地中的限制条件：1. 滨江绿地的设计丰富，组合现有船台、场地高差和吊车等要素，结合传统风格的建筑，形成高质量的滨水活力空间，同时改造堤岸，扩大滨水岸线，增加亲水性；2. 商业办公街区整体连续，空间活泼富有趣味，并且与周边地块呼应，与重要交通节点有所联系；3. 居住和办公成独立地块布置，保证空间的完整性和私密性，地块内的交通组织和公共空间完善且表达明确。

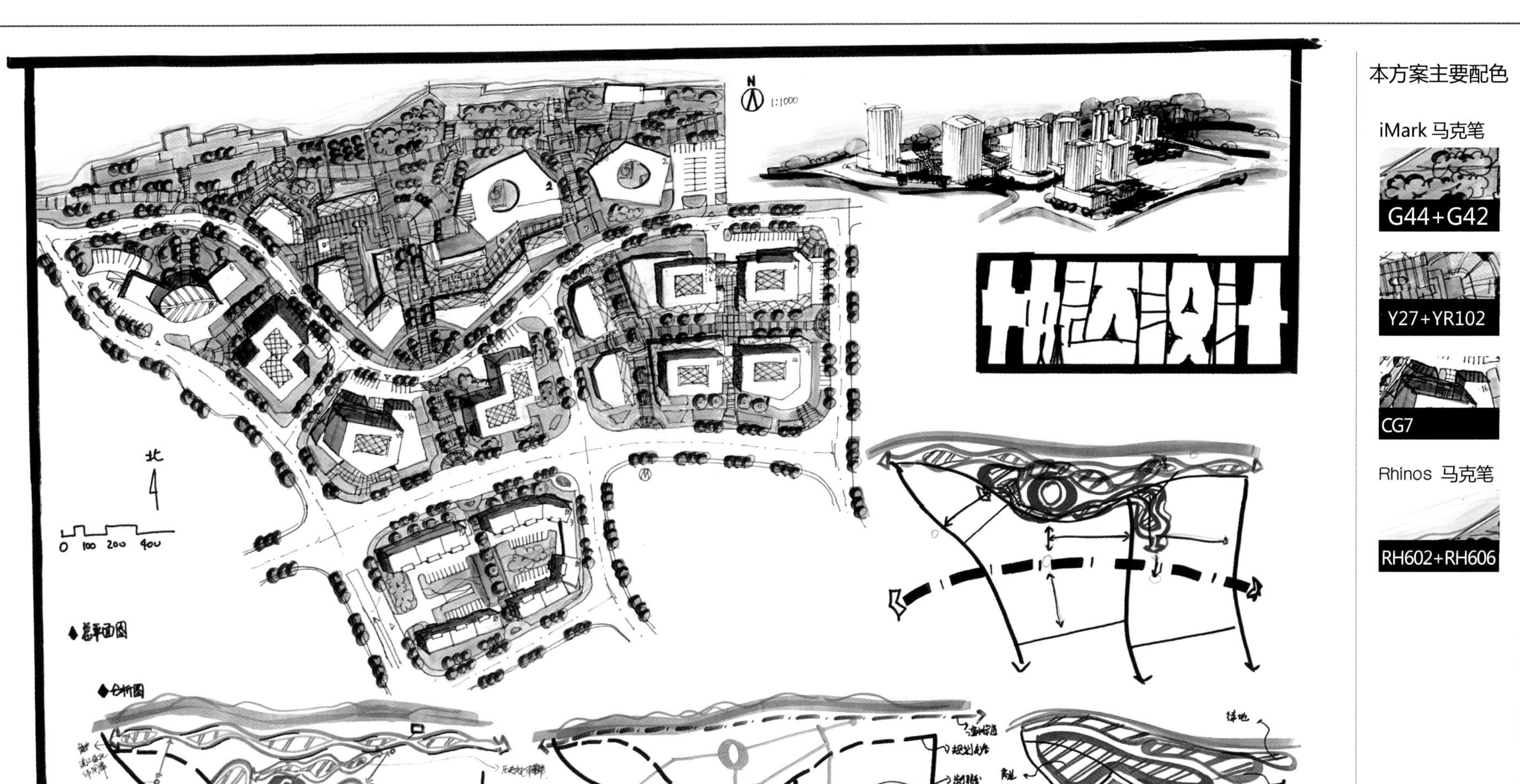

例 48 上海船厂地区城市更新的概念设计

作　者	高　晖	报考院校	中国城市规划设计研究院
表现方法	针管笔＋马克笔（iMark+Rhinos）		
用　纸	A1 硫酸纸	用纸规格	594mmx841mm
用　时	6 小时	期　数	华元方案国庆 C6 期

名师点评 ▲

该方案整体设计感强，功能分区明确，商业与文化形成整个地块的公共中心，并引导出城市的轴线和步行空间。商务办公区域和居住组团的功能和交通相对独立，避免互相影响。本方案设计的最大亮点在于滨水空间的处理和旧船厂地块的改造，很好地利用了工业遗产与船台的地形，形成结构的核心区域，同时，滨水空间设计层次丰富，与文化类建筑交相辉映，形成了层次分明的滨水空间和城市天际线。整个方案配色和谐，分析图表达较细致。鸟瞰图空间感较弱，可适当加强层次。

答题一律做在答题纸上（包括填空题、选择题、改错题等），直接做在试题上按零分计。

准考证号__________ 系　别__________ 考试日期__________

适用专业____________ 考试科目____________

江南某风景旅游城镇入口地段规划设计

一、项目背景及规划条件

江南某历史城镇，也是重要的风景旅游城镇。规划基地位于镇区入口地段，其中有一座保存完好的老教堂，西南侧为规划保留的传统民居。北侧的祥浜路为镇区主要道路，向西通往主要景区，向东出镇连接国道，东南侧的明珠路为城镇外围环路的一段。

二、规划设计要求

（1）该基地规划应符合城镇入口地区形象及空间要求，并充分考虑历史城镇和风景旅游城镇的风貌与景观要求。

（2）该基地规划主要功能为旅游观光服务的商业购物、旅游观光酒店、住宅及相应配套设施等，并应综合考虑绿地、广场、停车以及设置城镇入口标志物等要求。

（3）根据规划条件，合理拟定该基地的发展计划纲要（包括该基地的发展策划要点及功能配置，文字不超过 200 字），编制该基地规划设计方案。

（4）规划各类用地布局应合理，结构清晰；组织好各类交通流线与静态交通设施，重视城镇主要道路的景观设计；住宅建设应形成较好的居住环境，配套完善，布局合理。

三、规划设计成果

（1）基地发展计划纲要（包括该基地的发展策划要点及功能配置，文字不超过 200 字）。

（2）规划设计总平面图（1 ： 1000 ）。

（3）表达规划设计概念的分析图（比例不限，但必须包含规划结构、功能布局、交通组织和空间形态等内容，应当准确体现发展计划纲要 ）。

（4）局部的三维形态表现图或鸟瞰图。

（5）主要的规划技术指标。

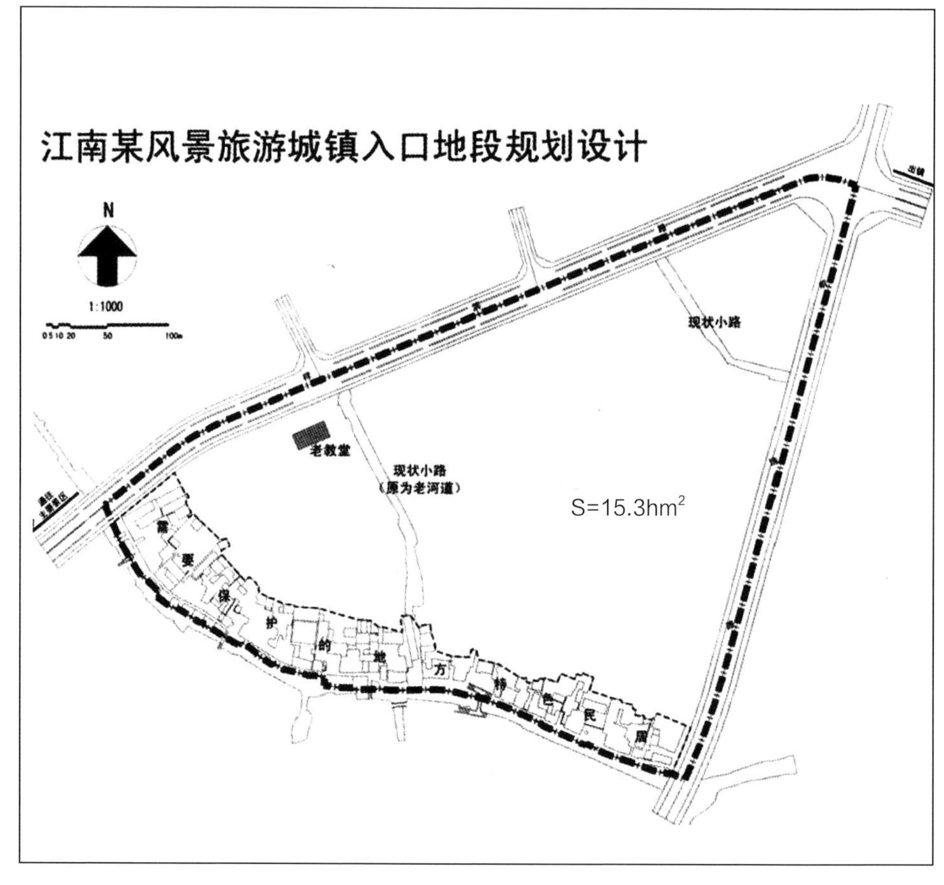

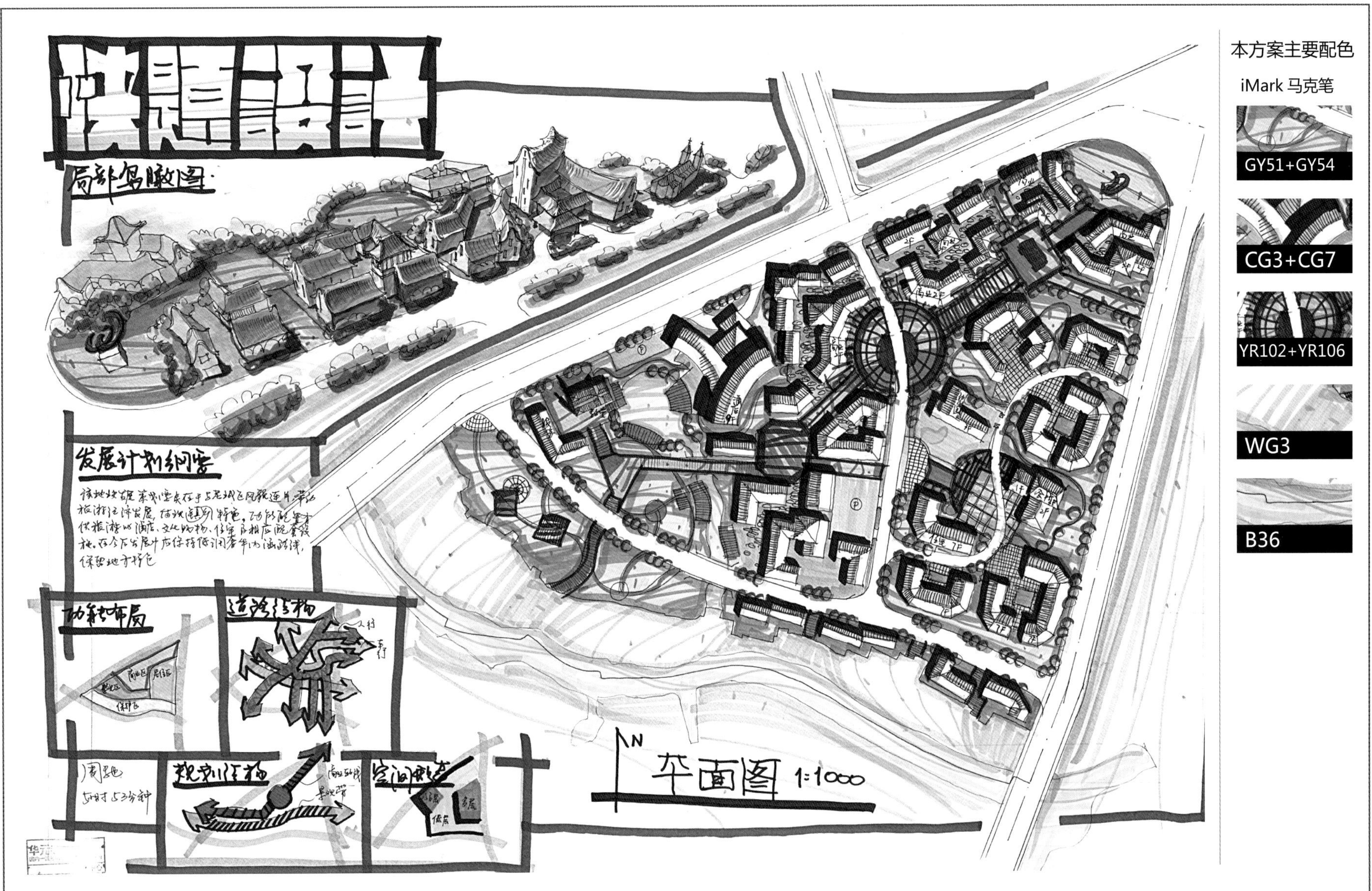

例 49　江南某风景旅游城镇入口地段规划设计

作　　者	周　驰	报考院校	山东建筑大学
表现方法	针管笔 + 马克笔（iMark）		
用　　纸	A1 绘图纸	用纸规格	594mmx841mm
用　　时	6 小时	期　　数	华元方案 C6 期

名师点评 ▲

该方案表达完整，整体形态与老城遥相呼应。教堂与入口标志衔接得当。通过景观轴线相连通，每个节点处对视线的引导、空间的围合都做了一定的设计。商业街尺度适宜，内部结构合理布局、恰到好处，形态不错。对老河道进行了处理，引入了水体，结合教堂入口、周边环境做了设计，营造了较为安静舒适的礼拜空间。保留建筑周边做了休闲开放绿地，设置较多的通道，加强了新旧的联系。

缺乏对保留民居的发展功能定位，主要景区服务性停车场位置欠佳，居住区建筑形式欠妥，掌握不够。

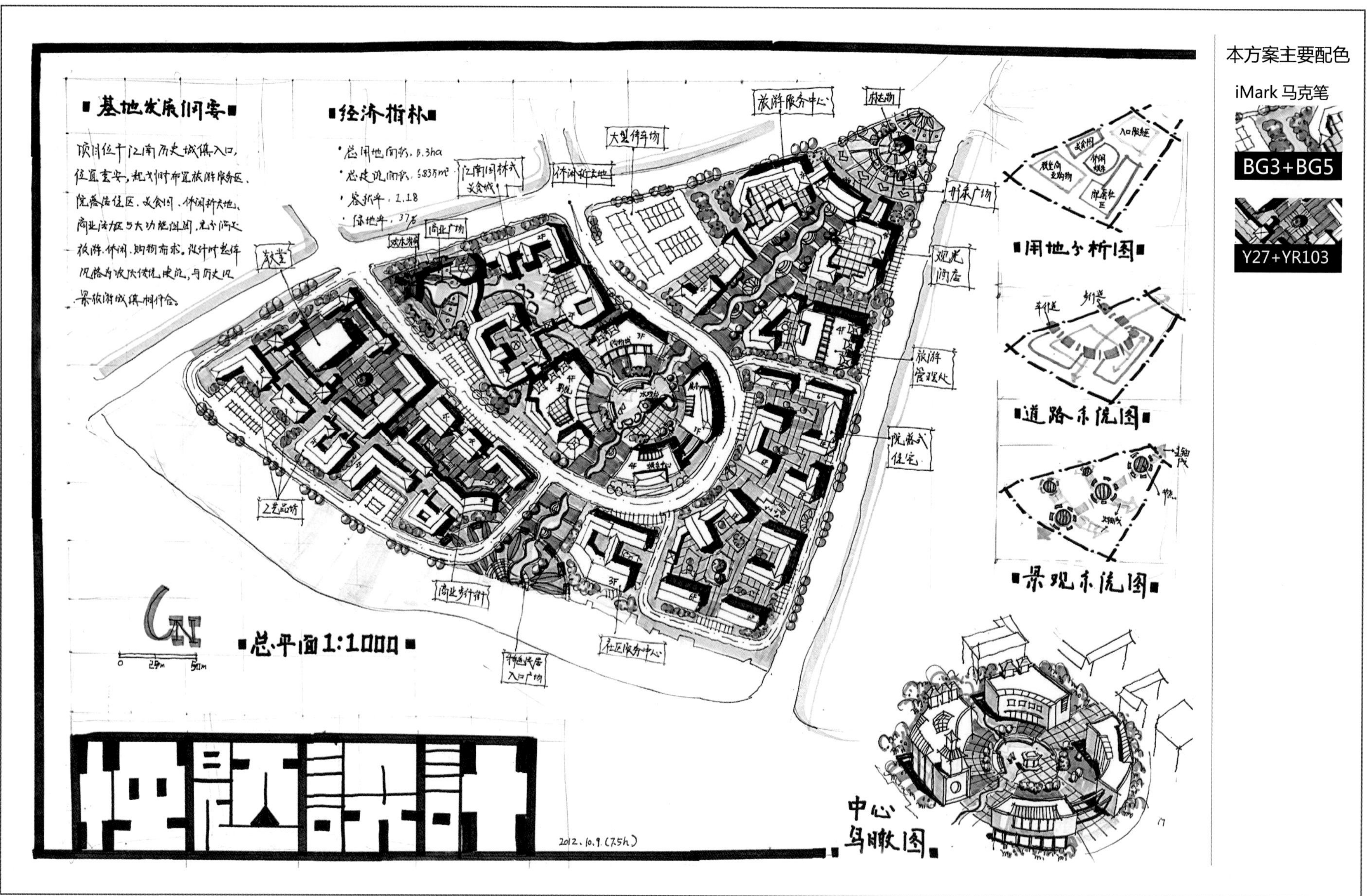

例 50　江南某风景旅游城镇入口地段规划设计

作　　者	蔡培琪	报考院校	东南大学
表现方法	针管笔 + 马克笔（iMark）		
用　　纸	A1 绘图纸	用纸规格	594mmx841mm
用　　时	6 小时	期　　数	华元 33C2 期

名师点评 ▲

该方案很好地理解了本题的几个考点，是一个非常不错的设计。

1. 功能分区合理、配比恰当，很好地理解了旅游城镇入口定位，一方面建筑风貌与特色居民建筑统一，另一方面设置景观轴线，流线策划到位。2. 打开了基地与保留老建筑的通道，体现了具有特色的旅游核心价值，并将居民南面的水引进基地，塑造了良好的环境品质。3. 人车分流的道路系统十分完整，契合场地现状，地面停车考虑周全。停车场与标志性广场的关系较弱，如果游客下车即可看到标志性广场、接待中心，效果会更好。

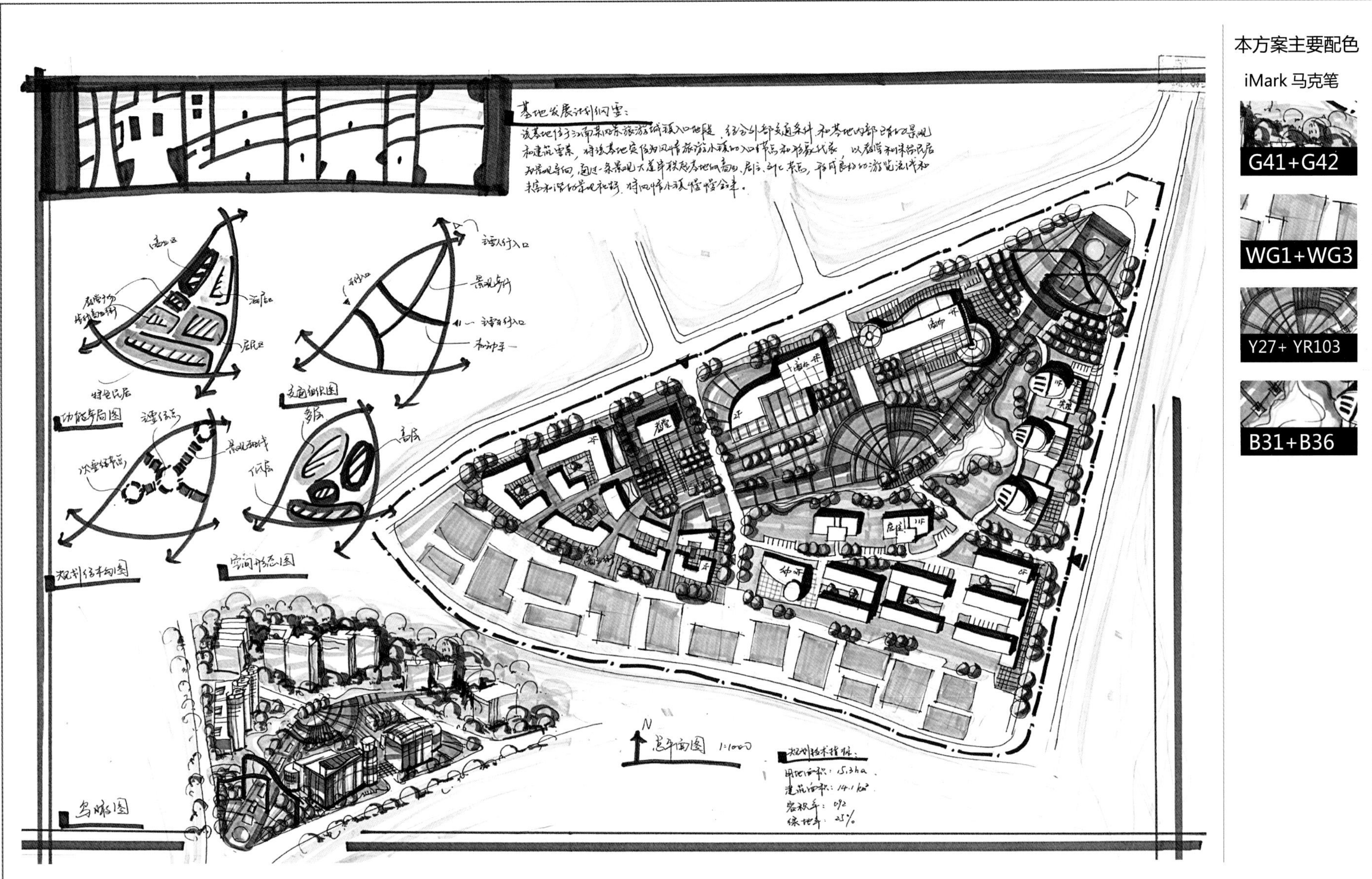

例 51　江南某风景旅游城镇入口地段规划设计

作　者	方思宇	报考院校	中国城市规划设计研究院
表现方法	针管笔＋马克笔（iMark）		
用　纸	A1 绘图纸	用纸规格	594mmx841mm
用　时	6 小时	期　数	华元 40C2 期

名师点评 ▲

1. 在旅游城镇入口处设置了较为突出的标志物，轴线清晰。

2. 重点突出，中央广场硬软质结合，与教堂前开放空间连接顺畅，手法自然。

3. 建筑形态灵活，相互之间关系流畅。

缺点：缺乏旅游的功能配置，停车、展览、旅游接待等功能缺失。商业街组织呆板，开头太多，与保留民居关系弱。断头路多，道路不成系统。

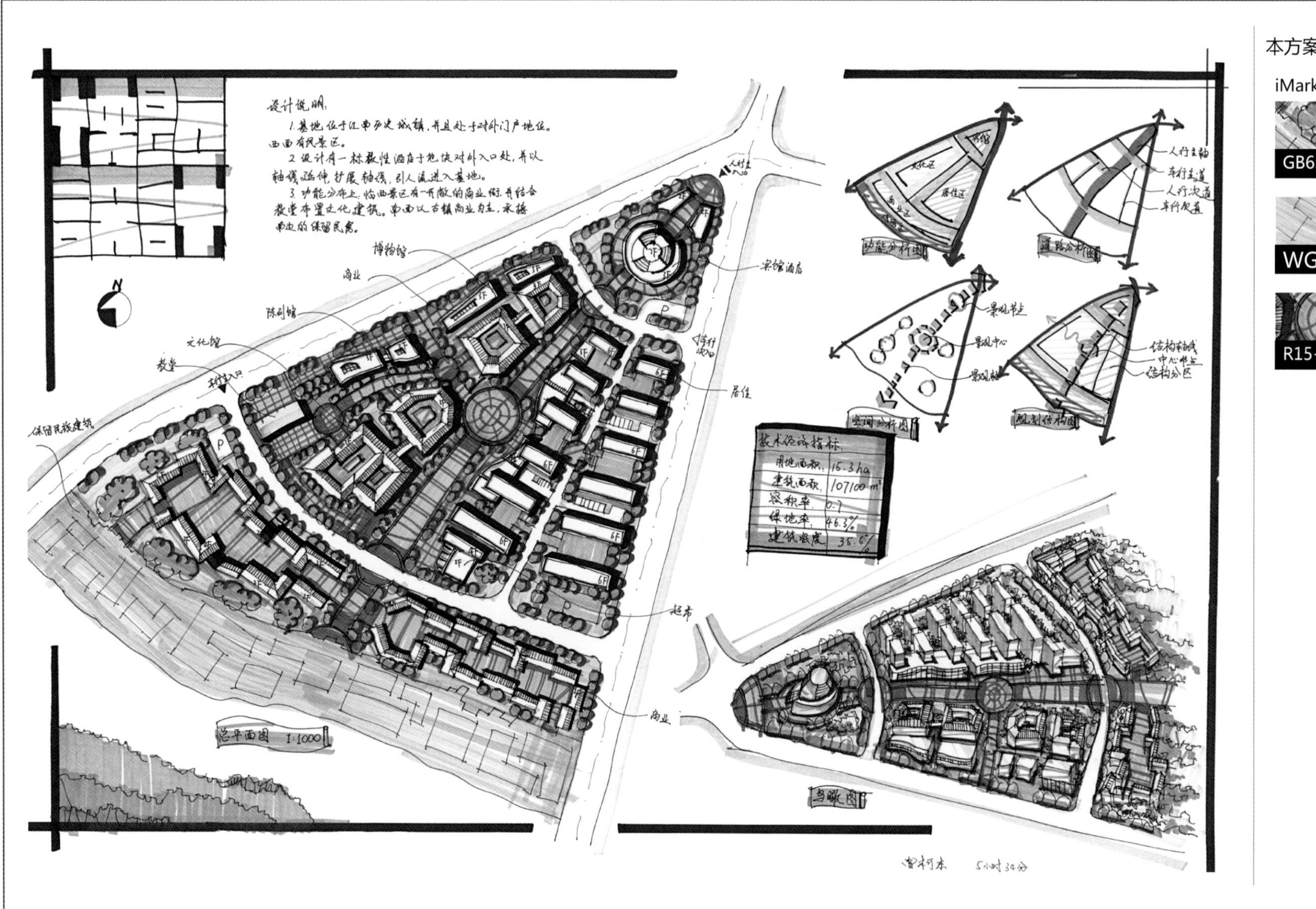

本方案主要配色

iMark 马克笔

GB63+G42

WG3

R15+YR103

例 52　江南某风景旅游城镇入口地段规划设计

作　　者	曾柯杰	报考院校	四川农业大学
表现方法	针管笔 + 马克笔（iMark）		
用　　纸	A1 绘图纸	用纸规格	594mmx841mm
用　　时	6 小时	期　　数	华元方案 C6 期

名师点评 ▲

旅游功能定位较明确，整体仿古风貌协调，配建了文化展博功能，在入城处设置形象良好的入口标志建筑。公建体量较小，多为合院形式，变化灵活，轴线清晰，建筑形式与功能统筹较好，道路契合地形，方案整体性强。步行商业街与保留民居产生联系，为保留民居的更新发展打下良好基础。

地面停车位不足，教堂山墙入口场地关系不对，步行街道断纵横比失调。商业应该与陈列馆博物馆互换位置，增强商业外向性，特定功能的消费人群较明确，因此可放置在内部。

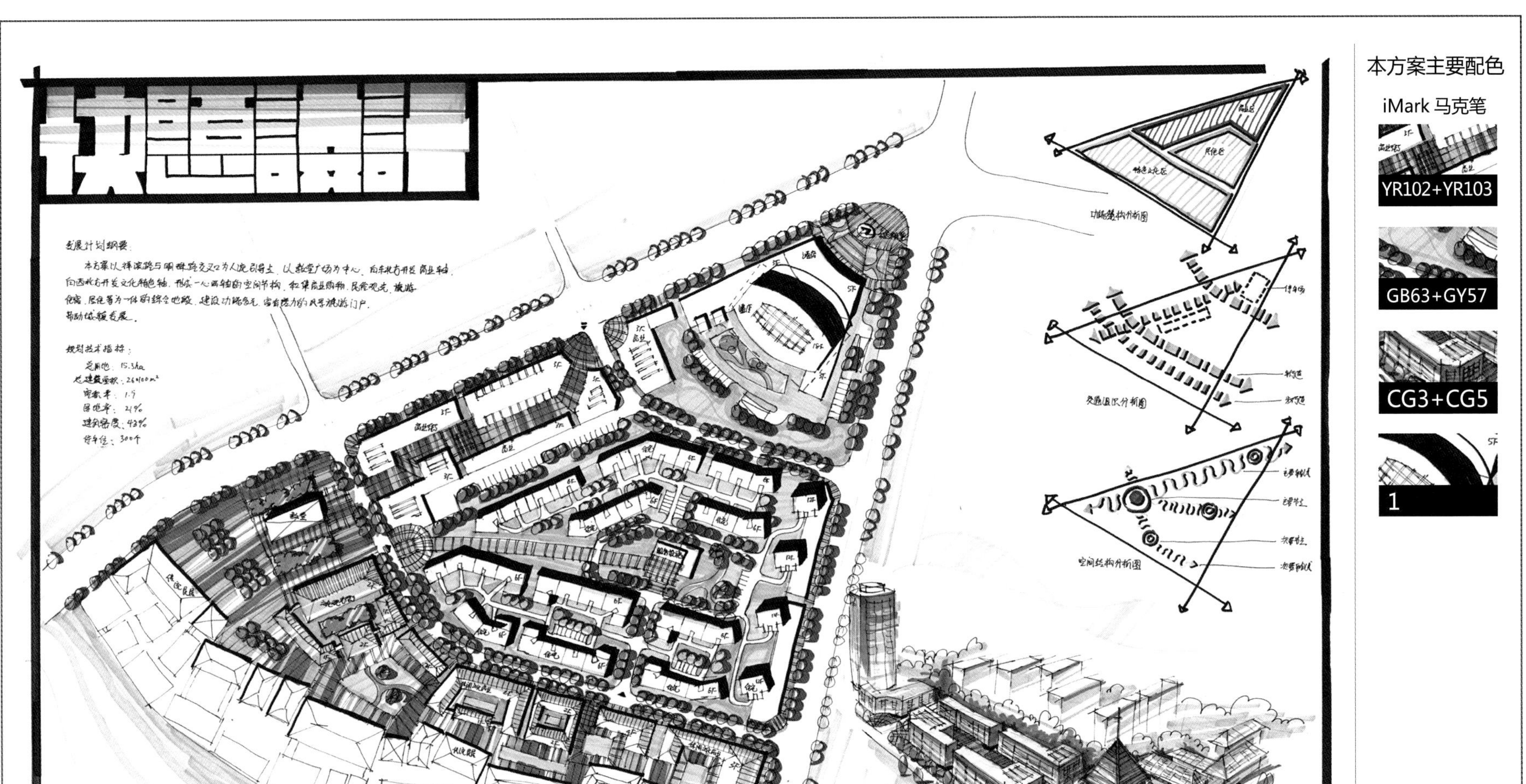

例 53　江南某风景旅游城镇入口地段规划设计

作　者	何 浏	报考院校	浙江大学
表现方法	针管笔 + 马克笔（iMark）		
用　纸	A1 绘图纸	用纸规格	594mmx841mm
用　时	6 小时	期　数	华元方案 C6 期

名师点评 ▲

优点：该方案功能布局合理，将商业功能布置于地块经济价值高的地区，居住区次之，地块内各功能区衔接合理；建筑形式丰富；商业建筑由现代商业到仿古形式自然过渡，尤其考虑到与教堂的联系，商业街区与老城融合性交流性强；居住区行列与点式结合，不呆板；整体道路结构与周边路网衔接合理；图面表达完整清晰，鸟瞰图是加分项。缺点：整体方案重点不突出；功能分区比例不协调，居住区用地较大；居住区人行轴线太牵强，商业静态停车欠考虑。

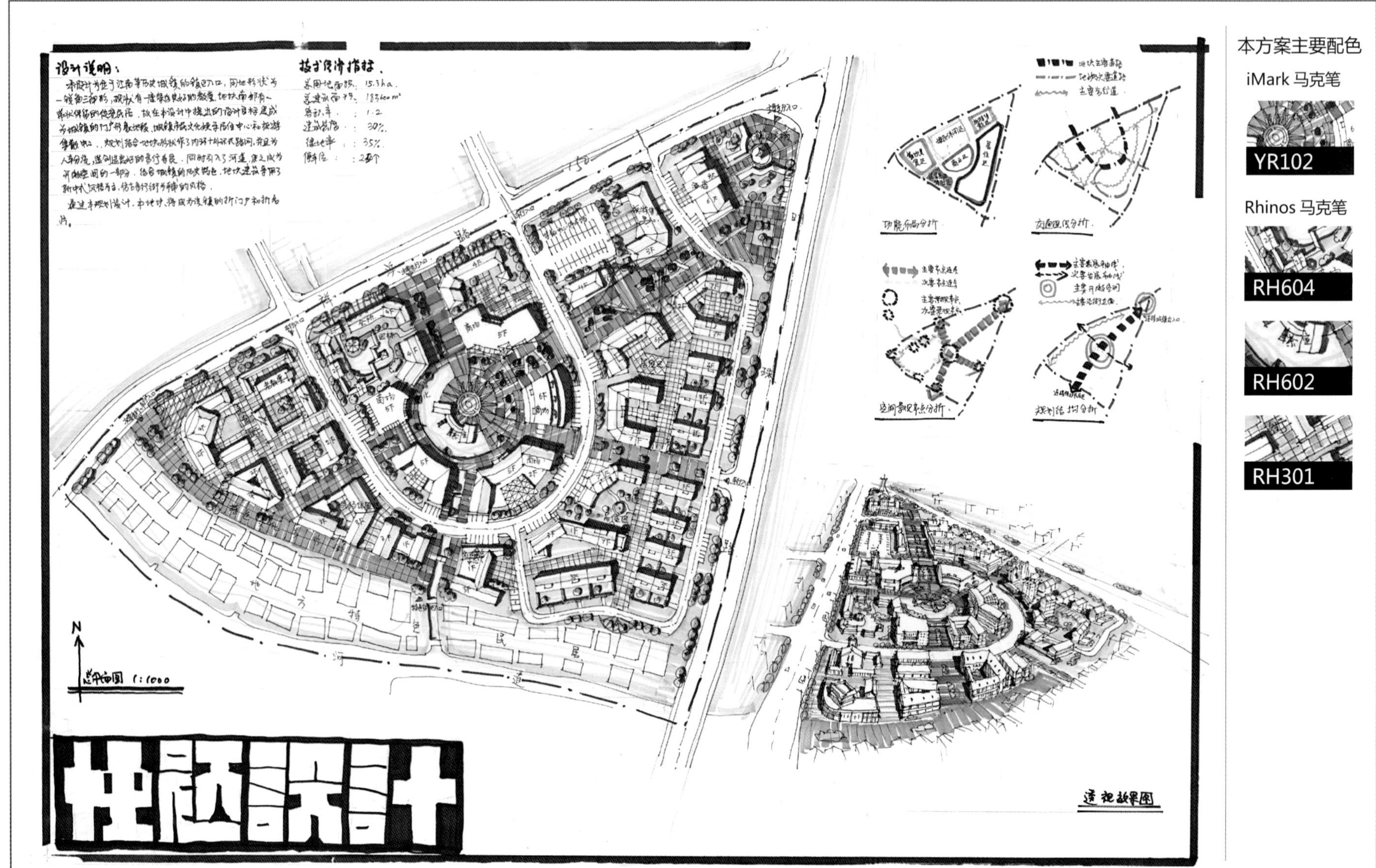

本方案主要配色

iMark 马克笔

YR102

Rhinos 马克笔

RH604

RH602

RH301

例 54　江南某风景旅游城镇入口地段规划设计

作　　者	黄甥柑	报考院校	东南大学
表现方法	针管笔＋马克笔（iMark+Rhinos）		
用　　纸	A1 绘图纸	用纸规格	594mmx841mm
用　　时	6 小时	期　　数	华元方案 36A 期

名师点评 ▲

该方案为旅游城镇入口地块规划设计，主要优点有：北部入口处设计入口标志物与酒店作为接待，功能十分适用；中心以商业组合成整个地块的公共中心，最终到达西南角的文化片区；东部为主要底层民居，设计整体风格与建筑形式符合南方建筑风格，建筑形式丰富，与道路和公共空间衔接紧密；南部的主轴贯穿整个地块，并向外发散出各个次要的步行空间，整个设计的完整度和衔接度很高。效果图的空间表现力也极强，是一份优秀的规划设计作品。

09 某规划设计研究院招聘快题

答题一律做在答题纸上（包括填空题、选择题、改错题等），直接做在试题上按零分计。

准考证号____________ 系　　别____________ 考试日期____________

适用专业 ____________________ 考试科目 ____________________

北方某大城市九棵树大街地块规划

一、基地概况

项目位于北方某大城市，基地北起北苑南路，南至怡乐中街，西起中轴路，冬至摇翠东路。九棵树大街将基地划分为南、北两个地块。其中北块（A地块）规划用地面积3.97hm²，南块（B地块）规划用地面积9.39 hm²。基地现状为三类居住用地和工厂企业用地，地势平坦。

沿北苑南路南侧已建轻轨线，并在基地西北部设有轻轨站点。中州路为城市重要的生活性道路，其北段（九棵树大街——北苑南路）规划为商业步行广场。商业步行广场西侧地块为商住综合用地，已建有大型超市、商务办公楼及公寓楼。

二、设计条件

1. A地块规划条件

用地面积：3.97hm²

用地性质：商住混合用地

容积率：3.3

建筑密度：≤ 40%

绿地率：≥ 20%

主要出入口方位：南、北

停车比例：0.005个/m²

2. B地块规划条件

用地面积：9.39hm²

用地性质：居住用地

容积率：1.5

建筑密度：≤ 25%

绿地率：≥ 35%

主要出入口方位：南、北

停车比例：1.0个/户

地块内需规划幼托一座，用地面积3000m²，建筑面积3500m²。

日照间距要求：板式建筑日照间距按1 ：1.6控制，高层塔楼日照间距按1 ：1.2控制。

三、设计引导

A地块拟建一幢5万m²办公楼、4万m²酒店式公寓及约4万m²的商场。其中：办公楼作为标志性建筑，建筑高度控制在100m，酒店式公寓建筑高度控制在80m。

B地块沿中轴路布置小区商业服务设施，居住小区做到人车分流。

B地块设计时应整体考虑，并应注重与周边地块的关系。

四、成果要求

1. 总平面图（1 ：1000）。
2. 表达设计构思的分析图（比例不限）。
3. 反映空间意向的效果图。
4. 设计说明。

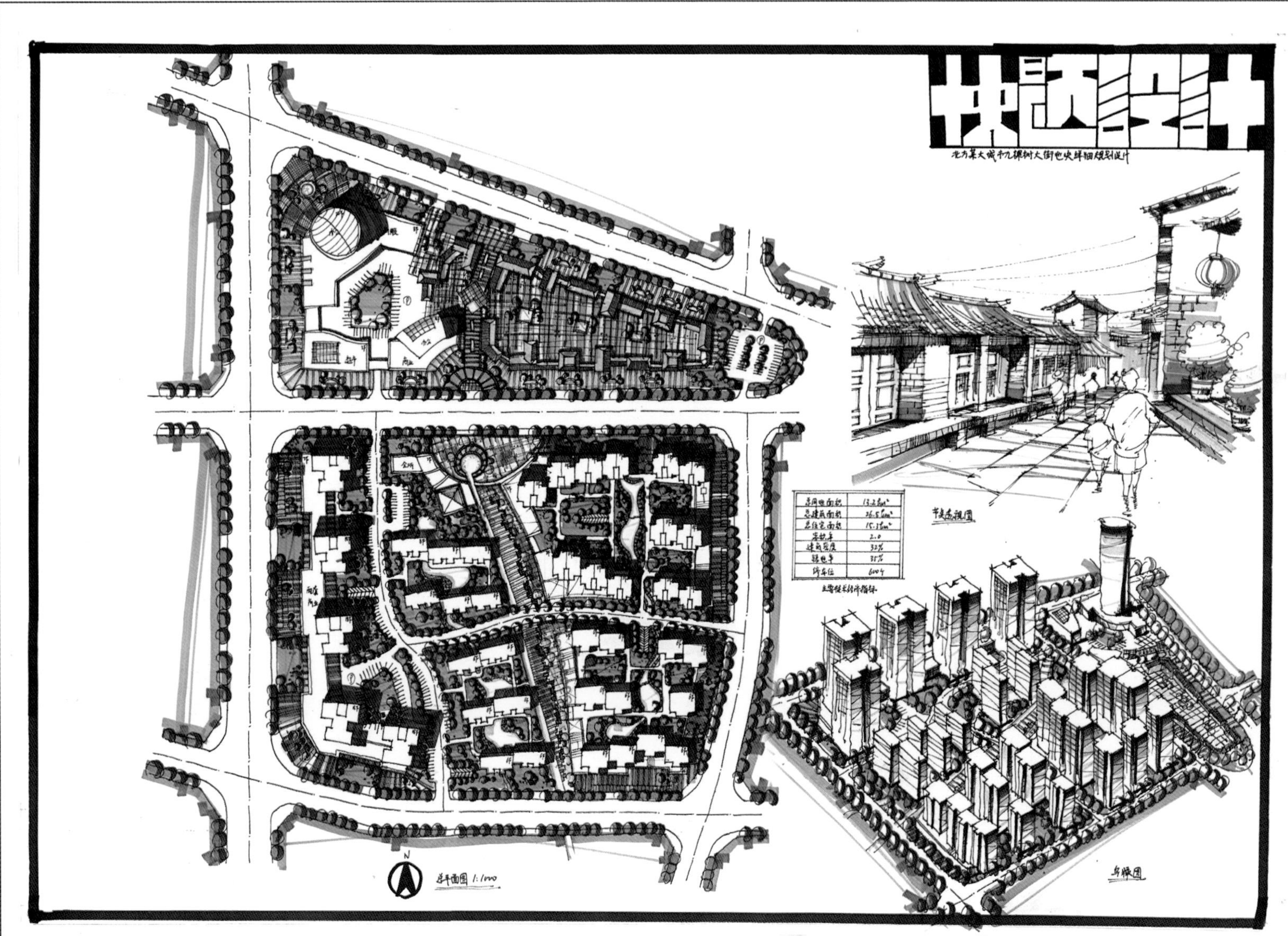

本方案主要配色

iMark 马克笔

R11+Y28

CG3+CG5

G43

YR102+YR106

CG7

例 55 北方某大城市九棵树大街地块规划

作　者	钱 行	报考院校	同济城市规划设计研究院
表现方法	针管笔＋马克笔（iMark）		
用　纸	A1 绘图纸	用纸规格	594mmx841mm
用　时	6 小时	期　数	华元方案 40C 期

名师点评 ▲

本方案设计空间突出、轴线强烈、分区明确。南部的居住组团清晰，高层与多层住宅一目了然；住宅建筑空间组合关系变化丰富，避免了单一呆板的兵仪式住宅；住宅之间半私密的活动空间设计有趣味性，且十分细致。高层底层做沿街商业，建议西部沿街步行空间完全打开。北部大型公建与围合式园林建筑设计思路独特，但体型差距较大。整体配色独特，土地关系明确，鸟瞰与效果图更是给人耳目一新的感受。整体是一张优秀的快题作品。

答题一律做在答题纸上（包括填空题、选择题、改错题等），直接做在试题上按零分计。

准考证号＿＿＿＿＿＿ 系　别＿＿＿＿＿＿ 考试日期＿＿＿＿＿＿

适用专业＿＿＿＿＿＿＿＿＿ 考试科目＿＿＿＿＿＿＿＿＿

某焦化厂地段改造及住区规划设计

一、提要

某焦化厂位于城市旧区内，由于其生产给周边居民区造成严重污染，市政府责令焦化厂停产，并决定对该地段（包括厂内的设备和厂房）进行改造和利用。如图所示，厂区东北部已被改造为展现城市近代工业发展历史的纪念性和科普性场所，并作为公共广场和文化艺术中心服务于市民，同时计划在厂区西部(规划基地内)进行适当的住宅组团及其配套设施开发。

墓地介于南北向的城市主干路和铁路之间，西侧与城市公园相望，北侧紧邻居住社区，南侧为其他工厂。基地内需保留 A、B、C、D 四处现有建、构筑物，规划方案应考虑对其进行改造和再利用。基地总面积约 7.2hm^2。

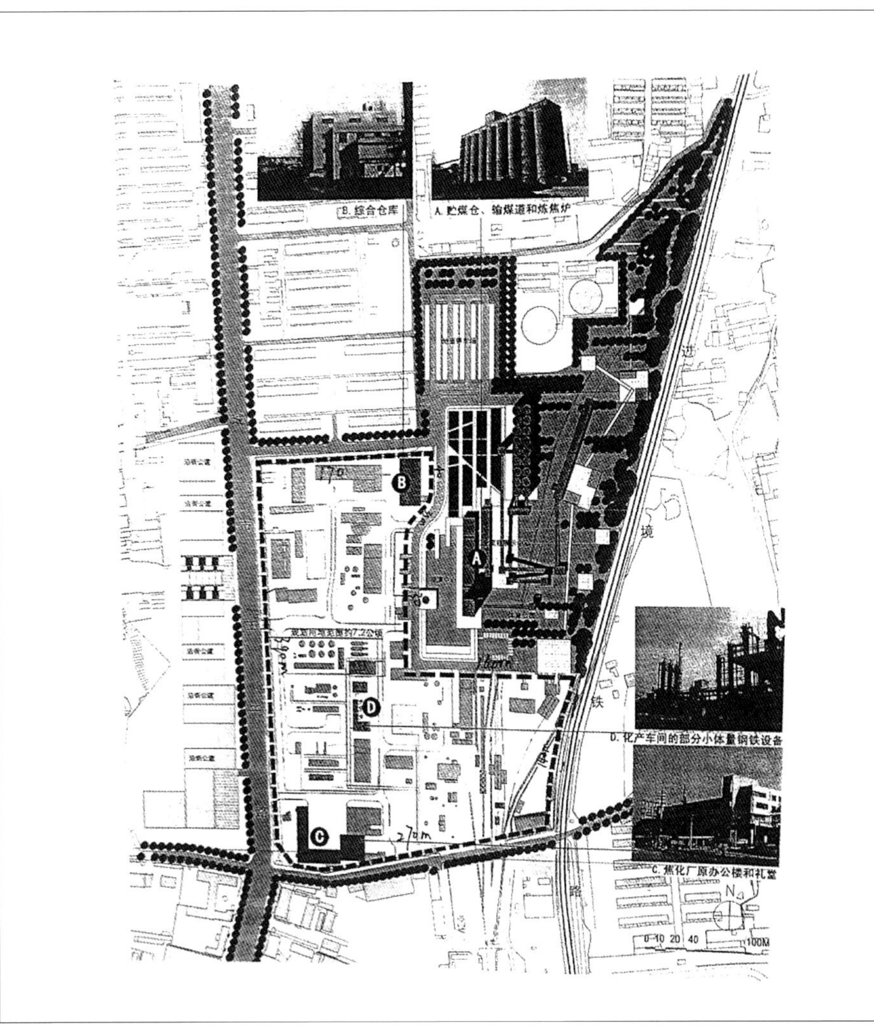

二、内容

住宅组团及其配套设施：容积率 0.9 ~ 1.4，总建筑面积 6 万 ~ 10 万 m^2。

建筑高度控制：规划建筑以低层和多层为主，少量小高层原则上不超过 35m。

主要配套设施：

（1）商业服务（3000 ~ 4000m^2）；（2）6 班幼儿园一个；

（3）社区服务中心（200 ~ 300m^2）；（4）物业管理中心（300 ~ 500m^2）。

三、设计要求

1. 功能结构合理，建筑布局完整，交通组织有序，符合技术指标规范。
2. 绿地率不小于 35%。
3. 建筑退让：规划建筑退让边界在城市主干路一侧不小于 10m，铁路一侧不小于 20m，同时需满足基地外住宅区的日照要求。
4. 住宅日照间距 1 ：1.2。
5. 停车位：0.8 辆小汽车 / 户（以地下停车库为主，地面停车率不宜超过 10%）；2 辆自行车 / 户。

四、成果要求

规划总平面图 1 ：1000（地形图自行放大）；

规划分析图（规划结构分析、交通组织分析、绿化景观分析等，比例自定）；

沿街立面图 2 个 1 ：1000；

规划鸟瞰图（表现方法不限）；

规划简要说明及主要规划技术指标。

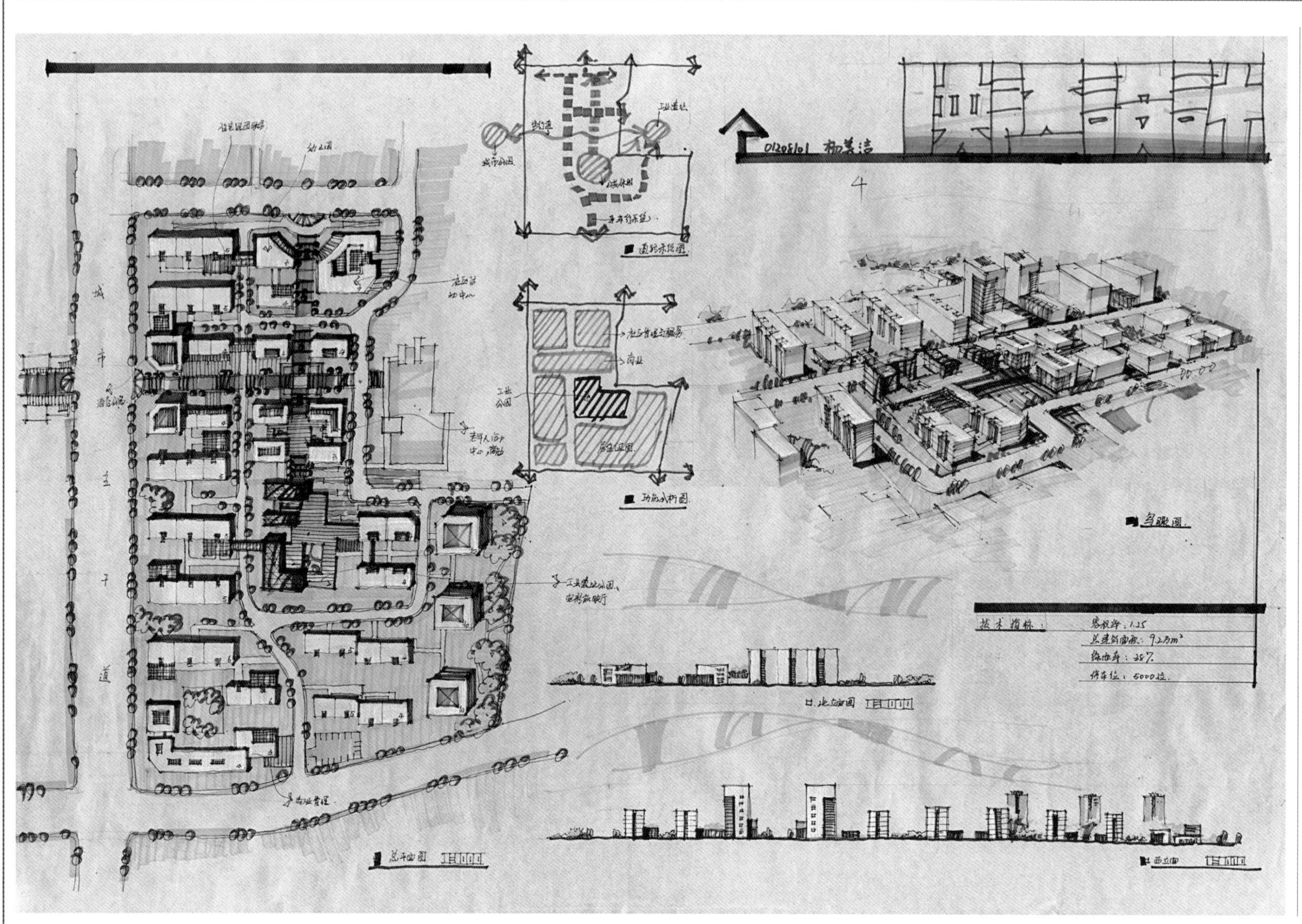

本方案主要配色

iMark 马克笔

Y27+YR103

GB63+G42

Rhinos 马克笔

RH608

例 56 某焦化厂地段改造及住区规划设计

作　者	杨美洁	报考院校	华南理工大学
表现方法	针管笔 + 马克笔（iMark+Rhinos）		
用　纸	A1 牛皮纸	用纸规格	594mmx841mm
用　时	6 小时	期　数	华元方案 30A 期

名师点评 ▲

方案对旧厂区改造的整体把握很好。基地与周边的环境的关系考虑得非常清楚，东西方向轴线将公园与开放空间联系起来，南北方向将保留建筑串连，轴线两侧布置公建，功能布局合理，空间结构清晰。保留建筑功能置换合理，与其他建筑之间的形式、位置关系舒服。住宅总体采用行列式布局，局部错位或与点式相结合，灵活多变，整体性强。立面与鸟瞰结合，建筑的立面刻画较深入，表达技法娴熟，整体效果好。

缺点是地块内部二级道路设置不对，一栋住宅只需在南或北向有一侧入户即可，地面停车位不够。

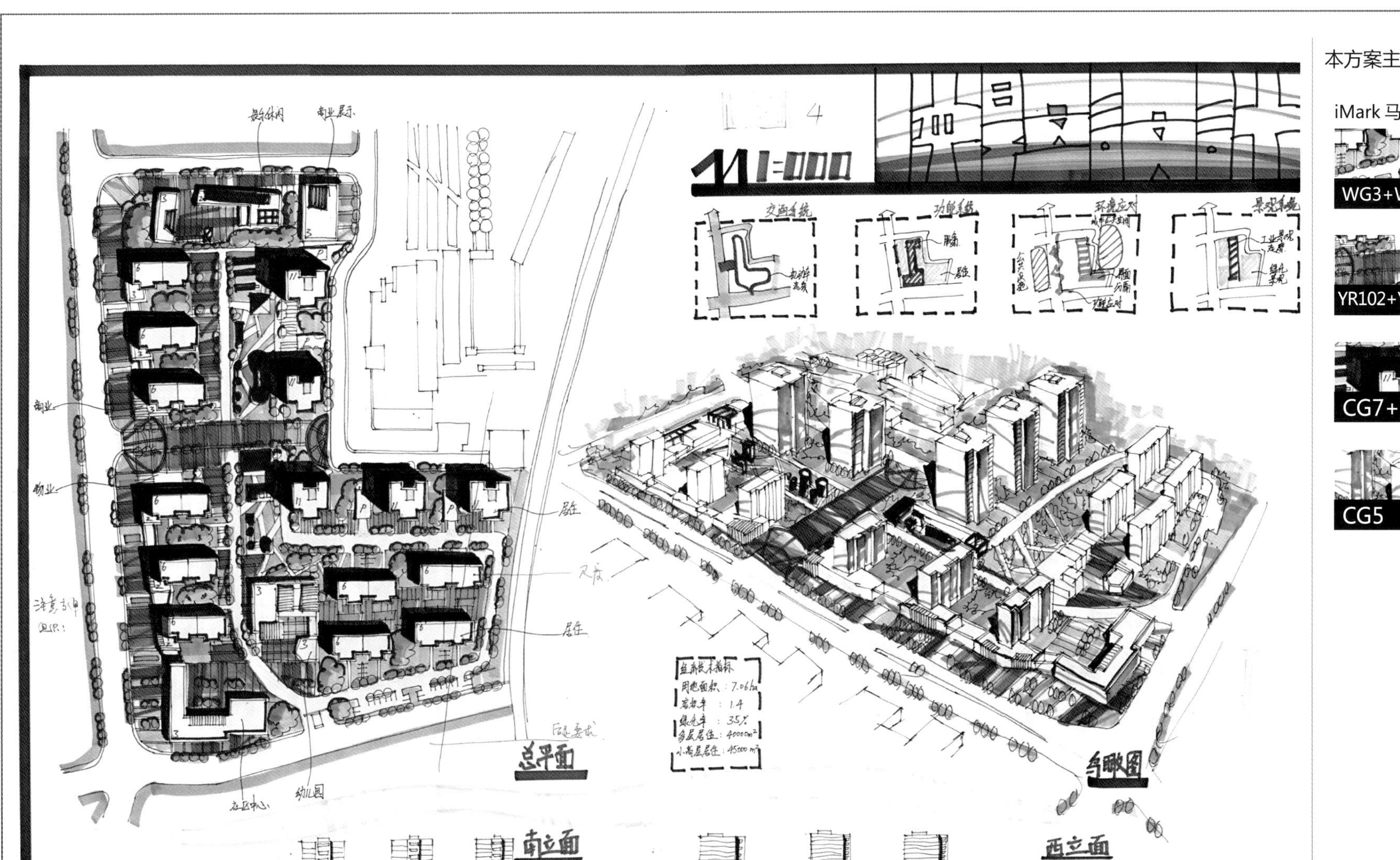

本方案主要配色

iMark 马克笔

WG3+WG5

YR102+YR103

CG7+1

CG5

例 57　某焦化厂地段改造及住区规划设计

作　　者	丁孟雄	报考院校	东南大学
表现方法	针管笔＋马克笔（iMark）		
用　　纸	A1 绘图纸	用纸规格	594mmx841mm
用　　时	6 小时	期　　数	华元方案 33A 期

名师点评 ▲

方案功能分区合理，南北两端保留建筑作为公共服务之用，既可对内又可对外服务；中部保留构筑物结合景观做开放空间，为小区提供了较为私密的活动场地。沿城市主干道布置沿街商业，加强了小区的城市功能。轴线明确，东西向轴线将公园与公共艺术中心连通，建筑单体行列与点式结合，排布灵活，建筑高度错落，形成良好的街道天际线效果。图面表达清晰。

缺点：交通组织不成系统，基地内一级道路为端头路，无回车场；无设计说明。

答题一律做在答题纸上（包括填空题、选择题、改错题等），直接做在试题上按零分计。

准考证号__________ 系　别__________ 考试日期__________

适用专业__________ 考试科目__________

大学校园规划设计

一、项目背景及规划条件

北方某医学院拟规划建设其新校区，基地位于大学所在城市的新区中，东西长700m，南北宽240m，东侧有河流经过，地势呈西高东低之势，基地中部有一陡坎，两侧高差约12m，新校区总用地面积16.8hm^2（详见附图）。校园主入口拟设于用地北侧，要求总建筑面积达到156000m^2，办学规模达到教职工500人、在校学生6000人。

二、功能与面积要求

规划要求总建筑面积156000 m^2。

1. 教学主楼：总面积15000 m^2；
2. 校行政用房：5000m^2（可与教学主楼结合）；
3. 图书馆：10000 m^2；
4. 实验用房：50000 m^2（分公共实验和专业实验两部分）；
5. 系行政用房：总面积7600m^2（6系2部，可与实验楼结合）；
6. 学生宿舍：总面积39000m^2（6000人）；
7. 学生食堂：7800m^2；
8. 教工食堂：1400m^2；
9. 会堂（活动中心）：2000m^2；
10. 附属设施（含浴室、超市、银行、车库、变电所等）：5700m^2；
11. 风雨操场：2500m^2；
12. 教师公寓：1600m^2（预留发展到500人）；
13. 学术交流（培训）中心：8000m^2（满足300人接待、会议、商务中心等）；
14. 运动场地：400m标准运动场一个，篮球场4个，排球场6个；
15. 停车：机动车和非机动车停车场自行设计。

三、规划设计要点

1. 适应城市新区中大学的教学、生活与管理要求，按不同功能进行分区，尽可能采用建筑组团布局，道路交通组织要求实现人车分流。

2. 主要规划控制指标：容积率为0.9，建筑密度不大于30%，绿地率不小于40%。

3. 蓝线控制范围内不得设置建筑及人流聚集场所。建筑后退蓝线25m，建筑后退西侧经四路道路红线50m，建筑后退北侧学院大街道路红线和南侧基地边界25m。

4. 规划要求校园标志性建筑（教学主楼）高度不超过60m，其余建筑高度均应控制在24m以内。

四、成果要求

1. 总平面图1：1000（地形图自行放大）。
2. 规划分析图（规划结构分析、交通组织分析、绿地景观系统分析等，比例自定）。
3. 规划鸟瞰图。
4. 规划说明与主要规划技术指标。

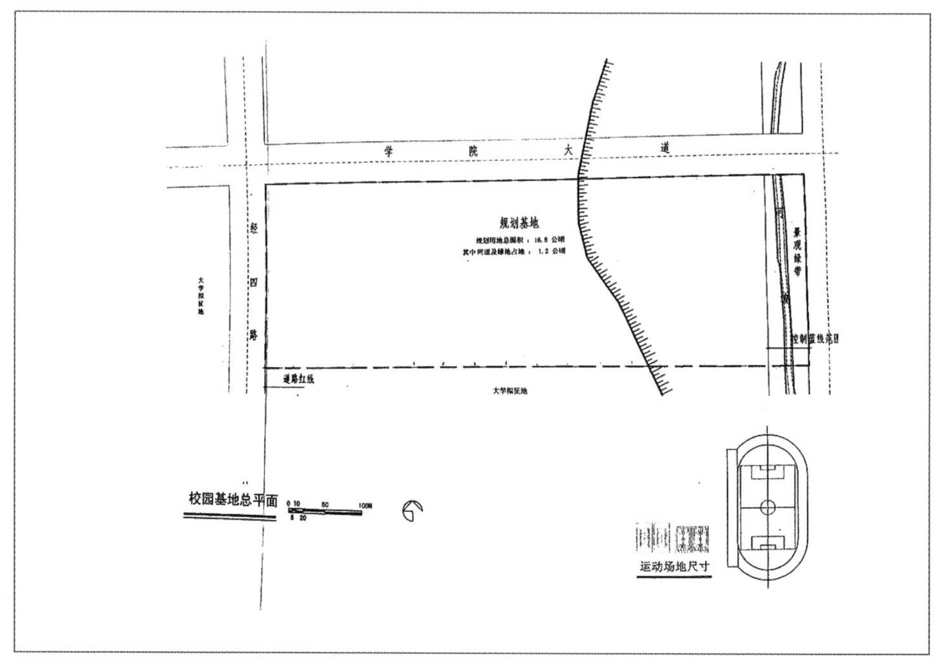

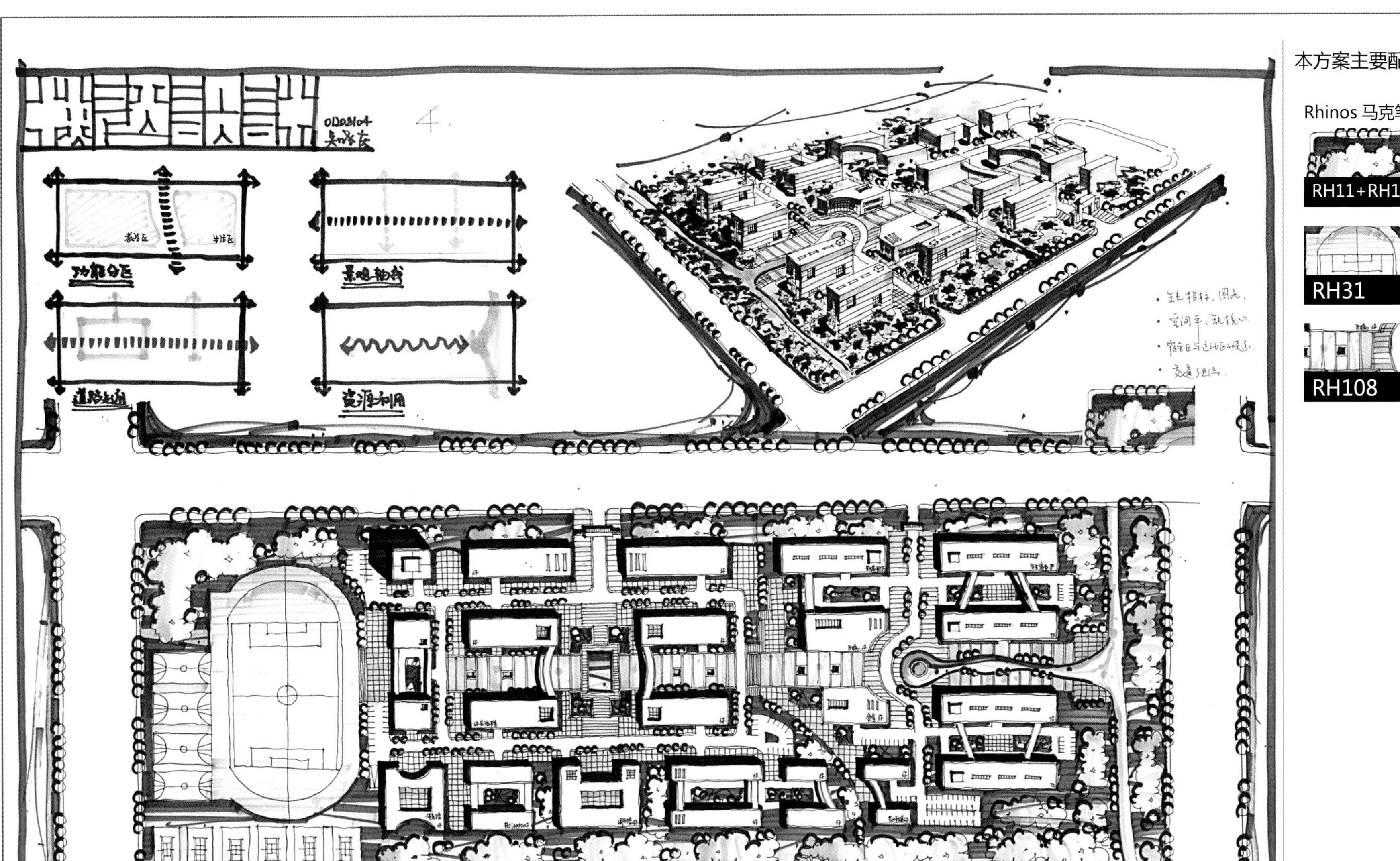

本方案主要配色

Rhinos 马克笔

RH11+RH17

RH31

RH108

例 58 大学校园规划设计

作　　者	杨美洁	报考院校	华南理工大学
表现方法	针管笔 + 马克笔（Rhinos）		
用　　纸	A1 绘图纸	用纸规格	594mmx841mm
用　　时	6 小时	期　　数	华元方案 30A 期

名师点评 ▲

以基地内 12m 高差为分割将教学区与生活区分开，轴线成系统，将三个功能串连。建筑形式统一，整体感强。道路成系统，考虑到竖向问题，陡坎两侧未设置连通的车行道。人车分行，停车空间，图纸表现力强，为加分项。空间均质，缺乏大的开敞空间及核心景观，住宅建筑与教学建筑形式没有区分且生活区内缺少运动场地。西高东低的地势不可从东部引水。鸟瞰图的表现，缺少 12m 的陡坎。缺设计说明、图名和规划技术指标等几样图件。

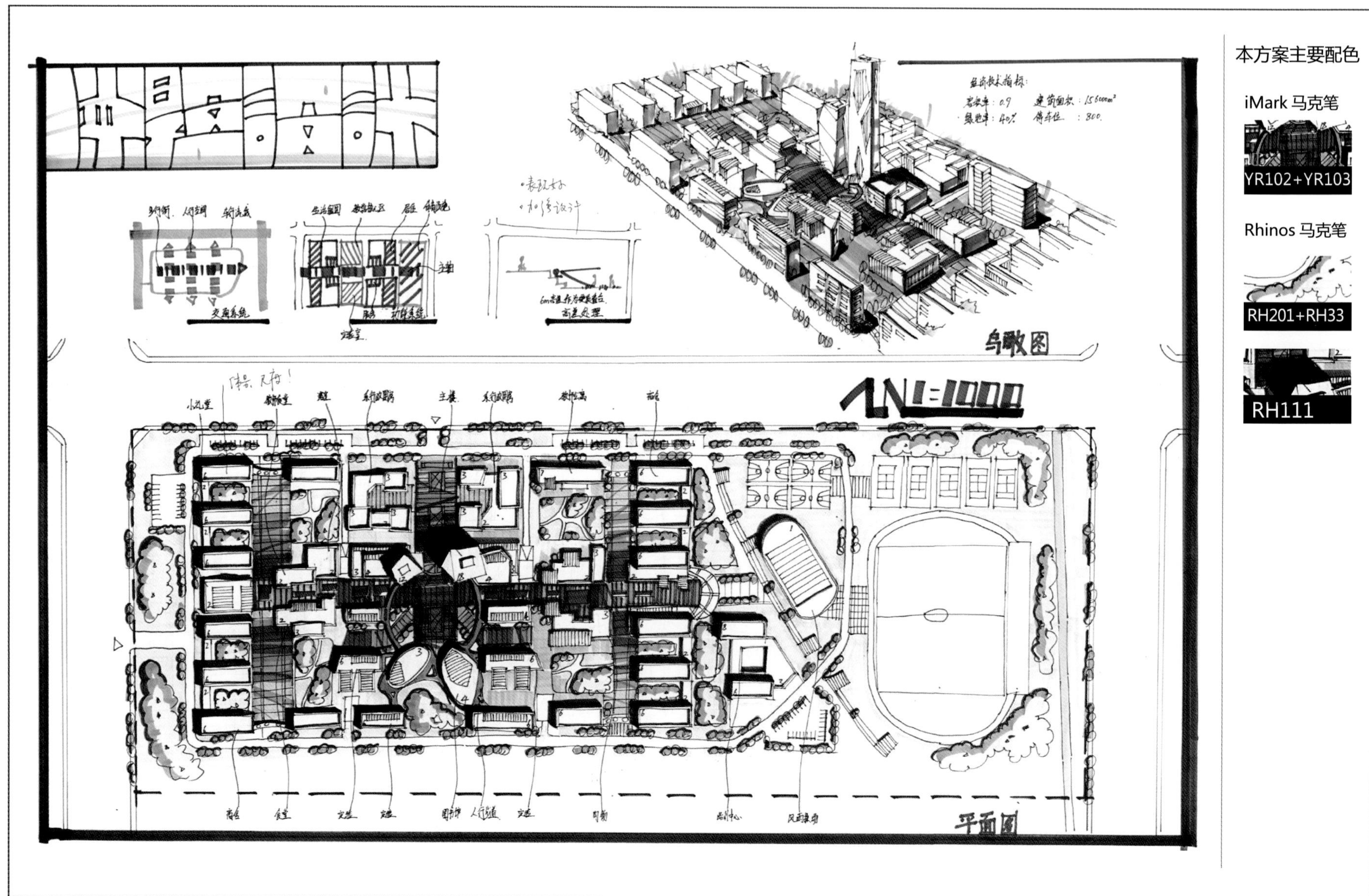

例 59　大学校园规划设计

作　者	丁孟雄	报考院校	东南大学
表现方法	针管笔＋马克笔（iMark+Rhinos）		
用　纸	A1 绘图纸	用纸规格	594mmx841mm
用　时	6 小时	期　数	华元方案 33A 期

名师点评 ▲

该方案为校园规划设计，设计时采用典型的外环式道路网体系，保证了校园内部的人车分流；同时将核心功能很好地组织在地块中部，教学、办公等区域与中心公共空间衔接顺畅，建筑造型与组合变化丰富、整体和谐，同时通过主要轴线衔接两侧的生活区，最终抵达运动区。整个设计完整度较高，空间层次感强，轴线明确，设计手法成熟。生活区部分可考虑合设，同时应注意内部消防。鸟瞰图与分析图色彩搭配统一，表现优秀，是一份优秀的快题作品。

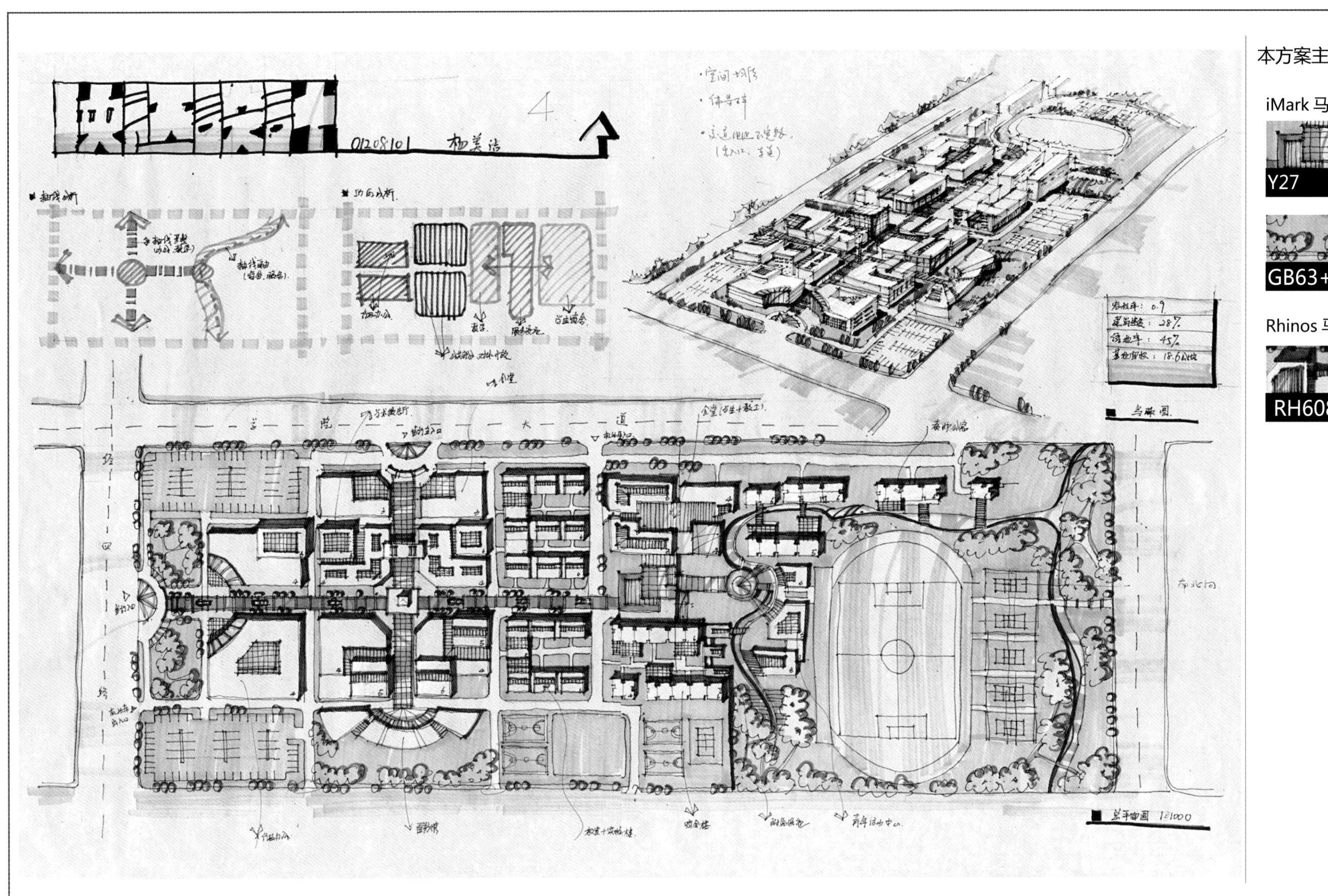

本方案主要配色

iMark 马克笔

Y27

GB63+G42

Rhinos 马克笔

RH608

例 60　大学校园规划设计

作　　者	杨美洁	报考院校	华南理工大学
表现方法	针管笔 + 马克笔（iMark+Rhinos）		
用　　纸	A1 牛皮纸	用纸规格	594mmx841mm
用　　时	6 小时	期　　数	华元方案 30A 期

名师点评 ▲

功能分区合理。行政区在西侧与道路相接，可对外服务；教学区集中，方便教学；食堂等服务功能位于住宿与教学区之间；住宿紧临运动场地，方便活动。空间轴线明确，将各功能很好地组织在一起，也达到人车分行的目的。基地在西部北部开口太多，南部不能开口，且陡坎两侧 12m 的高差不能将车行道连通。建筑布局对陡坎的考虑不清楚，西高东低的地势也不利于引水。建筑空间略显均质，教学区的建筑密度太大，大型公建前均无集散场地，对场地的考虑欠妥。球场的方向应该都设为南北向。

12

Southeast University 東南大學 2011年内部快题周考试试卷

答题一律做在答题纸上（包括填空题、选择题、改错题等），直接做在试题上按零分计。

准考证号____________ 系　　别____________ 考试日期____________

适用专业________________ 考试科目________________

新城中心策划与概念设计

一、项目背景及规划条件

某城市现状人口约50万人，集中分布于老城区中心的周围。老城区西侧为老工业区——传统工业区，根据城市发展与总体规划，拟向老城区东侧发展新区，新区人口规模约30万人，与老城区形成横轴式相对独立的团块状总体布局形态。老城区及新城区北侧为高新技术开发区（加工工业区）。在新区拟规划设计一个新城中心，其用地形态与条件详见简图。

二、规划设计要求

1. 根据总体布局对新区中心的建设规模、功能定位、功能构成和发展目标进行策划。策划范围包括简图所示意的全部范围，约20hm^2。

2. 根据策划结果进行新区核心区的概念性设计，概念设计的空间范围以任务“1”策划的结果为依据，小于20hm^2。

三、成果要求

1. 新区中心功能策划简要文字，概念与分析图（功能定位、功能构成、功能分区、交通及空间组织等），标注新区核心区的范围选择；

2. 新区核心区建筑空间布局概念设计，用地范围根据新区中心用地简图结合上述策划自行选定（比例1 ：1000）；

3. 鸟瞰图；

4. 必要的分析图；

5. 经济技术指标。

用时6小时。

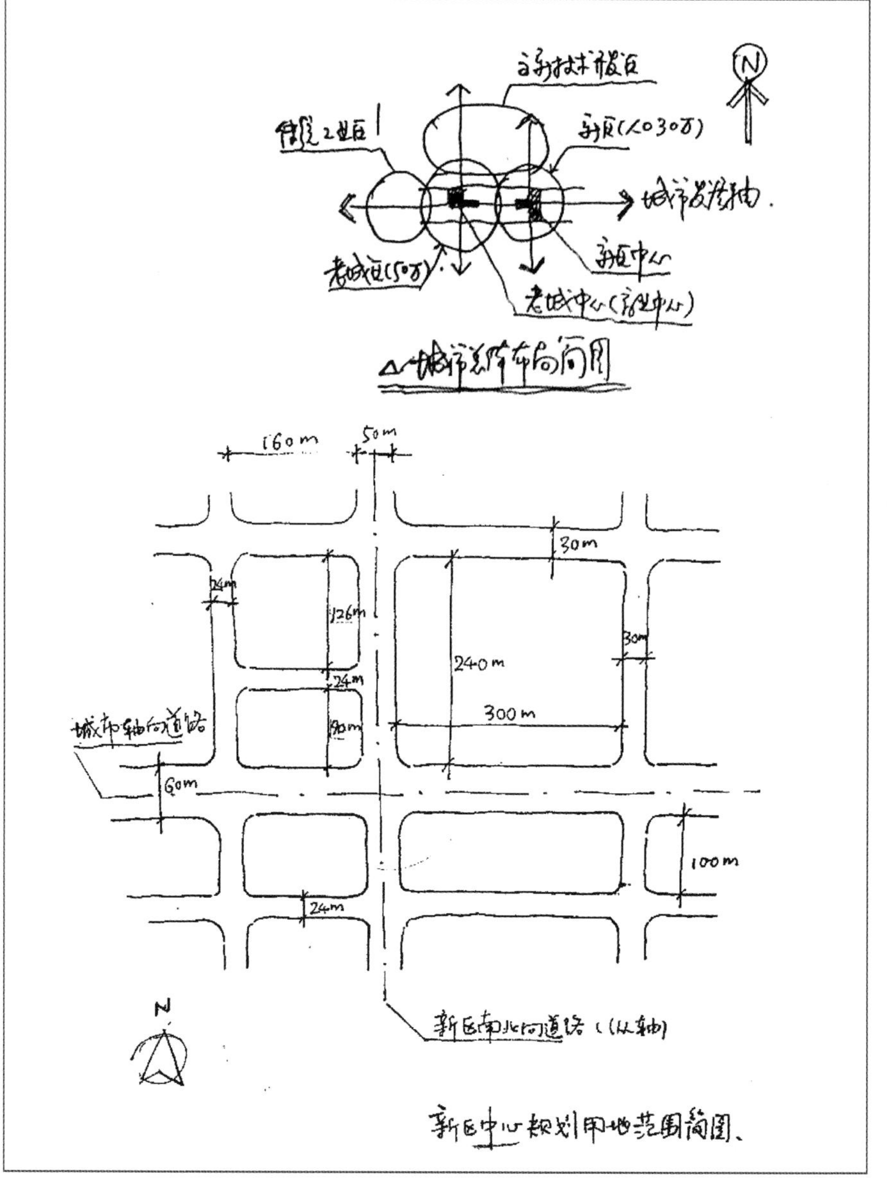

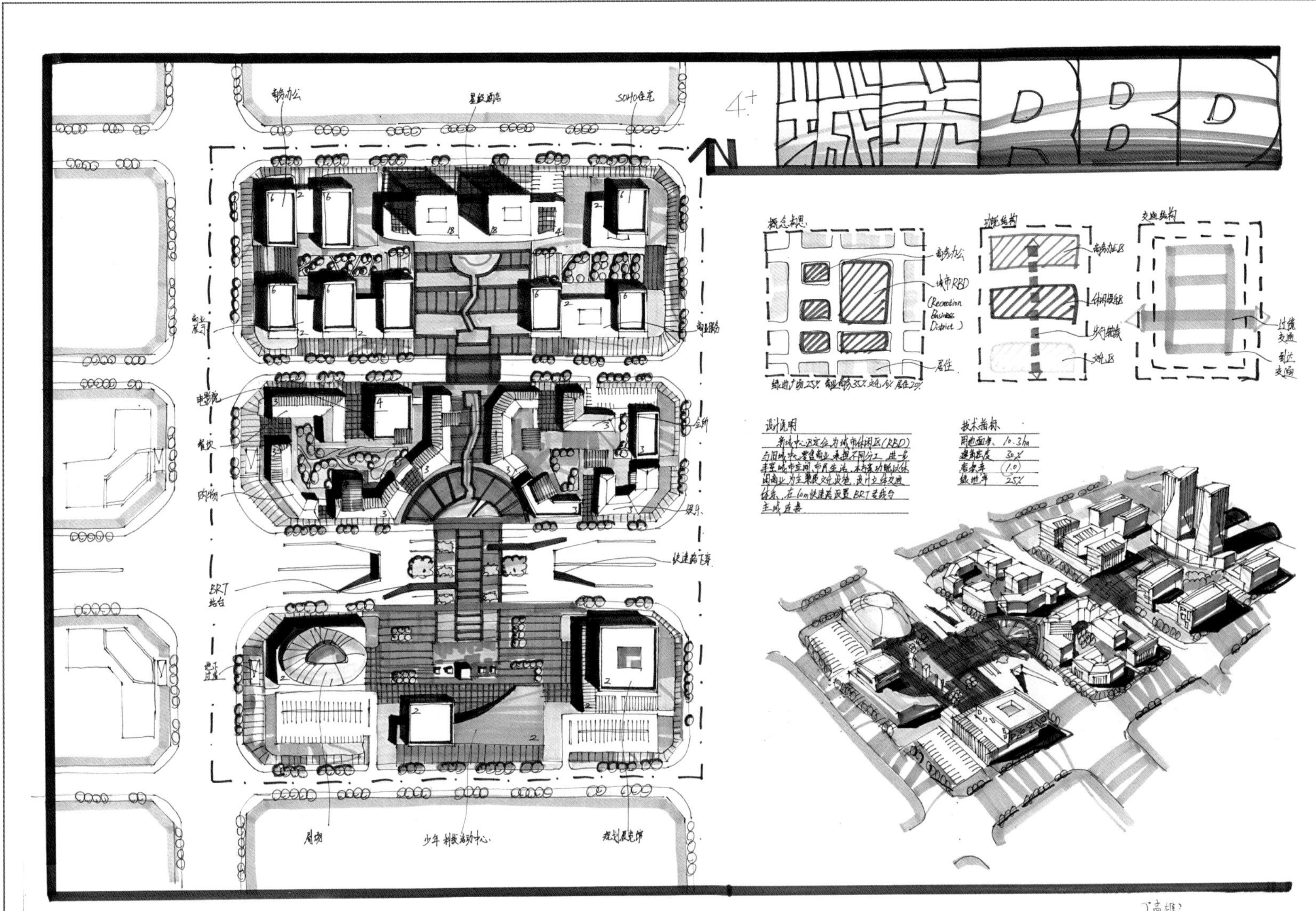

本方案主要配色

iMark 马克笔

WG3

CG3

CG7

R11+YR102

例 61　新城中心策划与概念设计

作　　者	丁孟雄	报考院校	东南大学
表现方法	针管笔 + 马克笔（iMark）		
用　　纸	A1 绘图纸	用纸规格	594mmx841mm
用　　时	6 小时	期　　数	华元方案 33A 期

名师点评 ▲

方案对于城市宏观有所考虑，有很好的专业素养。对新城中心的定位明确，以 RBD 的功能既与老城西侧、老城的中心功能形成差异性，又能满足新城高新技术开发区的需求。商务办公、娱乐服务、文化展示三大功能区配比合适，分区明确合理。轴线明确，建筑组合流畅自然，塑造出不错的外部空间。公建与周边场地关系明确，结合地上、地下停车，主干道设置公交站点是与城市其他地方的联系表现。动静结合、人车分流，交通系统完整，考虑周到。表现完整，表达清晰，图件齐全，效果很好。标注容积率为 1，不太符合城市中心。

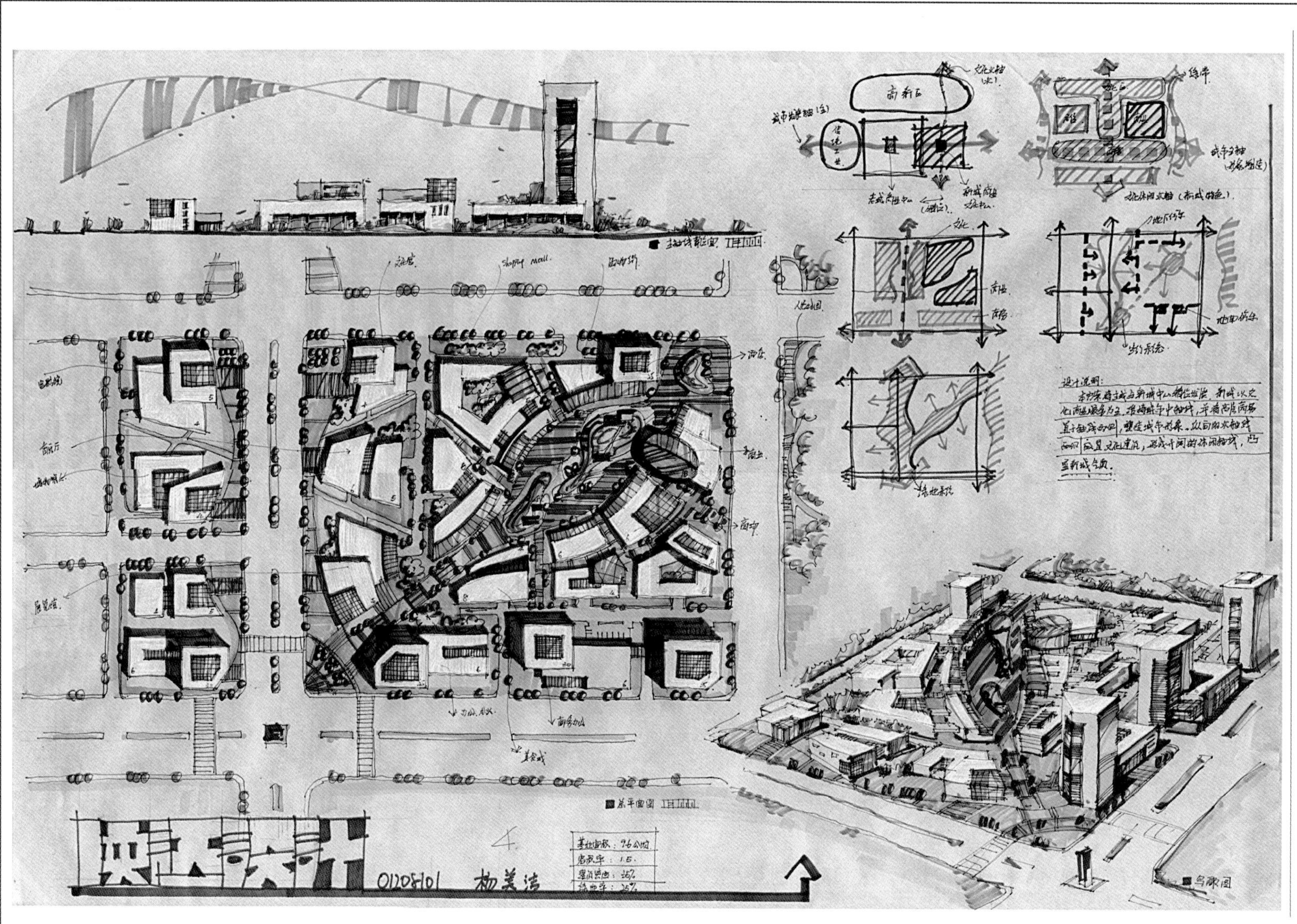

本方案主要配色

iMark 马克笔

Y27+YR103

GB63+G42

Rhinos 马克笔

RH608

例 62　新城中心策划与概念设计

作　者	杨美洁	报考院校	华南理工大学
表现方法	针管笔 + 马克笔（iMark+Rhinos）		
用　纸	A1 牛皮纸	用纸规格	594mmx841mm
用　时	6 小时	期　数	华元方案 30A 期

名师点评 ▲

本方案对于城市宏观有所考虑，有很好的专业素养。对新城中心的定位明确，以 RBD 的功能既与老城西侧、老城的中心功能形成差异性，又能满足新城高新技术开发区的需求。方案商务办公、娱乐服务、文化展示三大功能区，配比合适，分区明确合理。轴线明确，建筑组合流畅自然，塑造出不错的外部空间。公建与周边场地关系明确，结合地上地下停车，主干道设置公交站点是与城市其他地方的联系表现。动静结合、人车分流，交通系统完整，考虑周到。表现完整，表达清晰，图件齐全，效果很好。

13 Southeast University 东南大学 2012年快速规划设计模拟考试

答题一律做在答题纸上（包括填空题、选择题、改错题等），直接做在试题上按零分计。

准考证号＿＿＿＿＿＿ 系　　别＿＿＿＿＿＿ 考试日期＿＿＿＿＿＿

适用专业＿＿＿＿＿＿＿＿＿ 考试科目＿＿＿＿＿＿＿＿＿

历史地段综合街坊修建性详细规划

一、基地概述

基地位于岭南某国家历史文化名城中心地区，包括人民路南北两个地块，总用地面积为3.5hm^2（净面积），南地块原为人民体育场，北地块原为低层棚户区。人民路为20m宽老城区次干道。基地西临36m宽城市主干道，其他相邻方向均为传统岭南民居风貌（2～3层建筑为主）的历史文化街区，基地东南侧已建仿古商业街（青石板巷，2层建筑），其南边的文庙是省级重点文物保护单位，北边的文塔高37m，是市级文物保护单位，保护规划要求保护从文庙眺望文塔的视线通廊（周边情况详见附图）。

二、功能构成

具有岭南特色的旅游文化商业街；

面向自助游旅客的150间房的连锁酒店，建筑面积12000m^2；

中小户型安置住宅不少于8000m^2。

三、规划设计要点

建筑密度：北地块小于40%，南地块小于30%；

总容积率应小于或等于1.2，部分商业建筑可设在地下一层（计入容积率），地下停车场不计入容积率。

绿地率不小于30%。

应提供不小于10000m^{2}的城市广场或公共绿地开放给市民使用。

建筑限高24m。

建筑造型应考虑与历史文化街区传统风貌相协调。

住宅建筑间距：平行布置的多层居住建筑南北向间距为1.0Hs（Hs为南侧建筑高度），东 西向0.8H（H为较高建筑的高度），侧向山墙间间距不少于8m。

停车位：400个标准车位（含住宅配建），其中不少于40个地面停车。

配套公建和市政设施：沿人民路布置港湾式公交车站1对；35kV变电站（建筑面积1000m^2，电缆沿人民路电缆沟接入）。

建筑后退城市次干道红线大于5m，后退支路及其他街巷大于3m。

四、设计表达要求

规划总平面图1：500，须注明建筑性质、层数，表达广场绿地等环境要素，表达地下停车场范围、层数及出入口方位；

空间效果图不小于A3图幅，可以是鸟瞰或轴测图等。

表达构思的分析图自定；

简要规划设计说明和经济技术指标。

五、时间

6小时（9：00—15：00）

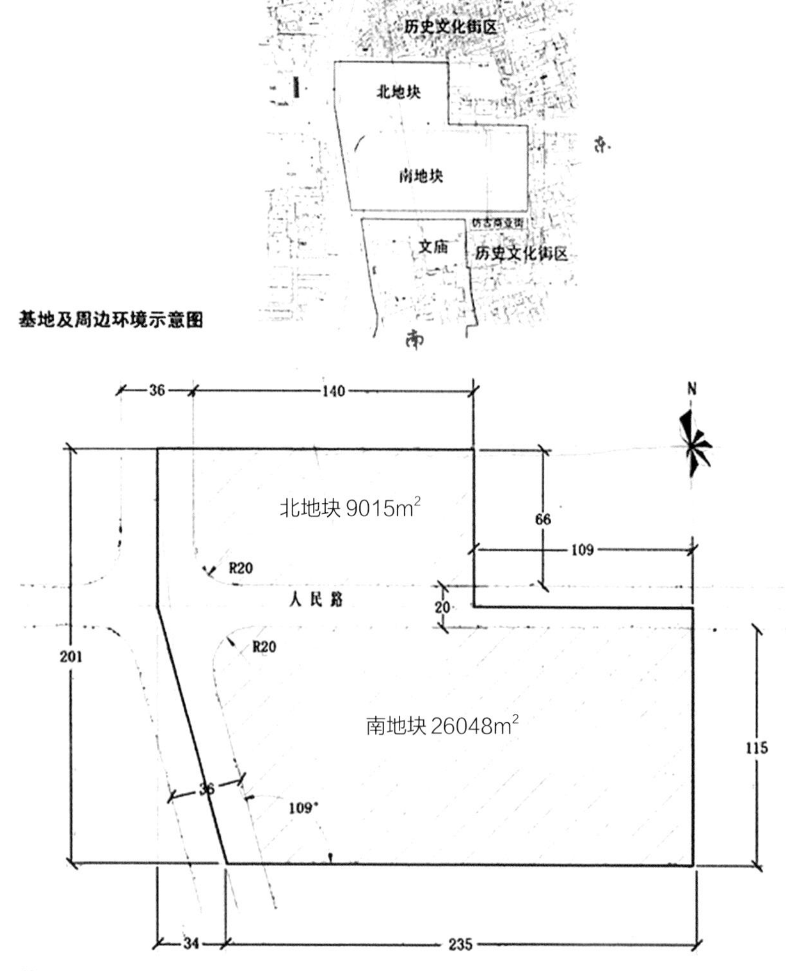

基地及周边环境示意图

基地地形图

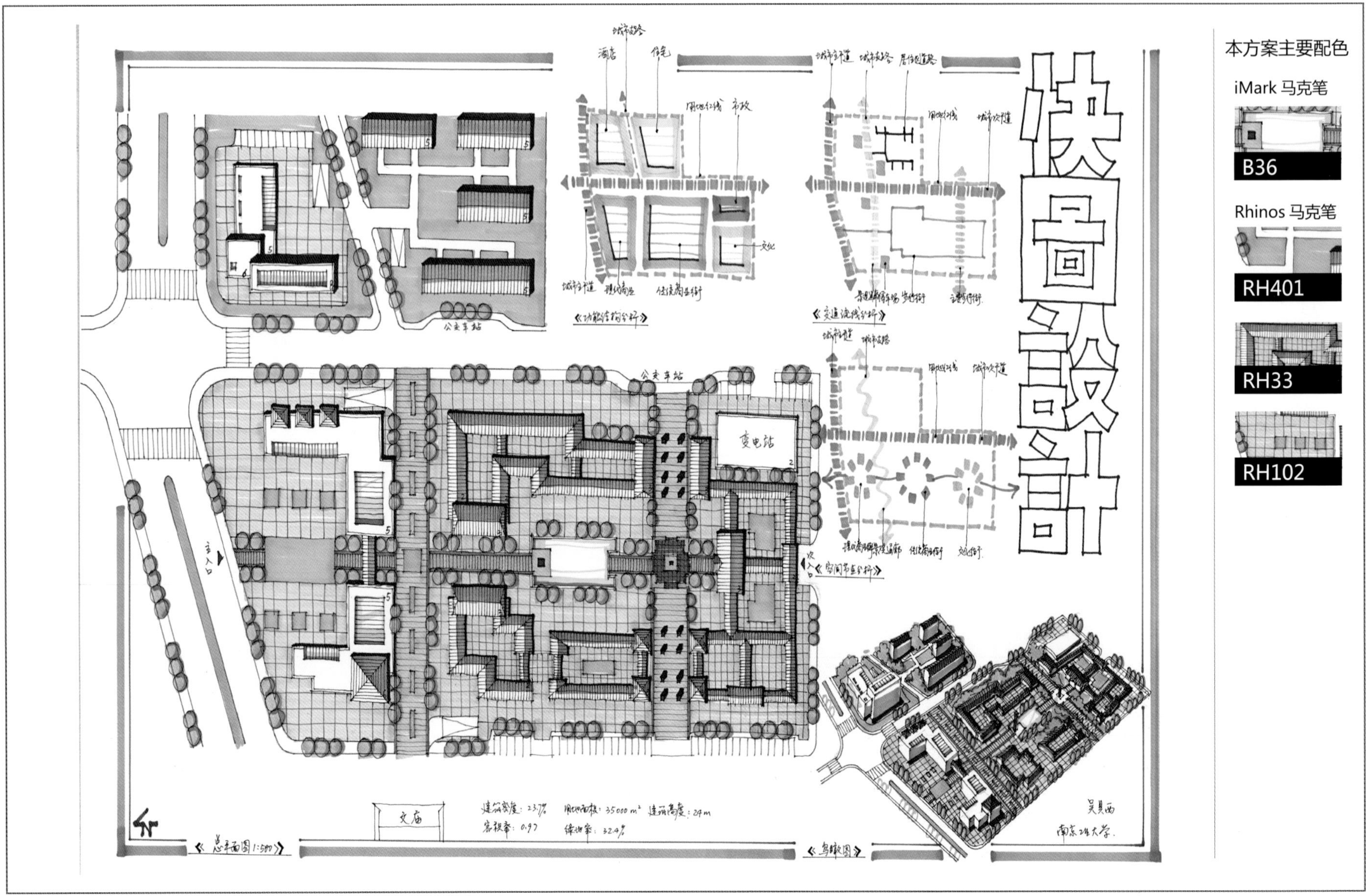

例 63　历史地段综合街坊修建性详细规划

作　　者	吴贝西	**报考院校**	东南大学
表现方法	针管笔＋马克笔（iMark+Rhinos）		
用　　纸	A1 绘图纸	**用纸规格**	594mmx841mm
用　　时	6 小时	**期　　数**	华元方案 33C 期

名师点评 ▲

该方案为岭南某历史地段街坊修建性详细规划，方案较好地保护了从文庙眺望文塔的视线通廊，布局合理，流线清晰。基地南部地块利用现代商业圈、传统商业圈与文化圈三个系统，与水池、雕塑共同构成了此历史街区的主要轴线。建筑造型将新旧风格结合，与原有风貌协调。鸟瞰图表现较为细致，将古建的空间围合，建筑形态等表现得非常清晰。

答题一律做在答题纸上（包括填空题、选择题、改错题等），直接做在试题上按零分计。

准考证号__________ 系 别__________ 考试日期__________

适用专业________________ 考试科目________________

某私立中学修建性详细规划

一、基地概述

基地位于南方某城市新区，总用地面积 86000m^2，西面临城市主干道，北面依城市次干道，东面为城市支路，南面为已建居住小区（详见附图）。

规划部门要求：

（1）建筑密度不超过 20%；建筑高度不超过 5 层。

（2）南北建筑间距不少于 1.2H（H 为南面楼之高度）。

（3）建筑后退：城市主干道红线不小于 8m，城市次干道红线不小于 6m，后退城市支路红线不小于 5m。

（4）在校门附近设置适量的停车位置。

二、项目要求

1. 功能分区合理。
2. 交通组织合理。

三、项目具体内容

1. 教学行政楼：18000m^2，其中教学部分 10000m^2，行政部分 8000m^2，可分设或合设，教学楼包括 60 间标准教室及相应公共面积，采用单廊式，建筑间距不小于 25m。
2. 实验图书综合楼：7500m^2。
3. 音乐美术综合楼：4000m^2。
4. 综合体育游泳馆（2 层）：4500m^2。
5. 学生宿舍：22000m^2，包括 400 间 6 人宿舍及相应公共面积，采用单廊式。
6. 食堂：4000m^2。
7. 运动场地：标准 400m 跑道带足球场 1 个，标准篮球场 4 个，标准排球场 2 个，室外器械活动区 2 个。

四、规划成果要求

1. 总平面图 1 ∶ 1000，要求标注各设施名称。
2. 空间效果图不小于 A3 图幅，表现方法不限，可以是轴测图等。
3. 表达构思的分析图若干（数量自定，功能分区和道路交通分析为必须）。
4. 简要的规划设计说明及主要指标。

用时 6 小时。

五、附图

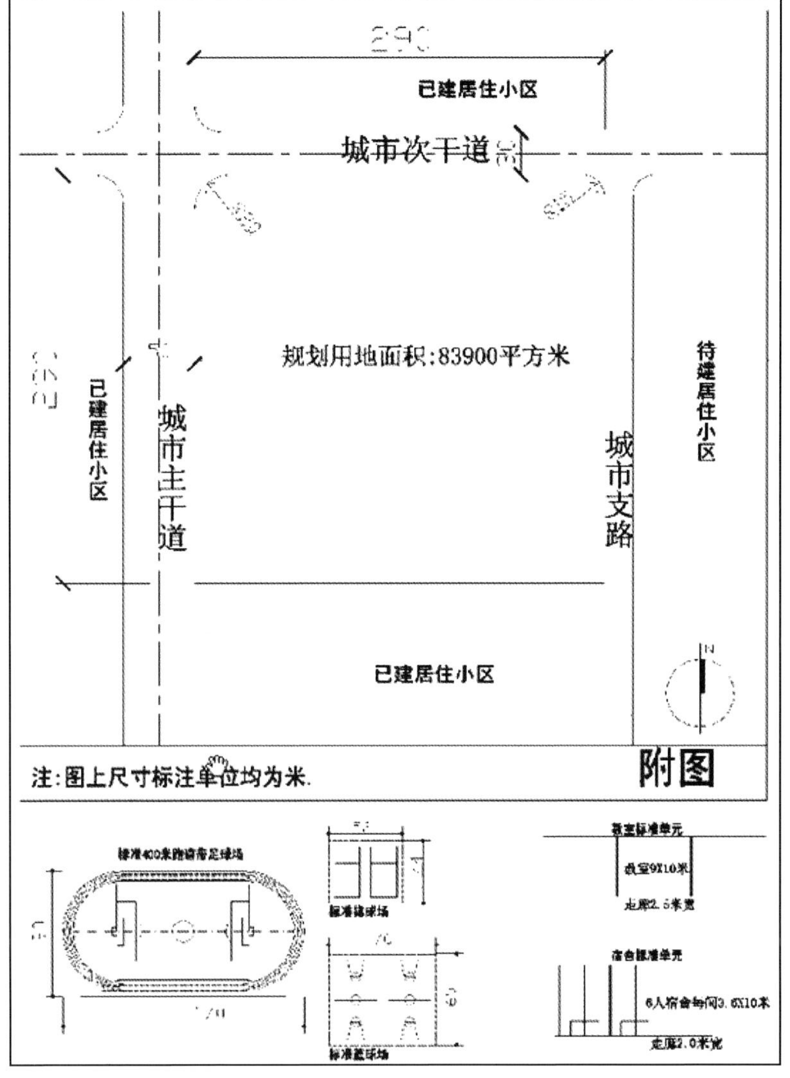

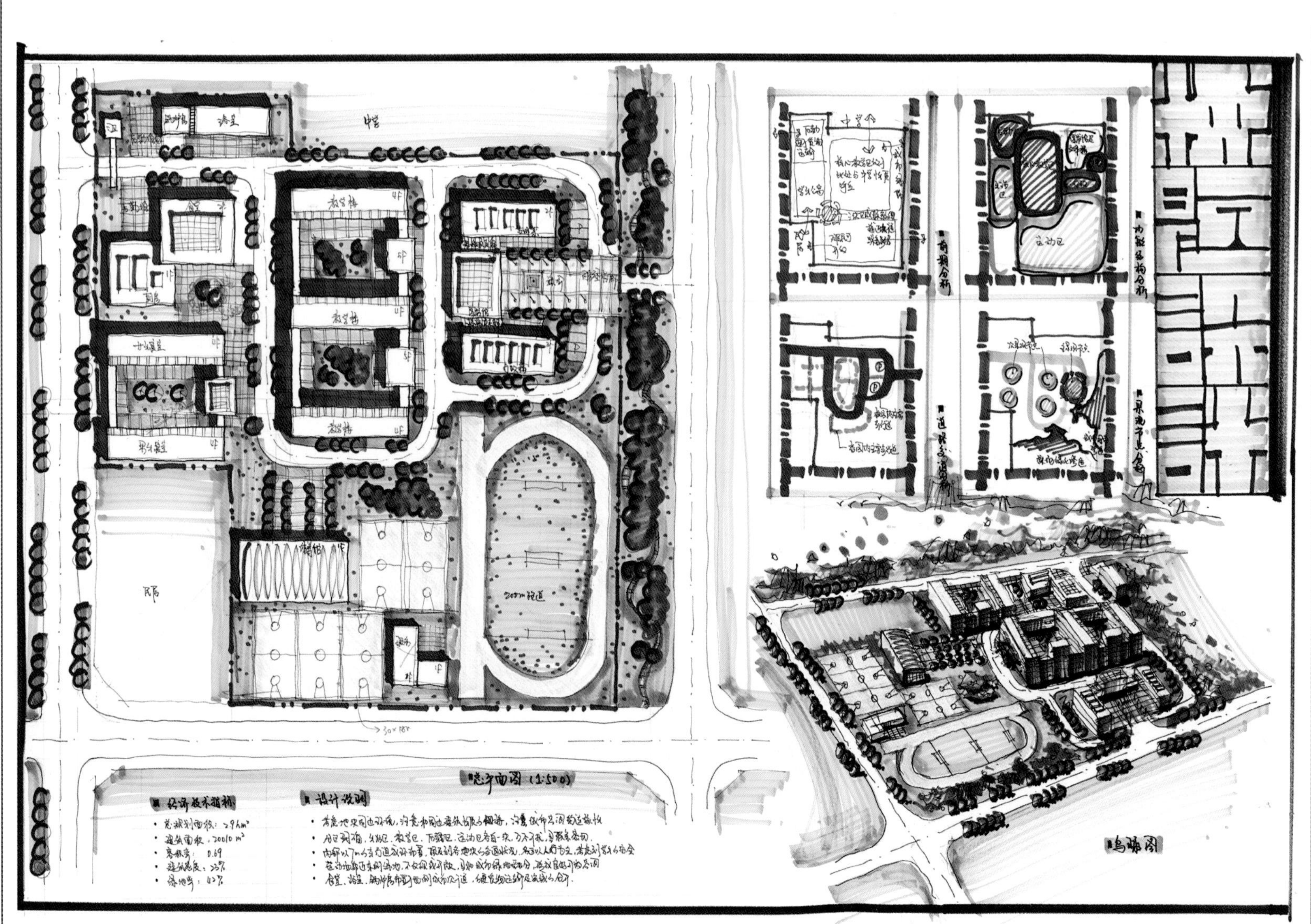

本方案主要配色

iMark 马克笔

G43+G42

CG3

Rhinos 马克笔

RH601

RH203

例 64　某私立中学修建性详细规划

作　　者	汪　徽	报考院校	东南大学
表现方法	针管笔＋马克笔（iMark+Rhinos）		
用　　纸	A1 绘图纸	用纸规格	594mm×841mm
用　　时	6 小时	期　　数	华元 5/19 期

名师点评 ▲

该方案作为校园规划，用地紧凑，布局合理。首先功能分区明确，入口处的行政办公与入口广场相连，继而到达教学区；次入口可作为后勤入口，到达宿舍区。南部为独立的运动区，对北部各功能干扰较小，动静分区合理，建筑形式与体量造型简单大方，符合校园建筑的特色，交通上人车分流，保证了校园内部的安全性和完整的步行空间。但各功能区之间联系较弱，可适当加强。分析图与鸟瞰图表现完整细致，能很好地诠释方案的构思与设计意图。

答题一律做在答题纸上（包括填空题、选择题、改错题等），直接做在试题上按零分计。

准考证号__________ 系　别__________ 考试日期__________

适用专业______________ 考试科目______________

某北方沿海旅游城市西部新区规划

一、用地环境概况

规划用地位于某北方沿海旅游城市西部新区，该用地区域交通和外部环境条件十分优越；选址用地呈东西狭长、南北纵深较浅的条状梯形，东西向长约 1.5 ~ 2km，南北向长约 0.4 ~ 0.7km 不等，总用地规模为 84.6hm^2。

用地北为城市东西向主干道——燕山路（红线宽 55m），向西可通往滨海开发区，向东可达城市中心商业区。用地西为一条斜向的城市主干道——太行路（红线宽 35m），向东北至城市北部居住区和城市副中心，向西南可达沿海旅游商贸文化区。用地南有一条城市公共轻轨线（红线宽 15m）和一条城市辅路——云门山路（红线宽 10m），联系沿海旅游商贸文化区与东面市区；用地南面隔路与该市的生态森林公园相邻，并且再往南（400 ~ 800m）与海滨相望，是城市重要的滨海休闲绿色观光走廊。用地东为另一条联系海滨和市区北部的次干道——太华路（红线宽 25m）。

该用地内部偏西有一条小河由南向北横贯而过，常年有水自此向南经森林公园注入大海，用地地势总体上呈西南低、东北高的特征，地形海拔一般在 3 ~ 14m，并且在基地西南有两片天然的小湖，有水鸟栖息，周围的植被茂盛。

二、用地规划设计要求

A 区域——沿基地北及东侧（小河以东）开发综合商业、办公、商务及文化娱乐设施，高强度的模式容积率应大于 2.0，开发范围沿北部主干道沿线 100m 范围。

B 区域——沿基地东侧城市次干道，考虑开发配套教育设施（36 班中学），用地规模不少于 3hm^2，建设规模为 1.5 万 m^2 左右。

C 区域——区内小河以东其他地块为中高档住宅区中等强度的模式，容积率 0.9 ~ 1.1 左右；主要住宅类型中，高层（沿街地段）总规模占住宅总量的 15% ~ 20%，中高层住宅占住宅总量的 20% ~ 30%，多层住宅占住宅总量的 35% ~ 45%，低层住宅（联排式）占住宅总量的 5% ~ 10%。

D 区域——区内小河以西地块，考虑分南北两部分建设，北半部在城市次干道与小河之间为城市文化与体育公园，应包括以下主要设施：一个小型文化广场，一个特色文化街，一个综合文化表演中心，两三组休闲体育设施或场地，公共绿地，等等；总建筑规模不超过 3 万 m^2。

E 区域——区内小河以西地块南半部则结合天然湖和绿地做一个小型湿地旅游公园，设一个科普教育中心、一个游客服务中心、一个观鸟塔等，总建筑规模不超过 6000m^2。

规划区域内不保留现状建筑，但对原有地形地貌要加以考虑。

上述各个分区之间可以设次级道路分隔，各个分区的交通、市政、绿化环境等功能要素由考生按照国家有关规范进行综合配置，并应体现与原有环境相协调的关系，合理考虑各类建筑空间的布局，疏密有致。把海洋、森林、湖泊河流等自然要素与人工环境要素结合起来，规划还应注意公共交通、步行系统的联系，并考虑本区域居民向海滨和森林公园方向的休闲廊道。

城市地方管理规定：日照间距为 1：1.7，或满足大寒日日照小时达到 3 小时（城市所在地北纬 41 度）。风向：冬季盛行西北风，夏季盛行东南风。采暖期：11 月 15 日 ~ 次年 4 月 1 日，本地块考虑不设锅炉房作为采暖设施，直接外接城市管网。本地抗震设防烈度 7 度。

本区域内建筑限高 100m。

四面至城市道路的建筑退线距离为：北面 15m，东面 10m，南面 10m，西面 15m；以上距离为多层，高层建筑各加 5m。

沿中部小河中线规划建筑向两侧退线至少 25m。

注：所附地形图为规划用地地形图总体（1 ：6000）和详细图（1 ：3000 需要拼接）各一张。

三、完成成果要求

1. 主要图纸内容包括：

①总平面规划图，标注主要图例，比例 1 ：3000；

②主要用地功能分析图；

③绿地、水系分析图；

④道路交通、景观分析图；

⑤空间结构分析图；

⑥主要路段沿街立面图（1 ：1000）（完成实际路段长度 500m 内）；

⑦局部区域透视图（鸟瞰）；

⑧简要规划设计说明（200 字）；

⑨主要规划设计技术经济指标 [总用地规模、总建筑面积（各分区公建、住宅统计列表计算）、平均容积率、绿地率、建筑密度、总居住户数、总规划人口]。

2. 表现方式：

工具和表现方式不限，徒手绘制于指定图纸上。

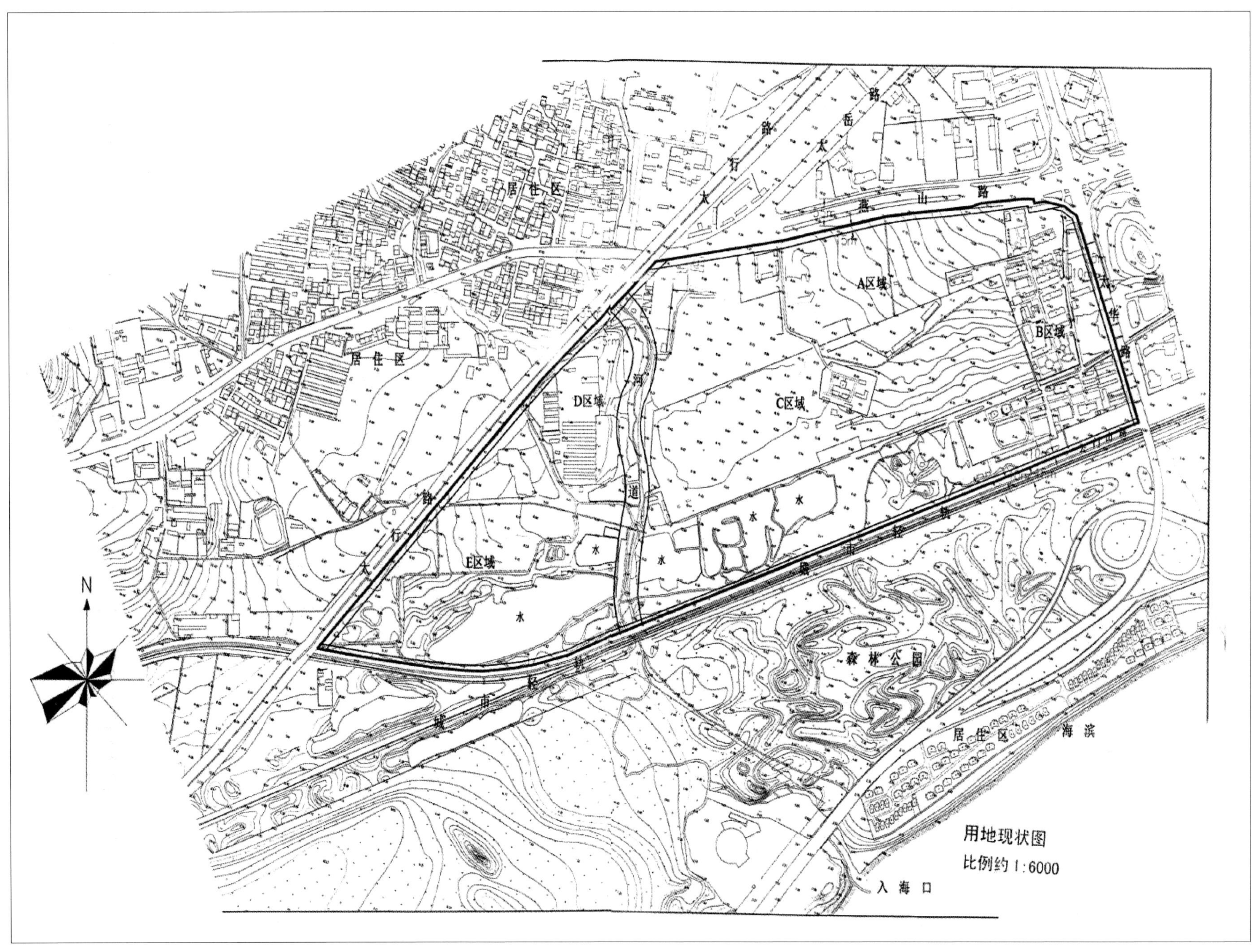
N
居住区
居住区
太行路
岳太路
燕山路
太华路
A区域
B区域
C区域
D区域
E区域
河道
水
水
水
水
水
城市轻轨
城市轻轨
森林公园
居住区
海滨
入海口
用地现状图
比例约1:6000

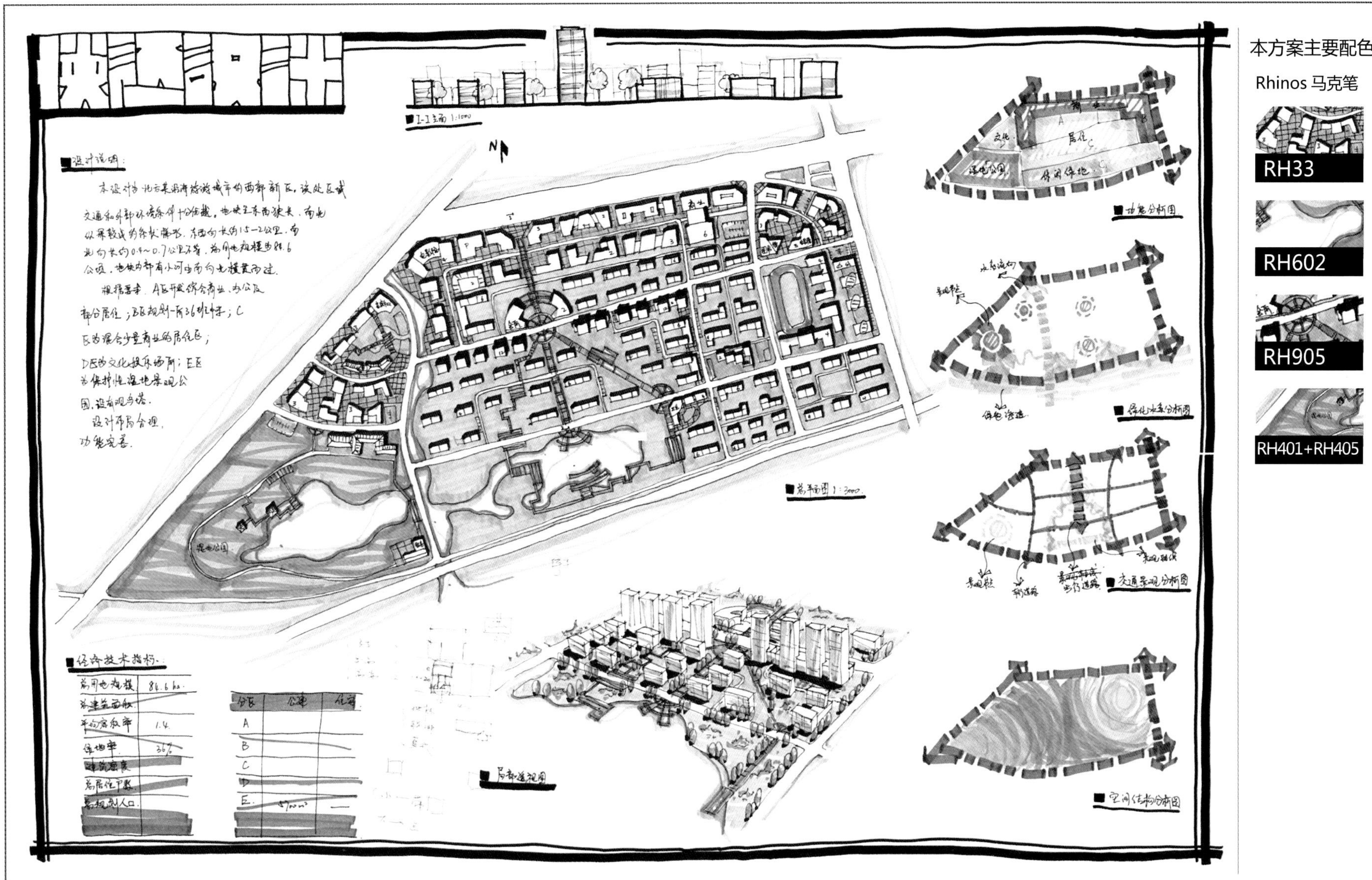

本方案主要配色

Rhinos 马克笔

RH33

RH602

RH905

RH401+RH405

例 65　某北方沿海旅游城市西部新区规划

作　　者	伍清如	报考院校	北京工业大学
表现方法	针管笔 + 马克笔（Rhinos）		
用　　纸	A1 绘图纸	用纸规格	594mmx841mm
用　　时	6 小时	期　　数	华元方案 C3 期

名师点评 ▲

本方案是城市滨水商业中心的规划设计。重点考查学生对于城市重点地区的城市设计和策划，具体表现在对商业区规划、地块多功能组合和滨水空间设计。方案结构明确，轴线关系很漂亮；功能安排合理；色调统一、干净；鸟瞰准确；空间关系和建筑组合整体较好；整体平面图轴线突出，中心广场用较为鲜艳的红色点缀，为点睛之笔。河岸设计死板，可灵活点，松弛有度，不宜一个样，边上的颜色稍微重点描一下。鸟瞰图颜色画重了。西边绿地率略小。

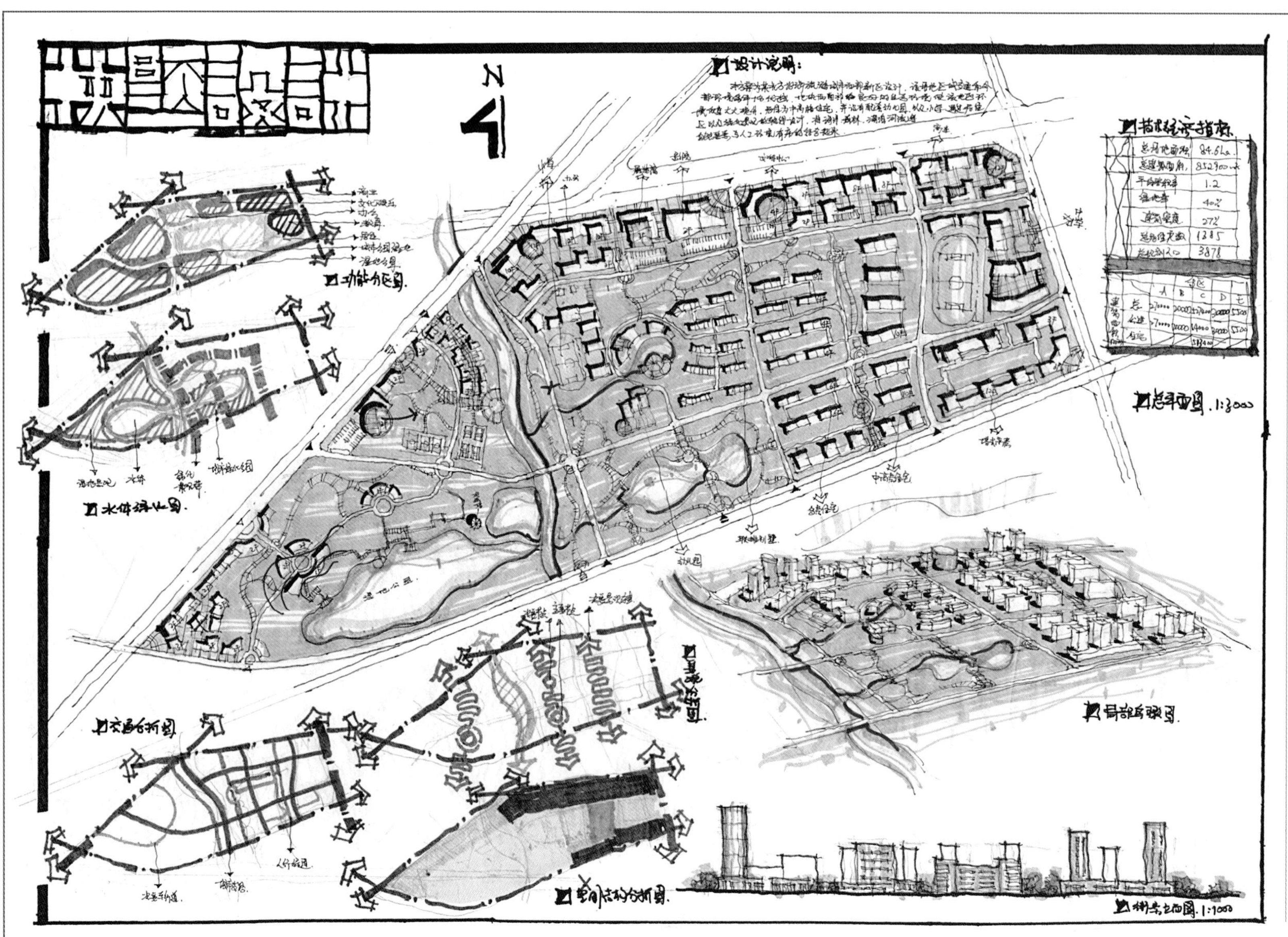

本方案主要配色

iMark 马克笔

PB76

Y23

GY53

例 66　某北方沿海旅游城市西部新区规划

作　　者	梁　栋	报考院校	北京建筑大学
表现方法	针管笔 + 马克笔（iMark）		
用　　纸	A1 硫酸纸	用纸规格	594mmx841mm
用　　时	6 小时	期　　数	华元方案 C3 期

名师点评 ▲

该方案整体结构清晰，路网规划合理。表达方面亦可圈可点，线条潇洒流畅，具有快速设计的动感与张力。设计图用色统一，清新淡雅；分析图用色适宜，色相变化且明度搭配合理。分析图可以进行一些取舍，排版过于紧张。具体设计方面，最为突出的是对生态绿地的建构，保留延续了原有河流，并将步行活动空间引入水域周边，体现了一定的生态理念。与其他方案相比较，在建设量方面可能略有不足。此外，在C区——主要居住片区，该同学将中高层住宅布局于南侧，在景观视线与日照采光方面可能会产生一定影响。

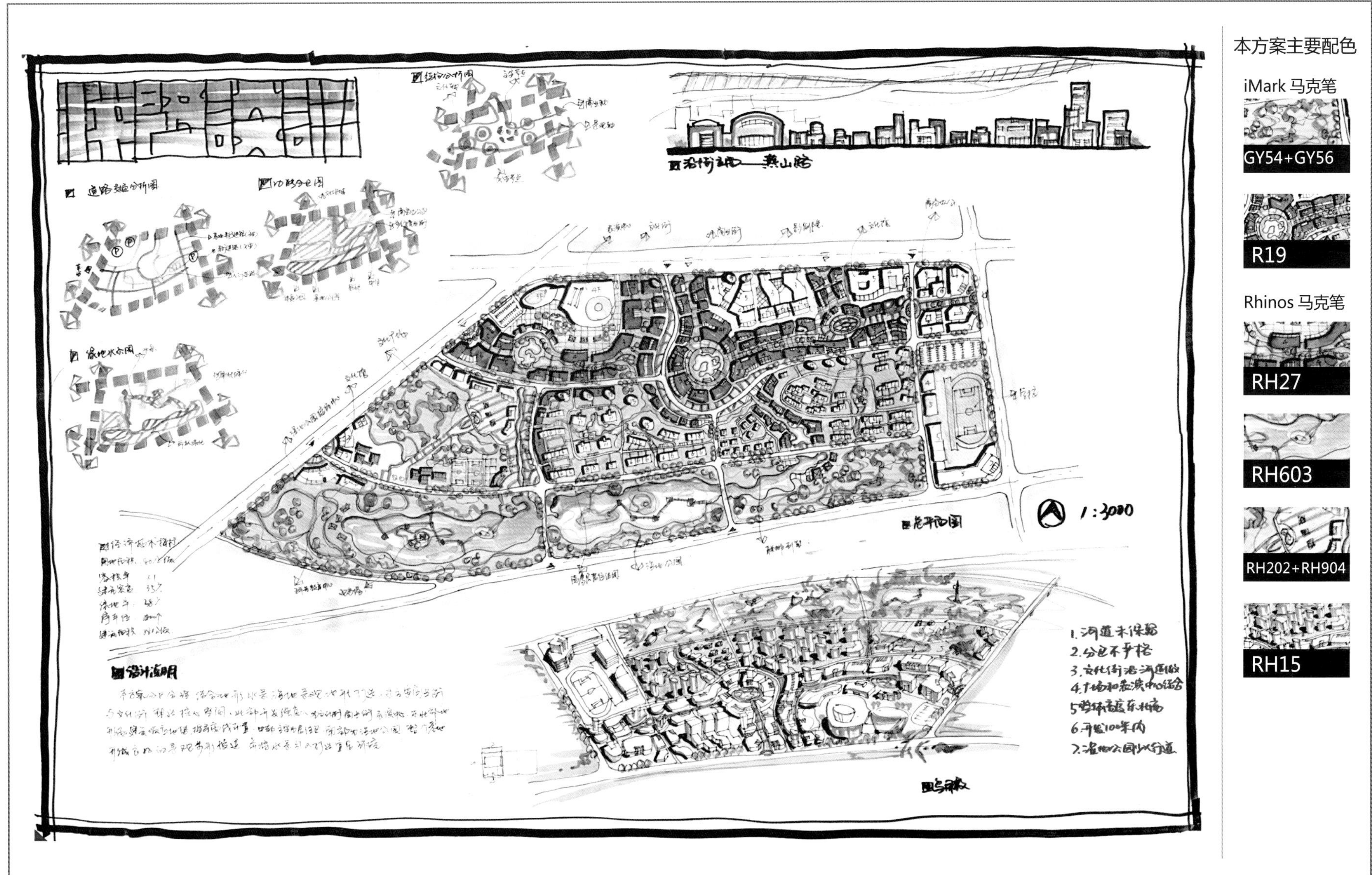

例 67　某北方沿海旅游城市西部新区规划

作　　者	曹哲静	报考院校	清华大学
表现方法	针管笔＋马克笔（iMark+Rhinos）		
用　　纸	A1 硫酸纸	用纸规格	594mmx841mm
用　　时	6 小时	期　　数	华元方案 C3 期

名师点评 ▲

该方案完成度非常高，无论是建筑形体、广场绿地抑或景观小品设计，都体现了该同学较为扎实的设计功底。综合商业 A 区采取了大型公建加特色街区的设计手法，空间层级丰富、具有变化。C 区居住区设计，住宅类型符合任务书要求，各类住宅组织分布合理，且对相应配套服务设施也有精彩的设计。较为明显的问题是忽视了任务书中对贯穿基地南北的小河的保留要求，有成为硬伤的可能。此外东侧中学的出入口设置存在不合理之处。整体图面效果良好，美中不足的是立面图中轮廓线处理力度过大，有喧宾夺主的意味。

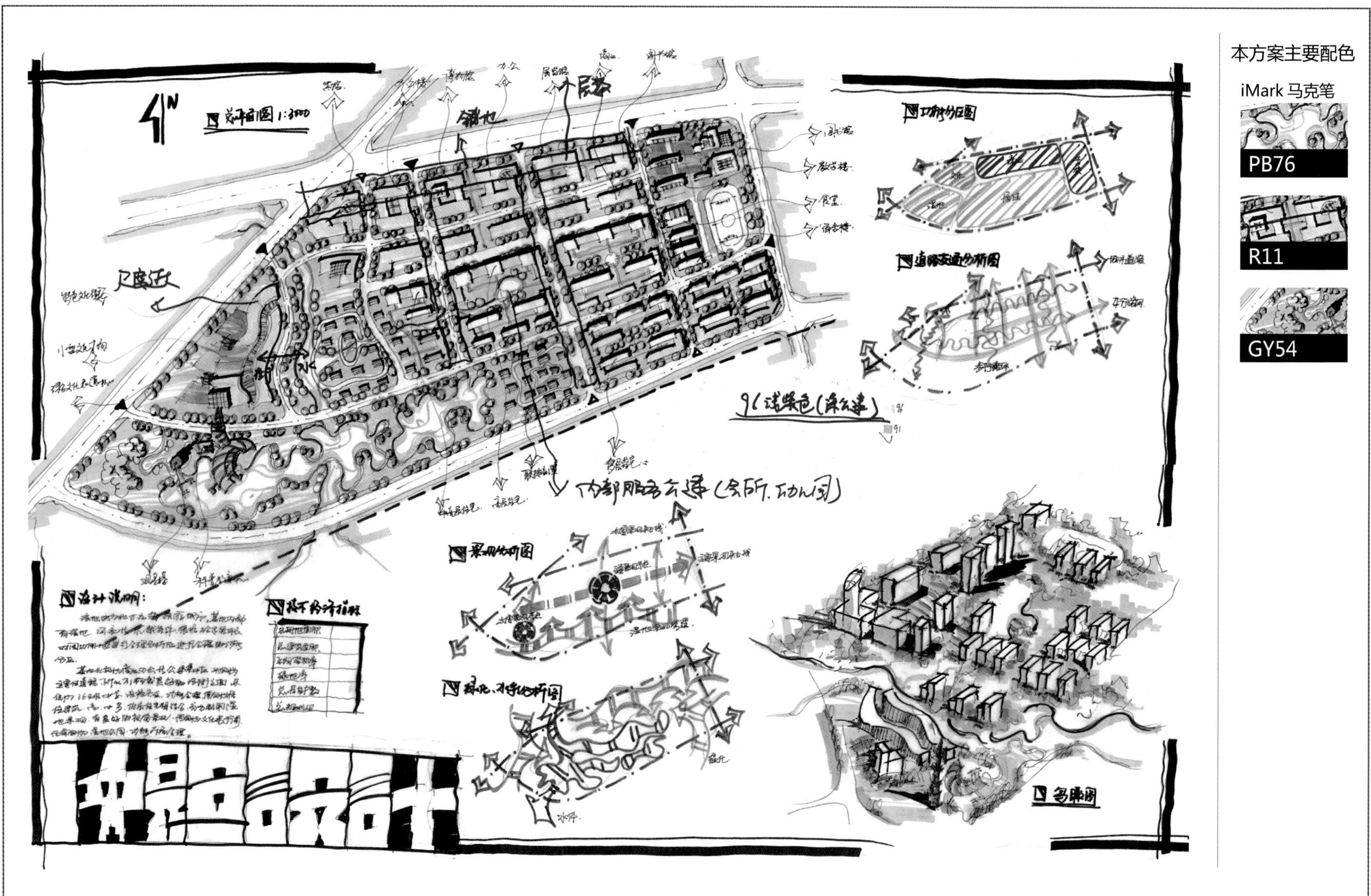

例 68　某北方沿海旅游城市西部新区规划

作　　者	缪立波	报考院校	北京建筑大学
表现方法	钢笔 + 马克笔（iMark）		
用　　纸	A1 硫酸纸	用纸规格	1188mmx841mm
用　　时	6 小时	期　　数	华元方案 C3 期

名师点评 ▲

该方案用地功能布局符合任务书要求，路网采用方格网布局较为经济合理。在建筑形态方面，该同学采用了对比的手法，小河东侧的建筑较为规整，富有秩序感与节奏感；小河西侧的文化街、表演中心形态更为活泼，形式感较强。B 区中学设计较为深入，功能策划组织合理。C 区居住区设计采取点、线、面结合的住宅组织，提供了较为丰富的人居空间。同样也存在一些不足之处，绿地所占比例过高，对以硬质铺地为依托的活动空间配合不足，开敞空间尚未织补成体系。表达方面，个别分析图绘制过于潦草，有待提高。

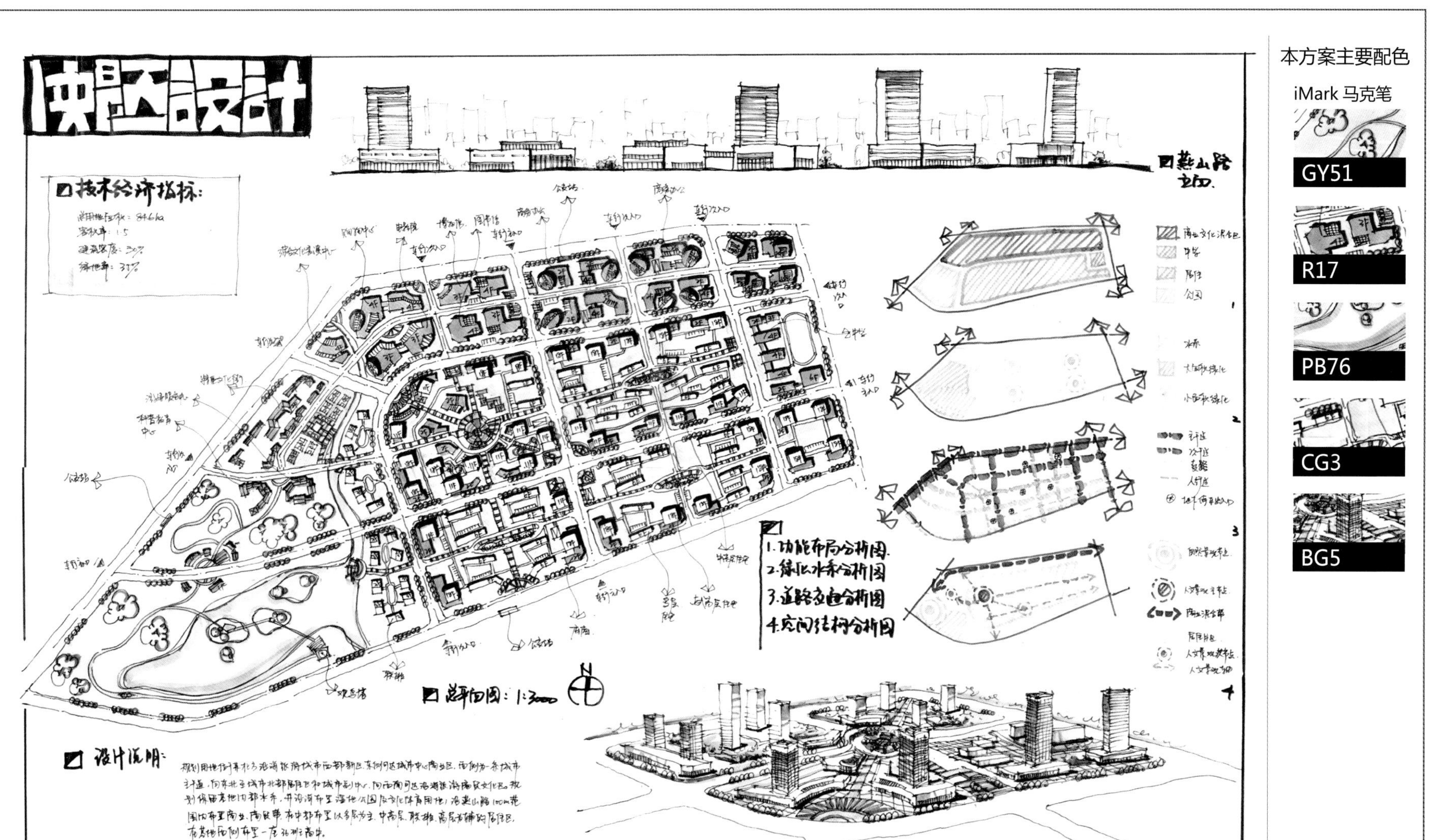

本方案主要配色

iMark 马克笔

GY51

R17

PB76

CG3

BG5

例 69　某北方沿海旅游城市西部新区规划

作　　者	徐漫辰	报考院校	天津大学
表现方法	针管笔 + 马克笔（iMark）		
用　　纸	A1 拷贝纸	用纸规格	594mmx841mm
用　　时	6 小时	期　　数	华元方案 C3 期

名师点评 ▲

该方案设计手法成熟，路网组织等级结构完整，道路线形优美、路幅宽度合理。用地功能布局与路网组织整合度高。设计方面，不同类型建筑的形体设计与不同功能片区的形态组织体现了该同学较强的设计功底。较为详实的功能策划使整个设计更有深度。不足之处在于绿地与开敞空间组织方面。首先居住片区绿地率过低，从表达效果上来看以硬质铺地为主。其次，在组织不同形态的建筑实体时对开敞空间、步行空间的设计表达笔墨不足。图面表达方面，排版逻辑清晰构图完整；鸟瞰图透视准确，空间氛围表达到位。

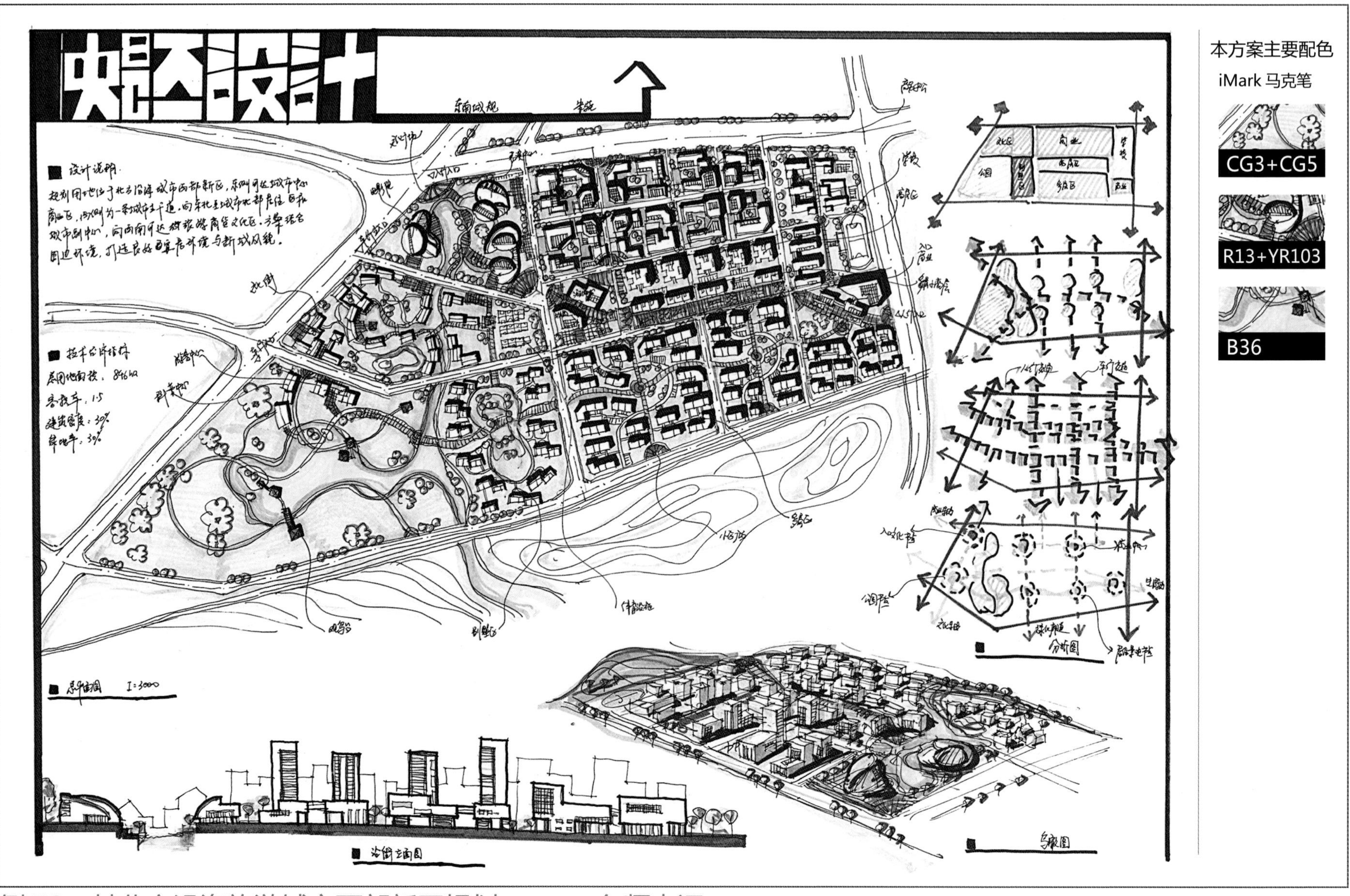

例 70　某北方沿海旅游城市西部新区规划

作　者	朱 骁	院　校	东南大学
表现方法	针管笔 + 马克笔（iMark）		
用　纸	A1 绘图纸	用纸规格	594mmx841mm
用　时	6 小时	期　数	华元方案 42C1 期

名师点评 ▲

该方案整体功能布局合理，对基地南侧的外部环境表达则体现出对周边环境的考量。路网规划总体密度较为合理，线形设计过于生硬，个别交叉口交接不合理。建筑形体设计良好，变化较为丰富。活动空间结构清晰，西北部空间节点结合水体与大型公共建筑设计较为成功，而东侧空间节点处理相对草率。方案对水体的处理较为成功，在局部将水体引入建筑组团，营造了较为连续的滨水活动空间。表达方面，整体效果优秀。立面图中设计了建筑立面的虚实划分，并进一步解释了与河流的关系；分析图布局合理、内容充实。

答题一律做在答题纸上（包括填空题、选择题、改错题等），直接做在试题上按零分计。

准考证号＿＿＿＿＿＿ 系　　别＿＿＿＿＿＿ 考试日期＿＿＿＿＿＿

适用专业＿＿＿＿＿＿＿＿＿＿ 考试科目＿＿＿＿＿＿＿＿＿＿

某南方城市商业中心规划设计

一、规划项目性质

1. 本商业中心是集商业与居住功能为一体的综合性商业中心。
2. 本规划项目为旧城中心地段改造项目。

二、规划用地条件

本规划用地范围为某南方城市商业中心的一期建设用地范围，用地范围北至城市主干路红线，其他三边至城市次干路中心线。用地条件见规划用地现状图。

三、规划设计要求

1. 本商业中心商业建筑除了可以临城市道路布置外，要求规划一条步行商业街。
2. 部分住宅可以结合商业建筑进行布置，其他住宅独立布置。
3. 建筑层数和风格不限。
4. 容积率：不低于 2.0；绿地率：≥ 25%；住宅日照间距系数：1.1。
5. 商业建筑面积：住宅建筑面积 =30 ：70
6. 商业建筑的具体内容自定，可以适当安排金融、文化和娱乐内容。
7. 住宅套型比：大：中：小 =30 ：50 ：20
8. 大套住宅建筑面积：150m^2/ 户；中套住宅建筑面积：120m^2/ 户；
   小套住宅建筑面积：90m^2/ 户。
9. 商业建筑必须配备 100 个标准停车位，停车方式自定；住宅必须配备总户数的 30% 的小型车停车位。
10. 进行城市道路的横断面设计。

四、规划成果要求：（总分 150 分）

1. 总平面图（1 ：1000）（70 分）。
2. 规划设计构思、功能结构、道路交通、绿地系统分析图（比例自定）（10 分）。
3. 步行商业街建筑（典型单元）的底层平面、住宅标准层平面图（比例自定，用单线表示墙体，要注明空间功能）（10 分）。
4. 步行商业街空间环境设计平面图(自选最能反映设计意图的不少于 200 米长的地段，1 ：500）及环境小品表现图（25 分）。
5. 城市道路横断面图（比例自定）（5 分）。
6. 规划设计说明（500 字左右，写在图上）（5 分）。
7. 主要技术经济指标（总用地面积、总建筑面积、商业建筑总面积、住宅建筑总面积、容积率、绿地率、建筑密度、总绿地面积、最小住宅日照间距系数、住宅套型比、户住宅建筑面积、商业建筑和住宅的停车泊位数）（10 分）。
8. 图纸表现方法不限（15 分）。

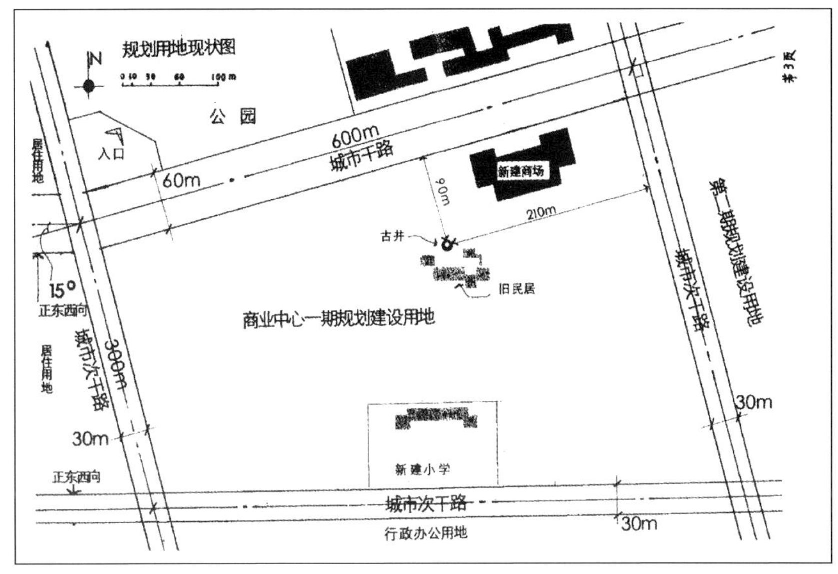

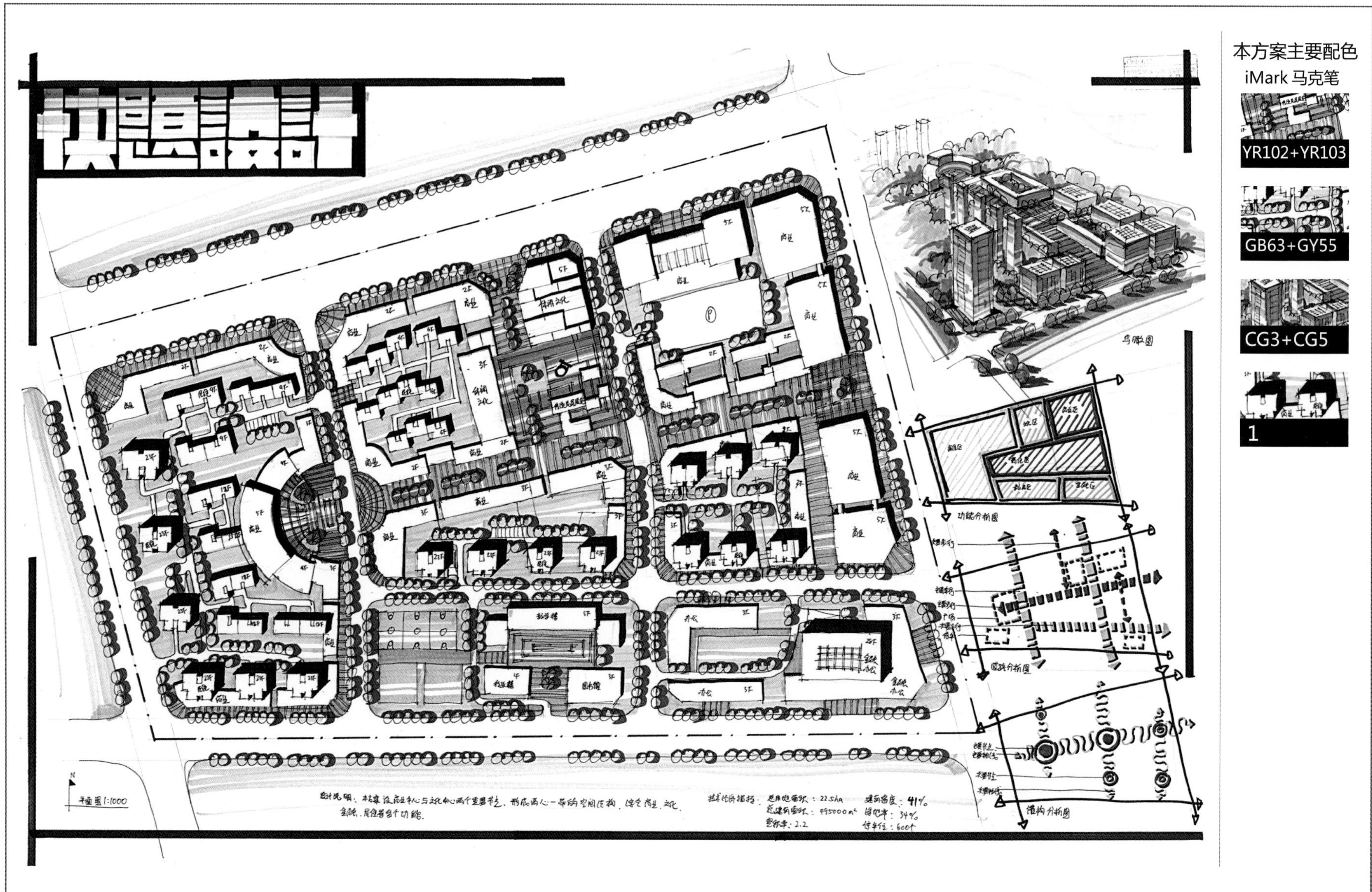

例 71　某南方城市商业中心规划设计

作　者	何 浏	报考院校	浙江大学
表现方法	针管笔 + 马克笔（iMark）		
用　纸	A1 绘图纸	用纸规格	594mmx841mm
用　时	6 小时	期　数	华元方案 C6 期

名师点评 ▲

该方案设计手法成熟，表达效果优秀。对居住功能和商业功能用地安排合理，路网组织简明有效，能够有效解决两类功能对可达性的要求。商业建筑形态设计方面，选用了大型购物中心与特色街区结合的方式，符合任务书对形态的要求。住宅类型的设计则采用了多层与小高层结合的模式，能够提供较为多元的套型选择。空间组织逻辑清晰、界面完整，很好地利用由商业街串起的两个广场，使商业与居住和谐共生。南侧对小学配套活动场地也有较为深入的设计。表达方面，线条干净利落，配色清新，排版思路清晰。

答题一律做在答题纸上（包括填空题、选择题、改错题等），直接做在试题上按零分计。

准考证号＿＿＿＿＿＿ 系　　别＿＿＿＿＿＿ 考试日期＿＿＿＿＿＿

适用专业＿＿＿＿＿＿＿＿＿ 考试科目＿＿＿＿＿＿＿＿＿

高新园区某住宅区规划

一、场地

1. 规划场地面积约 11.2hm^2，形态、位置关系如右图。
2. 场地内地势平坦，略呈东南高、西北低。场地西临汤逊湖，东南两面均为园区待开发用地。

二、要求

1. 该住区对象为园区中高级管理人员及职工。
2. 主要技术要求：
   A. 建设总容积率：1 ： 2；
   B. 绿化率：30%；
   C. 停车率：35%；
   D. 日照间距：1 ： 1.1；
   E. 户 型：多层 60%（户均 120m^2）、联别 10%（户均 250m^2）、4 层复别 15%（户均 200m^2）、小高层 15%（户均 150m^2）。
3. 其余事宜由考生分析设定。

三、成果

1. 设计要点：结构分析、建筑选型、总平面、节点表现、透视鸟瞰（或轴测图）、技术经济指标等。
2. A1 图纸两张，设计表现方式自定。
3. 时间：8 小时（含午餐时间）。

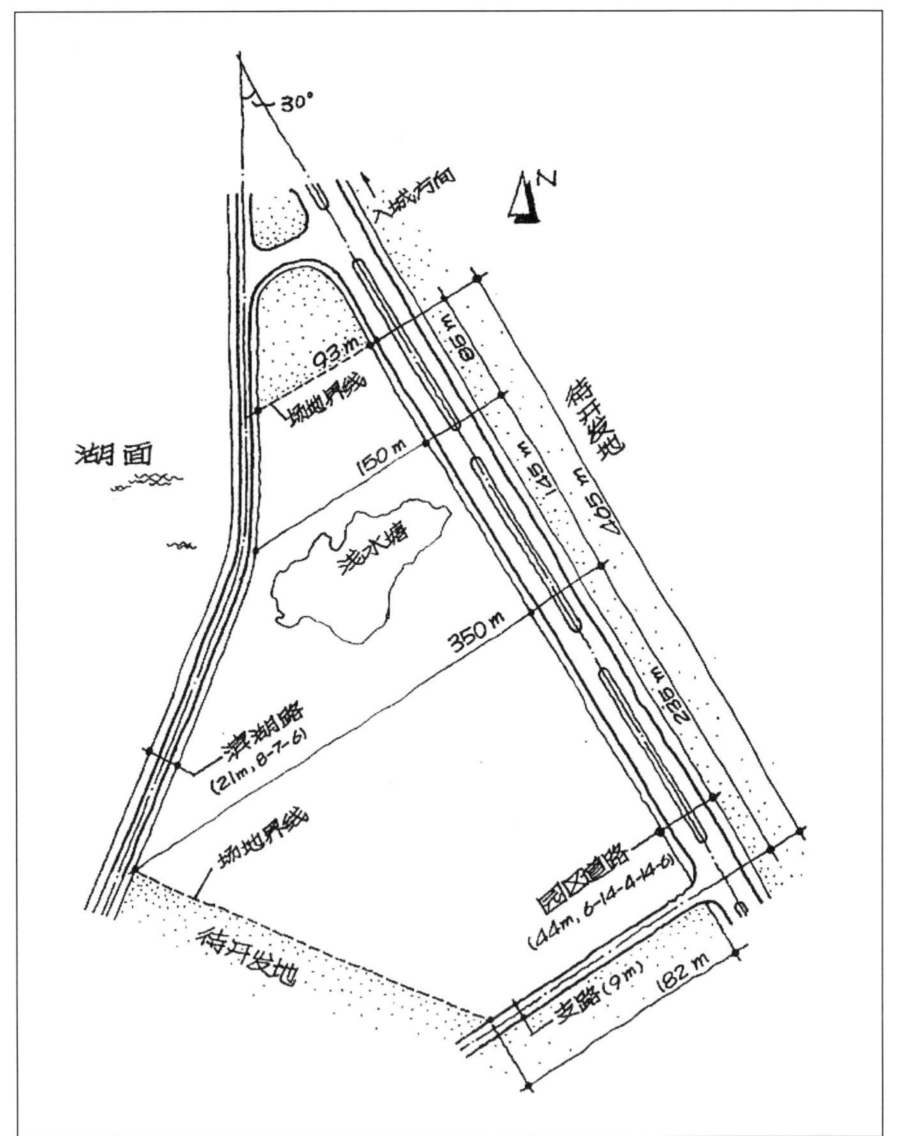

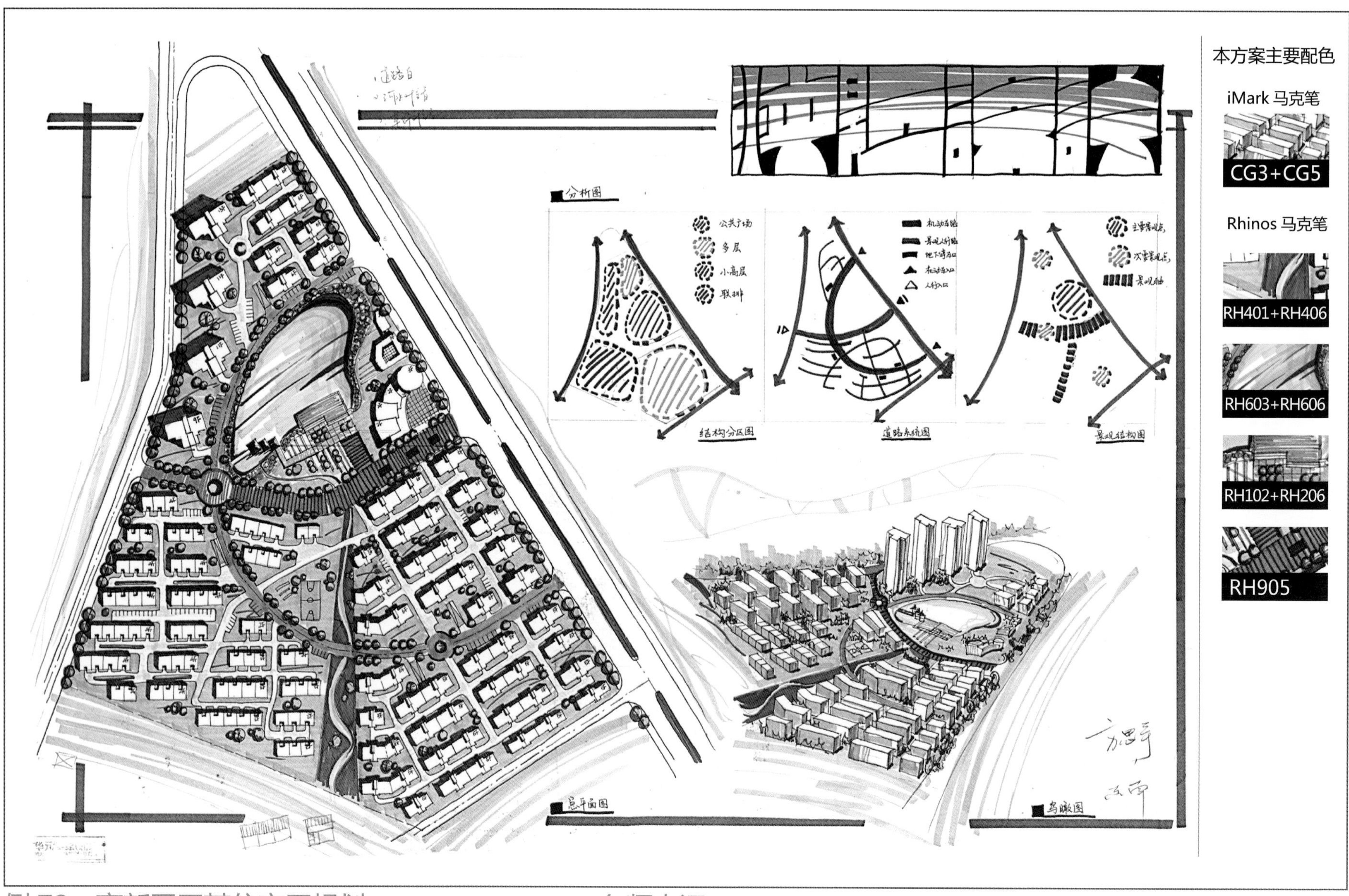

例 72　高新园区某住宅区规划

作　　者	方思宇	报考院校	中国城市规划设计研究院
表现方法	针管笔 + 马克笔（iMark+Rhinos）		
用　　纸	A1 绘图纸	用纸规格	594mmx841mm
用　　时	6 小时	期　　数	华元方案 C6 期

名师点评 ▲

该方案在构思方面颇有新意，设计依托 4 个主要元素——小区级道路、主要活动空间、绿楔与水塘。在图面上有构成主义的美学倾向，在功能使用上各要素也起到了各自的作用：与主要进城道路相连的环形道路有效串联各居住组团；活动空间将公共设施与湖面开敞景观连接；水塘为居民提供内部亲水空间；绿楔的引入在一定程度上完善了南部两个不同方向空间的扭结。可以进一步进行讨论的是，沿湖布置的高层住宅对景观视线有一定的影响。此外，行列式的住宅排布方式略显单调；缺乏对停车的关注。

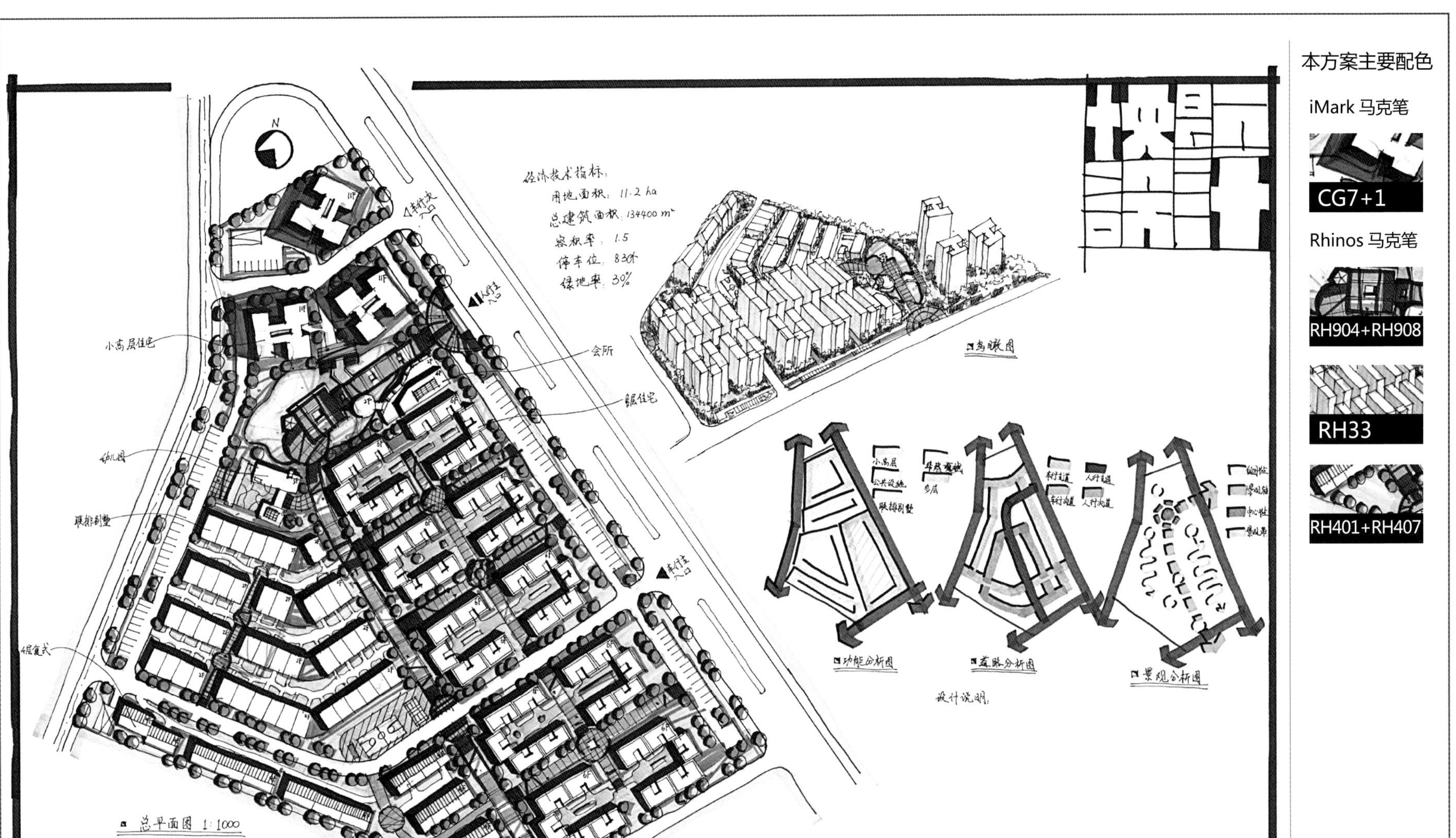

例 73　高新园区某住宅区规划

作　者	曾柯杰	报考院校	重庆大学
表现方法	针管笔＋马克笔（Rhinos+iMark）		
用　纸	A1 绘图纸	用纸规格	594mmx841mm
用　时	6 小时	期　数	华元方案 C6 期

名师点评 ▲

该方案结构清晰，不同类型住宅的形态特征明显：高层灵活地点式排布，多层组织围合，联排别墅与复式住宅在形式上亦有区分。内环式道路组织，可以有效解决出行问题。公共空间层级丰富，兼顾小区级与组团级需求。对地面车位与地库出入口均有表达。不足之处在于：部分高层、多层住宅有东西向户型；公共空间的组织串联没有考虑到利用基地西侧的生态景观资源——湖面；在图面表达方面略显薄弱，设计说明可以填在空白处，鸟瞰图可考虑用笔触对周边环境进行意向性表达，分析图图例的处理略显草率。

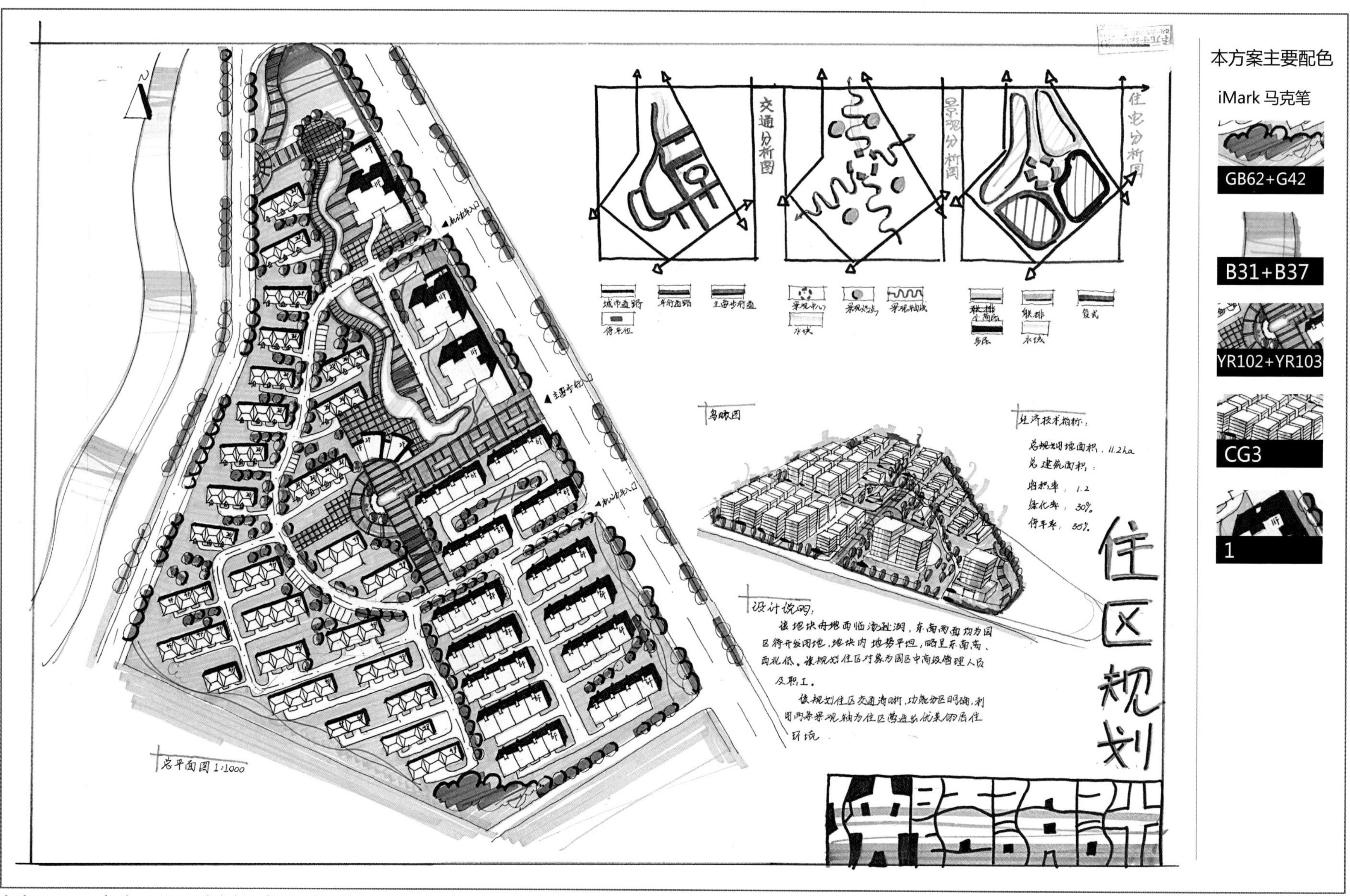

例 74　高新园区某住宅区规划

作　者	高荣荣	报考院校	西安建筑科技大学
表现方法	针管笔＋马克笔（iMark）		
用　纸	A1 绘图纸	用纸规格	594mmx841mm
用　时	6 小时	期　数	华元方案 C6 期

名师点评 ▲

该方案设计思路明确清晰，表达清晰细致。路网组织合理有效，对步行空间与车行道路进行了有效地划分。建筑布局方面，很好地兼顾了景观朝向与日照要求。将高层、多层住宅排布于外侧临街处，低层住宅的室外空间朝向湖面组织。该同学对水塘进行了形态方面的改造，由集中的空间转化为线性带状水体，一定程度上便利了高层住宅的居民，提升了环境均好性。不足之处在于停车场设置总量不足且分布过于分散。公用建筑设置过少，便利性略显不足。在表达方面，总体图面简洁清新，排版规矩逻辑清晰。

本方案主要配色

Rhinos 马克笔

例 75　高新园区某住宅区规划

作　　者	张　清	报考院校	同济大学
表现方法	针管笔 + 马克笔（Rhinos）		
用　　纸	A1 硫酸纸	用纸规格	594mmx841mm
用　　时	3 小时	期　　数	华元方案 C6 期

名师点评▶

该方案特征明显。首先在排版上采取了纵向构图，与众多横向构图相比更抓人眼球。在设计方面，道路并没有选择与进城道路相接，选择了次一级道路，在一定程度上疏解干道交通压力。在空间组织逻辑清晰，依托水塘集中布置公共服务设施与活动空间，各类住宅以其为核心呈扇形分布。主要开敞空间临近湖面，使整个场地的空间更为开阔通透。同时也在不同居住组团内布置了一定量的次一级活动空间，提高宜居性。在表达方面，图面整洁干净，配色清冽冷峻，笔触排布富有秩序感。在细节处理上略有不足，停车设施没有表达，标注缺失，需要进一步完善。

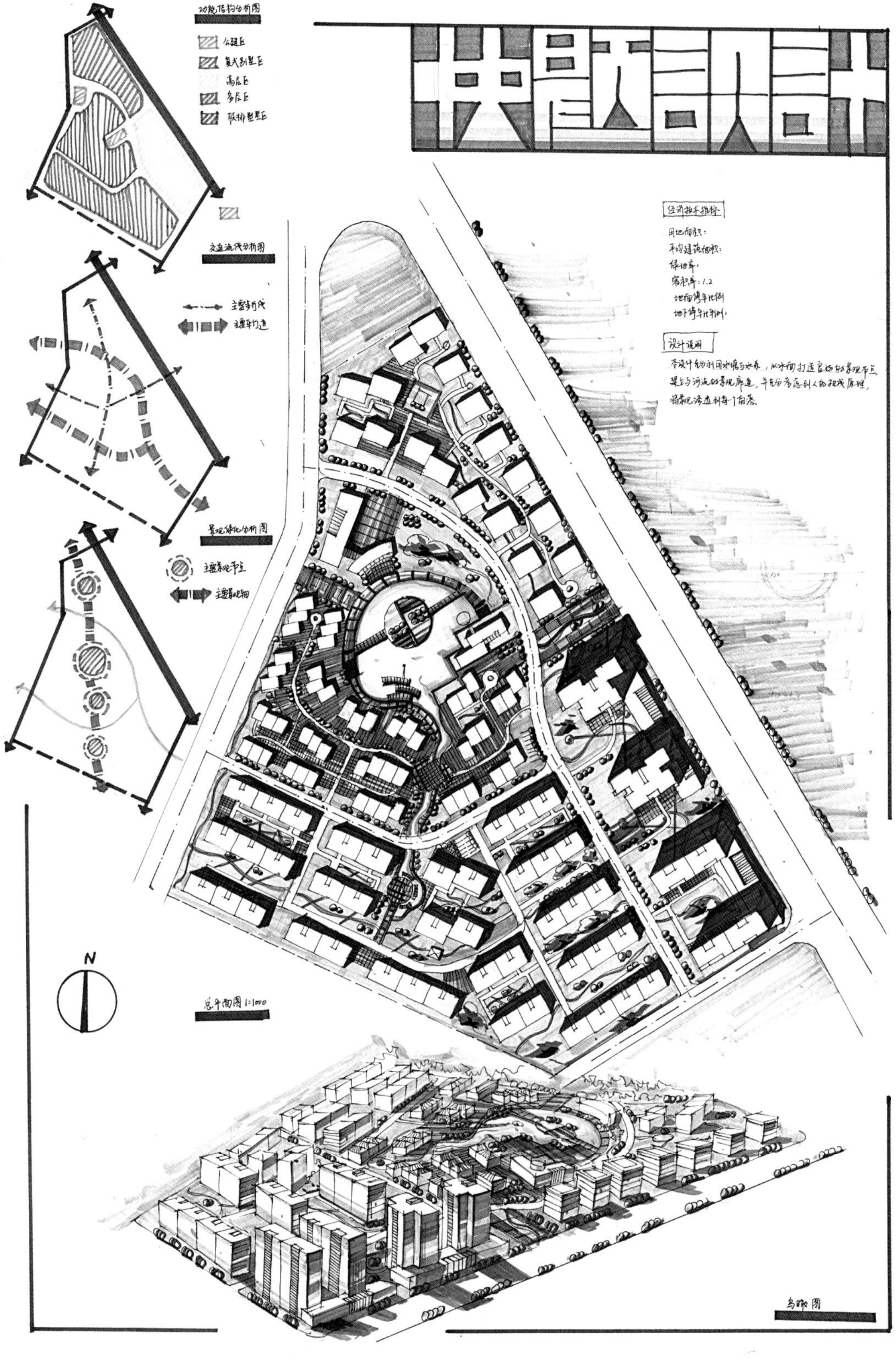

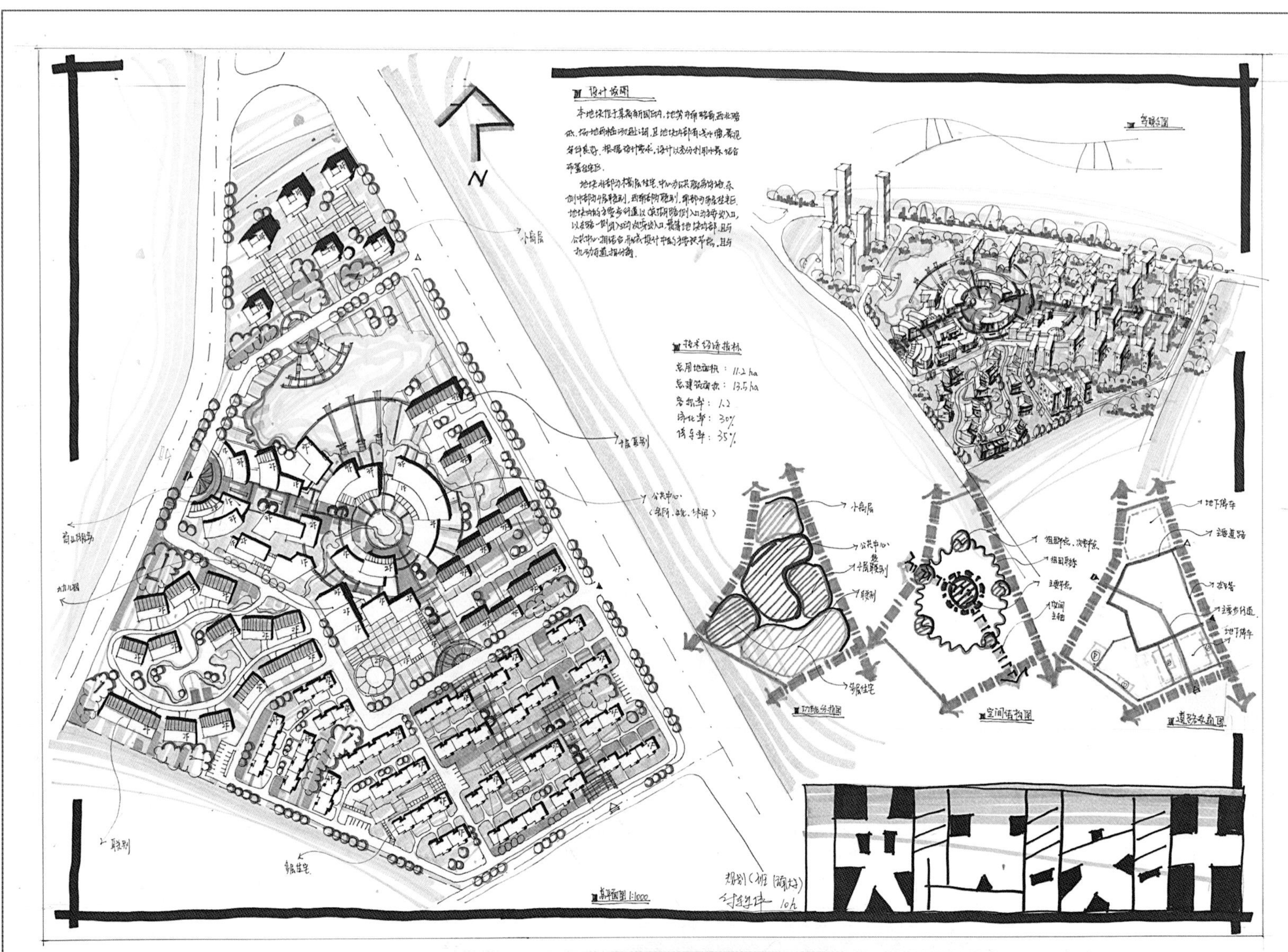

本方案主要配色

iMark 马克笔

GY51+GY54

B36

CG1+CG3

YG3

例 76　高新园区某住宅区规划

作　　者	付轶伟	报考院校	云南大学
表现方法	针管笔 + 马克笔（iMark）		
用　　纸	A1 绘图纸	用纸规格	594mmx841mm
用　　时	6 小时	期　　数	华元方案 42C1 期

名师点评 ▲

该方案总体布局较为清晰，内环路有效组织交通。在功能组织方面，增加了较为丰富的公共服务设施，设计结合原有水塘，营造场地活动空间核心，并通过步行空间将活动引向湖面开敞景观。各居住组团围绕活动核心布置，各组团内部活动空间亦有相对深入的设计。在建筑形体设计与组团规划方面略有不足。基地北部的高层居住组团，单体尺度与一般高层不相符。南部的多层住宅与西南部的复式别墅，尺度混淆且排布过于随意，缺乏组织逻辑。总体表达较好，构图饱满充实，用色清新亮丽，笔触活泼有力。

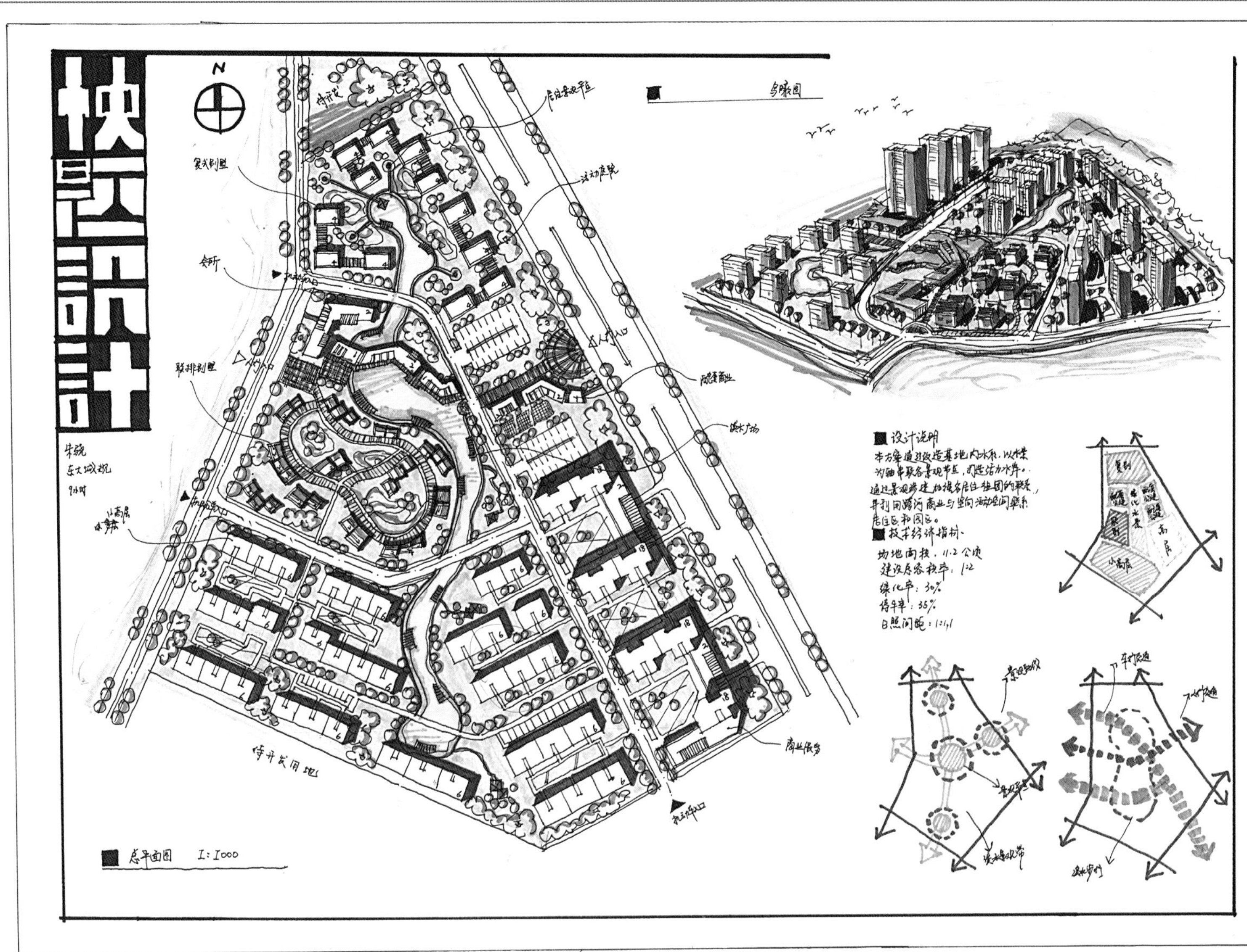

本方案主要配色

iMark 马克笔

CG3+CG5

R13+YR103

B31+B36

CG7

例 77 高新园区某住宅区规划

作　　者	朱　骁	报考院校	东南大学
表现方法	针管笔 + 马克笔（iMark）		
用　　纸	A1 绘图纸	用纸规格	594mmx841mm
用　　时	6 小时	期　　数	华元方案 42C1 期

名师点评 ▲

整体结构清晰，功能排布合理。交通组织可以满足一般出行要求，道路线形过于平直，未突出居住区道路“通而不畅”的特征。空间组织方面，对原有水塘做了较大拓展，形成了贯穿基地南北的带状水体。公共服务设施与主要活动空间相依托，东西轴向布局，将基地内外的亲水空间进行一定程度的串联。住宅形体设计方面，各类住宅尺度适宜，分布较为合理，在满足日照要求的前提下兼顾了景观水体。表达方面，整体效果较好。软质地面配色层次较为明晰，别墅屋顶颜色与绿地区分度不足，个别广场上色略显潦草。

18 Huazhong University Of Science And Technology
華中科技大學
2007年硕士研究生入学考试试卷

答题一律做在答题纸上（包括填空题、选择题、改错题等），直接做在试题上按零分计。

准考证号＿＿＿＿＿ 系 别＿＿＿＿＿ 考试日期＿＿＿＿＿

适用专业＿＿＿＿＿＿＿ 考试科目＿＿＿＿＿＿＿

中南地区某城市中心地改造设计

一、基地情况

该地块位于某中等城市核心地区，总规划用地面积约5.3hm^2。四周为城市主干道和次干道。基地范围内有一处山坡林地（拟改造为山顶小游园）、10层楼宾馆（拟保留）、危旧影剧院（拟拆除改造为商业文化中心）和一处小商品市场（拟拆除改造为商业、住宅楼）及其他零星建筑（拟拆除改造）。具体详见基地现状图。

二、开发建设内容

1. 商业超市、商业街及餐饮设施：25万m^2；
2. 文化中心（含电影城）：1万m^2；
3. 商品住宅：2万m^2；
4. 其他相关配套设施及环境设施（自定）；
5. 山顶小游园（用地范围详见规划图）。

三、成果要求

充分考虑基地开发建设与周边环境关系。

规划设计快题一：基地现状图

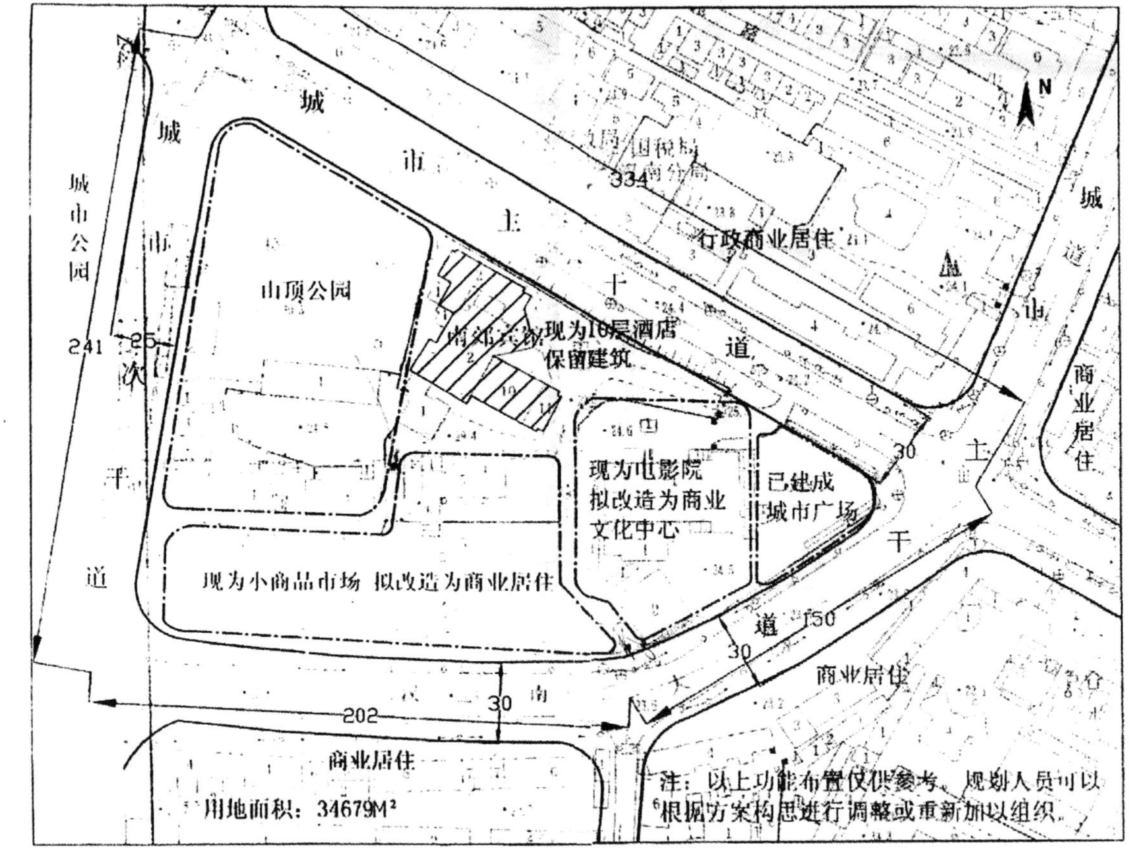

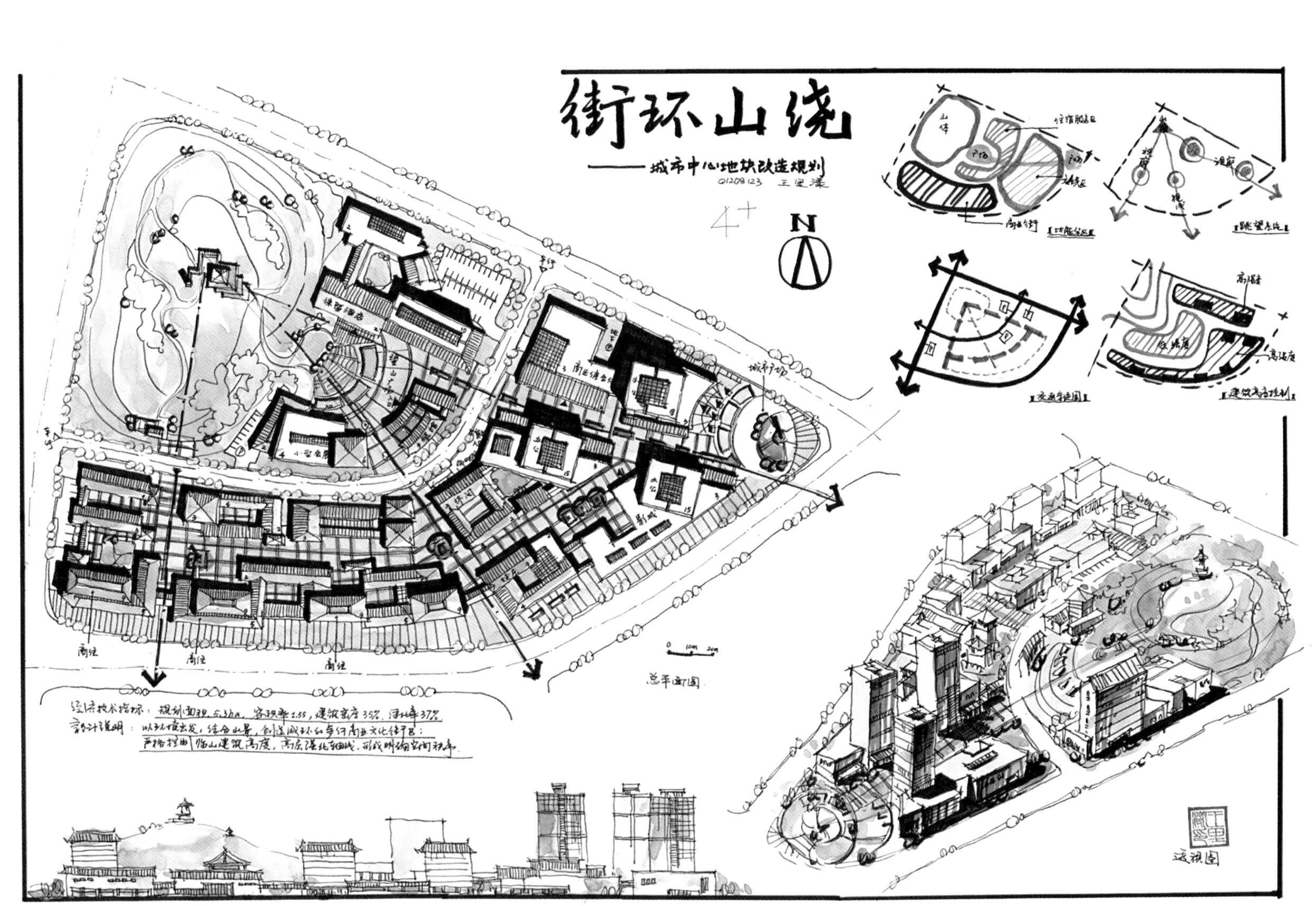

例 78　中南地区某城市中心地块改造设计

作　　者	王里漾	报考院校	东南大学
表现方法	针管笔 + 马克笔（Rhinos）		
用　　纸	A1 绘图纸	用纸规格	594mmx841mm
用　　时	6 小时	期　　数	华元方案 C6 期

名师点评 ▲

该方案设计手法成熟，表达效果优秀。系统建构方面，道路设计简单有效，功能排布合理，空间设计丰富。在建筑形体设计方面，采取了大体量现代建筑与传统形式特色街相结合的手法，营造了较为丰富、有张力的形态特征。以基地核心要素山体为出发点，于制高点设凉亭作点，设轴引导步行空间。在街角与山下设置广场，与观山视线轴线耦合形成主要空间序列，成为良好的市民活动空间。在表达方面，立面图与鸟瞰图中对建筑屋顶的细节表现有效地表达了设计意图，烘托空间氛围。

答题一律做在答题纸上（包括填空题、选择题、改错题等），直接做在试题上按零分计。

准考证号__________ 系 别__________ 考试日期__________

适用专业__________ 考试科目__________

周边环境强约束下的空间规划设计

一、基地情况

规划基地紧邻某城市的内海港（此港口功能已置换），东、南、北侧为城市道路，周边用地及环境详见附图 1。基地总用地面积为 11.66hm^2，具体的地形及尺寸详见附图 2。

二、规划任务要求

1. 任务目的：周边环境强约束下的空间规划设计。

2. 规划条件与要求：

（1）用地性质：商住用地。其中居住建筑面积不少于 80%，商业服务业态自行确定，需要配置社区会所及相应配套服务设施。

（2）日照间距系数：1 ∶ 1，当日照间距超过 45m 以上时，按 45m 计。

（3）停车泊位：按每户 1 个车位的标准，地面停车泊位不少于 15%。

（4）容积率为 1.5，建筑高度不超过 30m。

（5）规划空间与建筑布局应充分考虑与海港的形态呼应，并与周边地块在功能、空间、交通等方面进行协调。

三、成果要求

1. 成果内容

（1）规划方案总平面图 1 ∶ 1000；

（2）局部或整体鸟瞰图（比例不限）；

（3）表达设计概念的相关分析图纸（比例不限）；

（4）简要的规划设计说明及技术经济指标。

2. 图纸规格

图纸尺寸为 A1 规格，表现方式不限。

四、其他说明

1. 考试时间为 6 小时（含午餐时间）；

2. 考生不得携带参考资料入场。

五、评分参照标准：

（一）评分要点

1. 成果内容是否符合规定的成果要求。

2. 设计方案

（1）空间布局创新性、合理程度；

（2）车行和步行交通处理是否妥当；

（3）与周边城市道路以及环境空间的协调关系；

（4）建筑布局总体效果；

（5）是否符合相关技术规范。

3. 图纸表达：

（1）图纸规范程度；

（2）图纸表现效果。

（二）评分标准

总分：150 分

（1）总平面图 80 分；

（2）局部或整体鸟瞰图 30 分；

（3）表达设计概念的相关分析图纸 20 分；

（4）相关的规划设计说明 15 分；

（5）必要的技术指标 5 分。

附图 1：基地周边环境

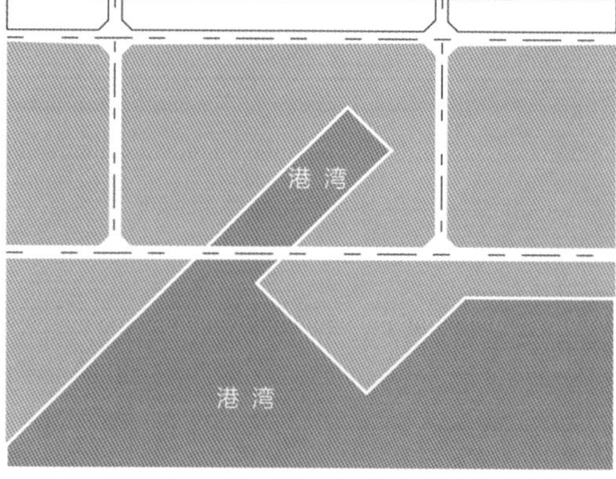

附图 2：基地地形及相关尺寸

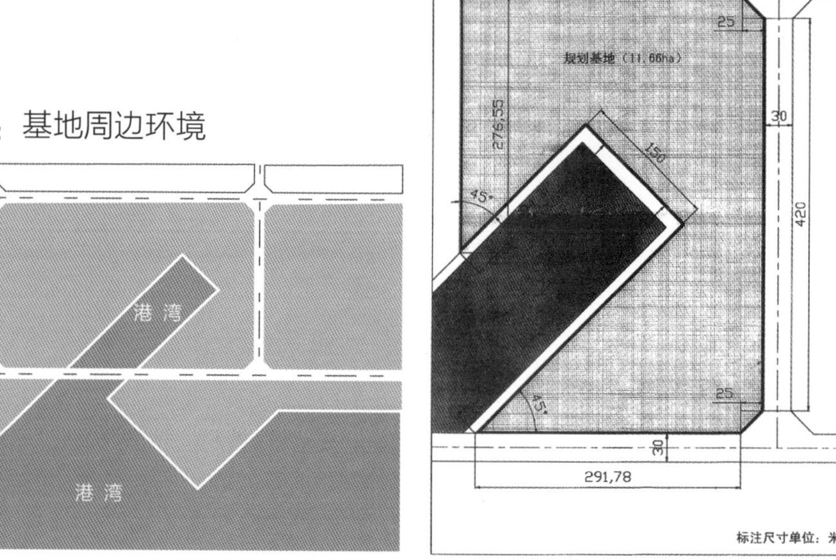

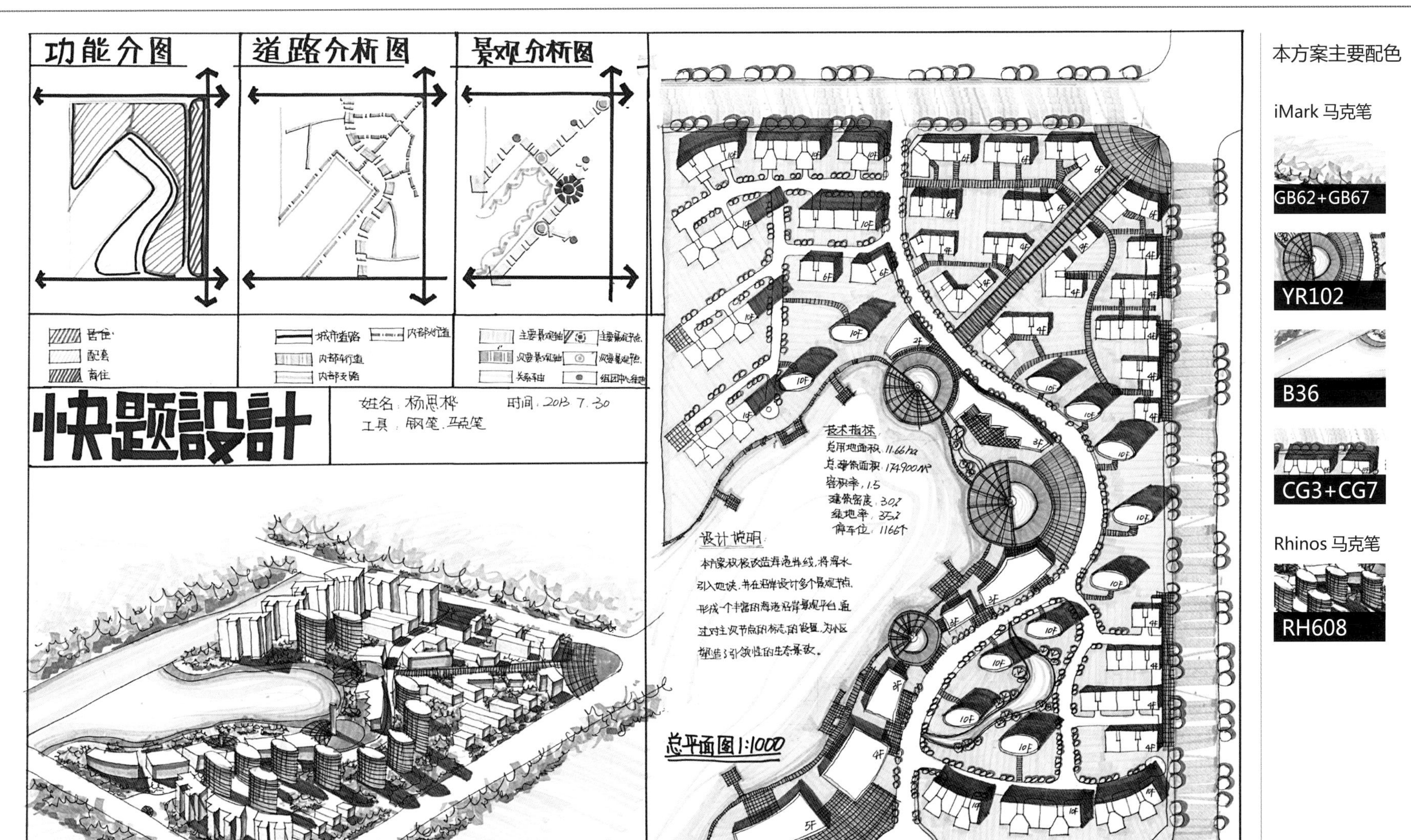

例 79　周边环境强约束下的空间规划设计

作　　者	杨恩华	报考院校	西安建筑科技大学
表现方法	针管笔＋马克笔（Rhinos+iMark）		
用　　纸	A1 绘图纸	用纸规格	594mmx841mm
用　　时	6 小时	期　　数	华元方案 C6 期

名师点评 ▲

该方案的功能安排与空间架构以港湾为核心呈圈层式发展。采用半环形道路组织，解决交通需要的同时对用地进行初步划分。在道路临港湾一侧布置主要商业服务设施，与在临港空间分布的广场群一起构成基地的活动核心。在外侧安排点式高层，在纵向空间层面对核心区边缘进行限定。而在最外圈安排居住组团。整体功能布局合理，空间结构清晰。将公共功能沿港湾布置，可以吸引人群活动，提高内港的活力。不足之处在于，整个环境容量过高，超出容积率 1.5 的要求，点式高层对外围住栋在景观上有阻碍作用。

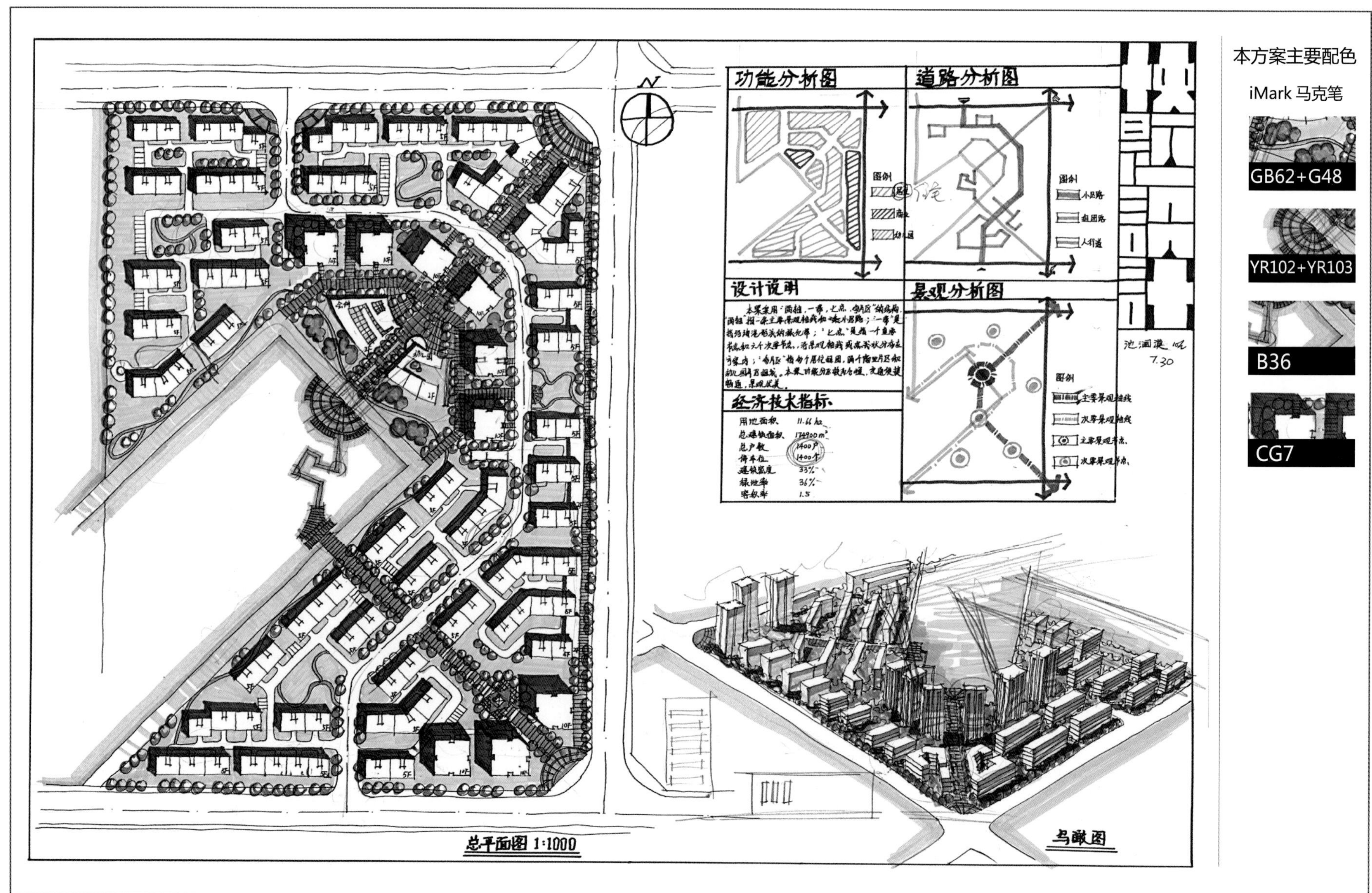

例 80　周边环境强约束下的空间规划设计

作　　者	池润漠	报考院校	东南大学
表现方法	针管笔 + 马克笔（iMark）		
用　　纸	A1 绘图纸	用纸规格	594mmx841mm
用　　时	6 小时	期　　数	华元方案 C5 期

名师点评 ▲

该方案功能安排合理，空间意图明显。采用内环路组织交通，较为合理地布置了地面停车与地下停车。用两条轴带组织主要活动空间，目的是将城市活动引入内港空间，同时在功能上也做出相应安排：依托主轴布置大体量公共建筑与高层，加强了轴线的统摄力。次轴在尽端处布置点式高层，并通过游水步道与主轴联系，共同建构控制活动空间的点 - 轴体系。住栋排布一定程度上兼顾了日照与景观。略有不足之处是环内港空间设计尚显薄弱，简单的绿地处理，无法增强空间特征。总平表达较为深入，主次有别，重点突出。

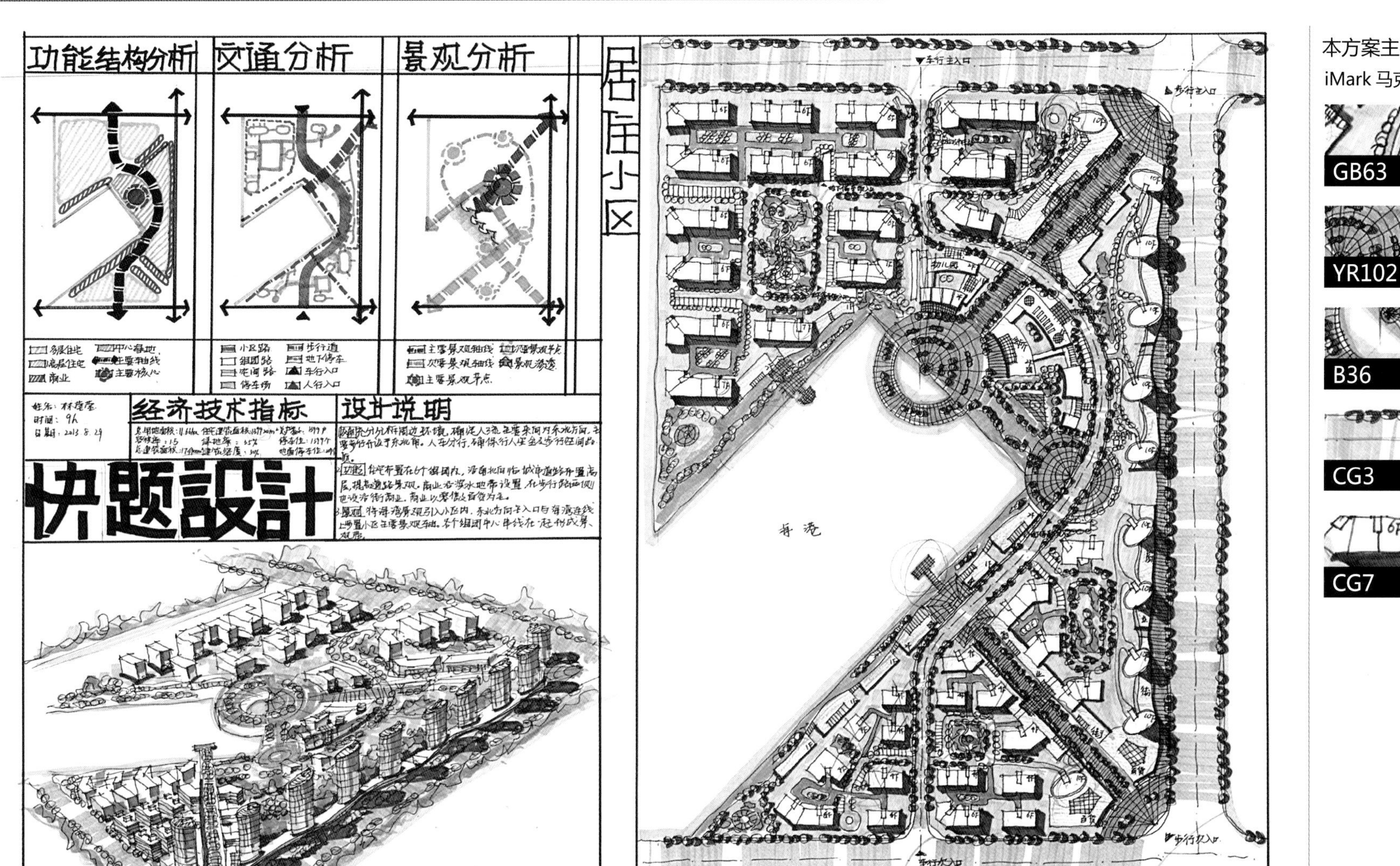

本方案主要配色

iMark 马克笔

GB63

YR102

B36

CG3

CG7

例 81　周边环境强约束下的空间规划设计

作　　者	林莹莹	报考院校	东南大学
表现方法	钢笔 + 马克笔（iMark）		
用　　纸	A1 绘图纸	用纸规格	594mmx841mm
用　　时	6 小时	期　　数	华元方案 C6 期

名师点评 ▲

该方案空间设计优秀，表达效果精彩。建构了相对完善的道路系统，停车场、回车等辅助设施布局较为合理。用地功能分区清晰，主要商业空间沿城市道路布置，并在内港南岸布置特色步行街。空间系统建构逻辑清晰。社区配套设施结合广场布置，形成主要临港开敞空间。用以较为公共的商业功能作为功能载体的步行街作轴线串联各开敞空间。住栋以次级开敞空间为核心呈组团式布局。同时对绿地中的步行空间与景观小品也进行了相应设计。表达效果突出，配色较为统一协调，线条潇洒，收放自如。

答题一律做在答题纸上（包括填空题、选择题、改错题等），直接做在试题上按零分计。

准考证号＿＿＿＿＿＿ 系　别＿＿＿＿＿＿ 考试日期＿＿＿＿＿＿

适用专业＿＿＿＿＿＿＿＿＿ 考试科目＿＿＿＿＿＿＿＿＿

西安市临潼区文化旅游商业服务区规划设计

一、项目背景

西安市临潼区位于主城区以东20km，是相对独立的城市组团，拥有独特的自然景观和人文资源。城区毗邻骊山，植被丰富，自然环境优越，尤以热温泉资源盛名。区内的世界级文化遗产秦始皇陵及兵马俑遗址，以及国家级文物保护单位华清池等更是享誉海内外。城市建设随着旅游事业兴起以及温泉疗养院的建设而不断发展。但是从20世纪90年代开始，人文观光旅游业步入了滞涨阶段，以参观兵马俑为代表的旅游产业收入为例，参观人数常年稳定不前，附带的各项旅游收入始终停留在20世纪90年代末期的水平，传统观光旅游经济发展模式遇到了的瓶颈。另一方面，历史上曾经作为各个行业内部的疗养院，在建设资金投入不足的情况下，设施老化，盈利能力严重退化。城市的各项基础设施建设也相对滞后，影响了区域的整体发展。

2008年，西安第四轮总体规划确定了临潼新的发展格局，重新梳理了文化遗产保护、旅游休闲度假与城市建设发展之间的关系，在临潼老城的西北方向建新城，置换老城的行政、两务等功能。2011年，西安市政府常务会议审议通过《西安临潼国家旅游休闲度假区总体规划（2010-2020）》，确定围绕骊山，在骊山西麓建设国家旅游休闲度假区，将其打造成为集文化旅游、休闲度假、康体养生、温泉疗养、商贸会展为一体的具有国际影响力的旅游目的地。面对新的发展形势，临潼区政府提出。一方面加强传统的人文旅游优势和温泉资源优势，激活城市休闲度假旅游的职能，以求得到城市经济发展的更强动力；另一方面也要在发展绿色经济的趋势下改善临潼的城市环境面貌，做到城市建设的持续健康发展。相应的城市建设也就存在着加大基础设施投入、改善旅游环境的客观要求，在这一客观背景下，临潼区政府加大了临潼老城的基础设施投入，拓宽了东西大街，改造了原有的旅游路线，净化华清池门前旅游小环境，并拆迁了这一区域的两个街坊，拟建设旅游商业服务区。按照区政府的构想，新的老城中心将围绕旅游商业服务职能进行重点建设，希望能够优化临潼固有的人文环境，整合优势温泉资源，提升现有的商业能力。

规划地段南邻华清池遗址公园，北侧与老城南北中心大街人民南路贯通，东西长800m，南北最宽处238m，总占地面积13.3hm^2。华清路道路红线宽20m，书院北街道路红线宽40m，人民南路道路红线宽30m。（详见附图1、2、3）

二、规划任务

1. 根据城市和旅游度假区发展的整体需要，拟定文化旅游商业服务区的主要内容构成。
2. 考虑地段的整体风貌，规划建筑限高12m，容积率≤0.8，绿地率≥40%。
3. 区内需配置集中的停车设施。
4. 根据自己拟定的内容构成，完成地段的规划设计。

三、规划成果

1. 地段功能构成表。
2. 总平面图（1：1000）。
3. 规划分析图。
4. 整体鸟瞰图。
5. 规划设计说明及技术经济指标。

附图 1 临潼总体布局示意图

附图 2 临潼老城区布局示意图

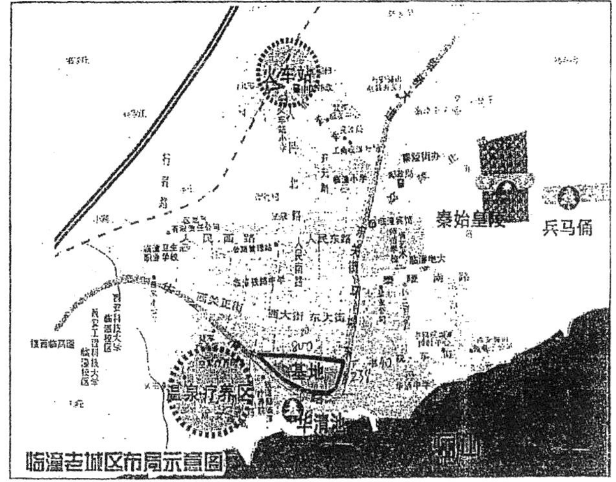

附图 3 规划地段现状图

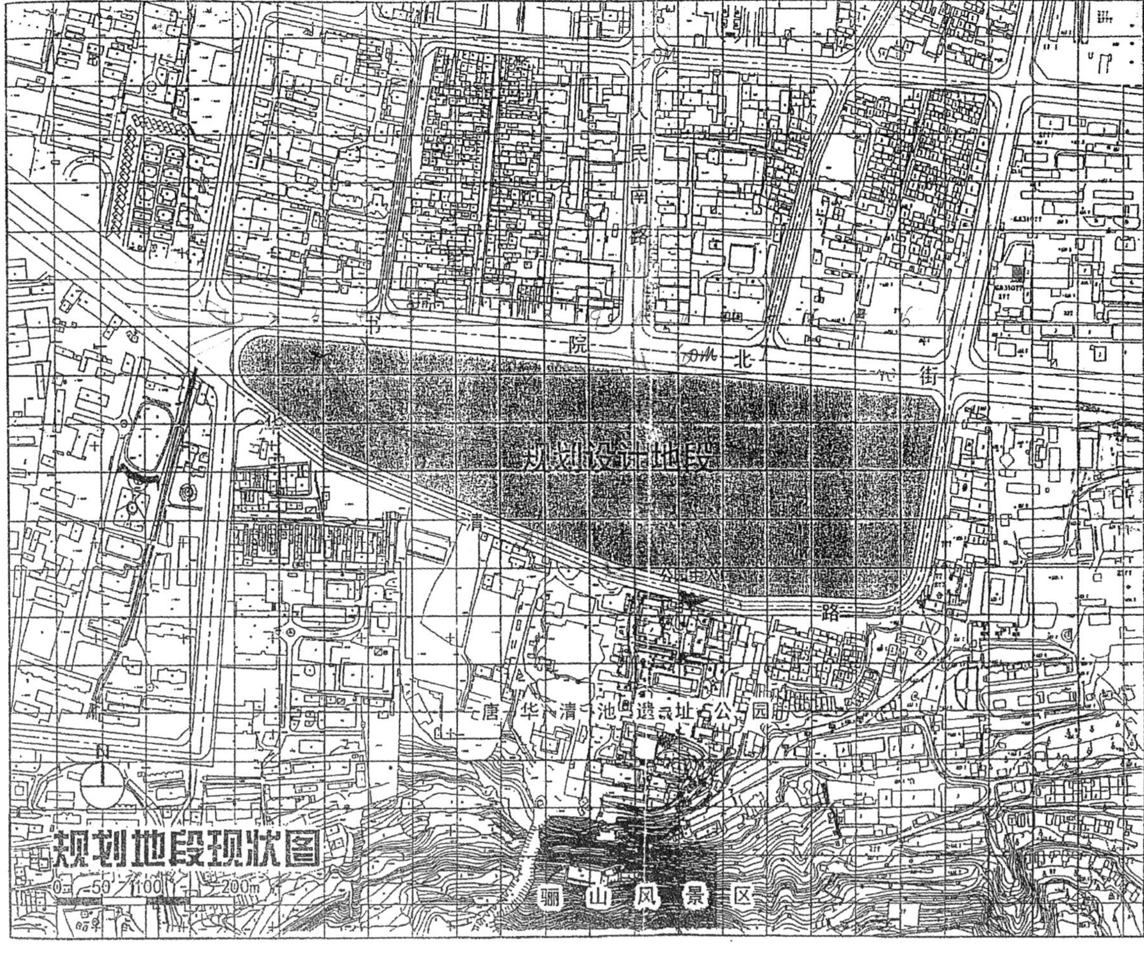

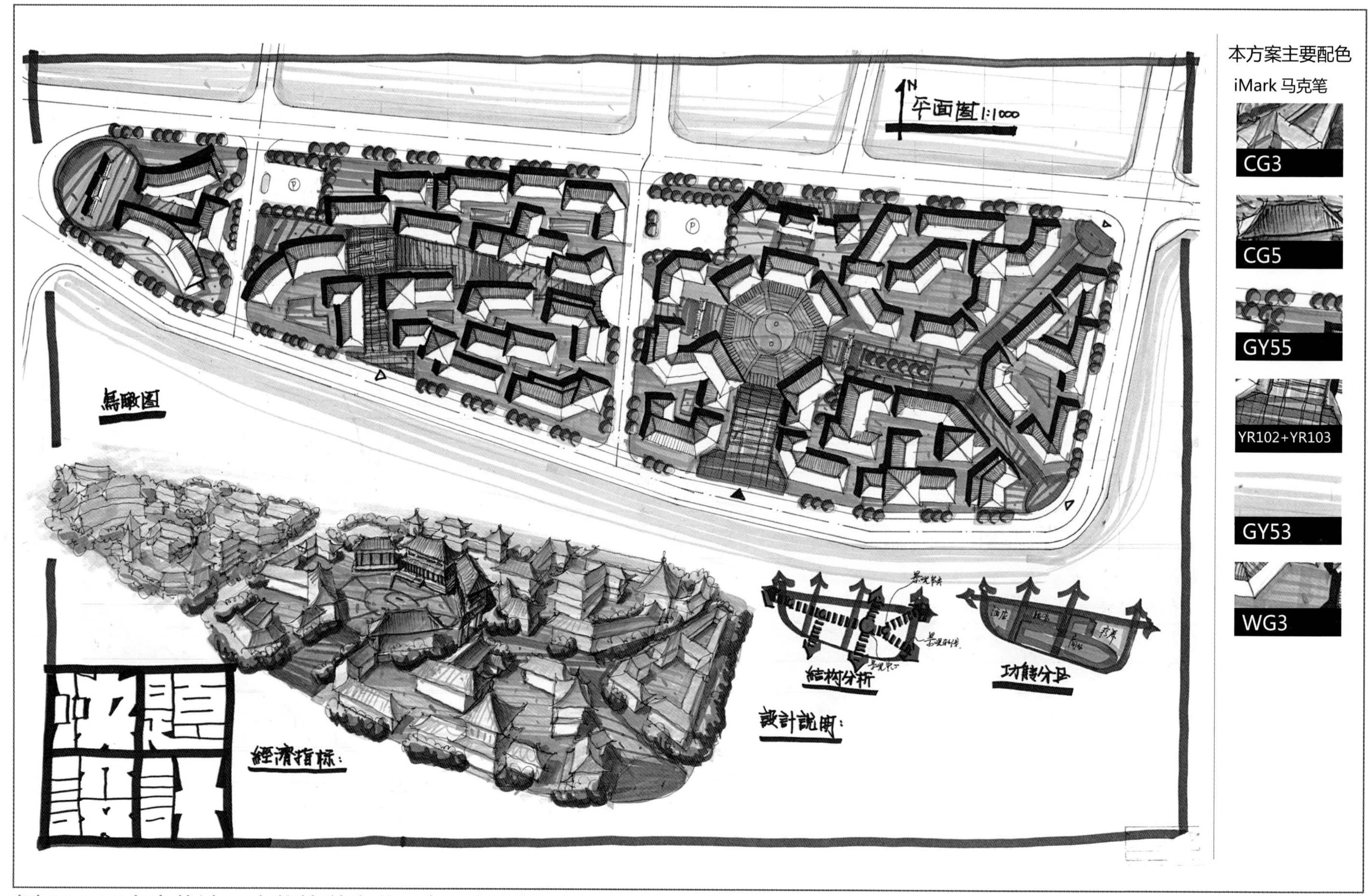

例 82　西安市临潼区文化旅游商业服务区规划设计

作　　者	周　驰	报考院校	山东建筑大学
表现方法	针管笔 + 马克笔（iMark）		
用　　纸	A1 绘图纸	用纸规格	594mmx841mm
用　　时	6 小时	期　　数	华元方案 C6 期

名师点评 ▲

功能策划上，该方案主体功能为酒店、商业、疗养及相应配套设施，符合任务书要求。交通组织步行化，主要依托现有城市道路解决机动车交通。空间结构清晰，主要步行空间贯穿东西，整合核心广场与各入口空间。建筑形体设计以传统形式为载体，符合环境协调区对城市风貌的要求。在形态肌理方面较为灵活，形成了错落有致的院落空间。然而对不同功能建筑的形体处理过于统一，难以明确各片区特色。建筑尺度略大，对北方传统院落组织方式的理解稍显薄弱。出入口设置分散且空间趋同。分析图绘制有提高空间。

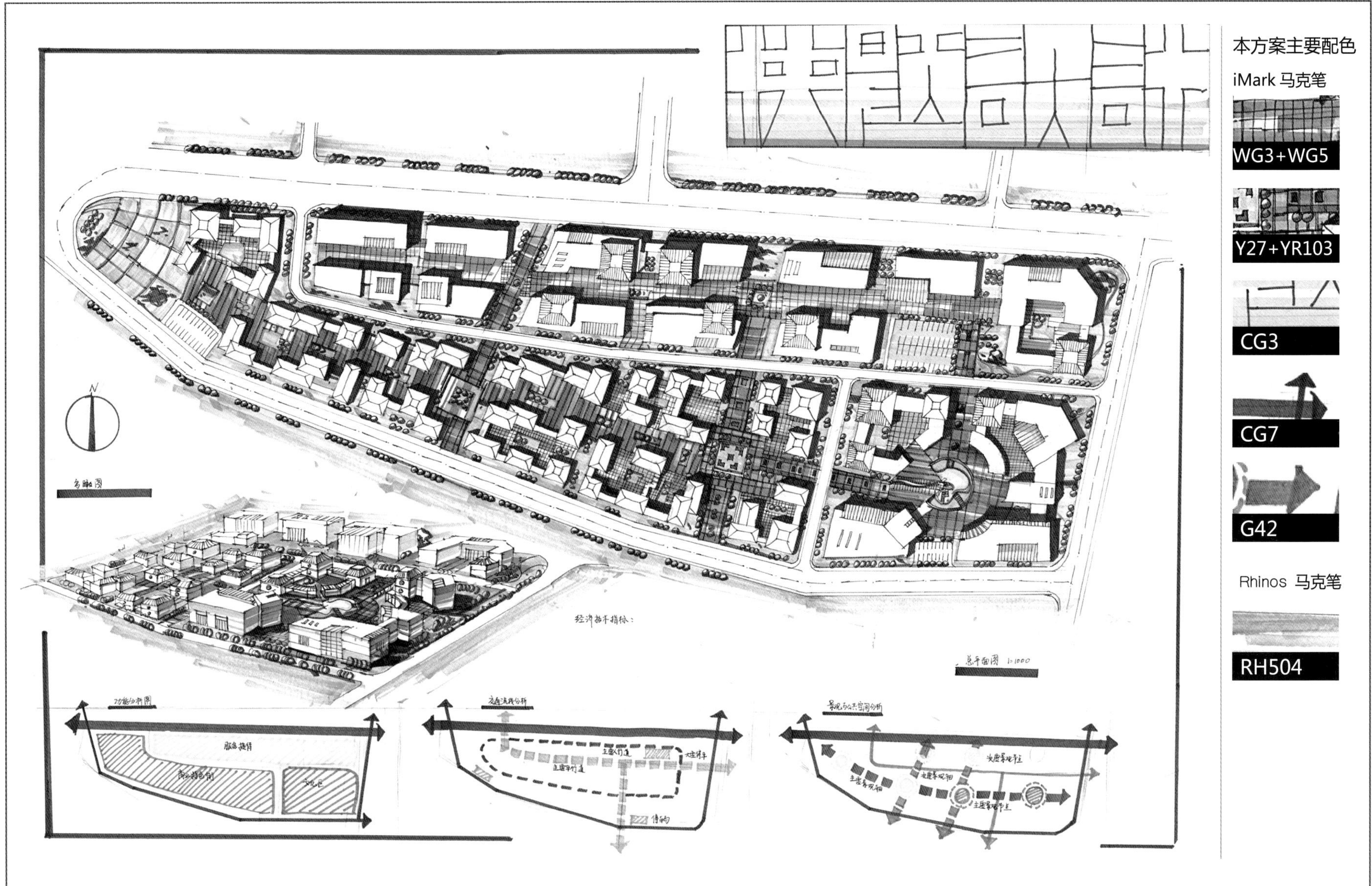

例 83　西安市临潼区文化旅游商业服务区规划设计

作　　者	张　清	**报考院校**	同济大学
表现方法	针管笔＋马克笔（iMark+Rhinos）		
用　　纸	A1 硫酸纸	**用纸规格**	594mmx841mm
用　　时	3 小时	**期　　数**	华元方案 C6 期

名师点评 ▲

功能策划为服务接待、商业特色街与文化区，总体与任务书要求相符。通过机动车道划分各功能片区，并合理布置停车设施。空间系统建构逻辑清晰，以商业街、服务区步行街为环，局部短轴穿插并串联起多个广场空间。北部的服务区与东南的文化区采用新古典式设计，在形态上与南部的传统肌理商业步行街有较为明显的划分，功能使用上亦更为合理。特色街院落组织以规整合院式为主，较好体现了北方院落特征。设计中存在的问题是商业街界面过于零碎，文化区建筑体量稍显庞大，与南侧传统民居不协调。

21 Zhejiang University 浙江大学
2002年硕士研究生入学考试试卷

答题一律做在答题纸上（包括填空题、选择题、改错题等），直接做在试题上按零分计。

准考证号＿＿＿＿＿＿ 系　别＿＿＿＿＿＿ 考试日期＿＿＿＿＿＿

适用专业＿＿＿＿＿＿＿＿ 考试科目＿＿＿＿＿＿＿＿

江南小城市新区规划

一、项目背景及规划条件

如图所示为某一江南小城市的规划新区，按总体规划要求，本规划用地内除道路用地外，居住用地（R）占45%左右，工业用地（M）占20%左右，仓储用地（W）占5%左右，公共设施用地（C）占15%左右，绿化用地（G）占10%左右，市政设施用地（U）占5%左右。

二、设计要求

要求一：按总体规划和各地块区位特点等要求，将各类用地合理规划至规划用地界限内，并以文字表达规划设计思想与布局原则，允许对局部路网进行修改，并表述理由，图纸比例如图所示。

要求二：结合地块布置要求，确定新区的道路路网体系，并合理设计出A-A、B-B道路的道路红线宽度和道路断面，比例自定。

要求三：从规划的居住用地中选择一块居住用地进行修建性详细规划，图纸比例1：500。

三、规划要求

1. 选择详细规划的地块面积控制在15hm^{2}左右，为经济适用房建设用地。

2. 规划地块中要求布置8班幼儿园一处，规划用地面积0.6hm^2，建筑面积为3000m^2，规划用地中要求布置为居住区服务的社区公共活动中心一处，用地面积0.4hm^2，建筑面积为2000m^2，规划用地中要求布置小区游园一处，用地面积0.5hm^2。

3. 规划地块的住宅户型的建筑面积控制在80～120m^2，建筑层数控制在6层以下，日照间距系数控制在1：1.2，建筑密度控制在30%以内，绿化率控制在30%以上，容积率控制在1.2以内。

4. 可以根据地块特点适当增加规划内容，要求完成总平面规划、整体轴测图或鸟瞰图，并要求完成小区用地平衡、经济技术指标及规划说明的编制。

用时6小时。

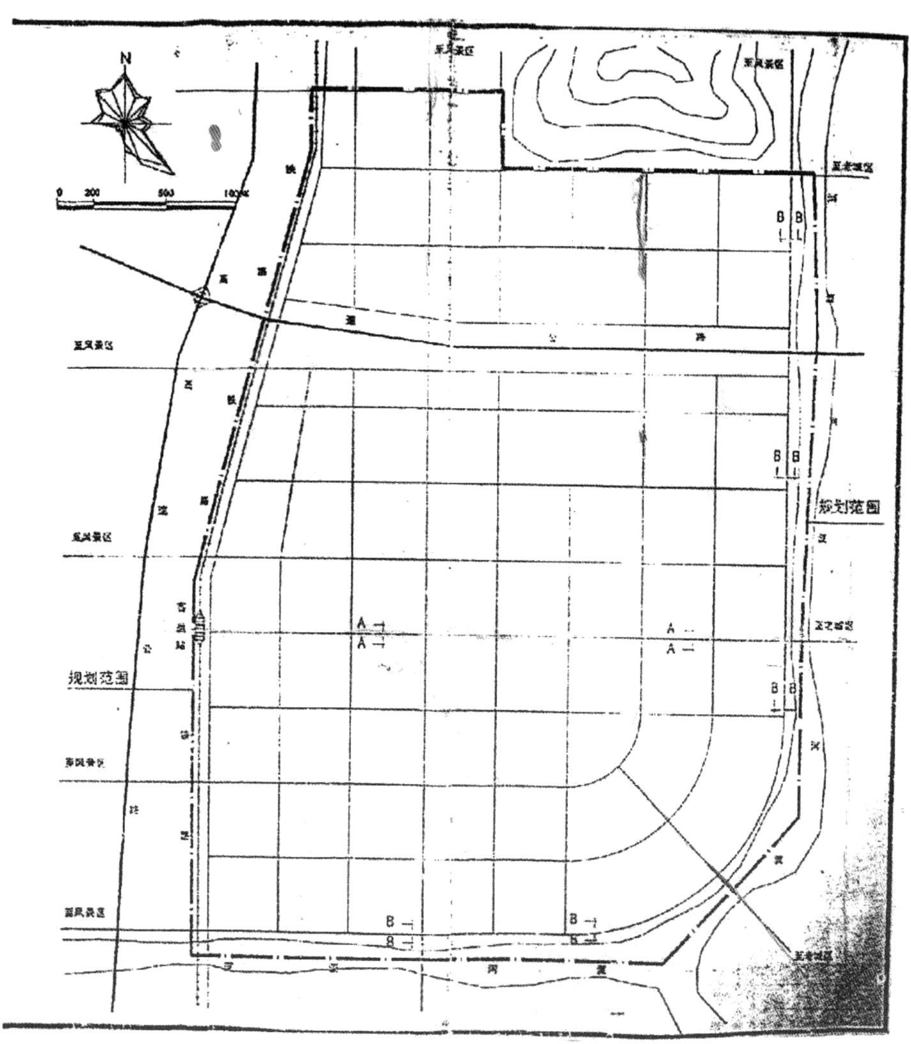

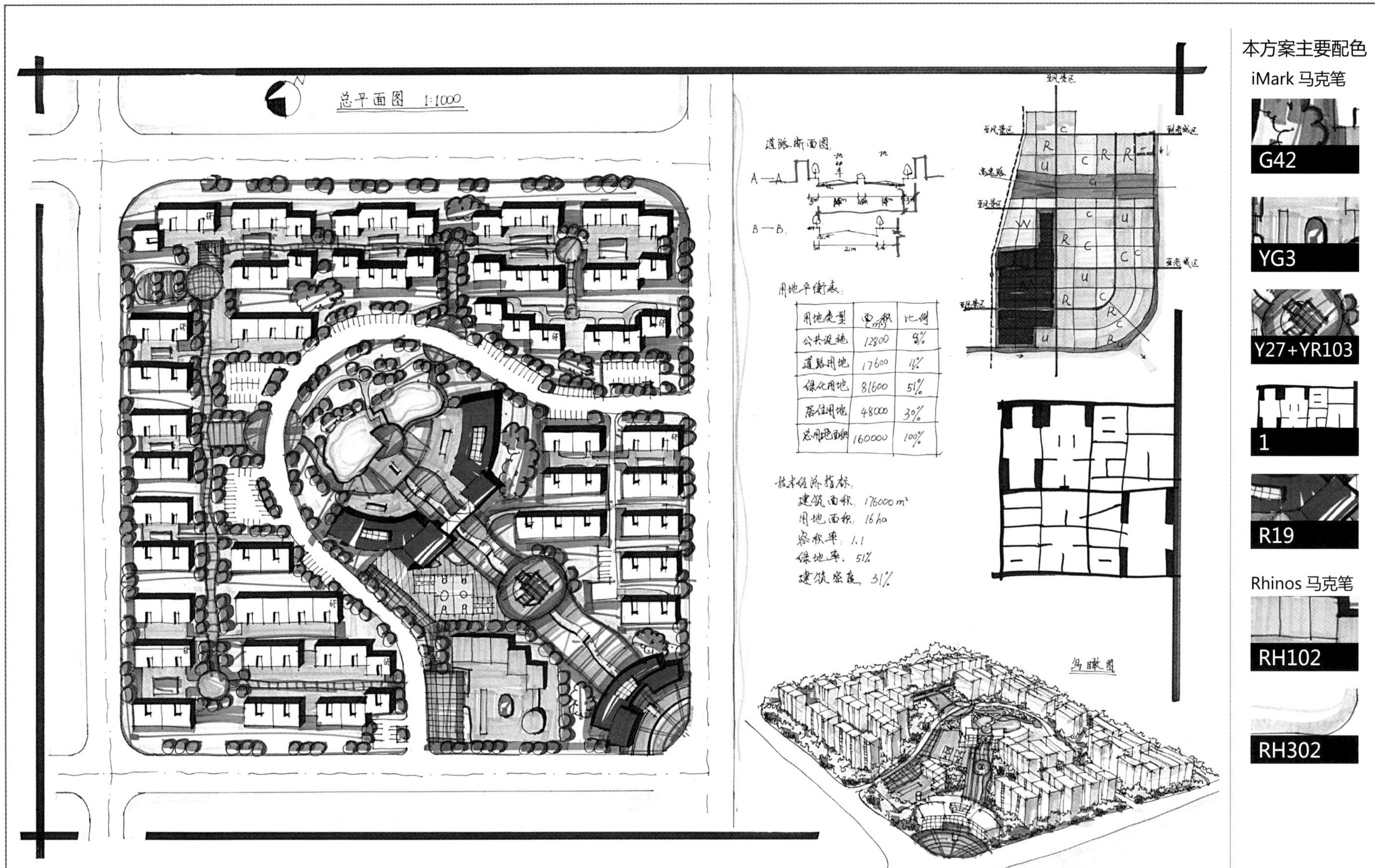

例 84　江南小城市新区规划

作　　者	曾柯杰	报考院校	四川农业大学
表现方法	针管笔 + 马克笔（Rhinos+iMark）		
用　　纸	A1 绘图纸	用纸规格	594mmx841mm
用　　时	6 小时	期　　数	华元方案 C6 期

名师点评 ▲

该方案分为三个部分，总体用地布局、道路系统设计和详细规划。1. 用地布局整体布置规整，各用地在布局时充分考虑到基地现有条件、周边交通设施与环境关系，C 类用地分布稍有不足，且在用地布局的用色方面不够规范；2. 道路断面上有独特的思路，但是断面制图不符合规范；3. 详细规划部分选取了一个居住小区，在小区整体设计思路和细节上都处理得非常成熟，交通系统清晰，公共设施配套齐全，轴线设计合理，鸟瞰图的空间感也十分明确，整张快题思路清晰。

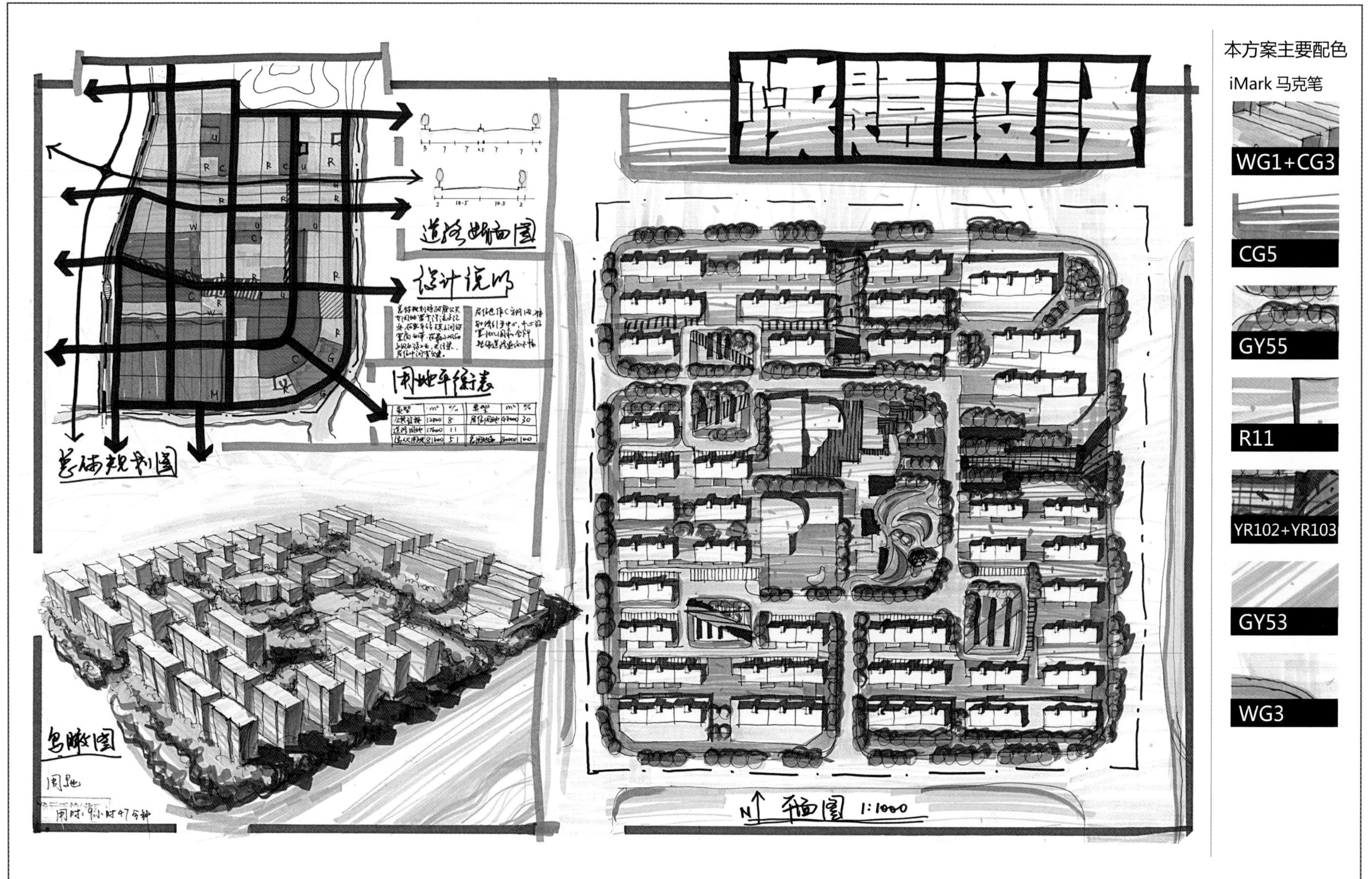

例 85　江南小城市新区规划

作　者	周　驰	报考院校	山东建筑大学
表现方法	针管笔 + 马克笔（iMark）		
用　纸	A1 绘图纸	用纸规格	594mmx841mm
用　时	6 小时	期　数	华元方案 C6 期

名师点评 ▲

该方案的用地布局部分思路清晰，设计也较成熟，各功能用地考虑周到，布置全面；仓储用地色彩有偏差，应选择紫色；地块内部道路系统有一定规划，但是主次等级没有区分，道路断面设计合理。居住小区设计时等级明确，组团清晰，设计思路体现得非常完整，轴线突出；各组团中心均设置了公共空间，公共设施配套齐全，但由于本题对小区的定义为经济适用型，故景观设计方面不用过于华丽复杂，经济实用即可。平面道路建议不上色，上了颜色之后反而使交通系统不够突出，路网显得混乱、不够清晰。

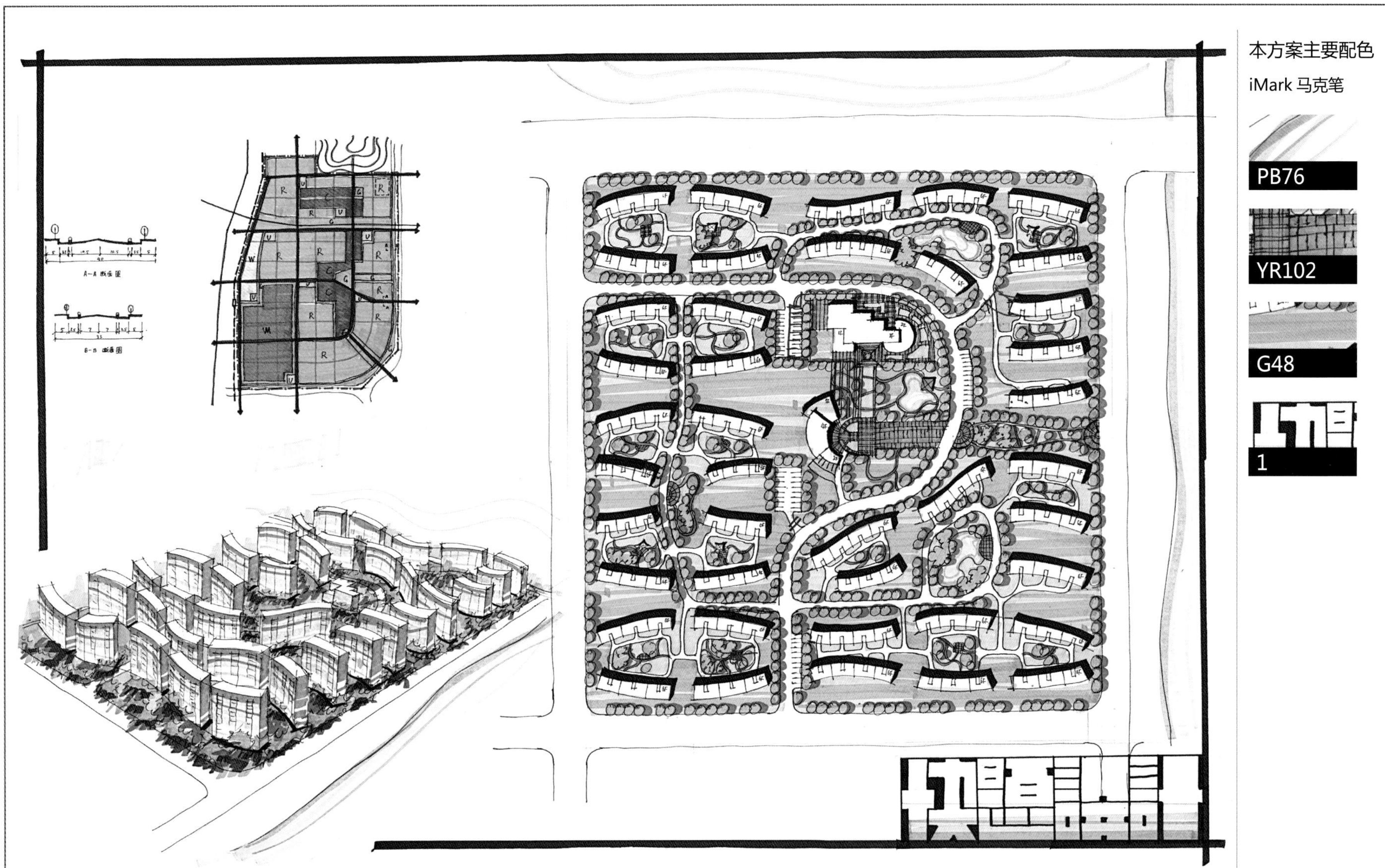

本方案主要配色

iMark 马克笔

PB76

YR102

G48

1

例 86　江南小城市新区规划

作　　者	何浏	报考院校	浙江大学
表现方法	针管笔 + 马克笔（iMark）		
用　　纸	A1 绘图纸	用纸规格	594mmx841mm
用　　时	6 小时	期　　数	华元方案 C6 期

名师点评 ▲

该基地用地布局基本考虑周边现有环境条件，各类用地布局满足其功能特点。C 类用地布置时没有考虑到周边的客运站与老城区之间的关系。此外，城市绿地除了防护绿地之外，还应当重点考虑城市集中绿地，以及各居住区内的配套公共设施和市政设施。详规部分为了打破板式住宅的兵营式的布置，故采用曲线的线条，整体有变化同时又有围合空间。中心突出，活动空间集中。鸟瞰图方面表现较洒脱，有一定快速表现的功底。

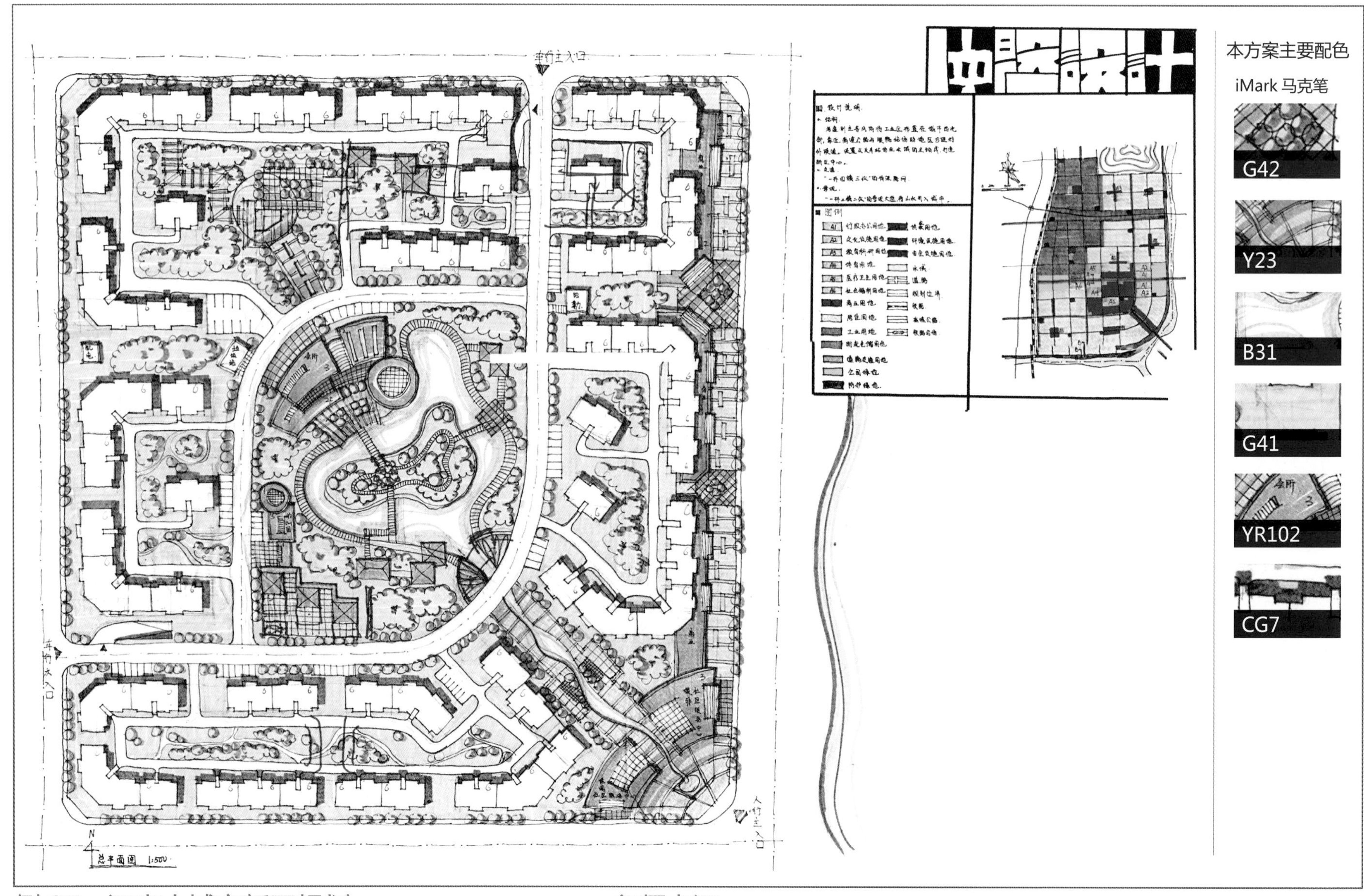

例 87　江南小城市新区规划

作　者	邹　晖	报考院校	清华大学
表现方法	针管笔 + 马克笔（iMark）		
用　纸	A1 硫酸纸	用纸规格	594mmx841mm
用　时	6 小时	期　数	华元方案 C3 期

名师点评 ▲

该方案的用地布局中部分 B 类用地与客运站直接缺少联系，应考虑沿城市主干道的带型商业和城市中心区的集中公共中心，在各个居住片区内部应考虑布置相应的集中配套设施。整体用地布局配色符合规范，图例与文字说明完整，图面表示较好。居住小区部分设计特色突出，采用围合型住宅布置形式，增强住宅的组团感；并且组团中心明确，公共轴线突出。建议中心集散场地面积可适当增加，中心软质用地偏多。建筑形式与造型突出，与周边环境关系融合，沿街商业布置合理，是比较优秀的规划设计方案。

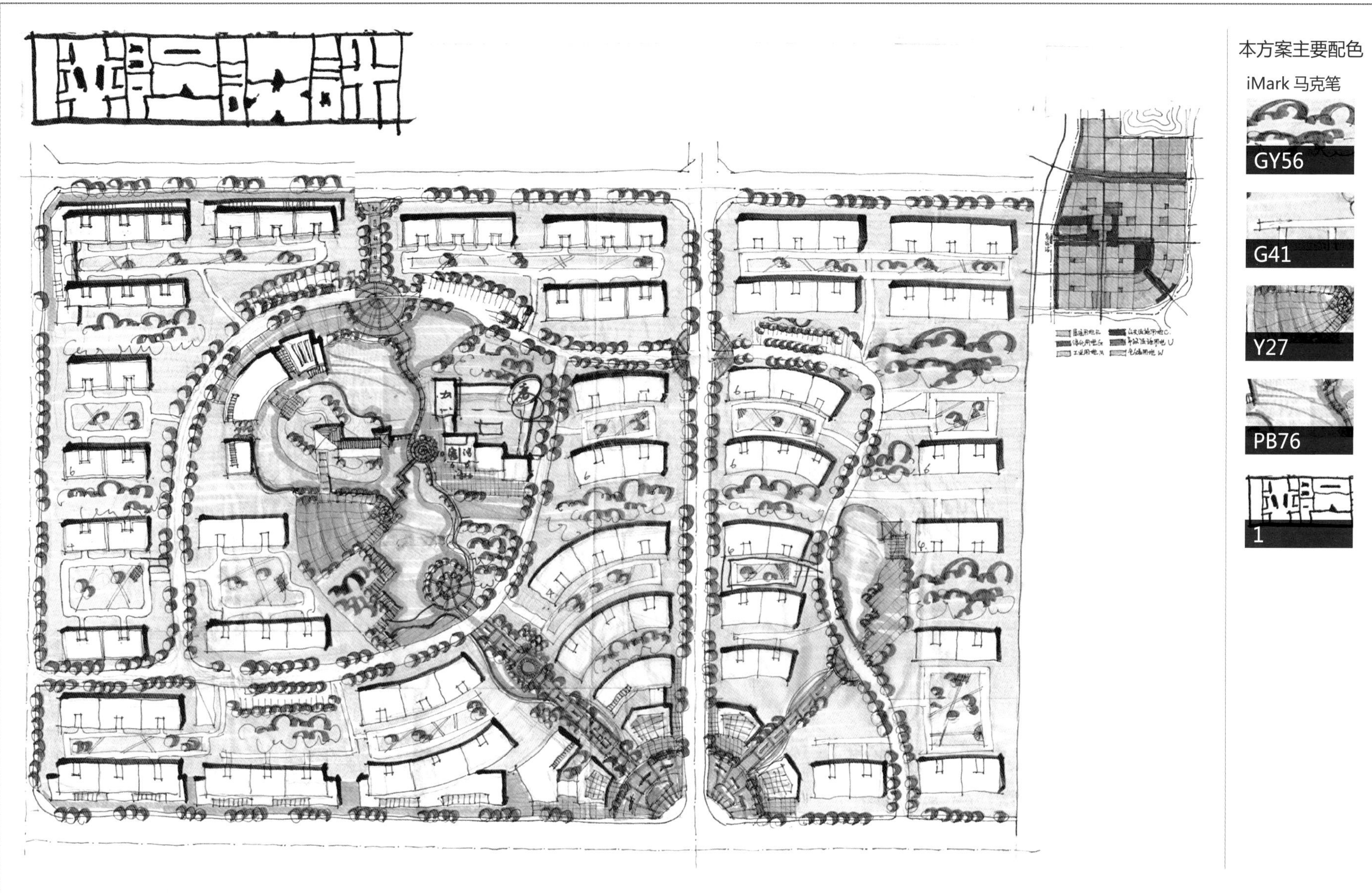

例 88　江南小城市新区规划

作　　者	黄思曈	报考院校	清华大学
表现方法	针管笔 + 马克笔（iMark）		
用　　纸	A1 硫酸纸	用纸规格	594mmx841mm
用　　时	6 小时	期　　数	华元方案 C3 期

名师点评 ▲

该方案的用地布局部分用色比较混乱，仓储与工业用地布置不合理，将北部较好的山体风景完全隔离开；并且没有考虑城市风向，工业用地对城市内部干扰较大；城市公共中心不够突出，主要干道沿线缺乏配套设施，各居住片区也没有配套相应的 C 类用地，绿地布置分散，缺少集中绿地。详细规划部分整体用色较淡雅清新，居住区规划合理，住宅肌理明显，造型突出，轴线明确。建议北部与西部沿街商业适当延伸，内部幼儿园与公共中心作一定隔离，并在公建及住宅附近考虑停车位。

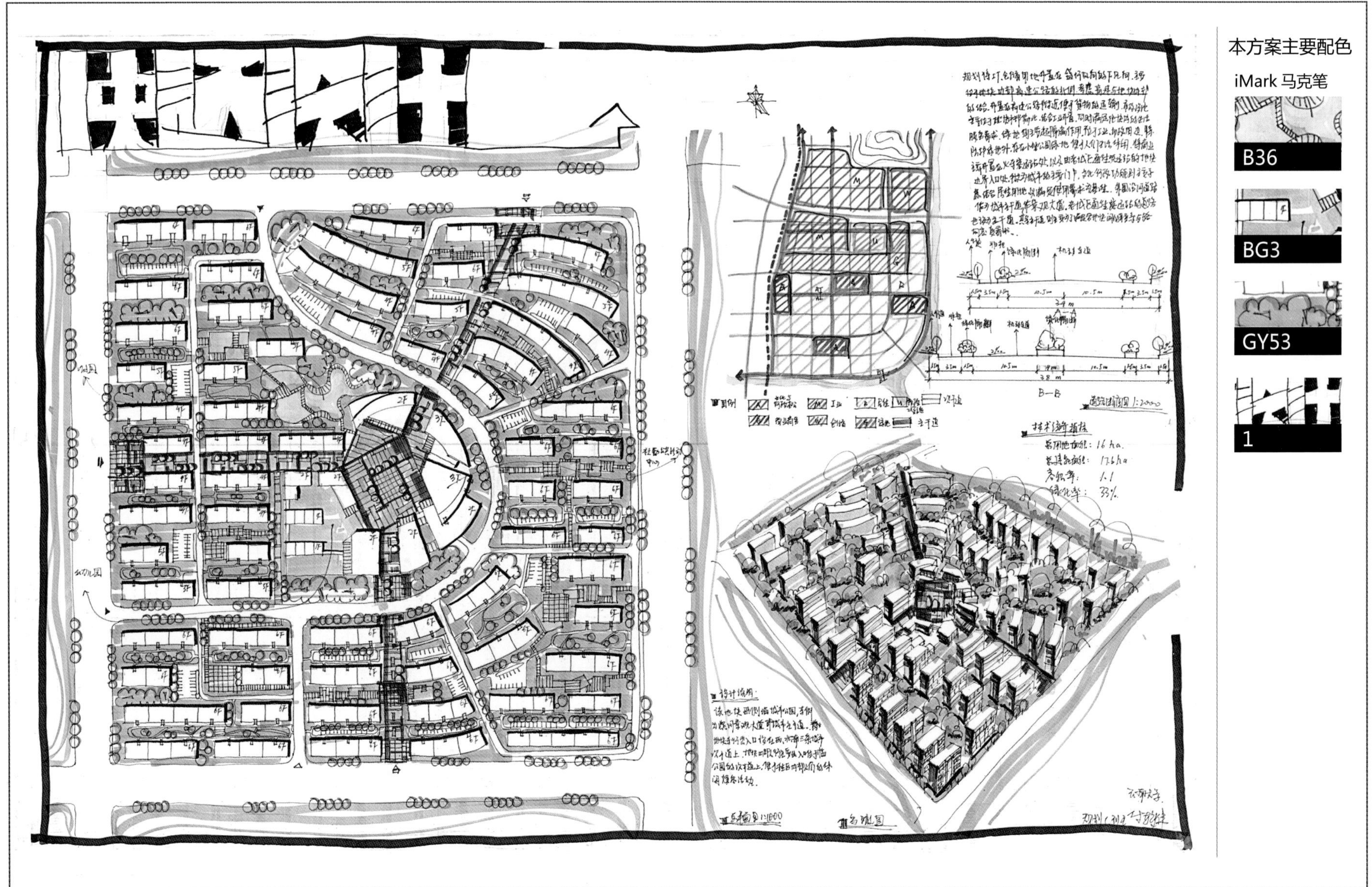

例 89　江南小城市新区规划

作　　者	付轶伟	报考院校	云南大学
表现方法	针管笔 + 马克笔（iMark）		
用　　纸	A1 绘图纸	用纸规格	594mmx841mm
用　　时	6 小时	期　　数	华元方案 C6 期

名师点评 ▲

该方案整体完整，排版合理丰满，用色和谐突出，整体上十分舒适抢眼。用地布局图用色比较接近，难以区分，建议参考总规统一用色规范。由于此地块常年西南向无风，故工业用地可考虑布置在西南角。防护绿地面积较大，且缺少集中绿地和沿街带状配套设施。城市道路体系设计合理，A–A 道路断面形式为三幅路，是城市生活型干道；B–B 断面为四幅路，设计为景观大道的道路形式。居住区设计部分符合规划设计要求，轴线突出中心明确，且公建形式造型突出，各组团中心又与小区公共空间相串联，思路清晰。

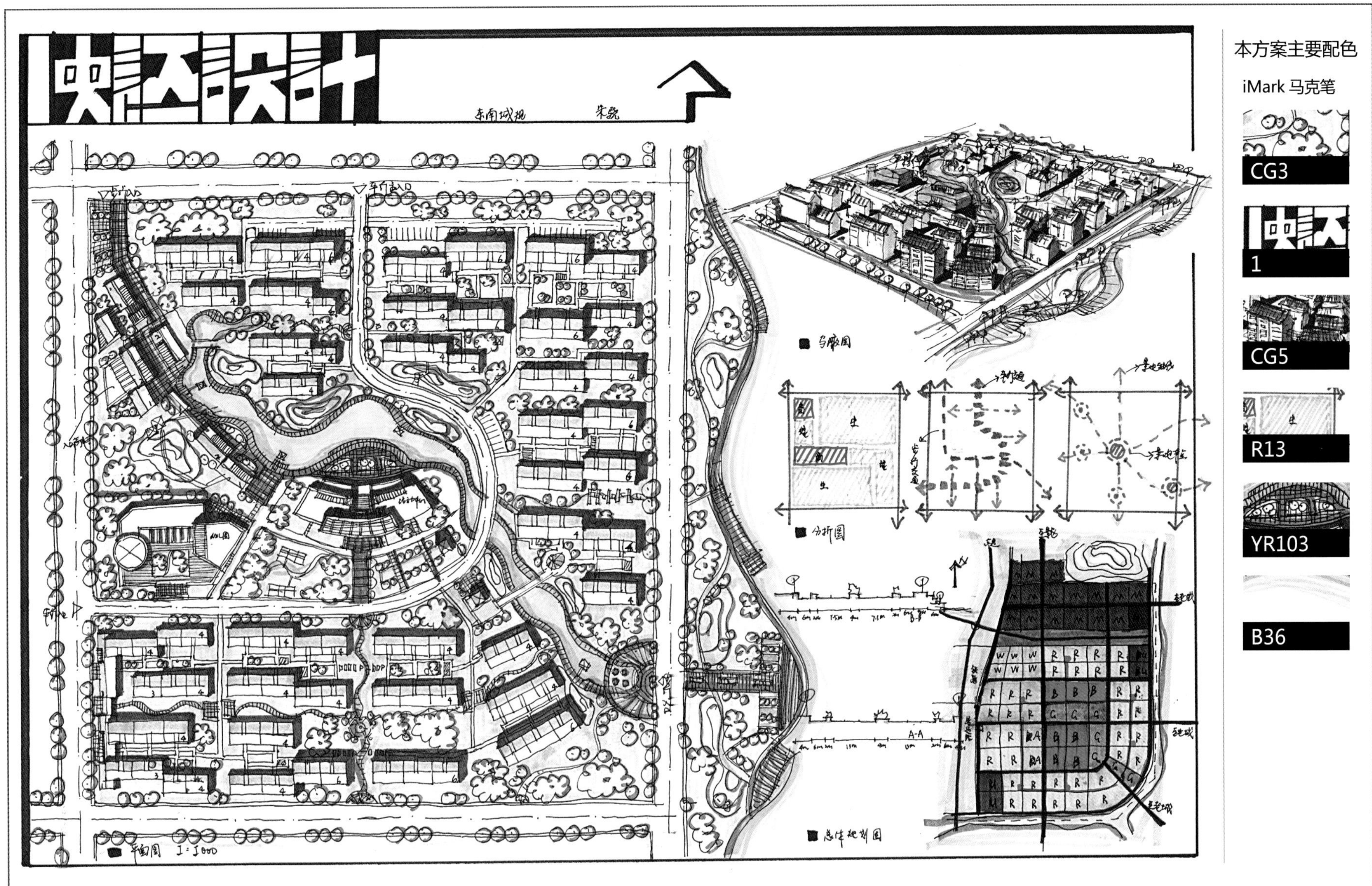

例 90　江南小城市新区规划

作　者	朱 骁	报考院校	东南大学
表现方法	针管笔 + 马克笔（iMark）		
用　纸	A1 绘图纸	用纸规格	594mmx841mm
用　时	6 小时	期　数	华元 42C2 期

名师点评 ▲

该快题方案最大的特色是使用了灰色系绿地，整体画面十分突出有特色。用地布局图的北部完全被工业用地封死，较不合理，切断了地块与北部风景区之间的联系；且仓储与工业用地之间被高速公路和防护绿地隔开，十分不合理和不便捷；中心 A、B 类用地集中，但缺乏对周边居住区的辐射；U 类用地布局较集中，应成散点装分布。道路断面 A–A 为城市主干道，车速较慢，人流较大，机动车道中间不需要设置绿化隔离。地块选择区位为东部滨水地块，景观环境条件优良，但与题目要求的经济实用型住区不符。

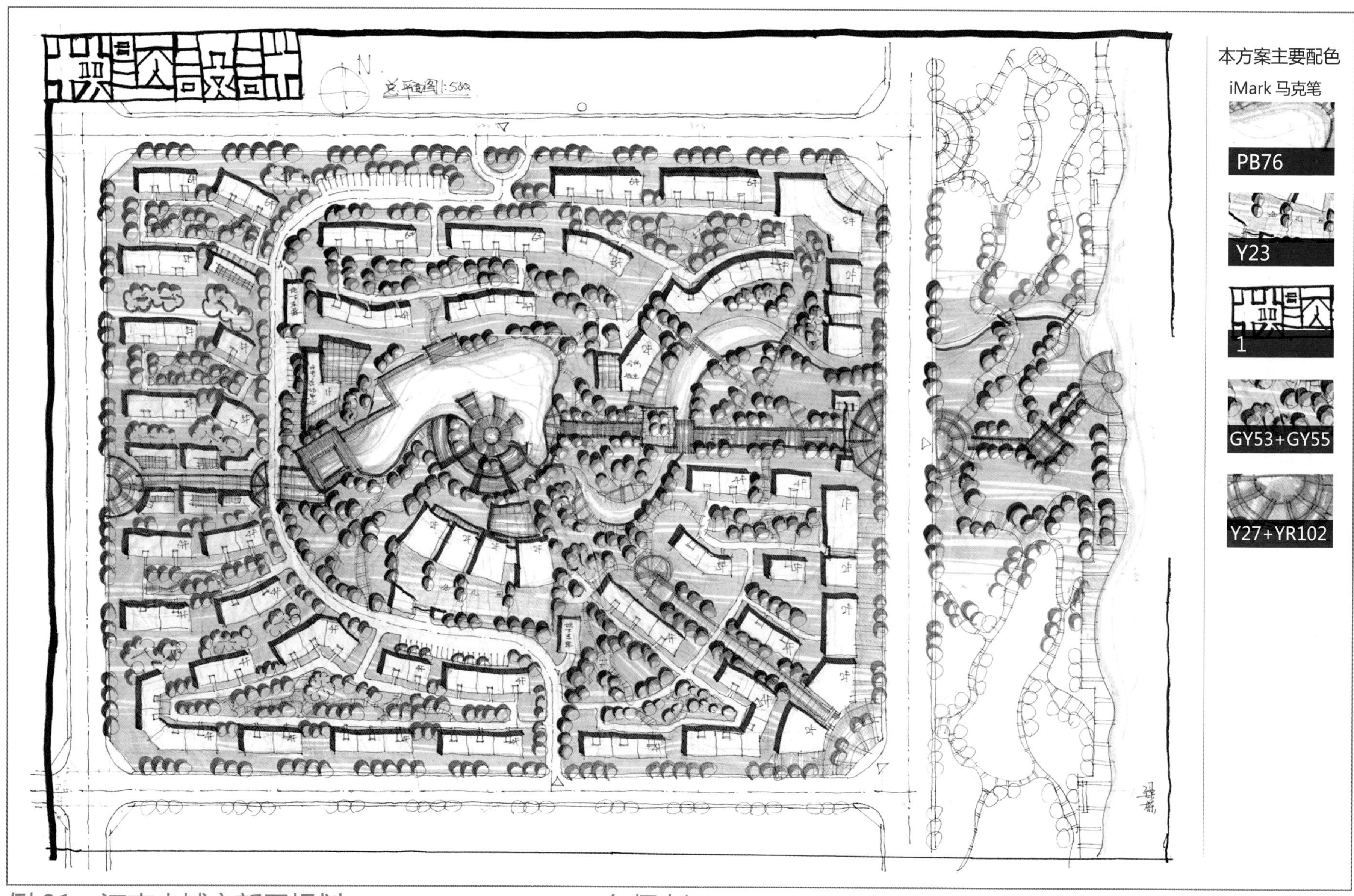

例 91 江南小城市新区规划

作　　者	梁 栋	报考院校	北京建筑大学
表现方法	针管笔＋马克笔（iMark）		
用　　纸	A1 硫酸纸	用纸规格	594mmx841mm
用　　时	6 小时	期　　数	华元方案 C3 期

名师点评 ▲

该方案为居住小区设计，设计采用常用的 C 型道路网作为主要交通干道，东西向步行轴线一直延伸到东面的河流水面，轴线组织收放有致，并在中心形成公共开场空间，与公建相联系，同时也很好地将整个住区划分成四个组团分区。建筑在布置手法上为了避免单一呆板，故与景观结合，有意地设计了一些折线与曲线的造型，使得整体肌理有一定的变化，又能够在变化中求统一。表现手法上从西向东慢慢虚化，是一种不错的表现手法。

Zhejiang University 浙江大学
2010年硕士研究生入学考试试卷

答题一律做在答题纸上（包括填空题、选择题、改错题等），直接做在试题上按零分计。

准考证号＿＿＿＿＿＿ 系　别＿＿＿＿＿＿ 考试日期＿＿＿＿＿＿

适用专业＿＿＿＿＿＿＿＿＿ 考试科目＿＿＿＿＿＿＿＿＿

南方某中等城市规划控制性详细规划

概述

图2、图3、图4为三块形状及外部条件相同，但朝向不同的南方某中等城市一块待规划控规单元，紧邻该地块的灵山为城市生态公园，相对高度为350m。地块内水系可适当改造，但是A、B两点不能改动。该控规单元地块在城市中的区位如图1所示，其他规划条件详见附图。

规划任务

控制性详细规划　（105分）

（按照三个不同朝向完成三个控规方案，每题35分）

用地安排要求

居住用地40hm^2，其中A拆迁安置用地10hm^2，容积率1.5；B高档排屋住宅用地10hm^2，容积率为0.7；C普通住宅用地20hm^2，容积率2.5；另外，为了有利于物业管理，每个规划居住小区总建筑面积规模控制在7万m^2 ~ 15万m^{2}左右。

公共服务设施用地3.5公顷，按有关规范要求设置肉菜市场、幼儿园、商业等居住配套设施。

60班九年一贯制学校一座，占地6hm^2，住校生比例30%。

公交始末站一座，占地1.5hm^2，考虑4路公交线路。

安排一个市级公园，占地5hm^2。

110kV变电所一座，占地0.5hm^2。

图纸要求

图纸　比例1：5000

标明地块线、用地性质、机动车建议出入口方位等规定性指标

简要说明规划布局理由

修建性详细规划（45分）

各考生可根据个人专业特点在该规划控规单元地块内任选一块进行规划设计，①居住地块（高层住宅区块不少于6hm^2）、②学校地块、③公园地块。

图纸要求

总平面　比例1：200 ~ 1：1000（30分）；

图纸要求标明建筑名称、层数、场地内容等；

体块鸟瞰图　比例同总平面图（15分）。

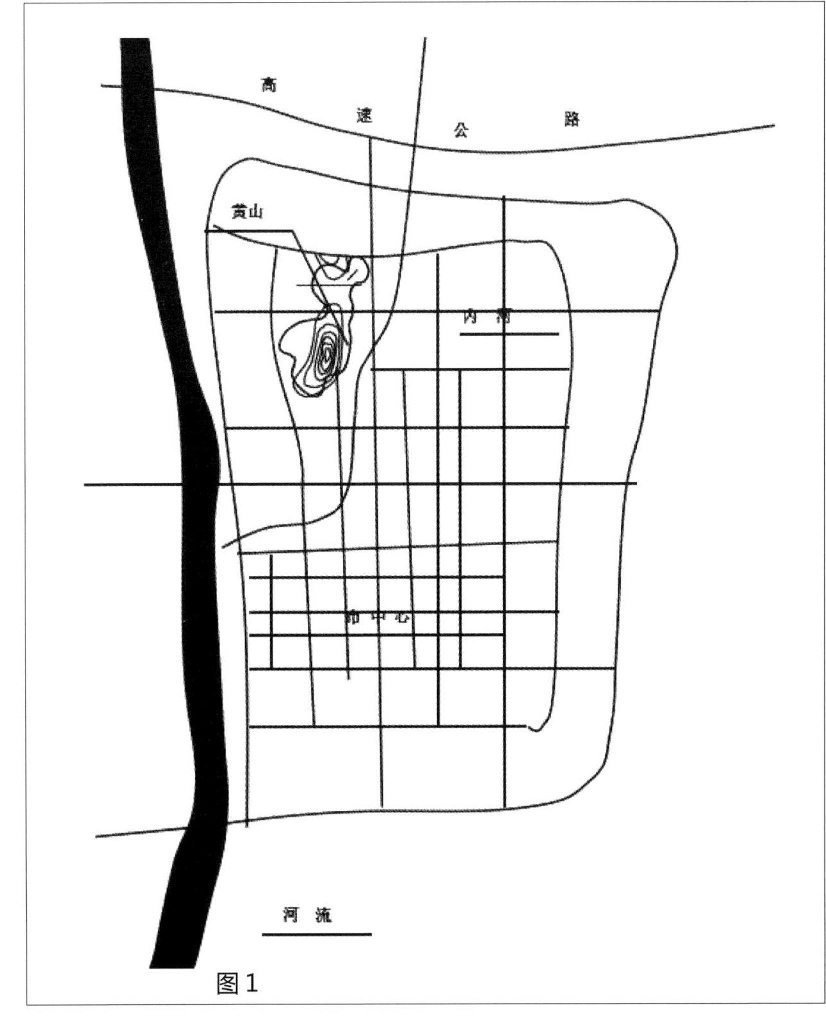

图1

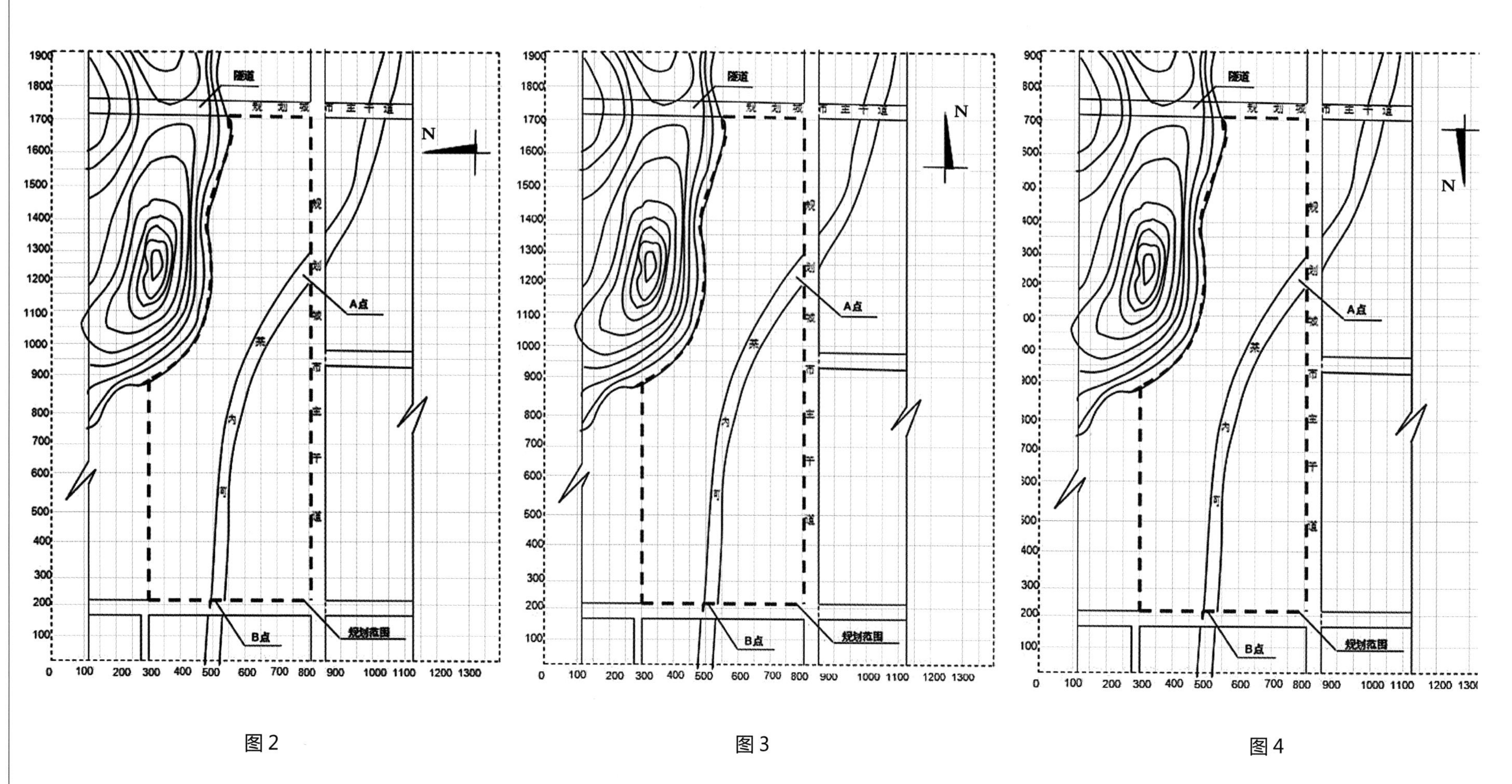

图 2　　　　图 3　　　　图 4

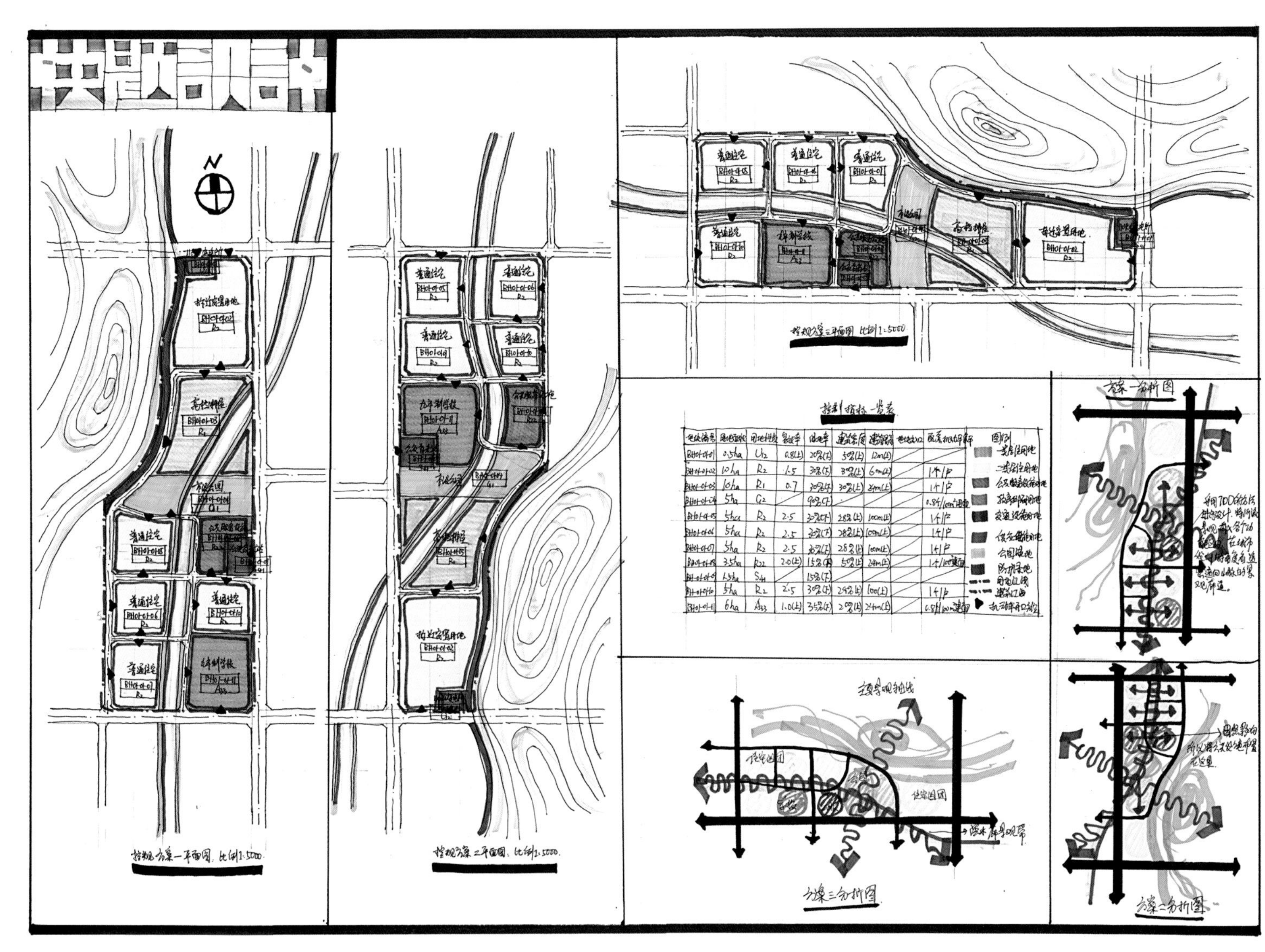

本方案主要配色

Rhinos 马克笔

RH206

RH203

RH404

RH901

例 92　南方某中等城市规划控制性详细规划

作　　者	杨剑雄	报考院校	浙江大学
表现方法	针管笔 + 马克笔（Rhinos）		
用　　纸	A1 绘图纸	用纸规格	594mmx841mm
用　　时	6 小时	期　　数	华元 23A 期

名师点评 ▲

三个方案都考虑到了自然环境对地块的影响因素，尤其是因朝向改变所引起的山体对用地布局的影响。方案从城市的整体开敞空间入手，创造出良好的景观视线和空间廊道；引入 TOD 的规划设计理念，将公共服务设施与公共交通设施共同开发，并考虑了设施的服务半径，不仅能够提高居民生活的便捷性，同时也能提高公共设施的经济价值。变电站的布置考虑到设施的邻避性和高电线走道的路径需求。居住用地的布局从城市设计的角度入手，将低层住宅放在山体的视线通廊上，减少视线的干扰，同时结合水系和公园。

答题一律做在答题纸上（包括填空题、选择题、改错题等），直接做在试题上按零分计。

准考证号＿＿＿＿＿＿　系　　别＿＿＿＿＿＿　考试日期＿＿＿＿＿＿

适用专业＿＿＿＿＿＿＿＿　考试科目＿＿＿＿＿＿＿＿

某大城市东北部城市新区控制性规划

概述

本地块位于某大城市东北部的城市新区，功能定位为大型居住区，总用地约 120hm^2，按照上位规划要求，在地块内部拟安排区级公建项目三项：①60 班高中一所，占地 15hm^2；②公交首末站一座，占地 0.6hm^2，规划普通公交线路 5 条、BRT 线路两条；③商业综合体一个，占地约 2.5hm^2，除上述公建外，其余用地作为居住区开发（其他规划条件详见附图）。

为了利于土地出让，住宅开发地块规模宜控制在 5 ~ 8hm^2 左右，居住区组织结构建议采用“组团 – 居住区”模式，中小学、幼儿园、肉菜市场等居住区级公共服务设施控制指标如下：

序号	类别	建筑面积（m^2/ 千人）	用地面积（m^2/ 千人）
1	教育	600 ~ 1200	1000 ~ 2400
2	医疗卫生	78 ~ 198	138 ~ 378
3	文体	125 ~ 245	225 ~ 645
4	商业服务	700 ~ 910	600 ~ 940
5	社区服务	59 ~ 464	76 ~ 668
6	市政公用	40 ~ 150	70 ~ 360
7	金融邮电	20 ~ 30	25 ~ 50

1. 居住区住宅建设要求及比例如下：

住宅总建筑面积 130 万 m^2。

经济适用房总建筑面积 40 万 m^2，容积率 2.0 ~ 2.5，户型面积控制在 60 ~ 75m^2。

廉租房总建筑面积 20 万 m^2，容积率 2.8 ~ 3.0。

上平方总建筑面积 70 万 m^2，其中地层高端住宅（排屋和花园洋房）约占 15%，容积率 1.0，中高端高层住宅占 85%，容积率 1.8 ~ 2.0。

2. 规划任务（110 分）

分析图（图纸比例 1 ： 10000）（30 分）。

①构图；②道路系统图；③绿地系统图；④景观分析图；⑤公共服务设施布局图

土地利用规划图（图纸比例 1 ： 10000）（30 分）

①合理安排各类用地，标明地块用地性质；②简要说明布局理由。

地块建设控制图（图纸比例 1 ： 10000）（50 分）

住宅地块应标明地块编号、用地性质、用地面积、容积率、绿地率、建筑密度、建筑限高、建议机动车出入口等规定性指标，并进行列表统计。

其余地块仅标明用地性质、用地面积和建议机动车出入口三项指标。

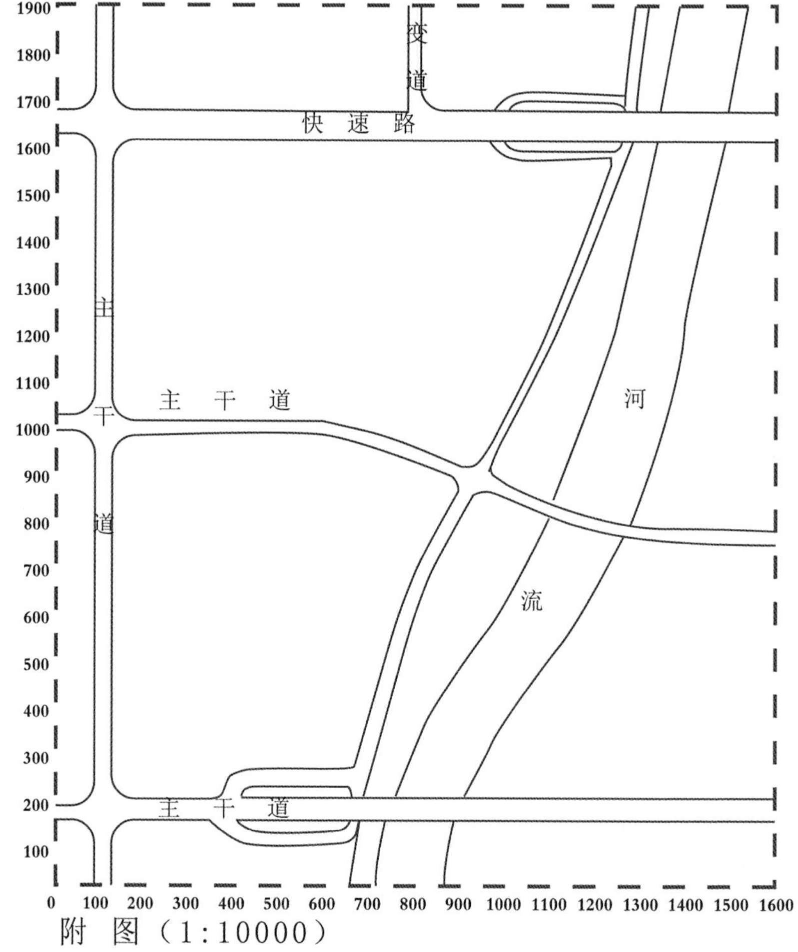

附图（1:10000）

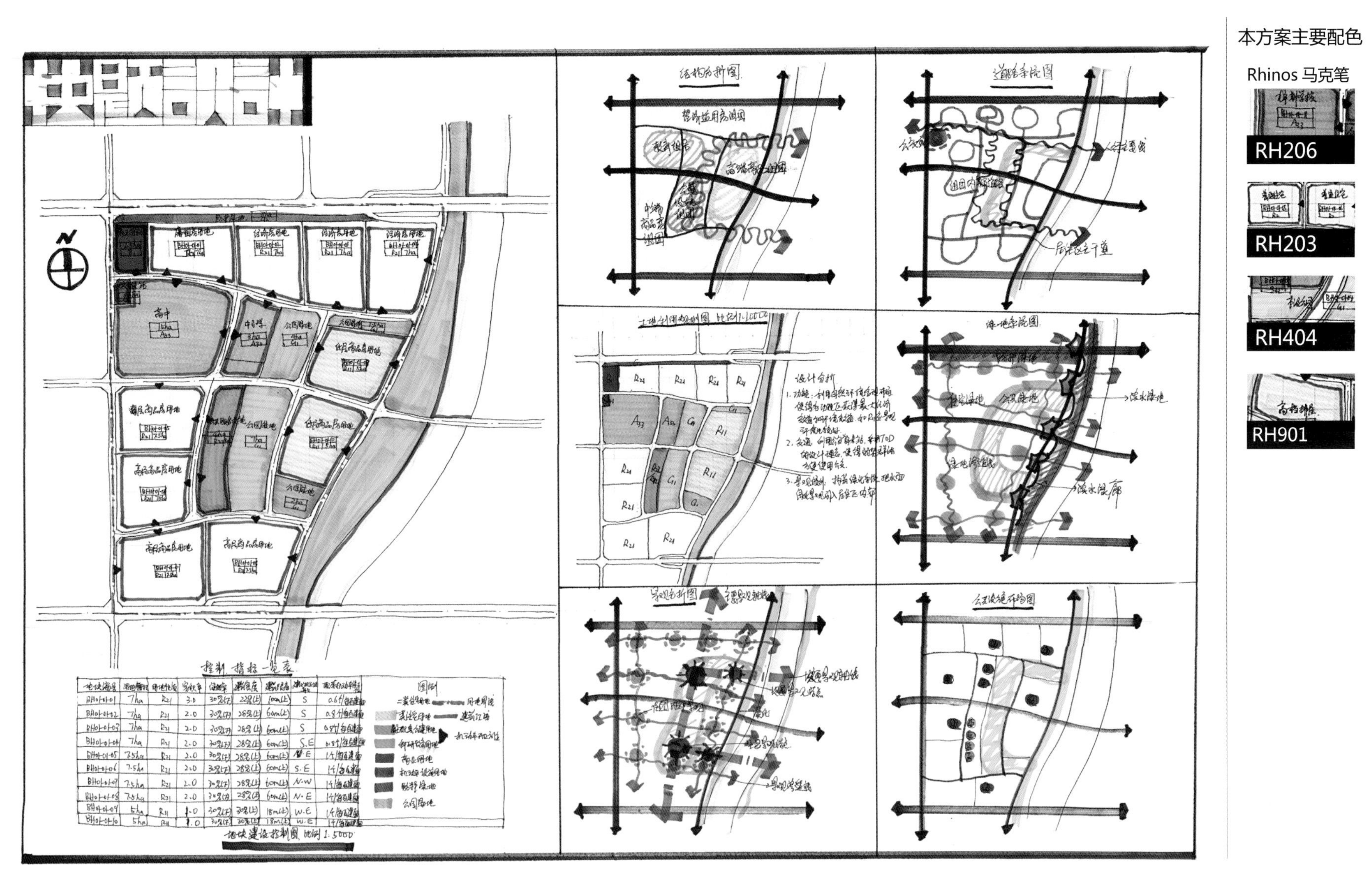

例 93　某大城市东北部城市新区控制性规划

作　　者	杨剑雄	报考院校	浙江大学
表现方法	针管笔 + 马克笔（iMark+Rhinos）		
用　　纸	A1 绘图纸	用纸规格	594mmx841mm
用　　时	6 小时	期　　数	华元 23A 期

名师点评 ▲

方案首先考虑了滨河景观和交通环境等因素，以城市设计的空间思维思考用地的整体布局，低层住宅宜布置于滨河沿线，不仅有利于自身的环境品质，同时减少对高层住宅的景观视线干扰。对经济适用房和商品房的用地布局符合地块开发的经济价值和空间品质。公共绿地和公共设施的布局符合设施的服务半径，并与滨水空间联系，形成优质的休闲游憩空间。公共交通设施与商业设施、教育设施一体，增加了设施使用的便捷性和经济性。商业设施的布局不仅提升城市节点的空间形象，而且体现了对社会弱势群体的关怀。

某规划设计研究院 2008年城市规划入职考试

答题一律做在答题纸上（包括填空题、选择题、改错题等），直接做在试题上按零分计。

准考证号＿＿＿＿＿ 系　别＿＿＿＿＿ 考试日期＿＿＿＿＿

适用专业＿＿＿＿＿ 考试科目＿＿＿＿＿

滨水地区城市设计方案

一、设计要求

设计目的：借旧城改造、城区产业“退二进三”契机，为城市提供一个以文化、娱乐、休闲、商业等功能为主的城市滨水区，为市民的公共活动提供一个宜人场所。

设计要求：对区内用地、设施、空间、道路、绿地、建筑群体、滨水景观和城市公共空间等要素进行综合研究和安排，提出工厂区改造的规划设计方案。

指标控制：建筑面积密度 5000 ~ 6000m^2/hm^2，绿地率不少于 35%，建筑限高 30m。

二、设计条件

城市背景：该区所在城市为南方传统工业城市，城市产业正面临向现代商贸、服务业转型的时期，城市规划人口规模 100 万人。

规划范围：该区现状紧邻市中心区。规划范围西至红港路、南至沿江中路、东至纺织路、北至建设中路，总面积约 17.3hm^2。

周边用地：该区北部为城市文化公园，内部建有市博物馆、市图书馆等文化设施；西面和东面为现状和规划的住宅区，南面为城市连续的滨江休闲带。该区距城市中心区约 2 ~ 3km。

周边道路：规划范围周边的建设中路为城市生活性主干路（红线宽度 40m，有城市公交线路）；纺织路为城市次干路（红线宽度 30m）；红港西路为城市交通性主干路（红线宽度 50m）；红港路为城市支路（红线宽度 25m），沿江中路为城市观光休闲道路（红线宽度 30m，有城市公交线路）。

规划范围内现状：该区现状为纺织厂，规划拟搬迁，图中以阴影标示，其中 1、2 号建筑为结构完好的单层厂房，3 号为建筑质量较好的 8 层原厂区办公楼。其余建筑质量低劣。

规划项目意向：工业博物馆（建筑面积约 6000m^2），文化创意产业的办公、展览（建筑面积约 20000m^2），商业零售及服务（建筑面积约 20000m^2），其他商务办公和公寓（建筑面积约 60000m^2）。

其他要求：区内标高已满足防洪要求，不作设计要求。区内道路广场、机动车社会停车场和绿地等开敞空间等和其他必要设施可根据方案自定。

三、成果要求

1. 图纸表现

（1）规划设计总平面图 1：1000　（2）用地和空间结构分析图 1：2000

（3）道路交通分析图 1：2000　（4）绿地与开敞空间分析图 1：2000

（5）鸟瞰图一张　（6）其他可以表达规划设计意图的分析图或表现图等

2. 文字说明

简明扼要地阐述设计构思与要点和方案主要技术经济指标（需分地块列出不同地块建筑密度、地块容积率、地块内按功能分类的建筑面积，如有居住建筑需列出户数及相应配套），可另附纸，也可写在图纸上，字数不少于 300 字。

附　图：

（1）现状图（1：2000）　（2）规划设计范围工作底图（1：1000）

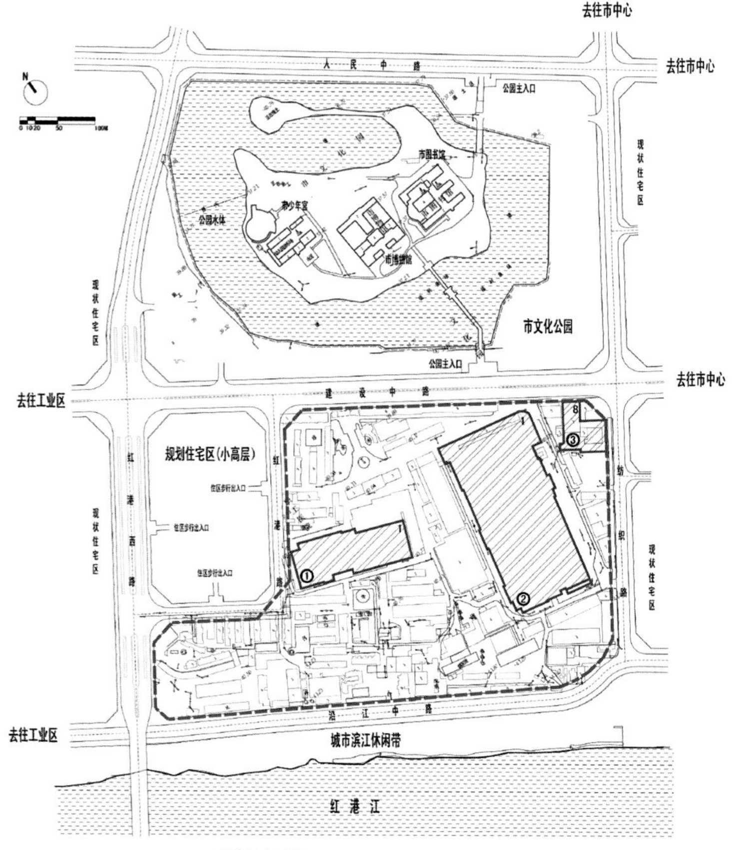

现状图 1:2000　图例　规划设计范围　结构完好的建筑　水体　8 建筑层数

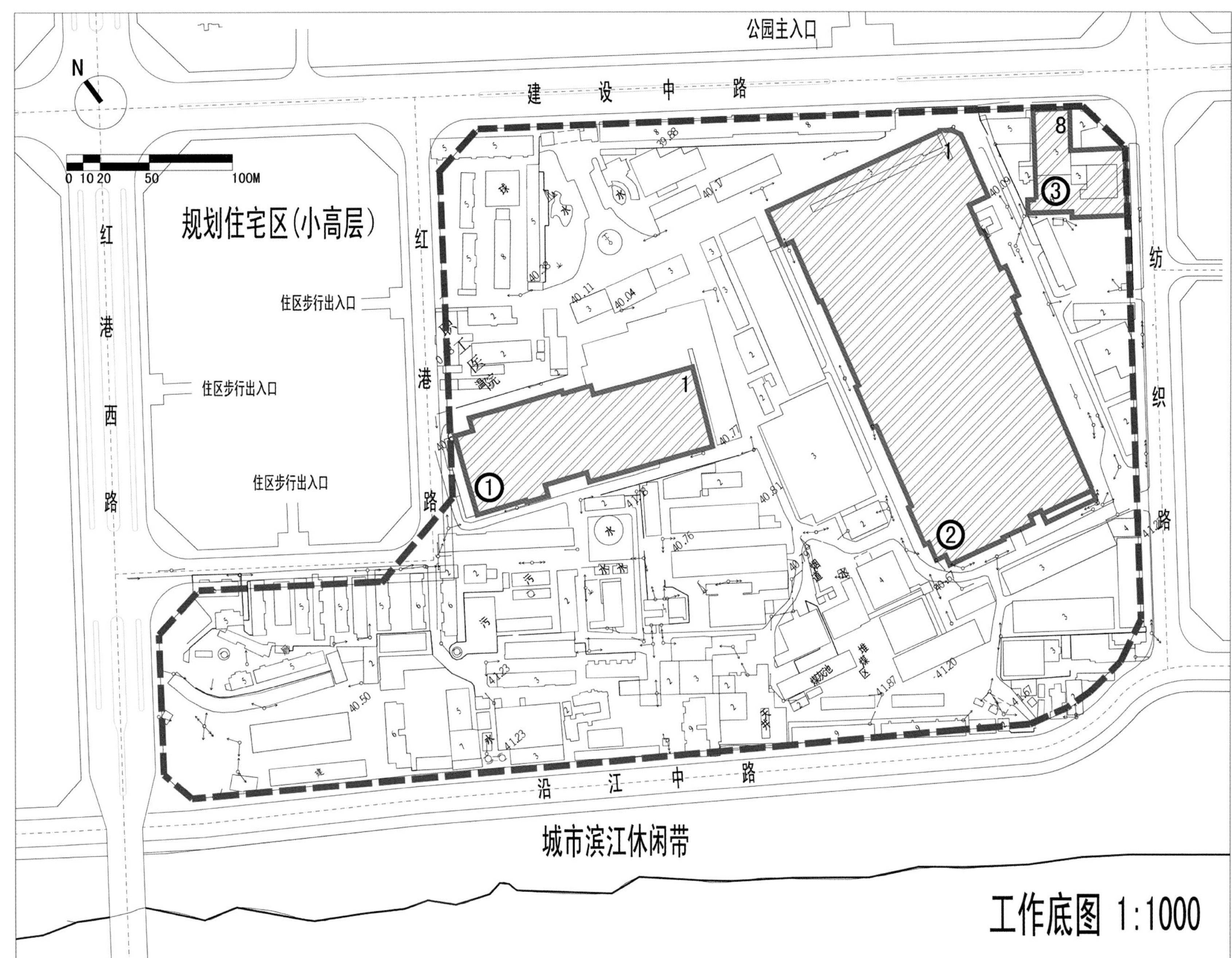
公园主入口
建设中路
N
0 10 20 50 100M
规划住宅区(小高层)
住区步行出入口
住区步行出入口
住区步行出入口
红港西路
红港路
纺织路
沿江中路
城市滨江休闲带
工作底图 1:1000

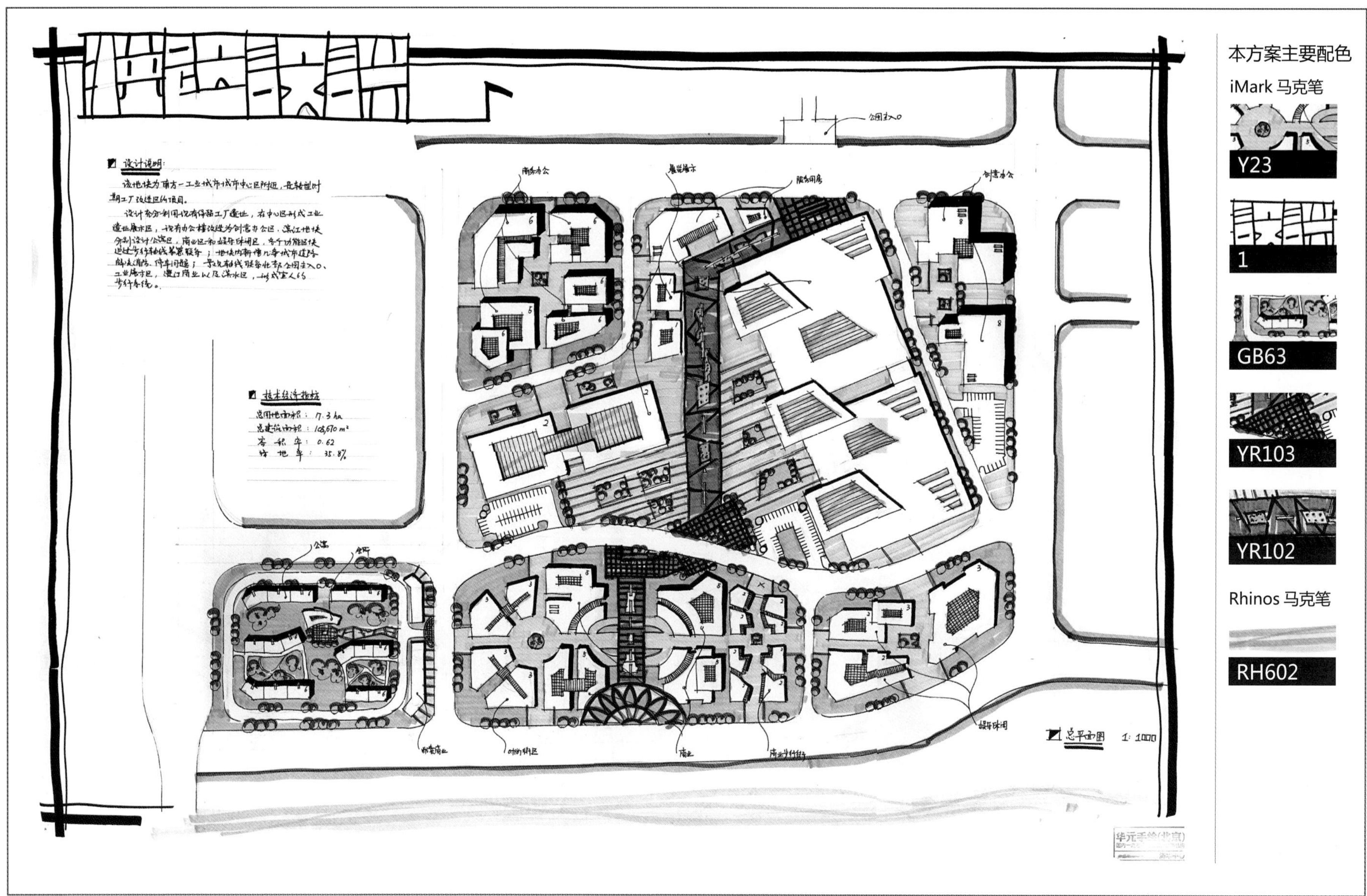

例 94　滨水地区城市设计方案（一）

作　者	魏　琛	报考院校	北京市城市规划设计研究院
表现方法	针管笔＋马克笔（iMark+Rhinos）		
用　纸	A2 绘图纸 x2	用纸规格	594mmx841mm
用　时	6 小时	期　数	华元方案 41C 期

名师点评 ▲

该方案是旧城更新类的规划设计，由于地块内限制条件较多，保留的建筑功能与形式都需要重新塑造，故给设计带来了一定的影响。作者在设计时考虑到地块外部的公园、小区入口，故设置了南北向的主要轴线，并在展览馆入口处设置地块中心与开场空间，南部沿街设置商业和居住建筑，建筑组合感较强。北部则独立设置商务办公组团。整体上轴线稍显生硬，设计手法较单一，且建筑体量差距较大。分析图表达较细致，充分体现设计思路，局部鸟瞰图稍显潦草。

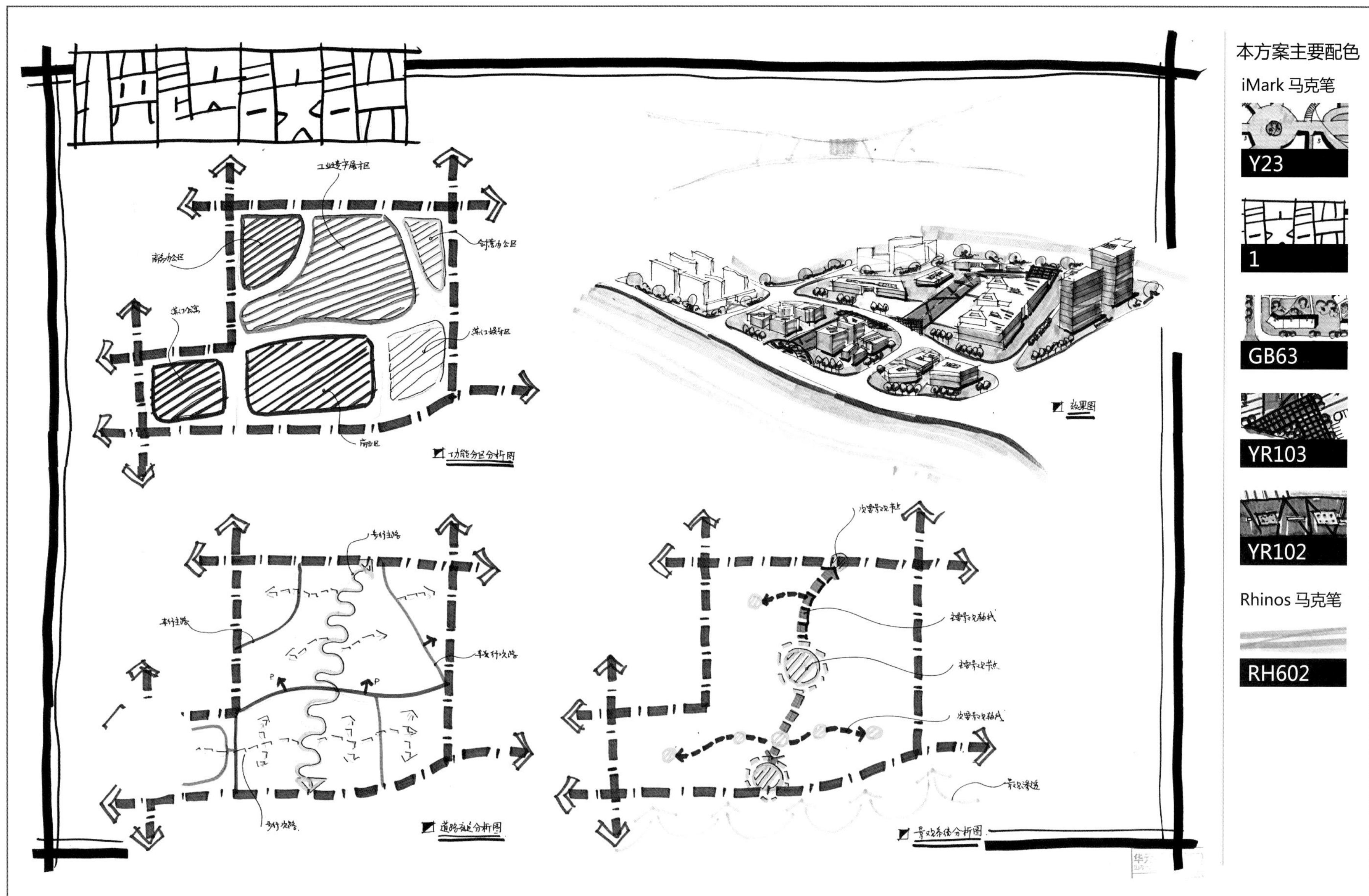

例 94　滨水地区城市设计方案（二）

作　　者	魏　琛	报考院校	北京市城市规划设计研究院
表现方法	针管笔 + 马克笔（iMark+Rhinos）		
用　　纸	A2 绘图纸 x2	用纸规格	594mmx841mm
用　　时	6 小时	期　　数	华元方案 41C 期

名师点评 ▲

该方案是旧城更新类的规划设计，由于地块内限制条件较多，保留的建筑功能与形式都需要重新塑造，故给设计带来了一定的影响。作者在设计时考虑到地块外部的公园、小区入口，故设置了南北向的主要轴线，并在展览馆入口处设置地块中心与开场空间，南部沿街设置商业和居住建筑，建筑组合感较强。北部则独立设置商务办公组团。整体上轴线稍显生硬，设计手法较单一，且建筑体量差距较大。分析图表达较细致，充分体现设计思路，局部鸟瞰图稍显潦草。

答题一律做在答题纸上（包括填空题、选择题、改错题等），直接做在试题上按零分计。

准考证号__________ 系　别__________ 考试日期__________

适用专业______________ 考试科目______________

某城市商贸中心规划设计

一、用地情况

城市商贸中心位于某南方城市老城区内，用地东、西临城市支路，南临城市主干道，北靠城市步行商业街，以上道路红线宽度分别为30m、50m、20m，总用地面积约8.4hm^2，整块用地东宽西窄，呈梯形状，用地内地势较为平缓。

二、用地性质

将其建成具有相当规模、设备齐全的集商贸、购物、文化、娱乐于一体的现代化、综合性、环境质量高的商业贸易中心。

三、主要项目组成

1. 商业贸易中心：4.5万m^{2}左右，主体不超过25层。
2. 中心商场：2.5万m^{2}左右，不超过6层。
3. 精品店：2.0万m^{2}左右，不超过3层。
4. 展示、销售中心：0.8万m^{2}左右，不超过3层。
5. 三星级宾馆：0.8万m^{2}左右，主体不超过30层。
6. 文化中心：0.8万m^{2}左右，不超过4层。
7. 其他：根据需要设置停车场（库）及其他相关内容。

四、规划要求

1. 容积率不大于2.5；绿地率不小于30%；建筑密度不超过40%。
2. 建筑退红线要求：主干道多层不小于5m，高层不小于8m、其他为多层不小于3m、高层不小于5m。

五、设计成果要求

1. 规划总平面图（1：1000）。
2. 街景立面一个（方向任选，1：1000）。
3. 表达构思的分析图若干（比例自定）。
4. 简要规划设计说明和经济技术指标。

六、设计要点

1. 充分考虑该地块建设与周边环境的关系，正确确定出入口位置，合理组织人流、车流。
2. 场地内所有建设内容应有机结合，在交通流线、空间景观、环境设计等各方面相互衔接，使该地块最终形成高品质的商贸、购物、文化、娱乐场所。
3. 总平面布置满足国家相关规范的要求。

七、其他说明

1. 考试时间为6小时。
2. 考试不得带参考资料入场。
3. 图纸为A1规格，表现方法不限。

八、用地地形图（单位：m）

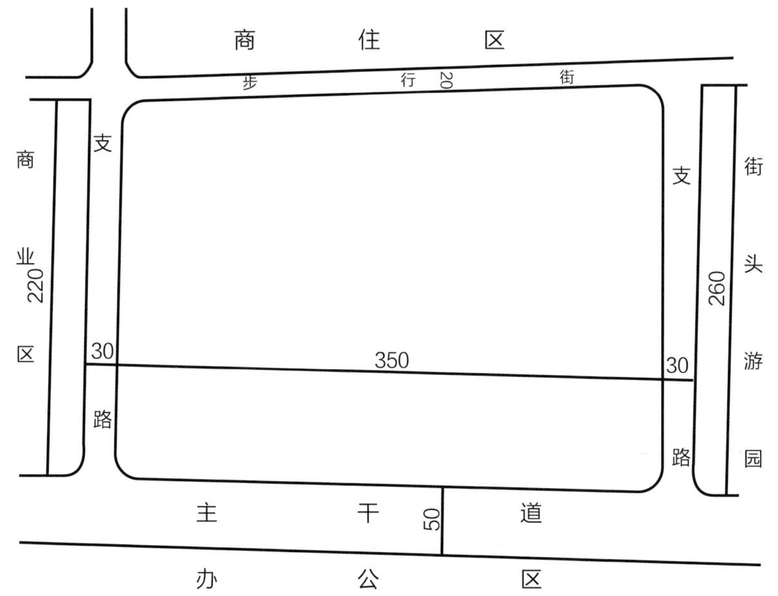

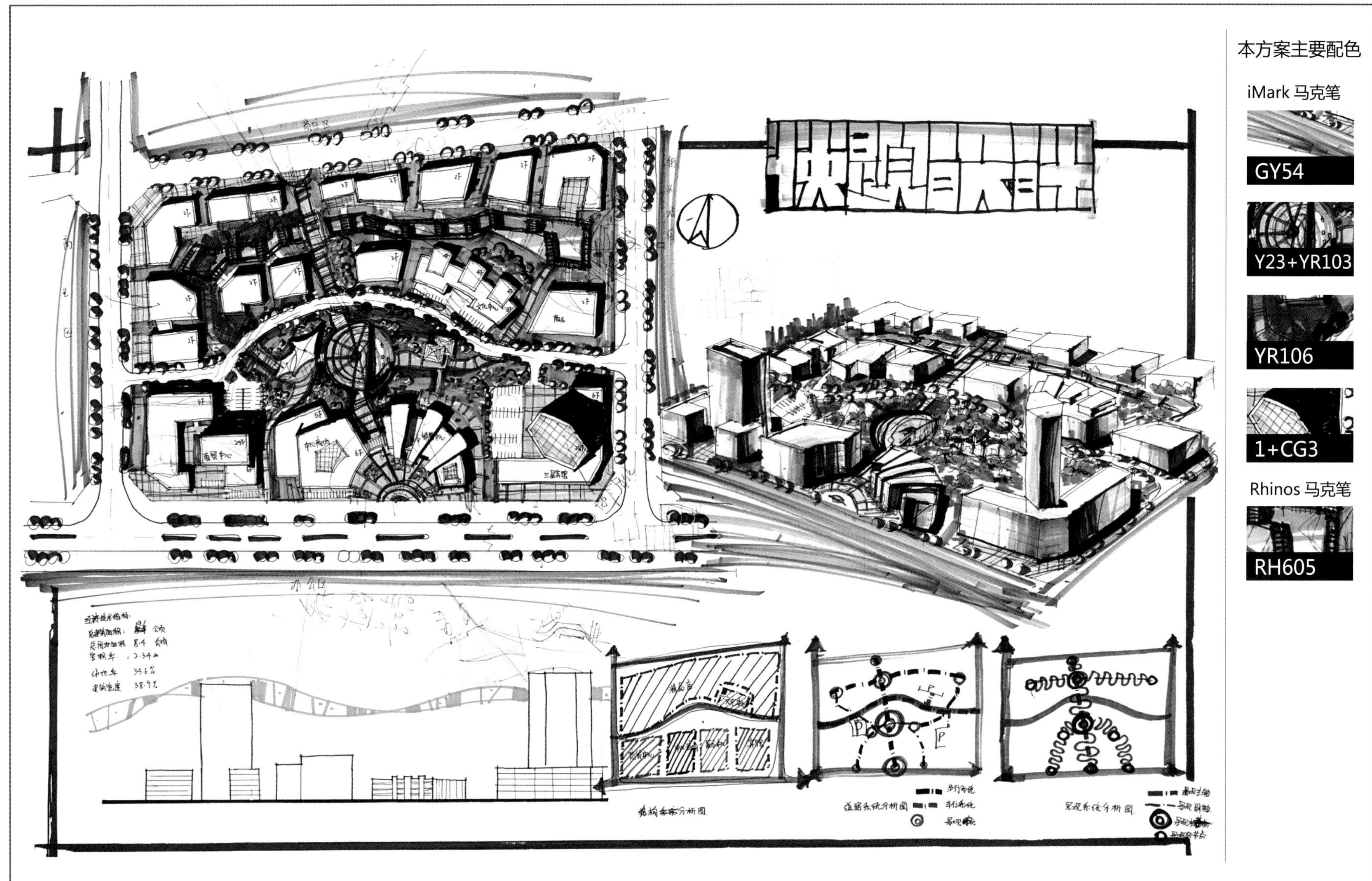

例 95　某城市商贸中心规划设计

作　　者	陶　源	报考院校	安徽建筑大学
表现方法	针管笔 + 马克笔（iMark+Rhinos）		
用　　纸	A1 绘图纸	用纸规格	594mmx841mm
用　　时	6 小时	期　　数	华元 6 期

名师点评 ▲

该方案整体设计感强，整张图面表达洒脱，不拘束，是快速表现的一种常用手法。地块设计时功能分区明确，整个地块北部作为主要商业片区，其他功能依次布置在南部地块，同时考虑到各功能之间的联系，以及与外部现有条件的联系。建筑造型选型丰富，有变换，中心与轴线突出。鸟瞰图空间感强，近实远虚的效果把握得很准确。不足之处在于拥塞、偏厚重，商业街区空间尺度欠佳，立面图较简单。

26 Examination Paper Of University 某高校规划硕士研究生入学考试试卷

答题一律做在答题纸上（包括填空题、选择题、改错题等），直接做在试题上按零分计。

准考证号＿＿＿＿＿ 系　别＿＿＿＿＿ 考试日期＿＿＿＿＿

适用专业＿＿＿＿＿＿＿ 考试科目＿＿＿＿＿＿＿

某中部城市职业技术学院详细规划

一、基地情况

该校园位于某中部地区城市，红线范围内总用地 20hm^2，交通方便，用地范围内地形基本平坦，西北两边为城市干道，北面有条水渠，西南面为远期发展用地，具体地形状况详见地形图。

二、规划设计内容及要求

1. 校园应充分体现智能化、人文化、生态化的设计理念，具有创意新颖、格调明快、技术先进、布局合理的鲜明特点，达到人、建筑、环境的互相协调，体现较好的经济效益和社会效益。规划设计应按不同功能分为教学区、实训（实验）区、行政区、体育运动区、绿化园区、学生生活区和在职人员培训区。根据地形地貌、日照、气候及校园周边环境合理布局，满足环保等部分的标准，使各区在和谐中求统一，统一中见特色，保证师生工作、学习与休闲活动互不干扰，并在未来建设或局部调整时，总体框架不受影响。

2. 建筑物应体现现代、典雅、简洁的风格，体现职业技术教育特色，与周围环境协调和谐；建筑层数一般不宜超过 6 层。

3. 规划设计主入口和辅助入口，应结合校园及周围地形地貌和城市道路的特点，组织好校园内的交通配置，并符合消防、市政等规范要求。

4. 主要建筑规划控制指标

（1）教学楼（含系行政办公用房）：面积 15000m^2；

（2）图书馆：面积 6000m^2；

（3）实训（实验）楼：面积 5000m^2；

（4）体育运动场地和设施：

带主席台的 400m 跑道标准田径场 1 个；

篮球场 10 个、排球场（兼作羽毛球场）10 个；

器械场 10 个（包括单杠、双杠、吊环）。

5. 艺术中心。

6. 风雨操场：按 3000 人规模规划，满足冬季、雨季上体育课的需要。

7. 学生宿舍：面积 30000m^2，男、女生宿舍区相对独立，规划比例为 1：1，4 人间占 40%、6 人间占 60%，设公共盥洗室、厕所等。

8. 学生食堂（内含教工餐厅）：按 3000 人规模、满足 1500 人同时用餐规划。

9. 校行政楼：面积 2000m^2。

10. 生活服务用房和后勤服务用房及设施：面积 4000m^2。

11. 职业培训中心：面积 3500m^2。

12. 单身教工公寓：面积 2500m^2，包括每间 2 人、带卫生间的标准客房和辅助用房。

上述建筑面积可根据设计需要合理调整（文字说明）。

三、规划设计内容与表达要求

1. 简要设计说明（400 字内，含主要技术经济指标及户型说明）。

2. 总平面图 1 ：1000（徒手或工具绘制，要求比例正确）。

3. 景观节点构思（不做特别规定，以反映方案特征为目的）。

4. 规划分析图（规划结构、道路系统、绿化景观、空间系统）数量不限，以能说明方案特征为原则。

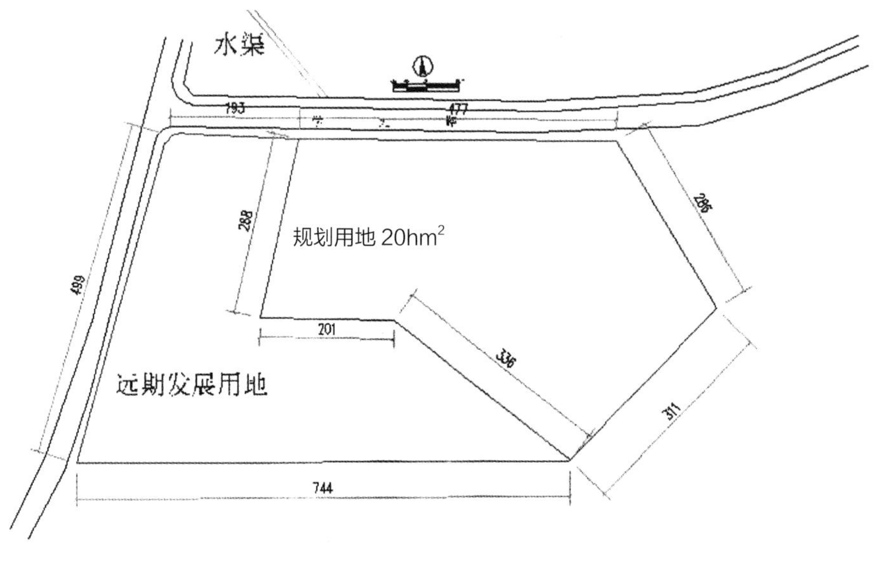

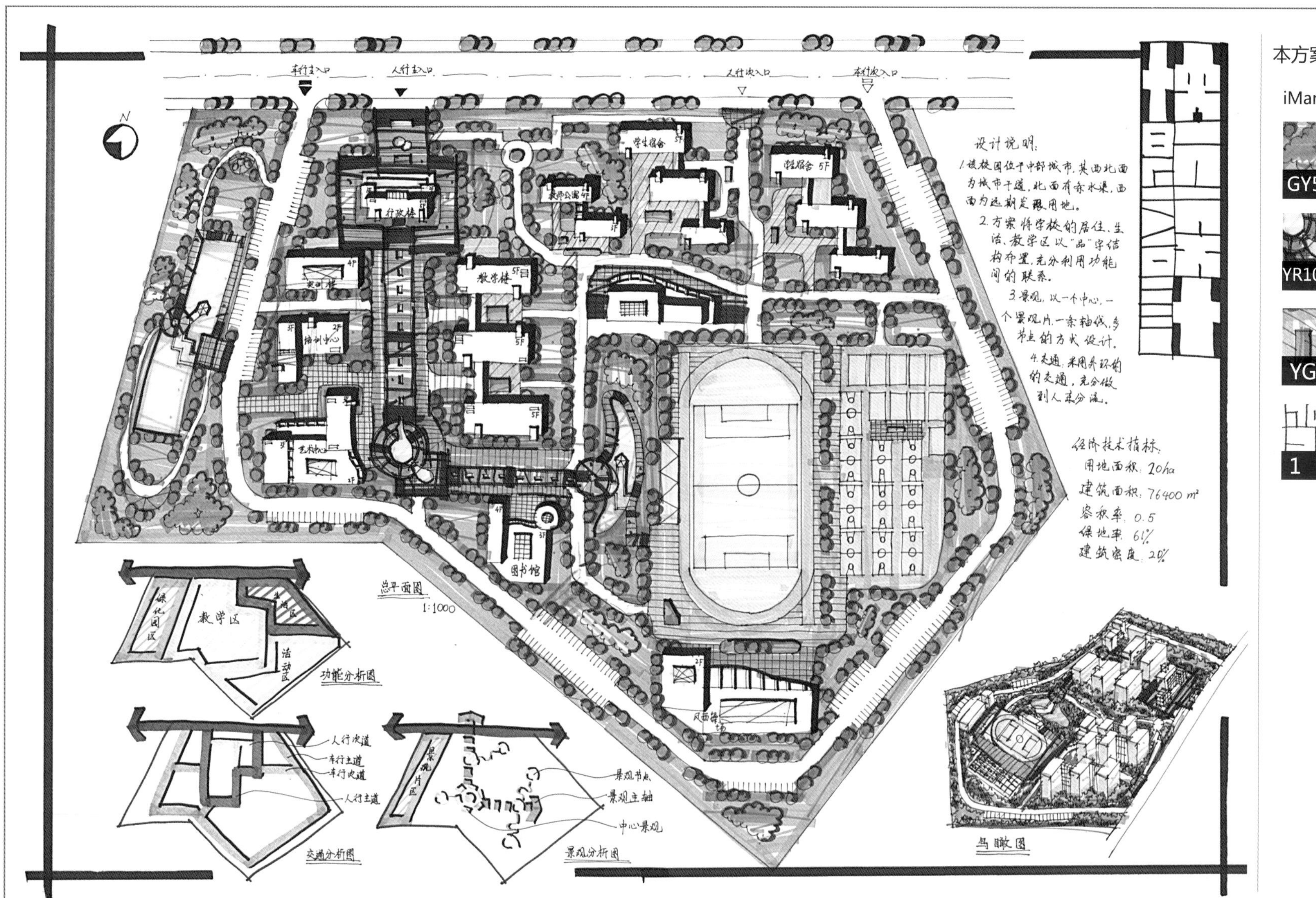

本方案主要配色

iMark 马克笔

GY53+GY55

YR102+YR103

YG3

1

例 96　某中部城市职业技术学院详细规划

作　　者	曾柯杰	**报考院校**	重庆大学
表现方法	针管笔 + 马克笔（iMark）		
用　　纸	A1 绘图纸	**用纸规格**	594mmx841mm
用　　时	6 小时	**期　　数**	华元 39A/40c 期

名师点评 ▲

该方案很好地使用了校园设计中最常用的人车分流的设计手法，主要入口与主要轴线突出，直接连接行政与教学片区；次入口为生活区入口，与宿舍区相联系，分区合理；运动场地位于东南角，减少对其他片区的干扰。次级路网偏多，且略显杂乱，建筑将北部主要车行入口与人行入口合并，主要轴线上的中心不够突出，且与西部游园联系较少；教学楼由于定时大量人流的出现，建议周边加大硬质铺装；风雨操场位置过于偏南，建议放在足球场北部。快题整体配色和谐，图纸表现规整。

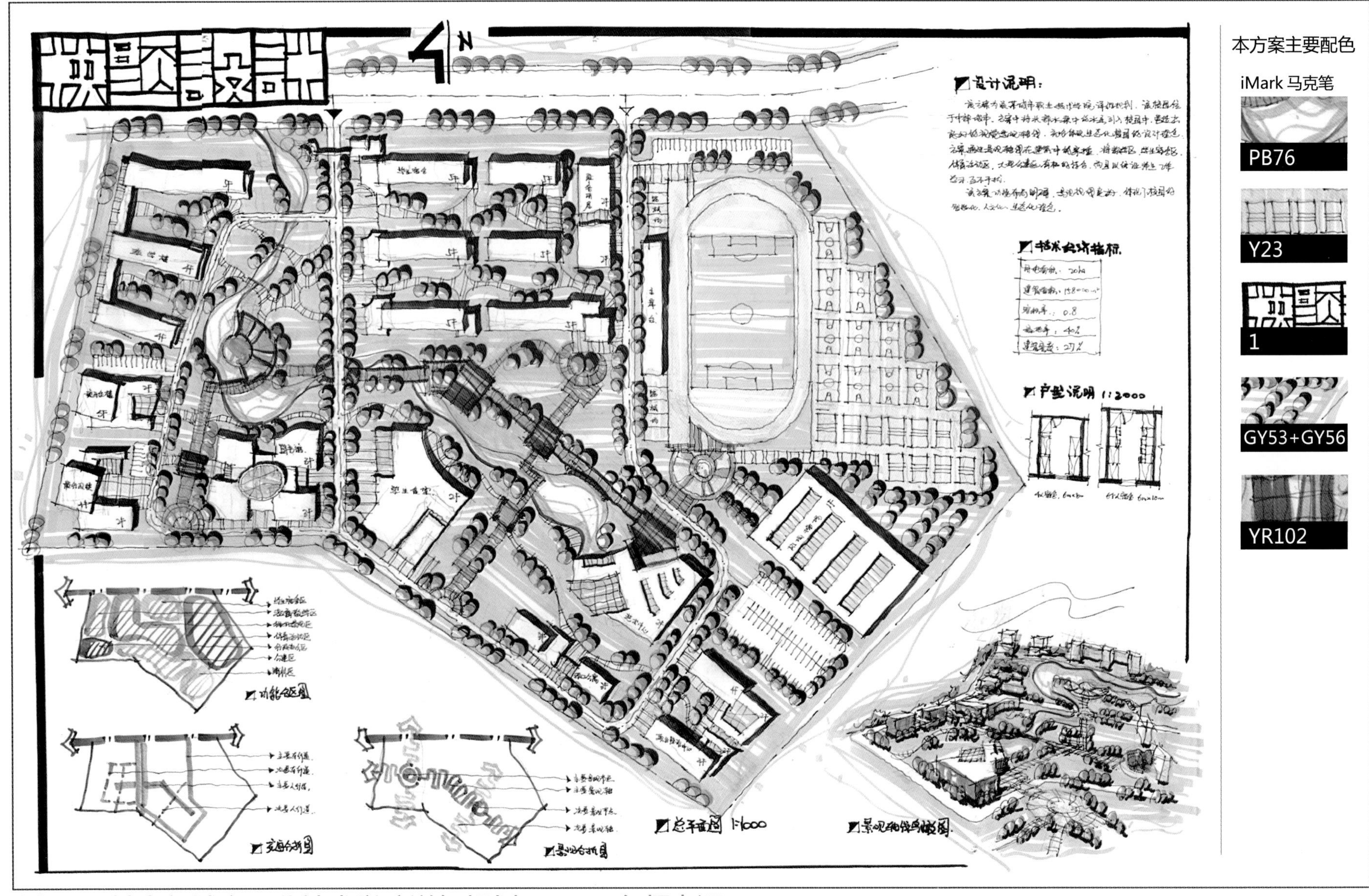

例 97　某中部城市职业技术学院详细规划

作　者	梁　栋	报考院校	北京建筑大学
表现方法	针管笔 + 马克笔（iMark）		
用　纸	A1 硫酸纸	用纸规格	594mmx841mm
用　时	6 小时	期　数	华元 39C1 期

名师点评 ▲

该快题在硫酸纸上作图，所以整体配色选择色彩较亮丽的黄绿色系，整体搭配和谐突出，用色清新。主入口与宿舍生活区接近，不太合理，应考虑校园主要功能（教学、行政、办公）与主入口接近，这样从人流和使用方面都更加合理便捷。作为校园设计，图书馆通常是文化气息的代表，可作为重要的节点或轴线的终点，但此方案图书馆位置较偏僻，不能够起到核心作用。鸟瞰与分析图表现符合规范且抢眼，并附有宿舍户型说明，整体完整。

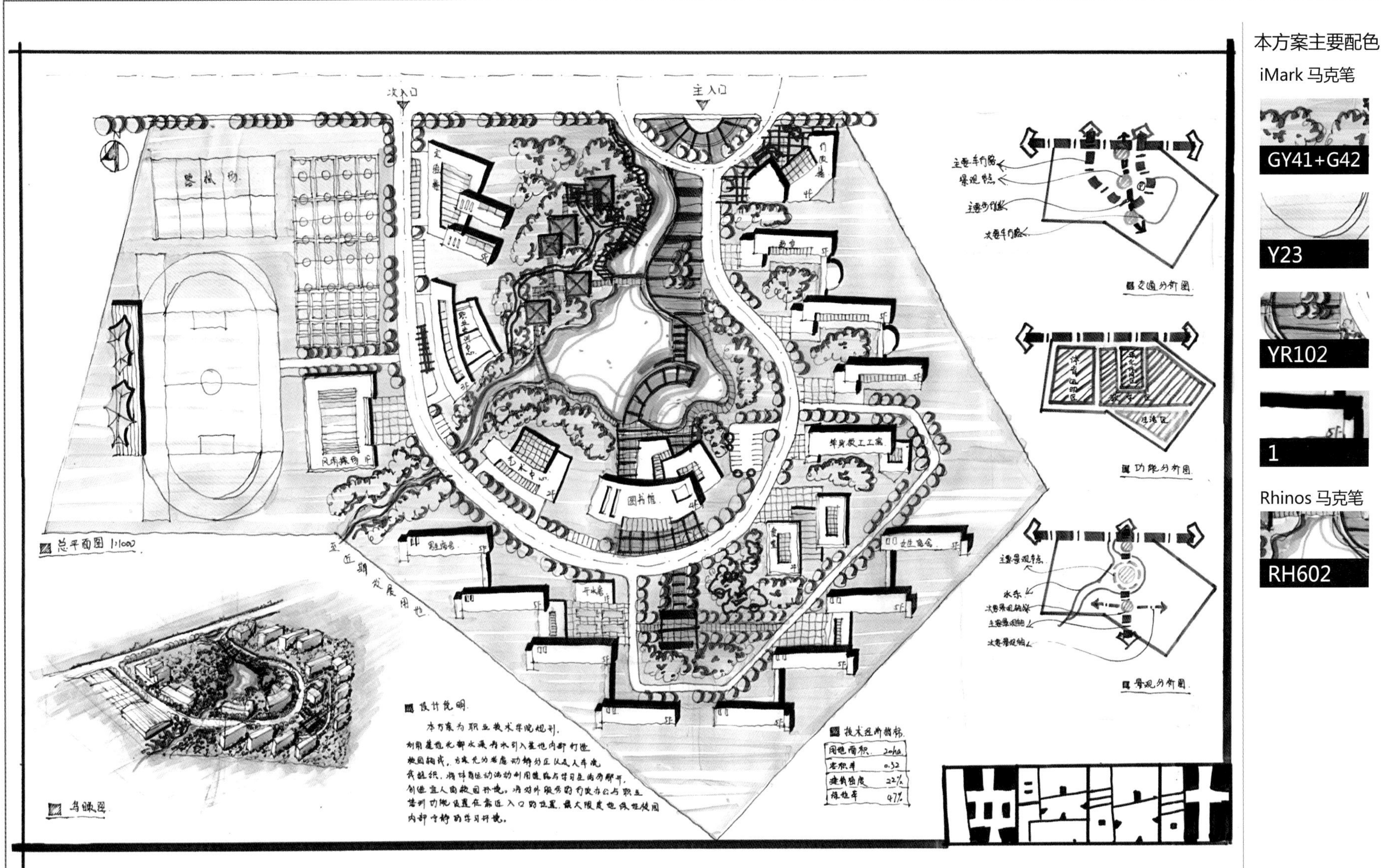

例 98　某中部城市职业技术学院详细规划

作　　者	邹　晖	报考院校	清华大学
表现方法	针管笔 + 马克笔（iMark+Rhinos）		
用　　纸	A1 硫酸纸	用纸规格	594mmx841mm
用　　时	6 小时	期　　数	华元 39C1 期

名师点评 ▲

该方案在硫酸纸上作图，整体色彩清新淡雅。方案设计时以一条主要的 U 形车行道贯穿地块，并围绕车行道展开布置各功能建筑，U 形内部是主要功能建筑和主要景观轴线，并以图书馆作为主要轴线的收尾；U 形路网外部依次布置教学区、生活区和运动区，分区明确，且各个功能建筑形式突出，建议增加教学区的公共场地。鸟瞰图表现出水彩的效果，层次分明。这种校园设计思路在校园设计中显得新颖、特别。

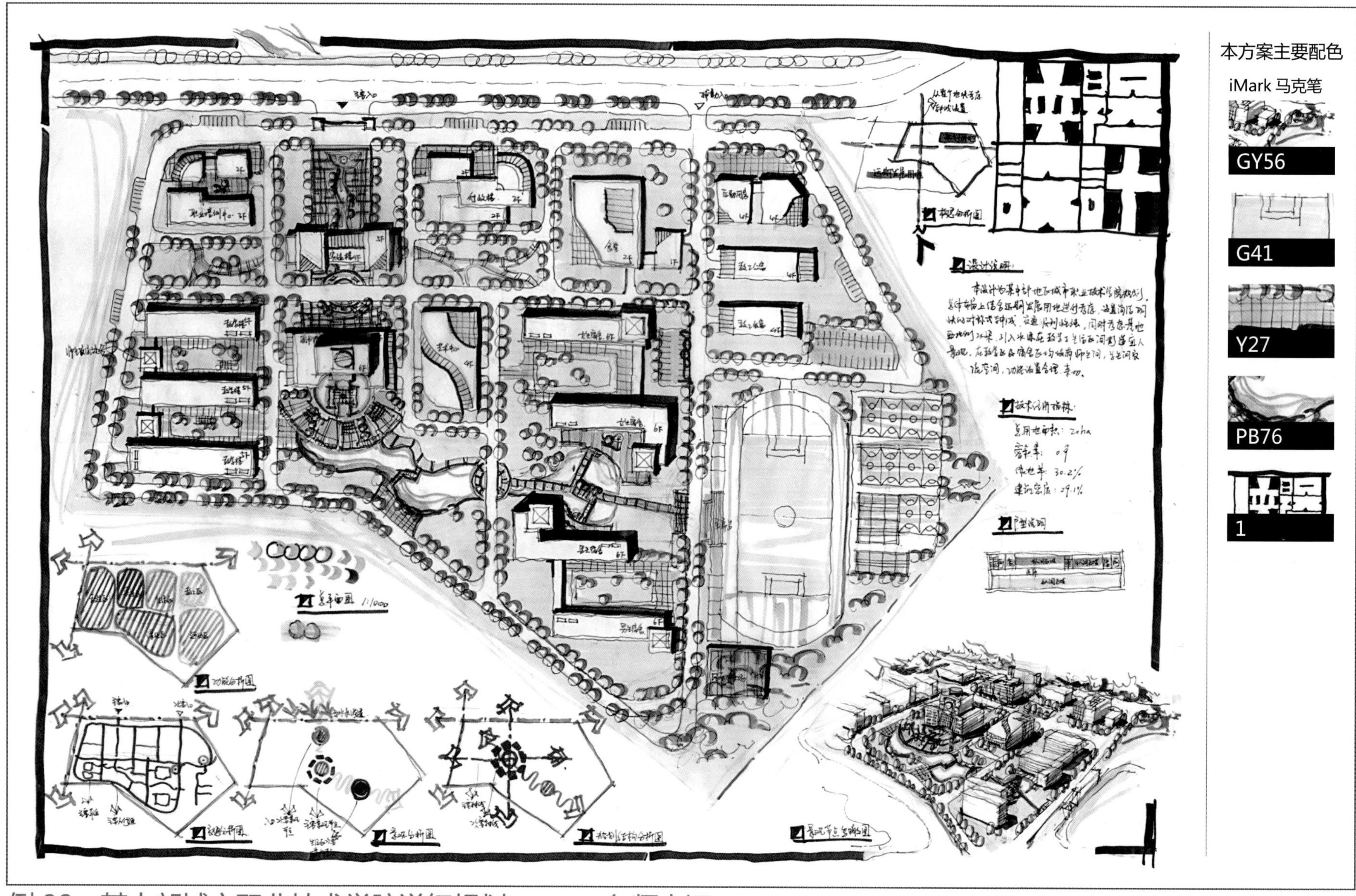

例 99　某中部城市职业技术学院详细规划

作　　者	黄思瞳	报考院校	清华大学
表现方法	针管笔 + 马克笔（iMark）		
用　　纸	A1 硫酸纸	用纸规格	594mmx841mm
用　　时	6 小时	期　　数	华元 39C1 期

名师点评 ▲

该方案整体设计完整，思路清晰，主要优点有：1. 交通系统组织完善，人行与车行各自独立成系统，主次入口明确；2. 功能分区明确，注意动静分区；3. 建筑平面形式变化多样，突出建筑功能；4. 主要轴线组织丰富明显，突出中心与重点建筑物。主要缺点有：1. 车行系统较多，可适当简化，满足通达性和消防即可；2. 风雨操场位置较偏僻，与其他功能联系较弱；3. 教学区偏于西南角，作为主要功能用地，与其他附属功能距离较远，联系较少。整张快题表现完整，色调和谐淡雅。

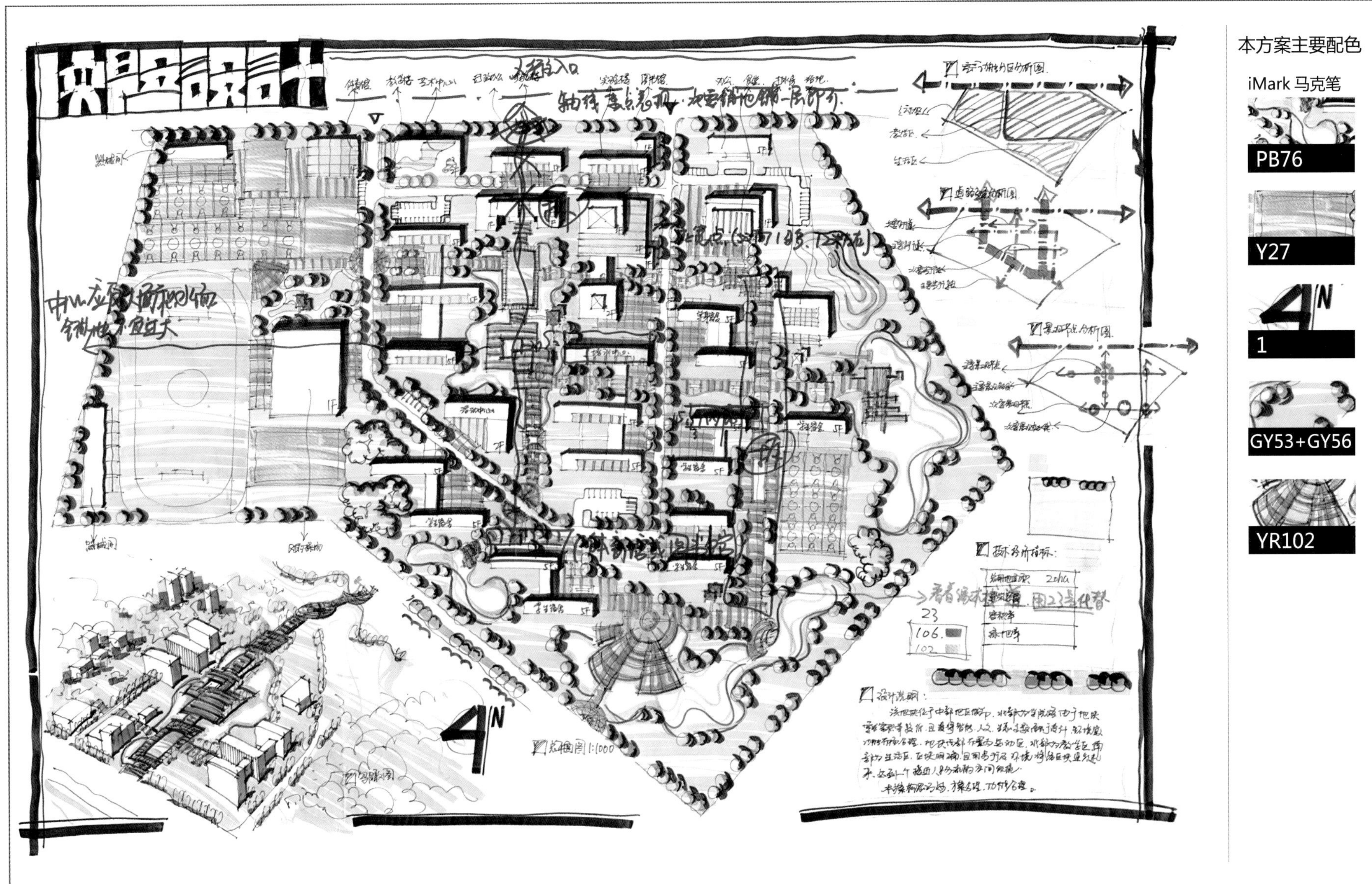

例 100　某中部城市职业技术学院详细规划

作　　者	缪立波	报考院校	北京建筑大学
表现方法	针管笔 + 马克笔（iMark）		
用　　纸	A1 硫酸纸	用纸规格	594mmx841mm
用　　时	6 小时	期　　数	华元方案 C3 期

名师点评 ▲

该方案设计时以一条中环式道路网组织车行交通，人车分行，避免互相干扰。设计时主要的教学和办公功能位于中环内部，位于主要轴线两侧，与轴线联系紧密，且空间组织有收有放，有紧有密；其他生活区和运动区围绕环形路网外部展开布置，并又独立组织成一条次要轴线。但是整体方案上步行空间显得过于复杂繁琐，从而缺少重点，建议突出中心的主要轴线，尺度加大，并且独立向北部开人行出入口，弱化其他步行系统。鸟瞰图部分略显简单，且没有突出空间感，虽然是局部鸟瞰，但若表现得更加紧凑则更好。

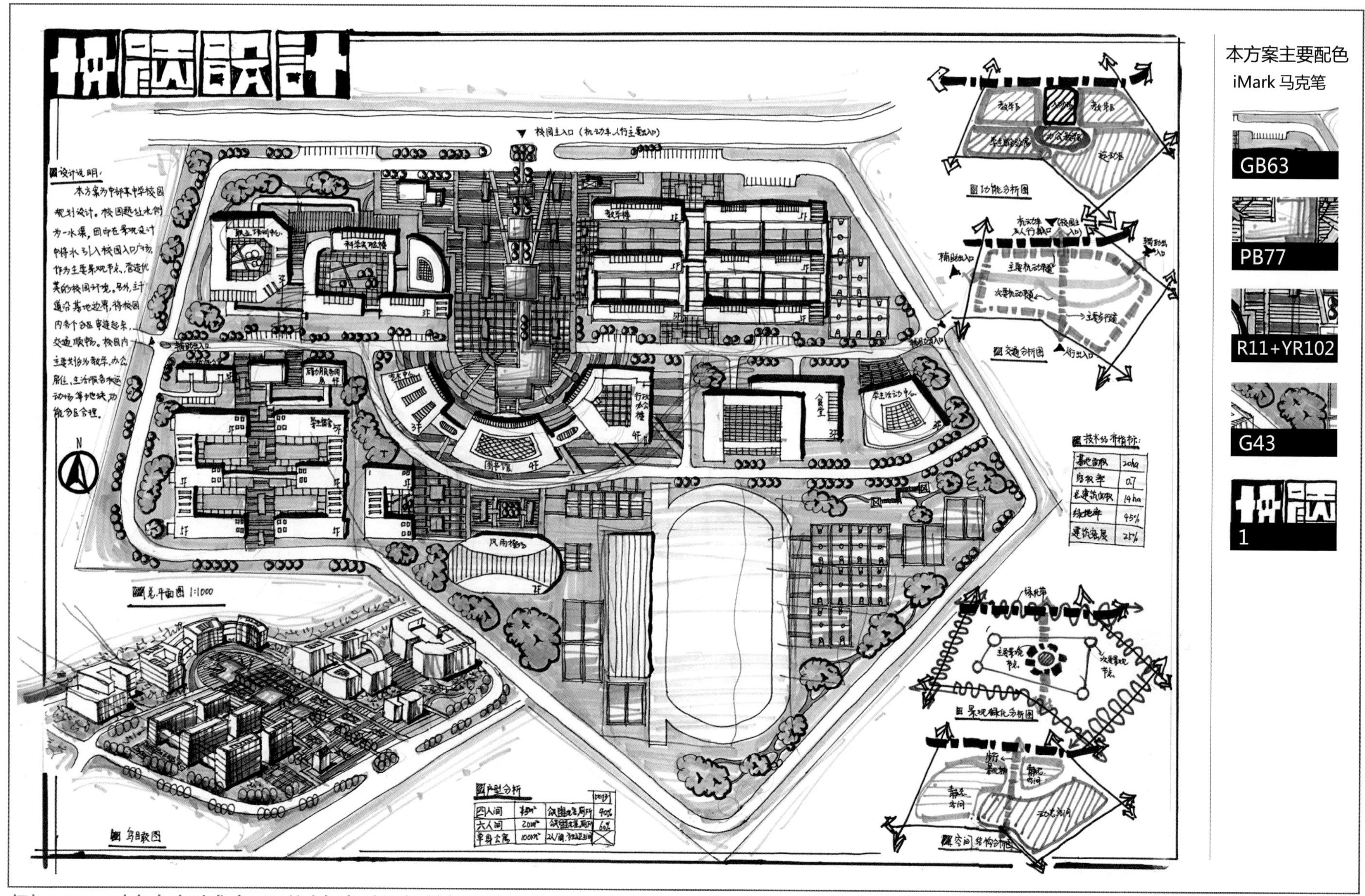

例 101　某中部城市职业技术学院详细规划

作　者	王文倞	报考院校	北京工业大学
表现方法	针管笔 + 马克笔（iMark）		
用　纸	A1 绘图纸	用纸规格	594mmx841mm
用　时	6 小时	期　数	华元方案 C3 期

名师点评 ▲

该方案采用了外环式路网，并在地块四个部分分别布置主要功能：办公、教学、生活和运动。在中心位置布置标志性建筑图书馆，并作为主要轴线的收尾。中心两条东西向道路解决交通和消防功能，建议可简化为一条道路，从图书馆南侧穿过即可。方案的主要轴线设施的铺装样式和色彩可加大变化，更加丰富一些，水体设计上考虑到了北部的水源，但是设计手法可以在轴线上弱化，到中心处放大，使中心更加突出。建筑造型变化丰富，符合功能需求。整张快题构图完整。

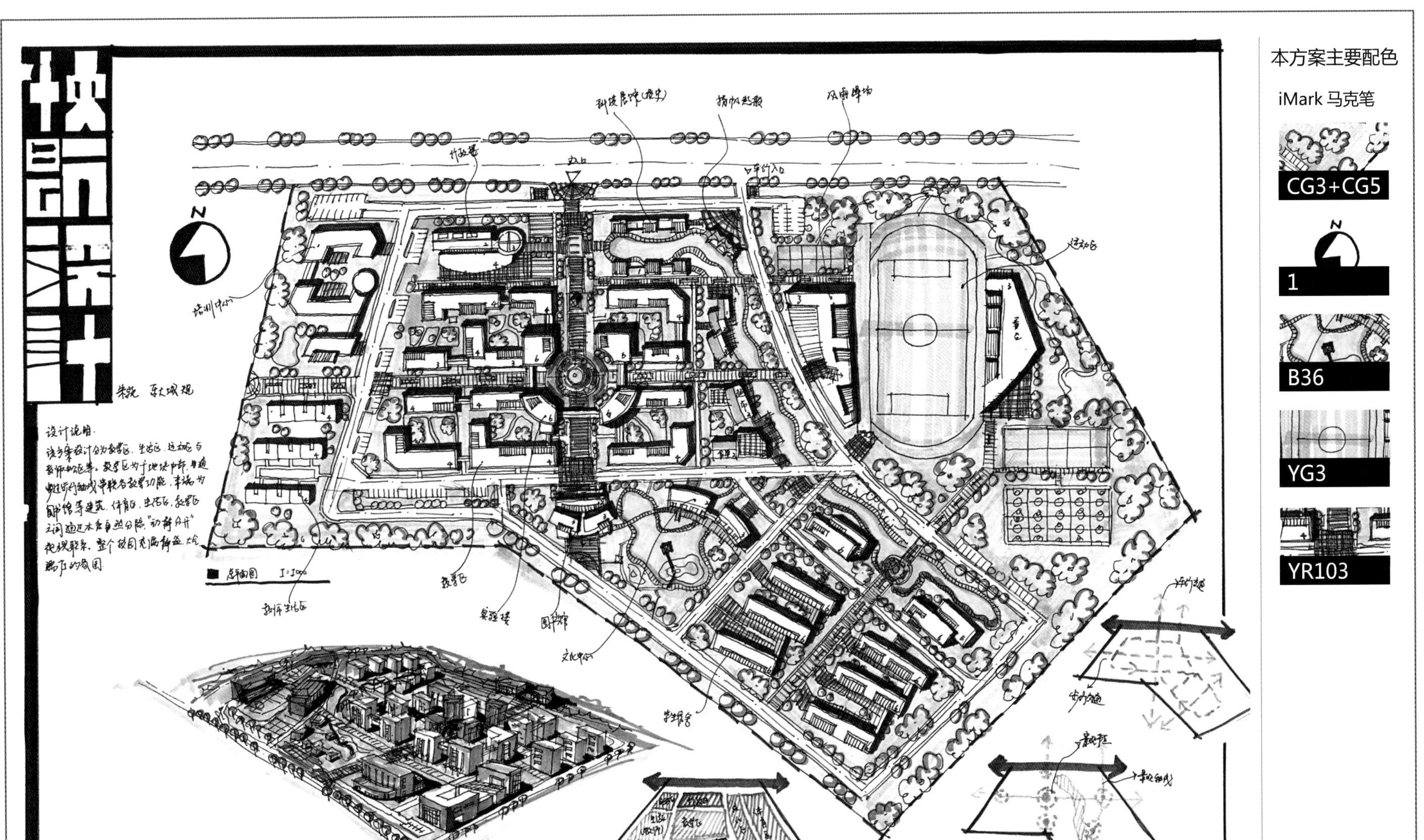

例 102　某中部城市职业技术学院详细规划

作　　者	朱　骁	报考院校	东南大学
表现方法	针管笔 + 马克笔（iMark）		
用　　纸	A1 绘图纸	用纸规格	594mmx841mm
用　　时	6 小时	期　　数	华元 42C2 期

名师点评 ▲

该方案整体呈灰色系，绿地采用 BG3 作为整体的背景色。方案设计时采用中环式主要道路系统，将主要功能建筑和轴线布置在中心处，并和主要出入口直接相联系，中心十分突出，且轴线最终收于图书馆，也强调了其核心地位。教学建筑组团设计较好，建筑的空间围合感较强，且与场地关系明确。宿舍建筑朝向略有偏差，建议以正南正北为宜。宿舍区与小游园之间车行较多，可以省略。全景鸟瞰图表现十分优秀，场地、绿地、水体、建筑、道路关系明确清晰，整张快题和谐统一。

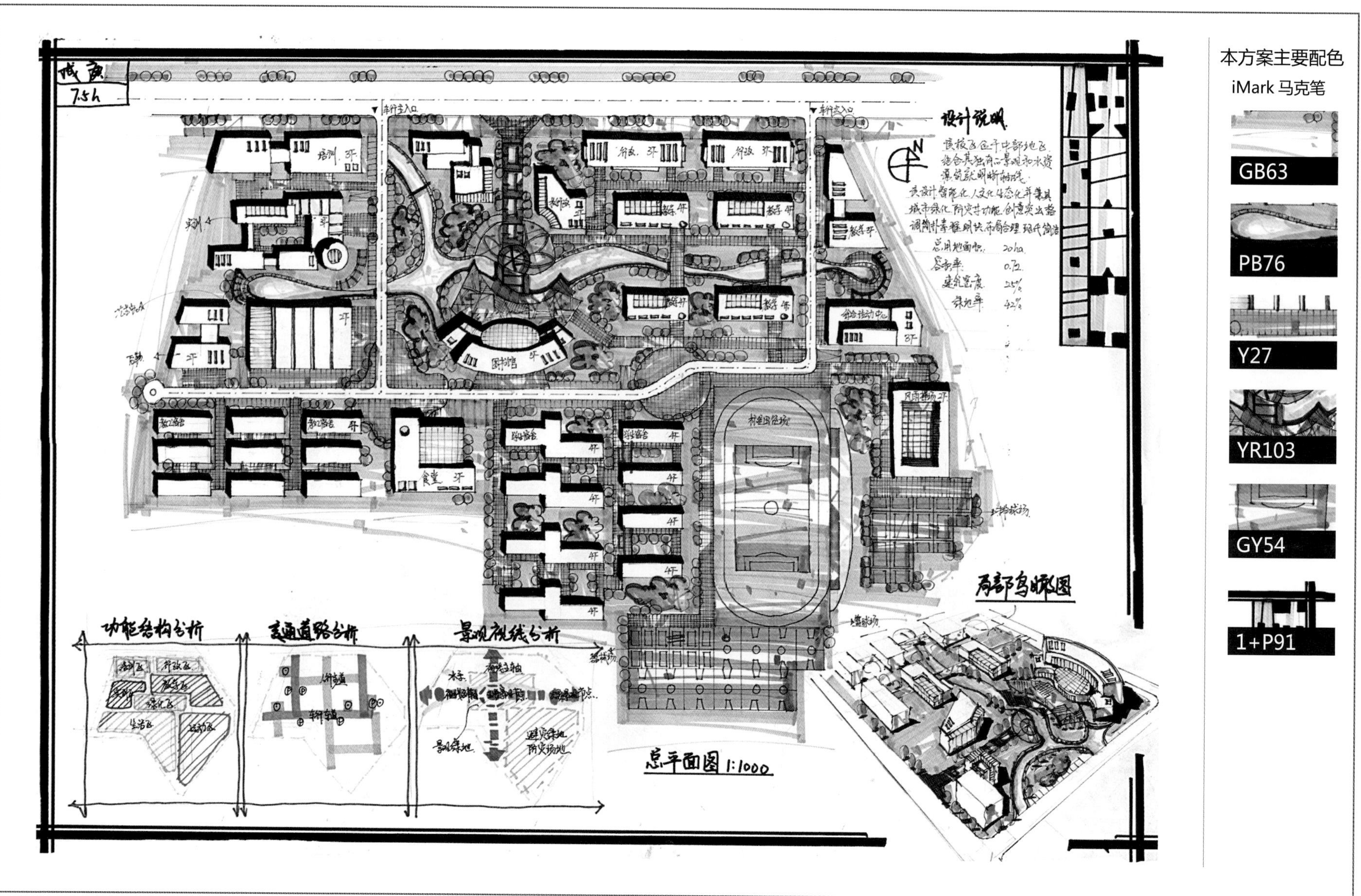

例 103　某中部城市职业技术学院详细规划

作　　者	成　庚	报考院校	同济大学
表现方法	针管笔＋马克笔（iMark）		
用　　纸	A1 硫酸纸	用纸规格	594mmx841mm
用　　时	3 小时	期　　数	华元方案 39A/C 期

名师点评 ▲

该方案的用地布局紧凑，规划采用 U 形路网，形成人车分流的交通组织方式。主要步行入口处布置行政与教学功能，并组织中心景观，最终用图书馆作为轴线的收尾，是校园设计的常用手法。在环路外围依次布置培训、后勤、住宿、运动等功能。各功能交通便捷，联系紧密，相互之间干扰较小，动静分区合理，建筑形式变化丰富并具有代表性。鸟瞰图选取中心轴线表现，空间丰富，造型多变。整张快题用色淡雅，表达完整。

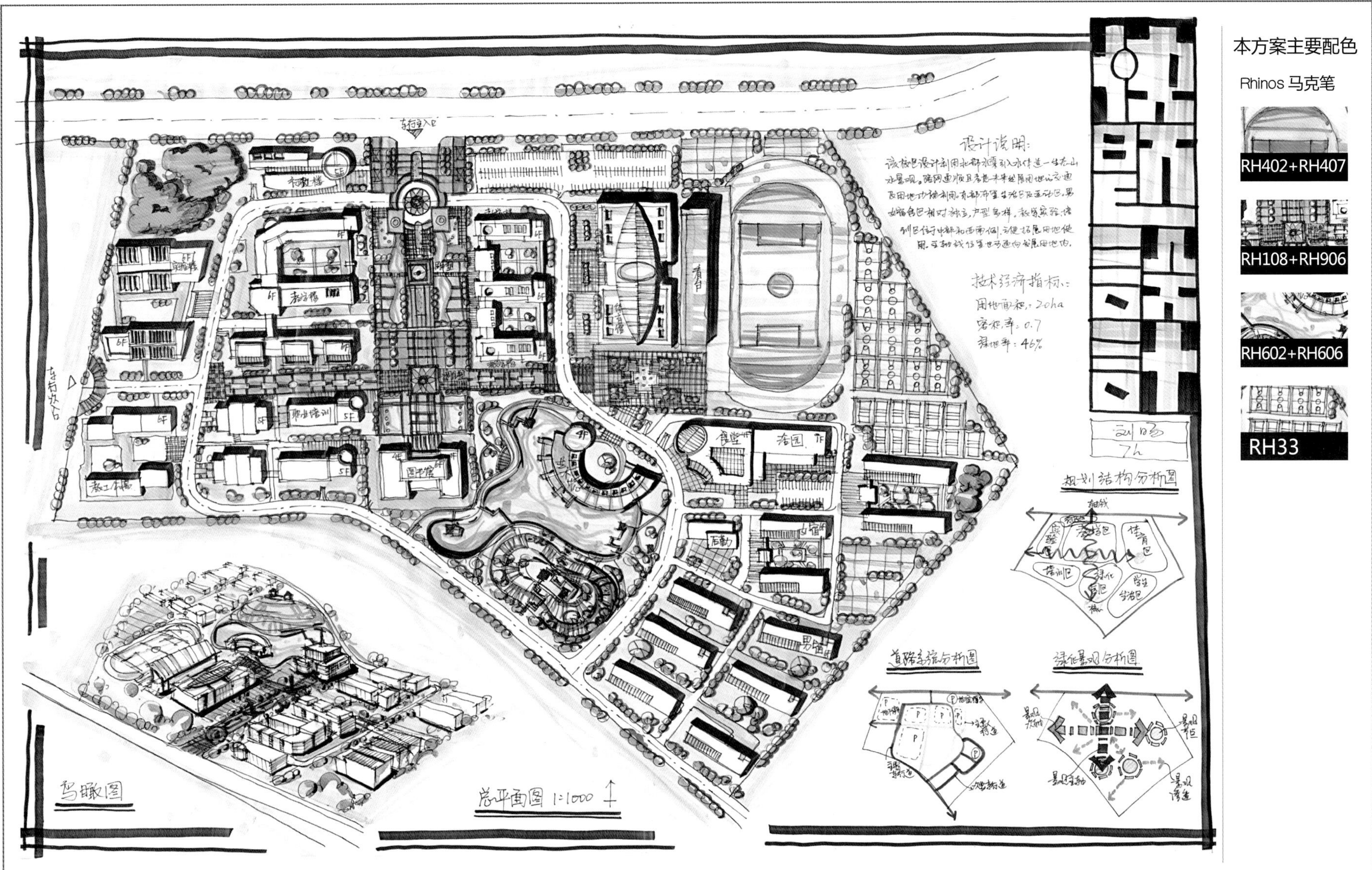

例 104　某中部城市职业技术学院详细规划

作　者	刘 旸	报考院校	天津大学
表现方法	iMark 针管笔 + 马克笔（Rhinos）		
用　纸	A1 拷贝纸	用纸规格	594mmx841mm
用　时	6 小时	期　数	华元 39C2 期

名师点评 ▲

天津大学规划快题为拷贝纸作图。本方案整体设计采用中环式路网，便于组织结构，南北向的主要轴线和东西向的次要轴线，将各个功能分区很好地联系了起来，主要功能围绕中心布置，建筑形式紧凑，联系密切，轴线丰富，是校园设计的惯用手法。图书馆东南侧挖地堆山，自造了校园内部的小游园，思路新颖有创意，外部分别布置其他附属功能和生活区、运动区，结构明确，层次清晰。鸟瞰图选取中心最有特色的部分进行表现，空间感良好。整张快题表现完整丰富，思路清晰。

答题一律做在答题纸上（包括填空题、选择题、改错题等），直接做在试题上按零分计。

准考证号＿＿＿＿＿ 系　别＿＿＿＿＿ 考试日期＿＿＿＿＿

适用专业＿＿＿＿＿＿＿ 考试科目＿＿＿＿＿＿＿

某大学生创业园规划设计

一、基地条件

苏南某城市新区与区内高校共建一大学生创业园，为不同类型和不同阶段的大学生搭建创业平台，为大学生创业起步孵化和发展壮大提供资金、辅导、人才推荐、技术咨询、财税咨询、法律咨询、市场开发、生产办公场地等全方位的创业服务和保障。

创业园规划用地为 14.5hm^2。地块三面临城市道路，南侧为河流。用地东侧已建成金融、商业服务中心；西面、北面为居住区，河流南面为大学校园。用地现状较好，地势平坦，内有小河在其中穿过。地形见附图。基地西侧城市次干道中段近创业园一侧规划建设一公交始发站（港湾式，最大停放 4 辆公交车，可根据创业园规划设计方案定位）。

根据建设内容和规到要求，提出功能布局合理、结构清晰、形式活泼、环境友好的大学生创业园规划设计方案。

二、拟建设主要项目内容

1. 设计研发用房

建筑面积 40000m^2，分电子信息研发、广告动漫、工程设计、精密机械研发、生态节能研发五大产业孵化器，各孵化器设 50 ~ 80 个创业空间及产品展示、会议等附属设施。

2. 生产用房

建筑面积 70000m^2，提供一定规模的厂房、办公场地以及产品展示、会议等附属设施，用以接纳经“孵化出壳”的成长性大学生创业企业，同时引进具有一定规模和良好发展潜力的高科技企业，形成集聚、示范和带动效应。

3. 创业公寓

建筑面积 40000m^2，40 ~ 70m^2/ 套。

4. 综合服务

建筑面积 2 万 m^2，包括连锁旅馆（4000m^2）、培训中心（4000m^2）、餐饮、超市、文化活动、休闲健身、商业金融等服务设施。

5. 其他设施

根据需要自定。

三、规划设计要求

1. 地块综合控制指标分别为：

容积率≤ 1.2；

建筑密度≤ 30%；

绿地率≥ 35%；

12 层≤创业公寓≤ 18 层。日照间距：1.35；

设计研发用房的建筑高度≤ 50m，其他设施建筑高度≤ 24m；

建筑后退道路红线、南侧河流蓝线各 5m。

2. 本地块地面设置停车位 100 个左右，其他为地下停车位。创业公寓应设自行车库和地下停车库。

3. 规划地块内河流尽量保留，但可根据设计者意图适当改造与整治。

4. 公交停靠站附近建筑应适当后退。

四、设计成果

1. 图纸尺寸为标准 A1（841mm × 594mm）大小。

2. 创业园规划总平面图（1：1000）。

要求表示出：

（1）建筑平面形态、层数、内容；

（2）人行、车行道路及停车场地；

（3）室外场地、绿地及环境布置。

3. 规划构思与分析图若干（功能结构和道路交通分析为必须）。

4. 整体鸟瞰或轴测图。

5. 简要文字说明（不超过 200 字）。

6. 主要技术经济指标。

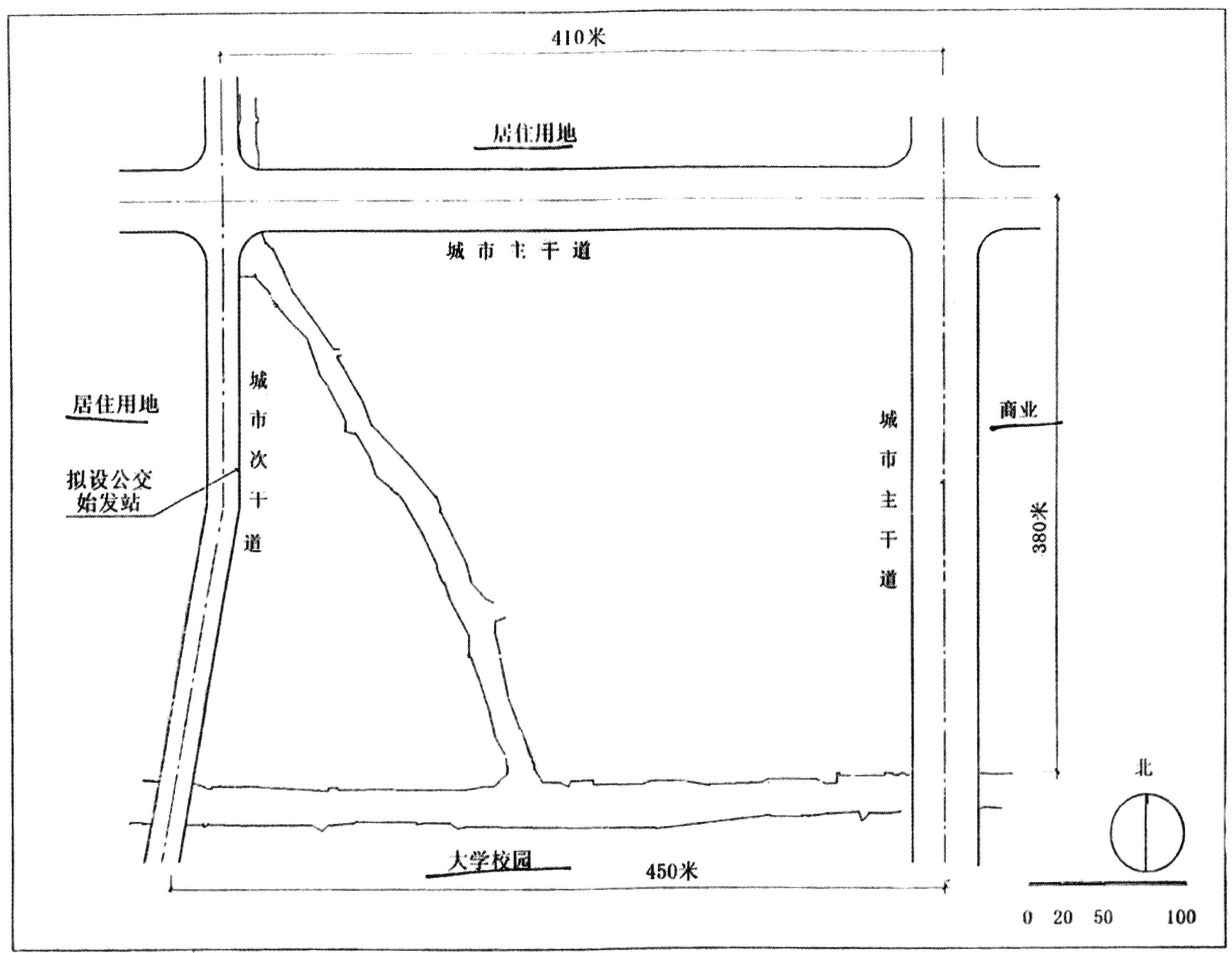
410米
居住用地
城市主干道
居住用地
城市次干道
拟设公交
始发站
城市主干道
商业
380米
北
大学校园
450米
0 20 50 100

■ 任务书地形图

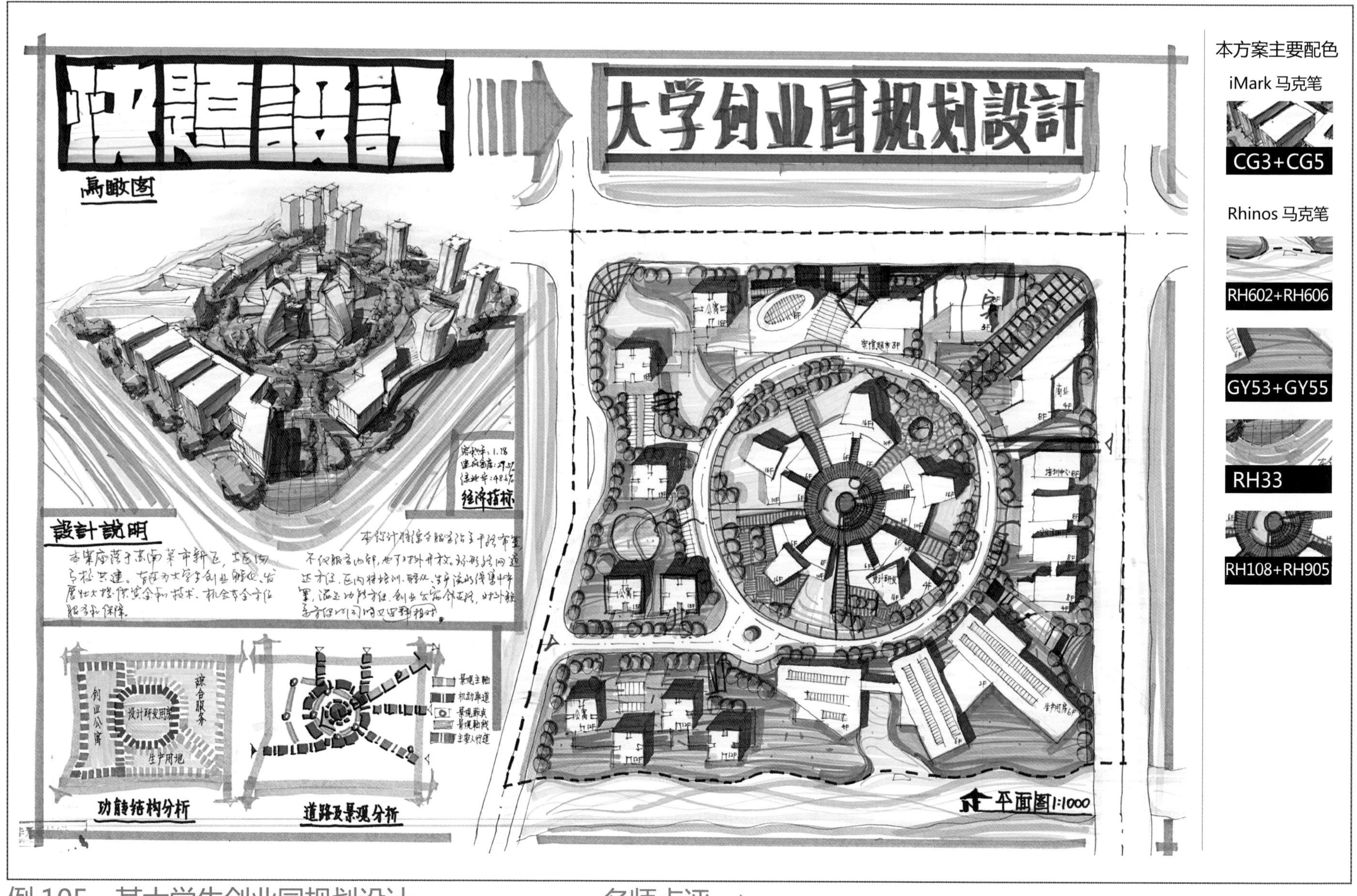

例 105　某大学生创业园规划设计

作　　者	周　驰	报考院校	山东建筑大学
表现方法	针管笔 + 马克笔（iMark+Rhinos）		
用　　纸	A1 绘图纸	用纸规格	594mmx841mm
用　　时	6 小时	期　　数	华元 40C 期

名师点评 ▲

该方案作为大学生创业园规划，优点主要有：功能分区合理且布局紧凑，各功能地块突出且相互之间有联系穿插；建筑形式变化丰富，造型突出，且体量和布局符合建筑功能，体现得十分直观；中心突出，轴线明显且变化丰富，表现细致；该快题表现优秀，特别是鸟瞰图十分体现功底，建筑造型优美，空间感极强。图纸表现完整，色彩搭配和谐丰富。缺点主要有：主要交通体系成完整圆形，比较少见，将重心部分分隔成独立的环岛，不利于各功能相互组织；作为高科技创业产业，生产用房尺度偏大。

28 Others 其他院校高分快题作品

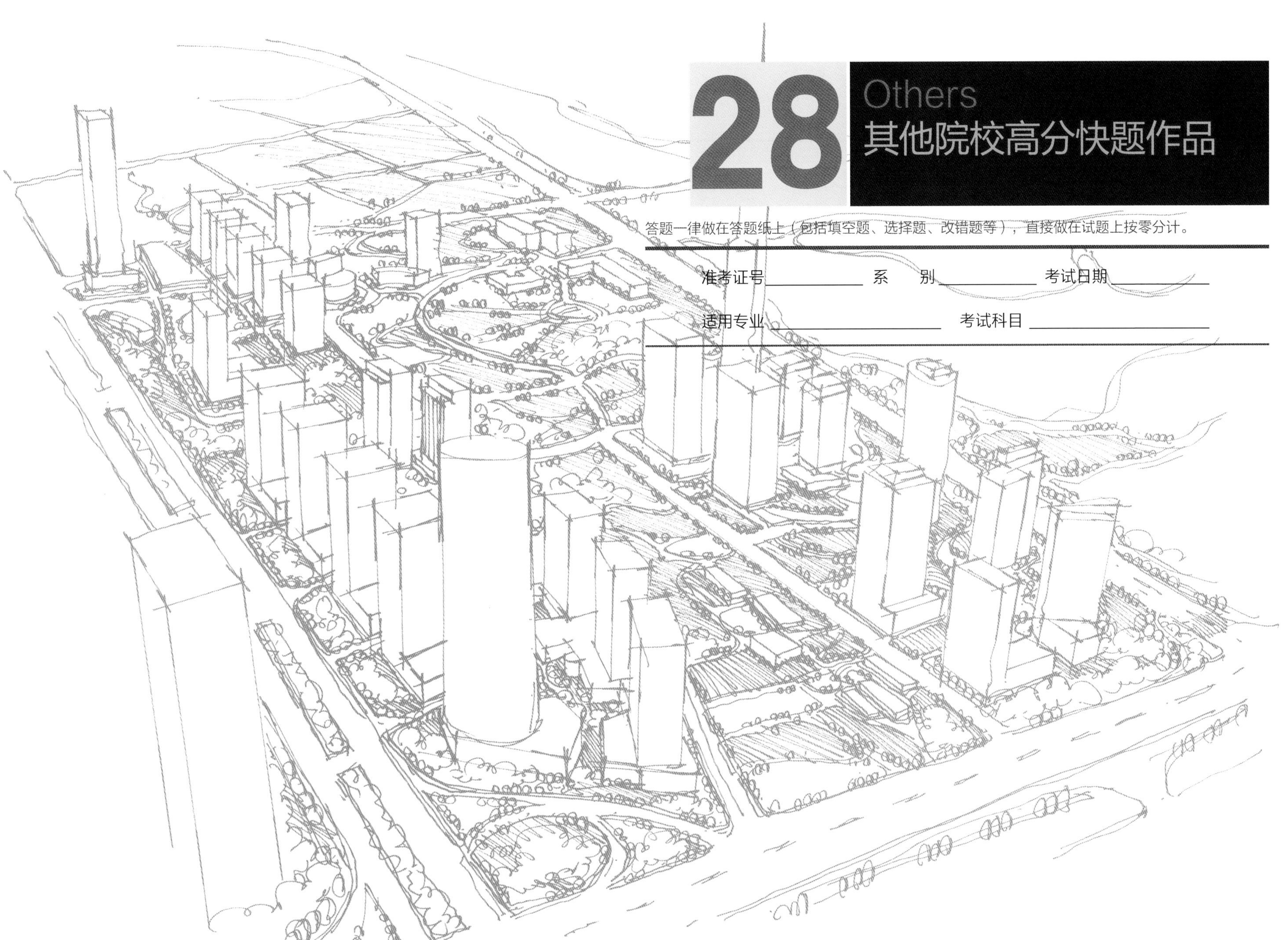

答题一律做在答题纸上（包括填空题、选择题、改错题等），直接做在试题上按零分计。

准考证号＿＿＿＿＿＿ 系　　别＿＿＿＿＿＿ 考试日期＿＿＿＿＿＿

适用专业＿＿＿＿＿＿＿＿＿ 考试科目＿＿＿＿＿＿＿＿＿

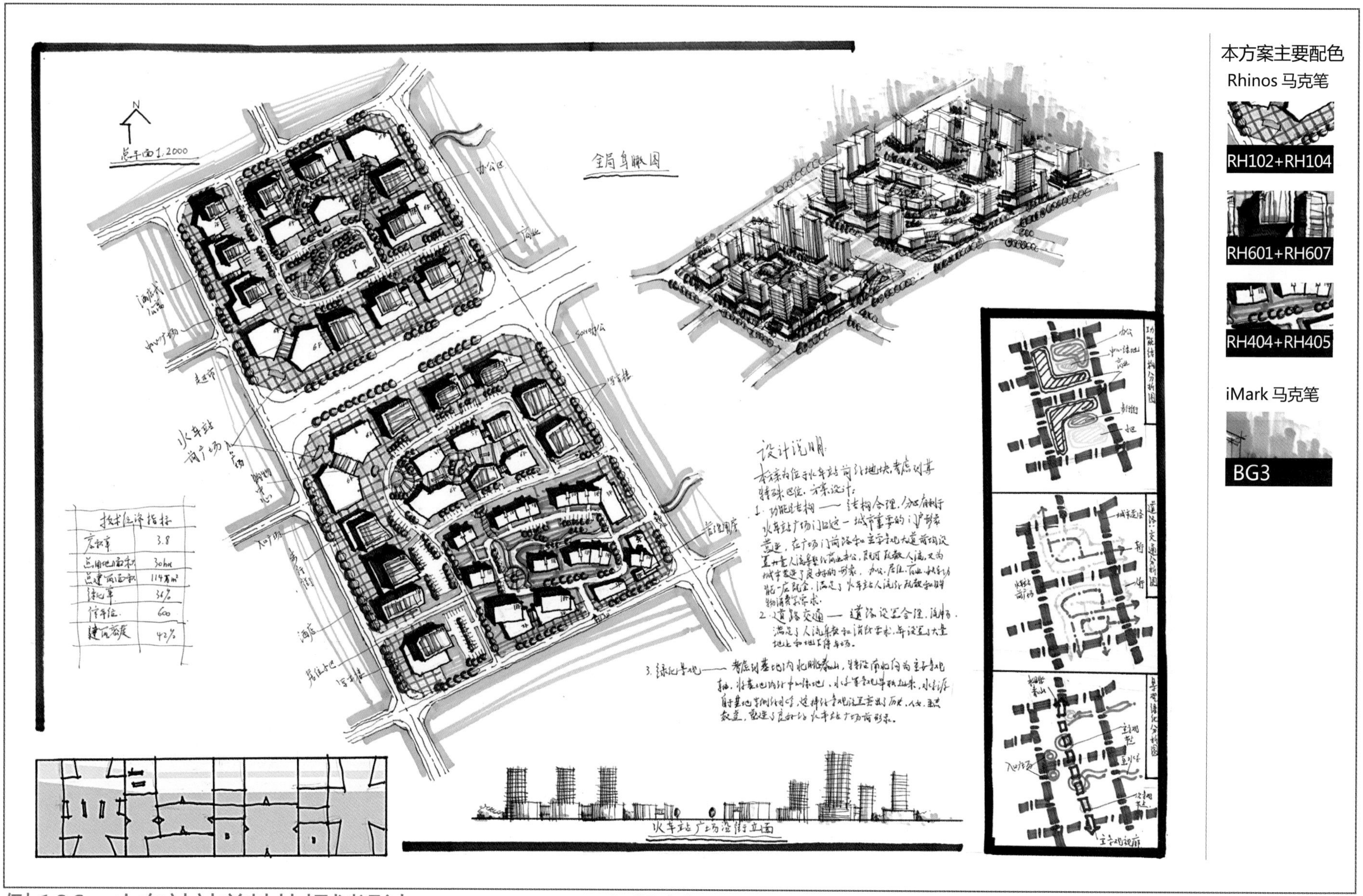

本方案主要配色

Rhinos 马克笔

RH102+RH104

RH601+RH607

RH404+RH405

iMark 马克笔

BG3

例 106　火车站站前地块规划设计

作　　者	朱　越	报考院校	西安建筑科技大学
表现方法	针管笔 + 马克笔（iMark+Rhinos）		
用　　纸	A1 绘图纸	用纸规格	594mmx841mm
用　　时	6 小时	期　　数	华元 13/26 期

名师点评 ▲

该方案作为火车站站前地块规划设计，在沿城市干道的道路周边均设置了大量的沿街商业及商务办公，以解决人流的引导与疏散，商业与办公以裙房和电视高层的形式呈现，提高了用地的容积率；在地块的南部设置了一定的居住功能，使整个地块功能更完整。交通组织以环路为主，贯穿整个地块以解决消防与通畅，并配套设置停车场，表达完整。鸟瞰图与立面图表现细致，展现了规划地块的空间感与城市街景层次，是一张优秀的快题设计。

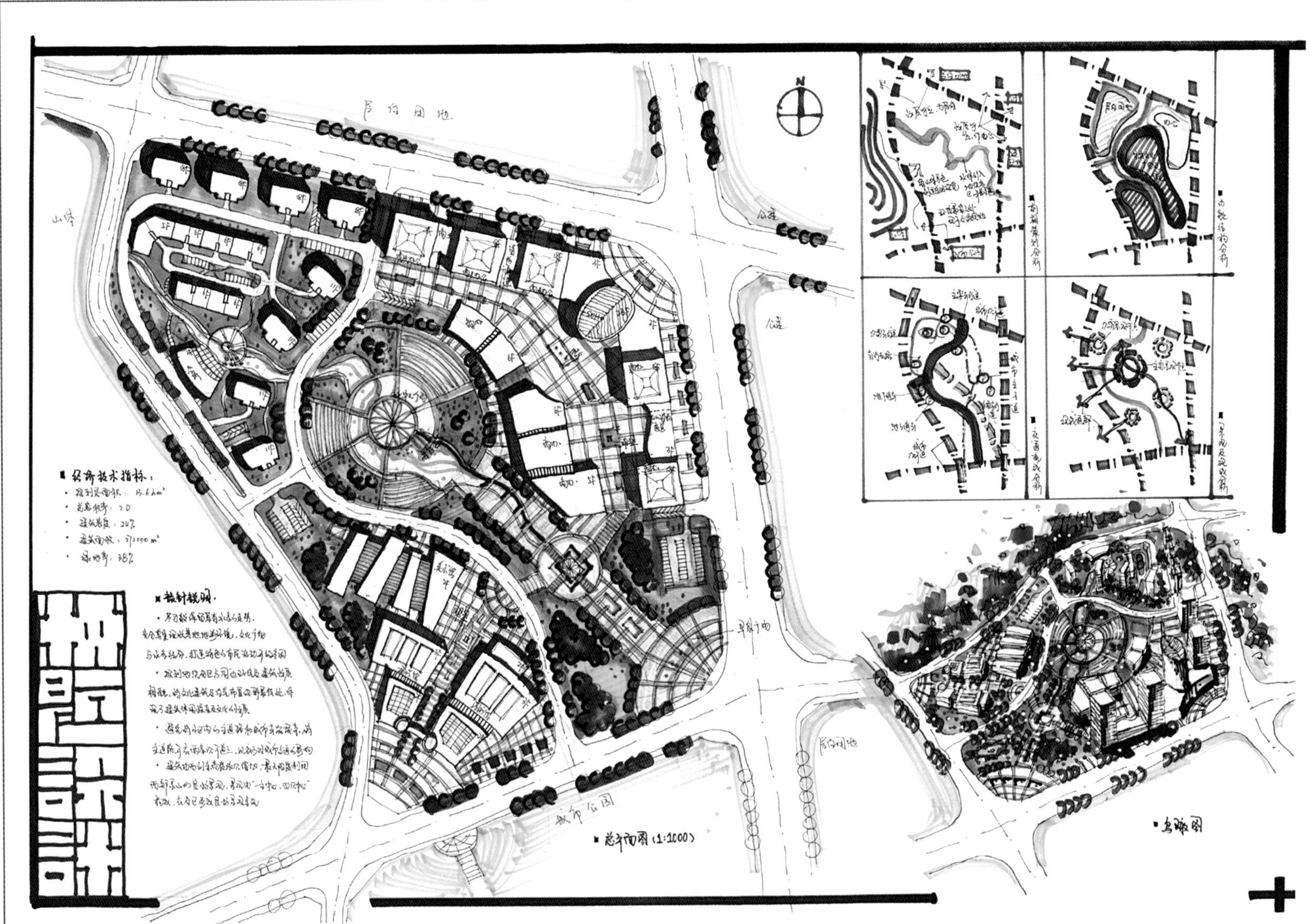

本方案主要配色

Rhinos 马克笔

RH204+RH108

RH31+RH33

RH404+RH407

例 107　城市混合区规划设计

作　　者	汪　徽	报考院校	东南大学
表现方法	针管笔 + 马克笔（Rhinos）		
用　　纸	A1 绘图纸	用纸规格	594mmx841mm
用　　时	6 小时	期　　数	华元 5/19 期

名师点评 ▲

该方案作为城市的混合区设计，优点主要有：功能分区合理，商业区以街区的形式围合；并在沿街处设置点式高层作为办公，居住与文化两个功能分别布置于西侧，布局紧凑，且建筑形式与体量把握准确；主要轴线与中心十分突出，一目了然；主要道路又将各功能分隔，并通过步行道相互连接；鸟瞰图与分析图表达完整，表现手法洒脱飘逸。整体是一张优秀的快题作品。缺点主要有：商业步行街两侧建筑高度差别较大，使商业街区内部的空间感受相对较差。

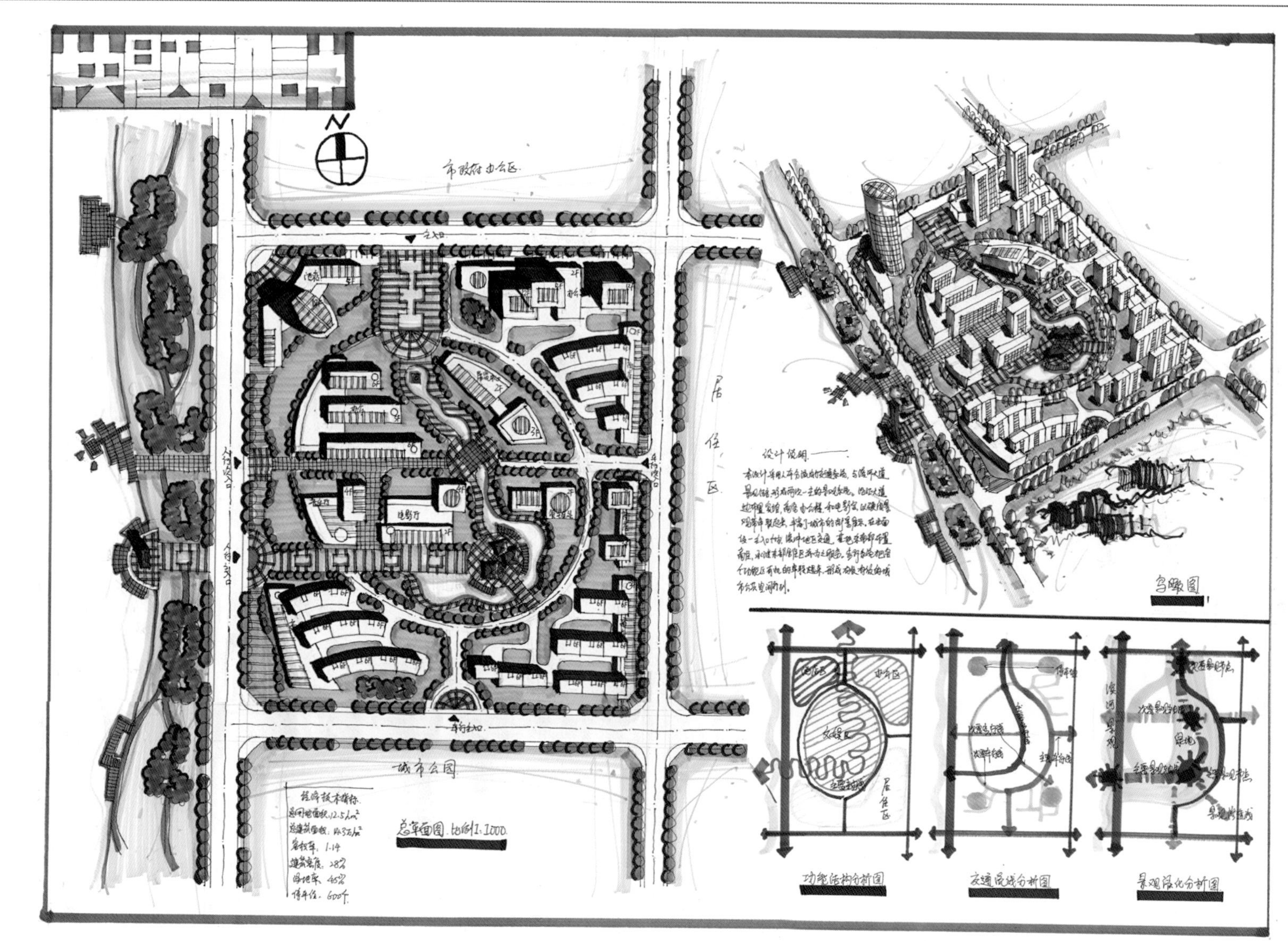

本方案主要配色

Rhinos 马克笔

RH204+RH905

RH602

RH111

iMark 马克笔

G43+G42

WG3

例 108　城市公共中心规划设计

作　　者	杨剑雄	报考院校	浙江大学
表现方法	针管笔 + 马克笔（iMark+Rhinos）		
用　　纸	A1 绘图纸	用纸规格	594mmx841mm
用　　时	6 小时	期　　数	华元 23A 期

名师点评 ▲

该方案作为城市公共中心规划设计，融合了文化、商业、商务、居住、休闲等多重功能，规划设计时采用环形路网，将各个功能地块很好地分隔开来，同时采用了人车分流的交通系统，使步行空间与车行系统互不干扰。中心区内以建筑群组的形式将文娱区与中心公共空间很好地组织起来，外围依次布置酒店、办公和居住。L 形轴线完整明确，将地块很好地串联起来，并最终延伸到外部的滨水空间中。鸟瞰图表现细致，空间感强，整张图表达完整优秀。

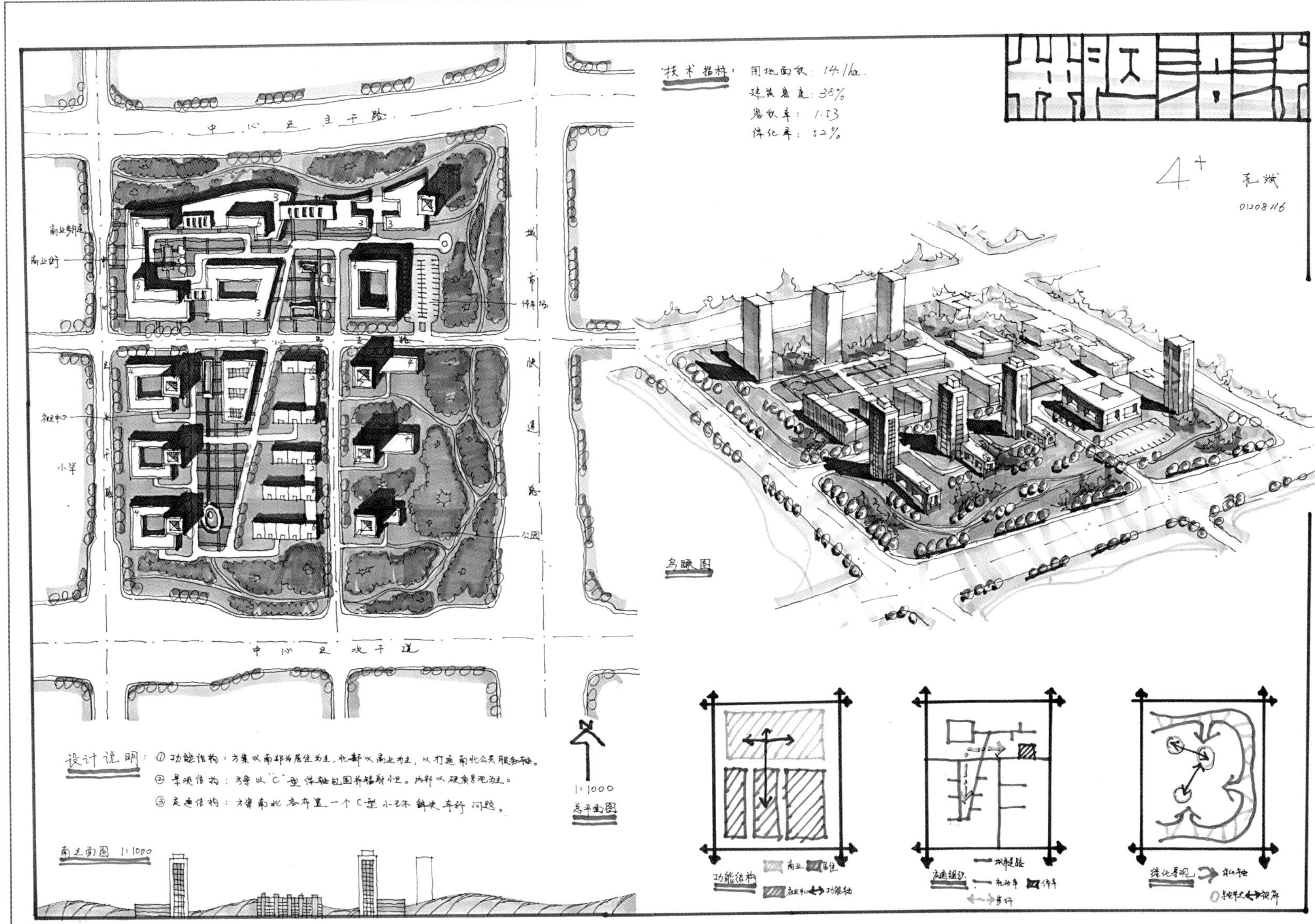

本方案主要配色

Rhinos 马克笔

RH903

RH304+RH407

RH111

例 109　城市商住混合区规划设计

作　　者	孔　斌	**报考院校**	东南大学
表现方法	针管笔 + 马克笔（Rhinos）		
用　　纸	A1 绘图纸	**用纸规格**	594mmx841mm
用　　时	6 小时	**期　　数**	华元 30A 期

名师点评 ▲

该方案作为城市商住混合用地，城市空间组织较好，将低层的商业中心沿地块中部布置，并贯穿南北，形成完整的城市开敞空间；进而在两边布置居住功能，以高层的形式呈现。地块的东面与南面为城市公共绿地。鸟瞰图表现精准，层次感强，整张画面色彩偏灰色系，用色大胆且搭配和谐。分析图表达细致且完整。立面图相对显得单薄。

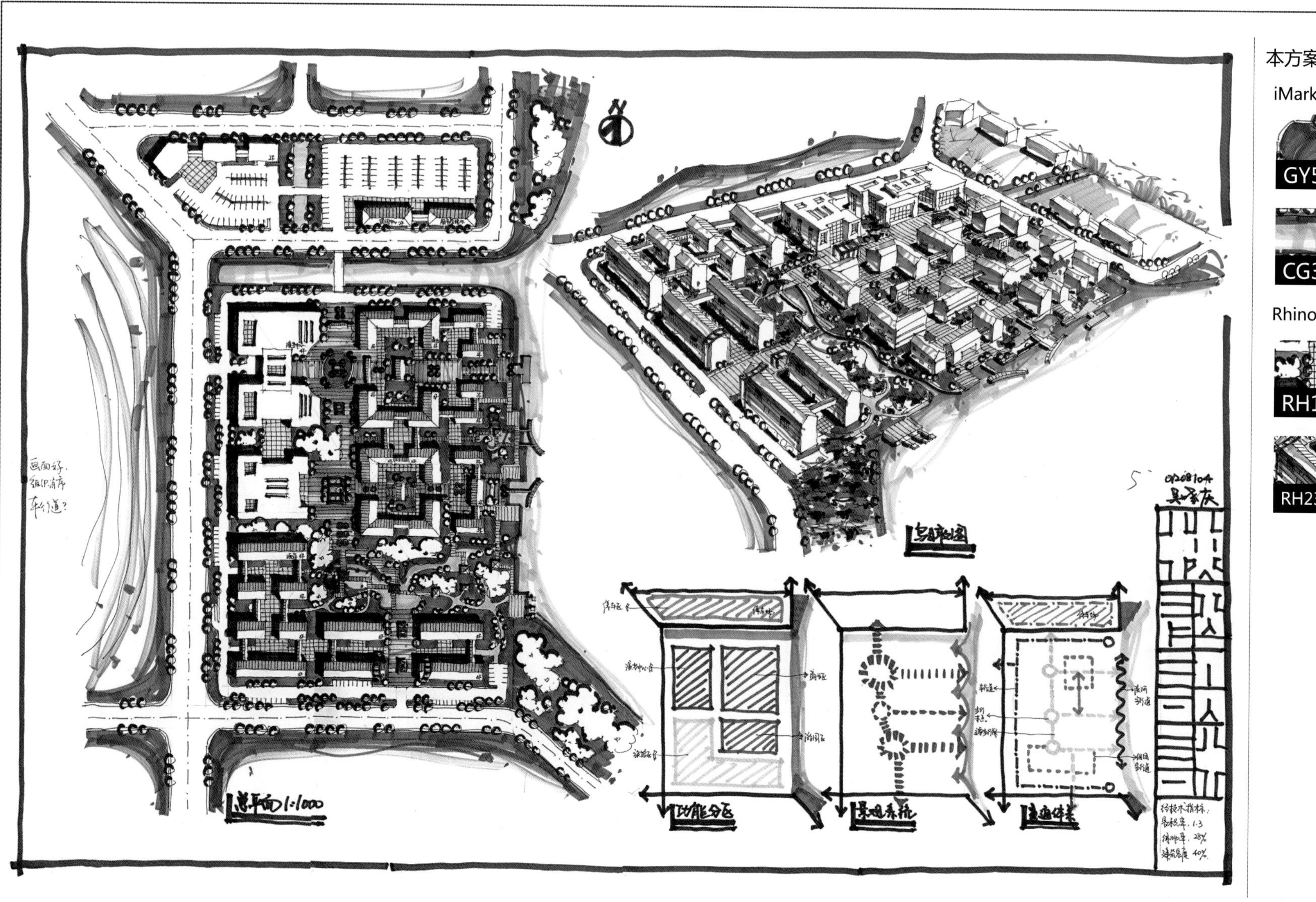

本方案主要配色

iMark 马克笔

GY57

CG3

Rhinos 马克笔

RH102

RH23+RH25

例 110　滨水区地块设计

作　　者	吴晓庆	报考院校	南京大学
表现方法	针管笔 + 马克笔（iMark+Rhinos）		
用　　纸	A1 绘图纸	用纸规格	594mmx841mm
用　　时	6 小时	期　　数	华元 27 期

名师点评 ▲

该方案作为滨水地块设计，采用了南方水乡的手法。北部片区完全用作公共停车场，并在南部设置了 C 形外环路解决交通、消防和停车。地块滨水设置了特色文化商业步行街区，西侧是大型演艺中心，南部为以旅游服务为主要功能的酒店，整体建筑形式均采用围合庭院式坡屋顶建筑，体现南方水乡城市特色，空间塑造感强，围合度好，滨水空间营造丰富，整体感强。演艺中心的集散场地相对较小，可考虑结合水面布置，而将商业沿街，增加商业效益。同时，演艺中心的建筑体量相对园林式建筑略显庞大。

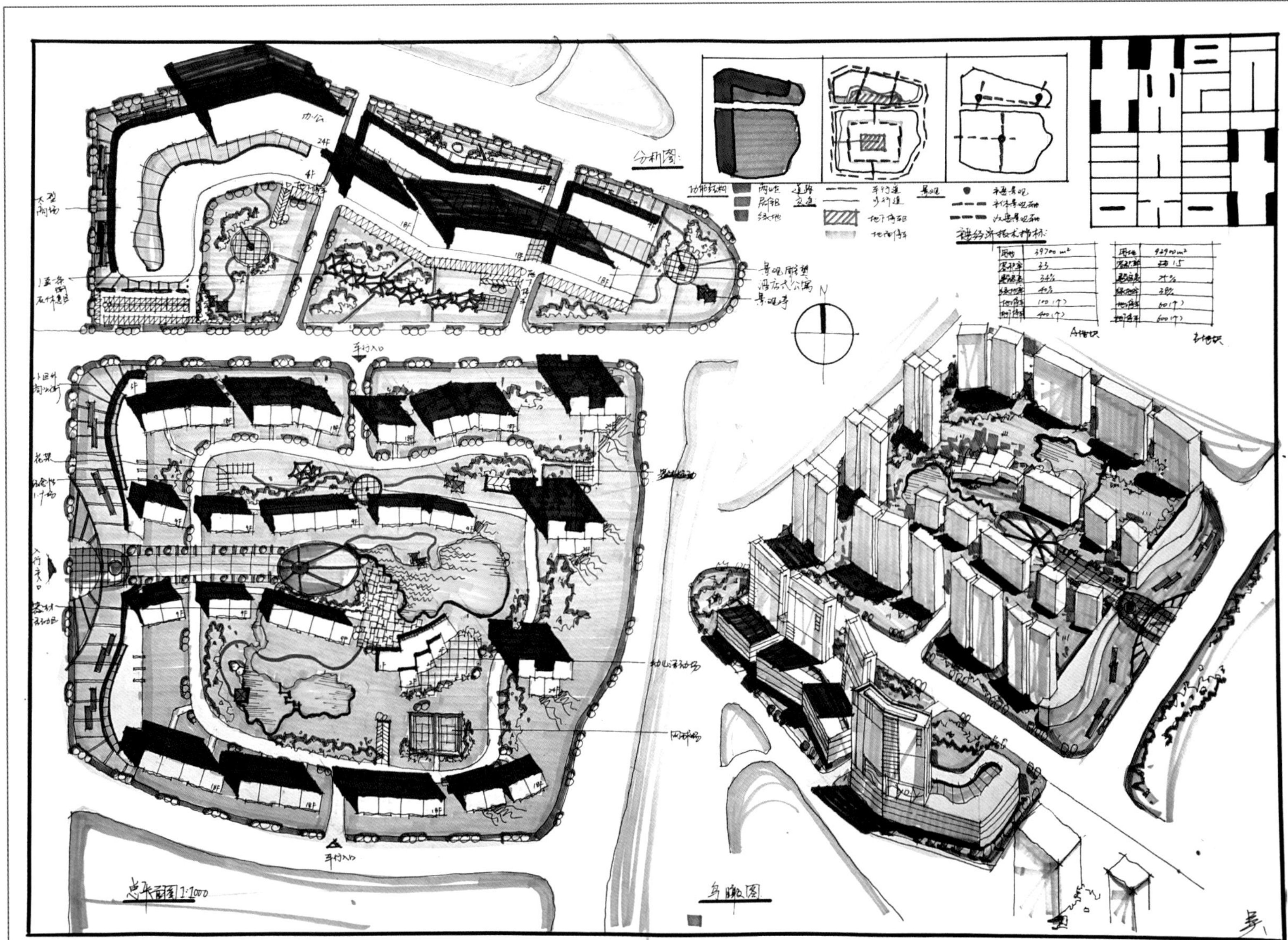

本方案主要配色

Rhinos 马克笔

RH606

RH302

RH102+RH33

RH29+RH111

RH21

例 111　居住区方案设计

作　者	吴子培	**院　校**	东南大学
表现方法	针管笔＋马克笔（Rhinos）		
用　纸	A1 绘图纸	**用纸规格**	594mmx841mm
用　时	6 小时	**期　数**	华元 19 期

名师点评 ▲

该方案作为居住区规划设计，设计思路表达得十分清晰，地块整体北面与西面沿街设置商业，并在北部商业上布置点式高层办公，与东部的点式高层住宅共同将地块外部层次拉高，形成外高内低的空间形态。地块内部一条东西向的轴线串联了居住区的人行入口、小区中心与小区内水体等休闲场地，共同组成了居住区的景观。但建议主要轴线不要直接与幼儿园连接，要保证幼儿园相对的私密性与安全性。鸟瞰图空间效果明确，表达手法娴熟。

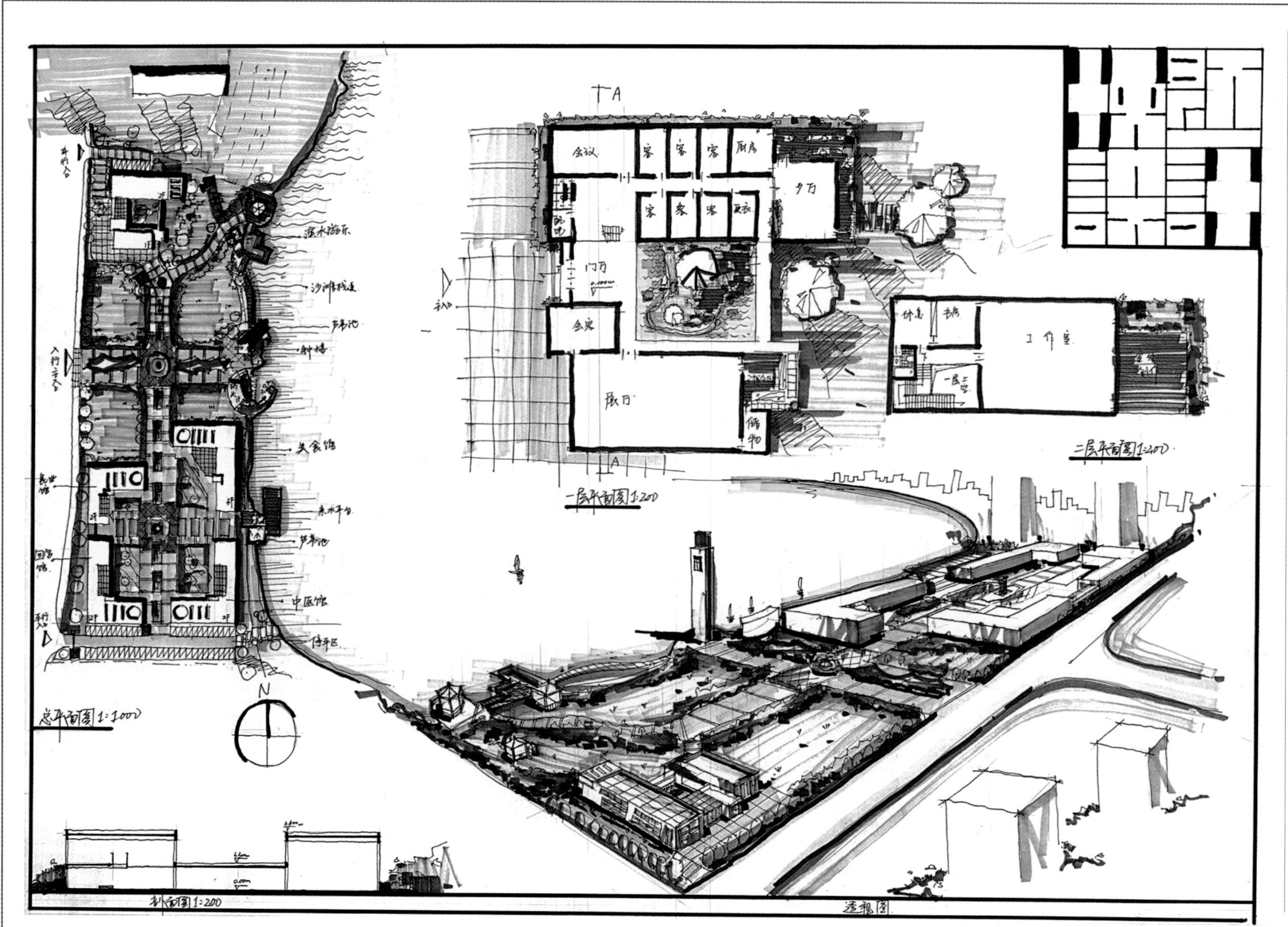

本方案主要配色

Rhinos 马克笔

RH605

RH108+RH37

RH906

RH33

例 112　公共开放空间方案设计

作　　者	吴子培	报考院校	东南大学
表现方法	针管笔 + 马克笔（Rhinos）		
用　　纸	A1 绘图纸	用纸规格	594mmx841mm
用　　时	6 小时	期　　数	华元 19 期

名师点评 ▲

该题是一个比较特殊的考试形式，首先做一个小地块的规划设计，再从中选取一公建做建筑单体设计，旨在考察学生的学科综合能力。同时，此方案作者在表现时采用暖灰色系作为主色调，绿地和铺地都用暖灰色表现，整体色调和谐统一。规划设计地块较小，南北两条主要步行轴线连接北部公建与南部的群体建筑，简单却表达得清晰。鸟瞰图表现得细腻丰富，空间效果强。整张作品呈现的风格饱满和谐，图纸关系明确，是一副优秀的快题作品。

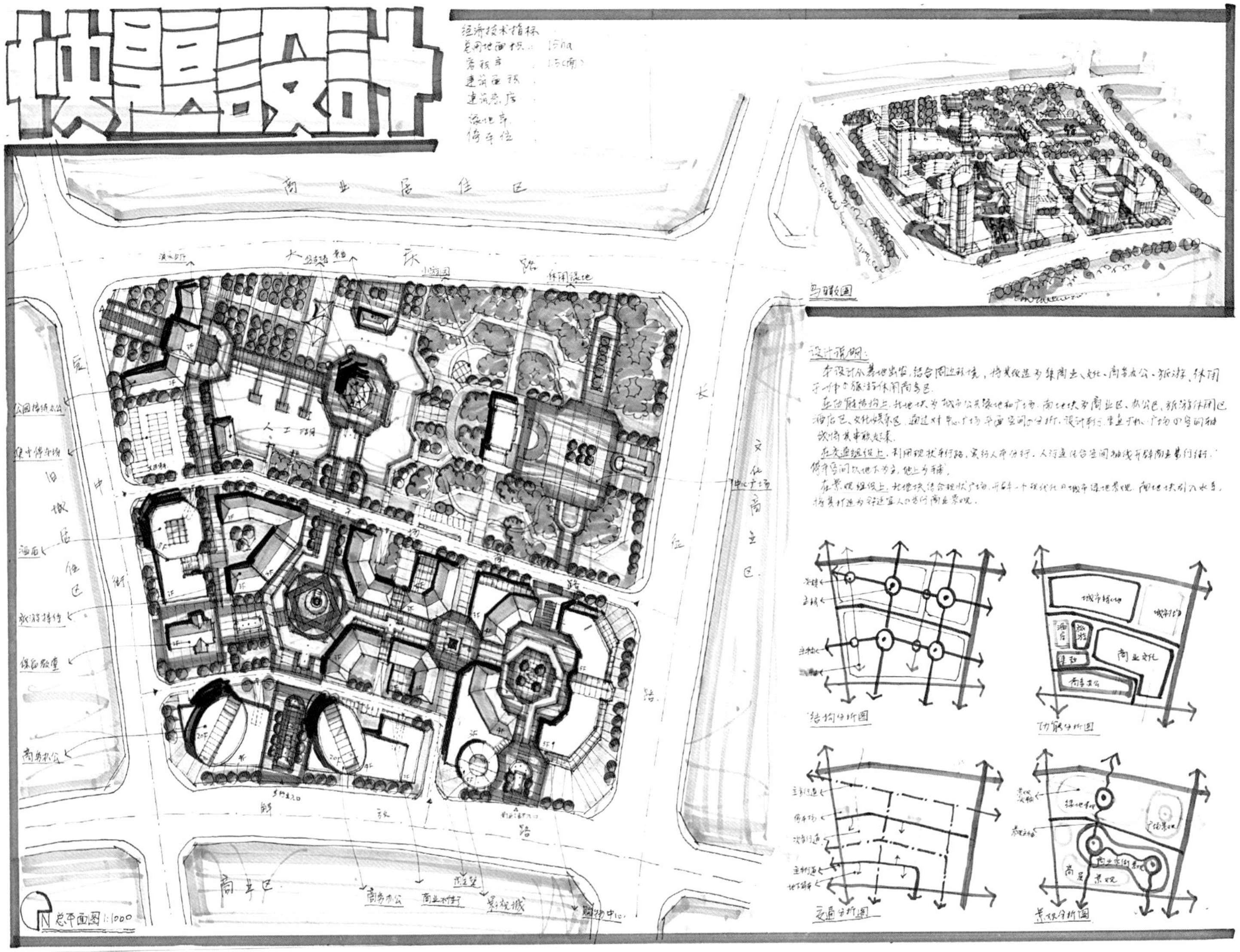

本方案主要配色

iMark 马克笔

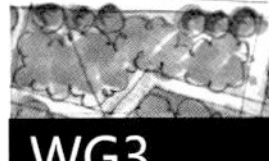

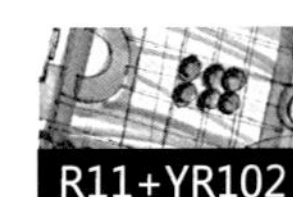

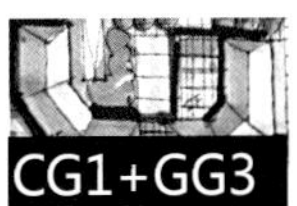

WG3

R11+YR102

CG1+GG3

Rhinos 马克笔

RH601+RH605

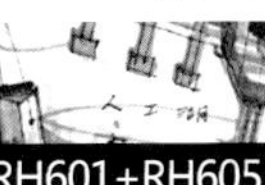

例 113 某大城市中心区广场地块改造设计

作　　者	黄甥柑	报考院校	东南大学
表现方法	针管笔＋马克笔（Rhinos+iMark）		
用　　纸	A1 绘图纸	用纸规格	594mmx841mm
用　　时	6 小时	期　　数	华元 5/19 期

名师点评 ▲

本方案是某大城市中心区广场地块的改造设计。该类型题目重点考查学生对于城市旧城改造中公园、保留建筑与新建筑的关系。

优点：方案结构明确，轴线关系漂亮；功能安排合理；色调统一，与题目相符；墨线与马克线条流畅；鸟瞰准确；空间关系和建筑组合整体较好。

缺点：轴线有点多；鸟瞰图画小了；颜色上重复了，故图面有点脏。

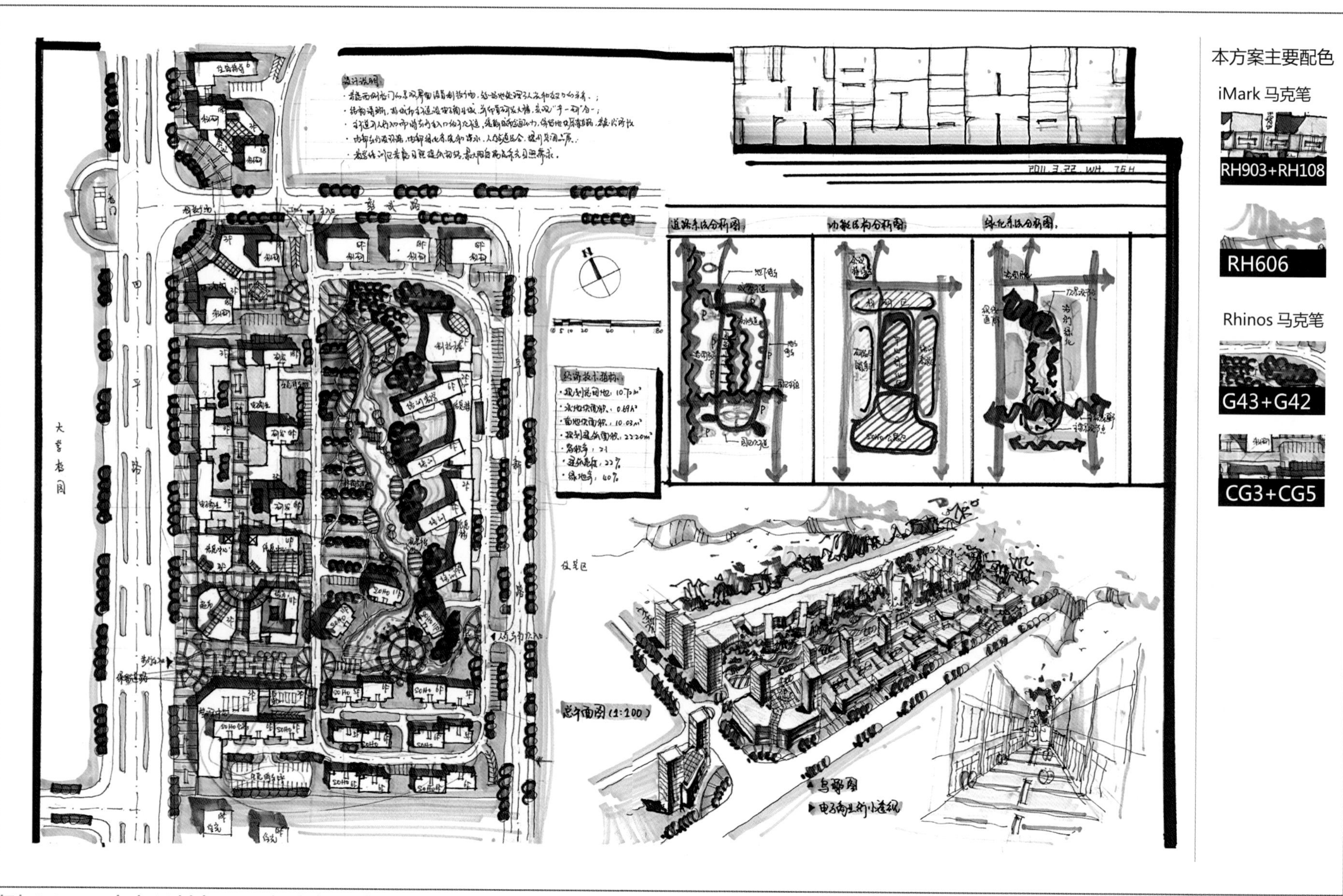

例 114　高新科技园区规划设计

作　　者	汪　徽	报考院校	东南大学
表现方法	针管笔 + 马克笔（iMark+Rhinos）		
用　　纸	A1 绘图纸	用纸规格	594mmx841mm
用　　时	6 小时	期　　数	华元 5/19 期

名师点评 ▲

该方案作为高新科技园区的地块设计，设计思路十分清晰。规划采用中环式道路网形式，将研发、商业等功能与居住、培训等空间相互隔离，从西北角的电子商城为入口，引入人流，并展开步行街区，空间错落有致，收放相间，空间次序感较强。同时东西向组织轴线，并将自然引入内部景观中，硬质广场空间与软质水体相得益彰。南部为 SOHO 公寓，整个地块功能完整和谐。鸟瞰图表现快速潇洒，分析图也很好地表达了设计思路和意图。

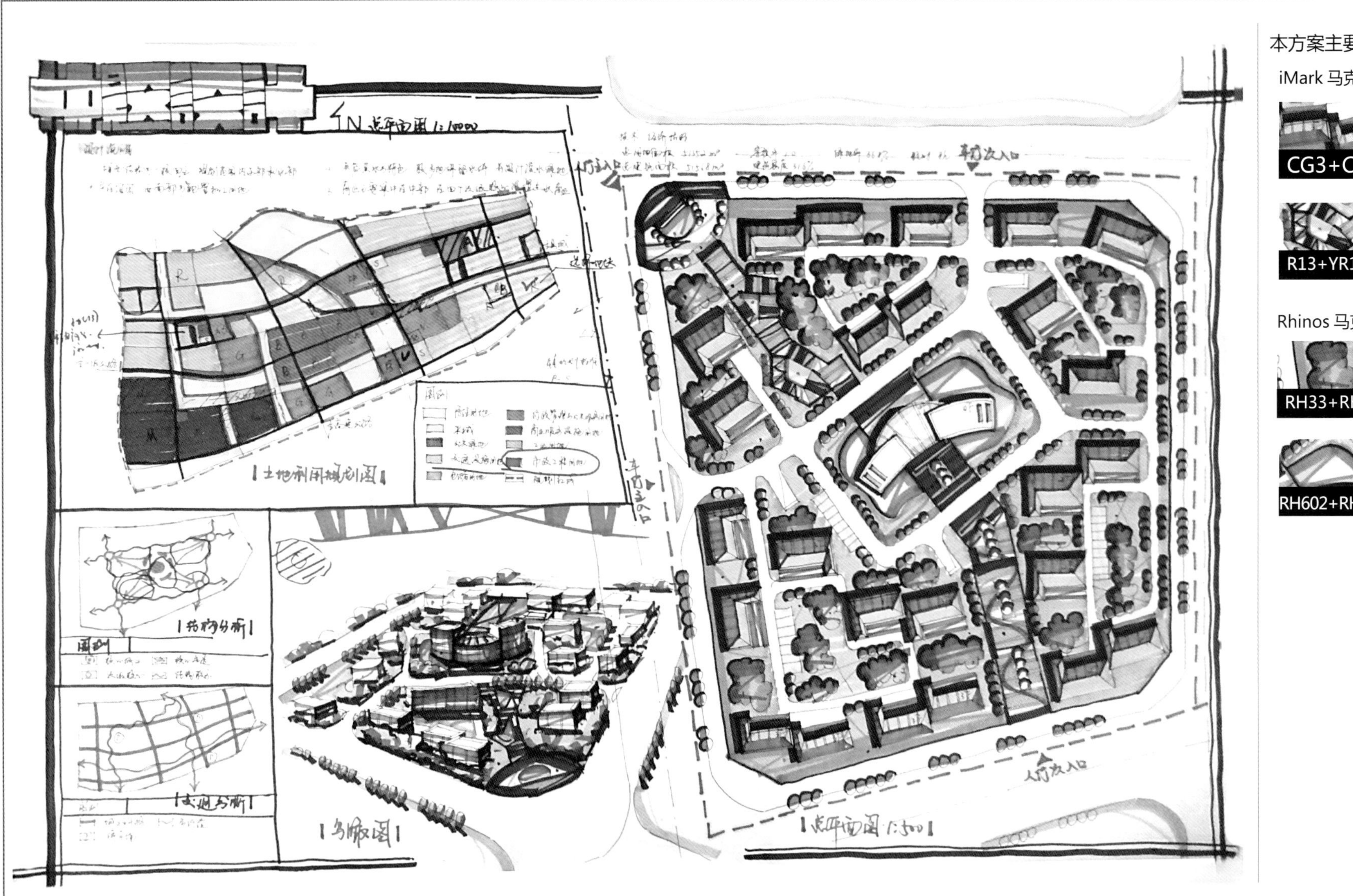

本方案主要配色

iMark 马克笔

CG3+CG5

R13+YR103

Rhinos 马克笔

RH33+RH35

RH602+RH606

例 115　城市商业区规划设计

作　　者	虞振亚	报考院校	东南大学
表现方法	针管笔 + 马克笔（iMark+Rhinos）		
用　　纸	A1 绘图纸	用纸规格	594mmx841mm
用　　时	6 小时	期　　数	华元方案 C6 期

名师点评 ▲

该方案的用地布局图上主要以“一中心、四片区”为主要设计思路，所以商业用地集中在中部，西南角设置了工业用地，其他相应的配套服务分别分散在各个组团内部。居住小区设计时，采用内环式路网，中部为会所，但削弱了公共中心的作用，并且与水体的关系处理得欠妥。其他各个组团相互围合，南北轴线突出，若能考虑到各个组团内部的活动空间会更好。鸟瞰图十分彰显功底，表现快速又不会杂乱，整张快题饱满充实，表现优秀。

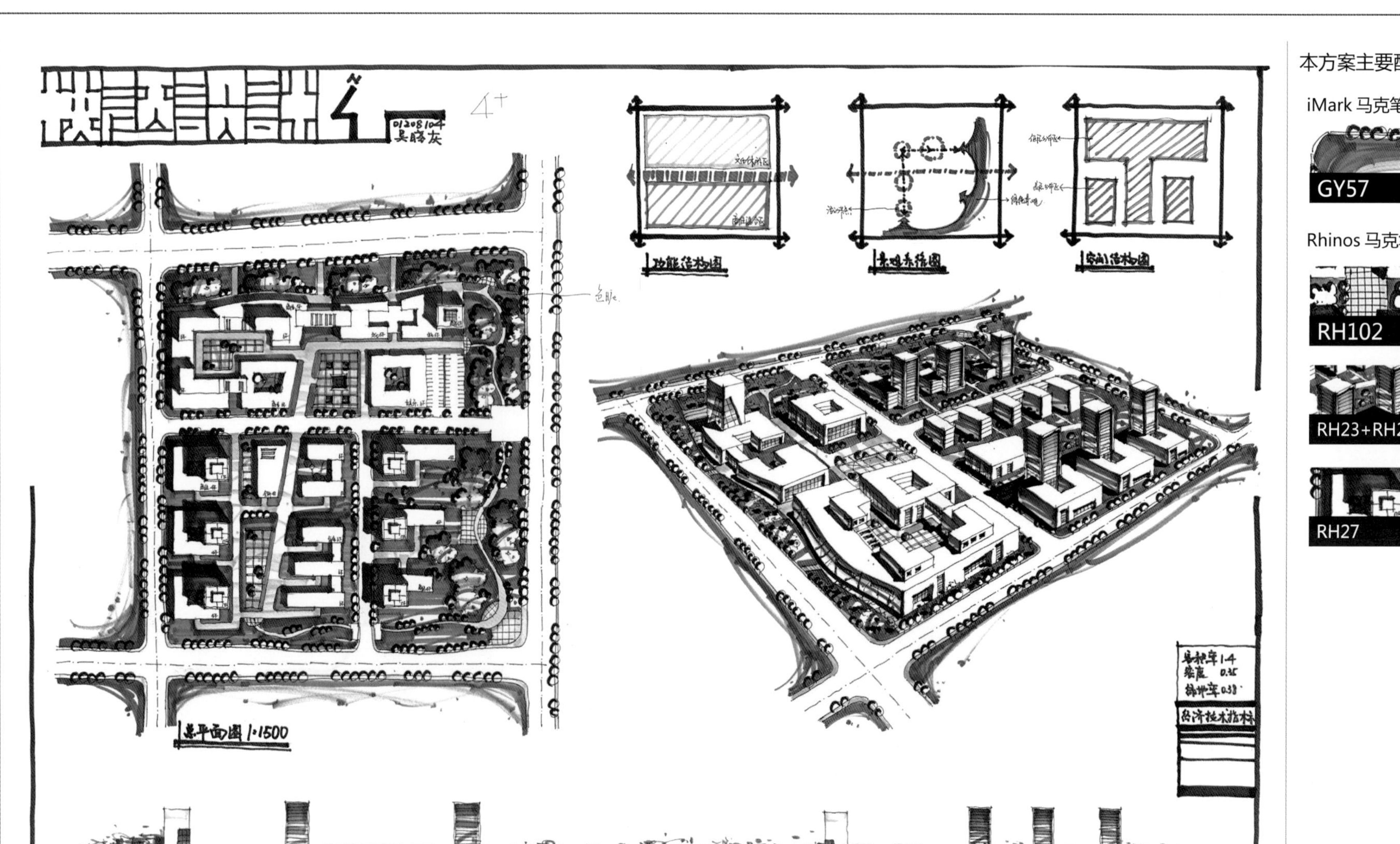

例 116　城市商住混合区规划设计

作　者	吴晓庆	报考院校	南京大学
表现方法	针管笔 + 马克笔（iMark+Rhinos）		
用　纸	A1 绘图纸	用纸规格	594mmx841mm
用　时	6 小时	期　数	华元 27 期

名师点评 ▲

该方案作为商住混合区的规划设计，功能相对较简单，北部和西部沿城市干道布置主要商业，并设有点式高层住宅，建筑形式变化丰富，层次多样，东南部主要为居住用地，多层与高层相互穿插。

鸟瞰图表达精准，空间感强。街景立面高低错落，虚实结合，但整体稍显简单。整张图纸用色较重，是比较特殊的一种快题风格。

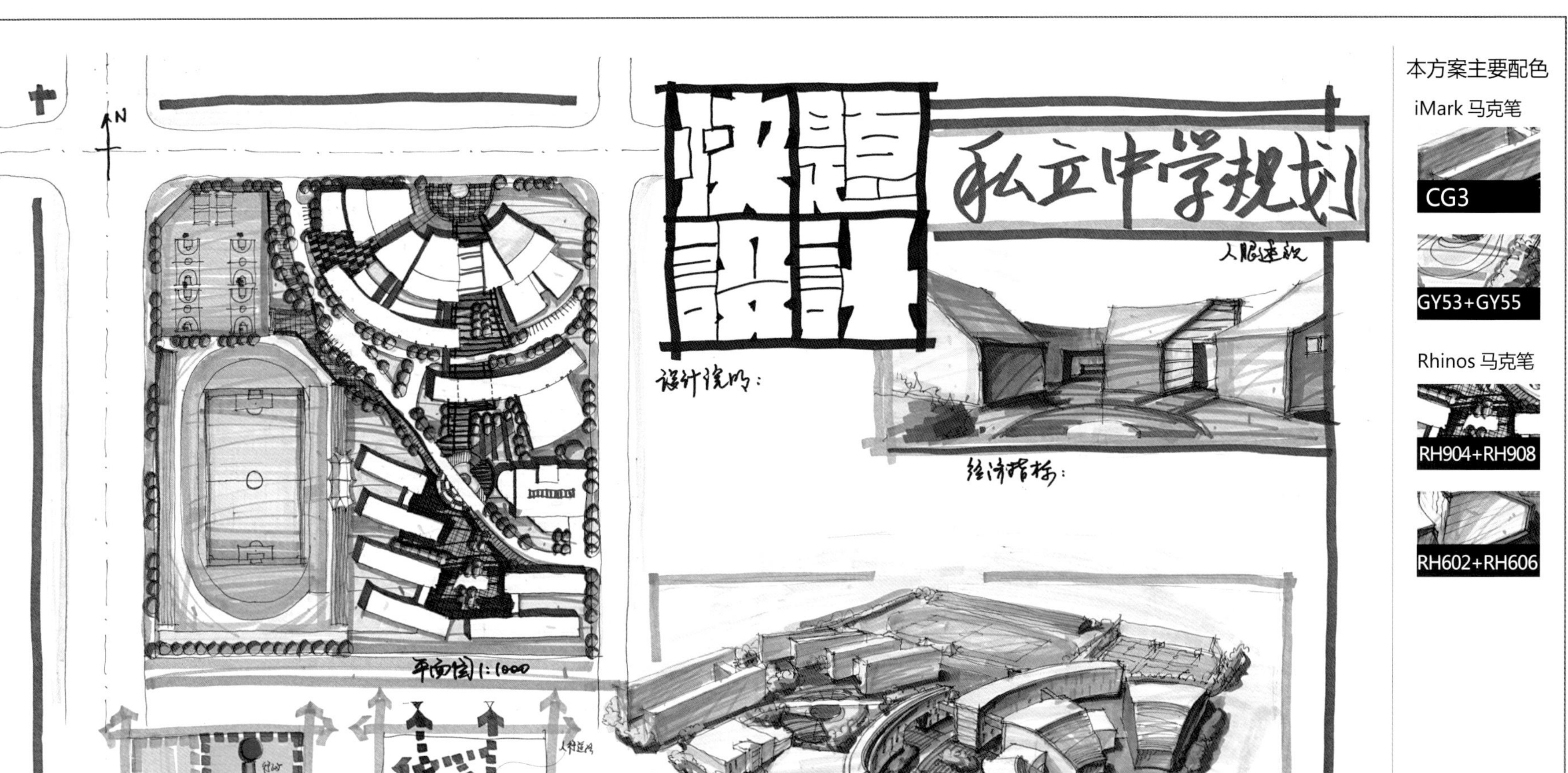

本方案主要配色

iMark 马克笔

CG3

GY53+GY55

Rhinos 马克笔

RH904+RH908

RH602+RH606

例 117　某私立中学校园规划设计

作　　者	周　驰	报考院校	山东建筑大学
表现方法	针管笔 + 马克笔（iMark+Rhinos）		
用　　纸	A1 绘图纸	用纸规格	594mmx841mm
用　　时	6 小时	期　　数	华元方案 C6 期

名师点评 ▲

该方案作为私立中学校园规划，由于用地地块的限制，故发挥的空间较小。沿城市主干道设置运动区，从次干道上开设校园主、次入口，分别连接教学办公区与生活后勤区。整个地块由一条南北向步行轴线贯穿，但轴线部分被建筑遮挡，可考虑适当打通。

鸟瞰图虽表现得较粗糙，但空间形式准确，表现手法娴熟，是一份优秀的快题设计。

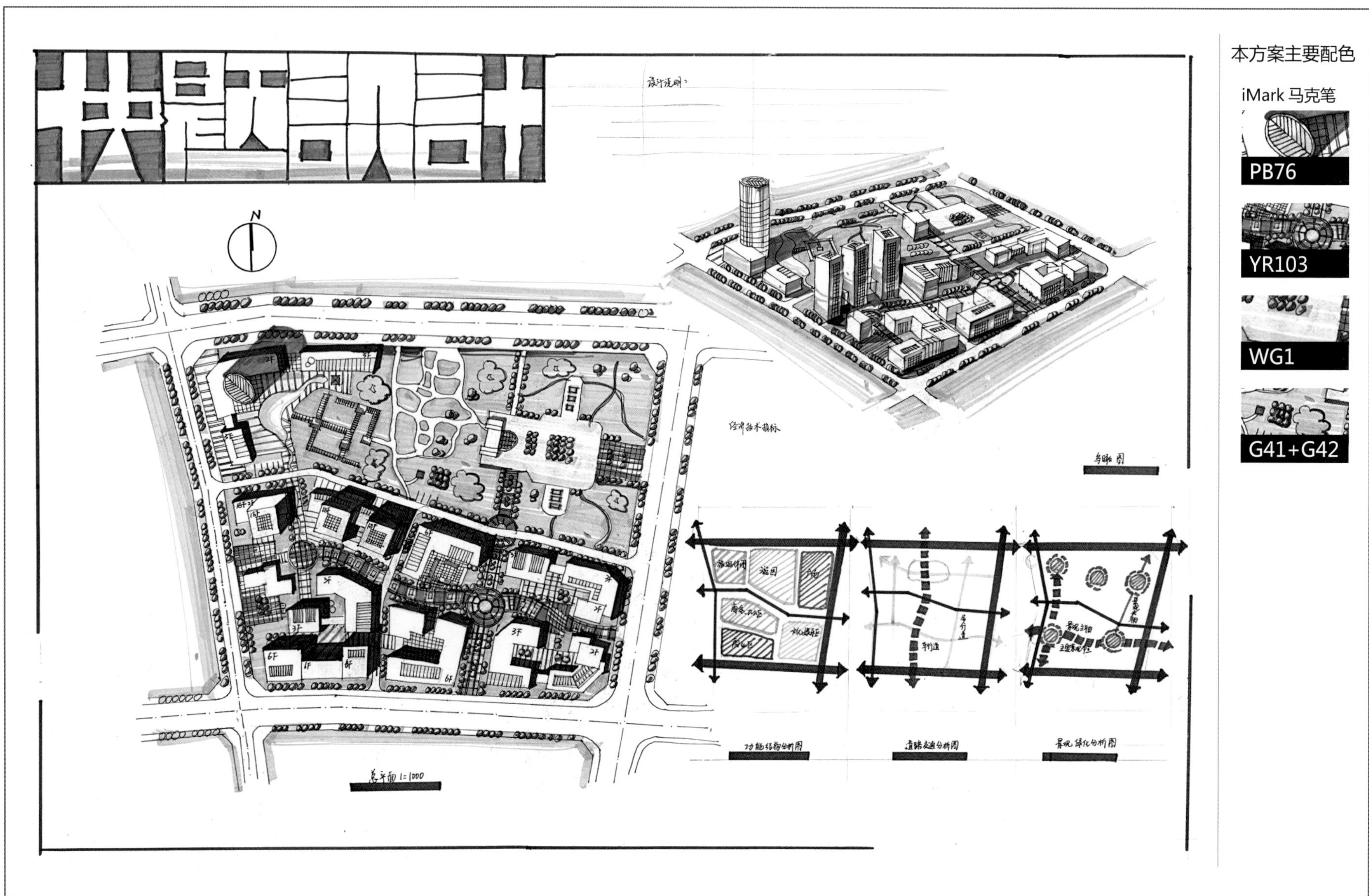

例 118　某大学艺术学院建筑庭院设计

作　　者	张　清	报考院校	同济大学
表现方法	针管笔 + 马克笔（iMark）		
用　　纸	A1 硫酸纸	用纸规格	594mmx841mm
用　　时	3 小时	期　　数	华元方案 C6 期

名师点评 ▲

该方案作为大学学院庭院设计，分区明确，整个北部完全作为休闲空间，设有广场、庭院和相应的配套设施及服务建筑。设计时公共活动空间有开敞和相对私密上的变化，趣味性较强。南部作为主要的商务、商业、文化类分区，建筑密度较大，通过东西向步行空间相互衔接，建筑造型和形式变化中又有统一，可见设计者有一定的专业基础。鸟瞰图也表达得十分精准，很好地呈现了设计意图。景观设计时若能增加一些节点，手法变化更丰富一些会更好。

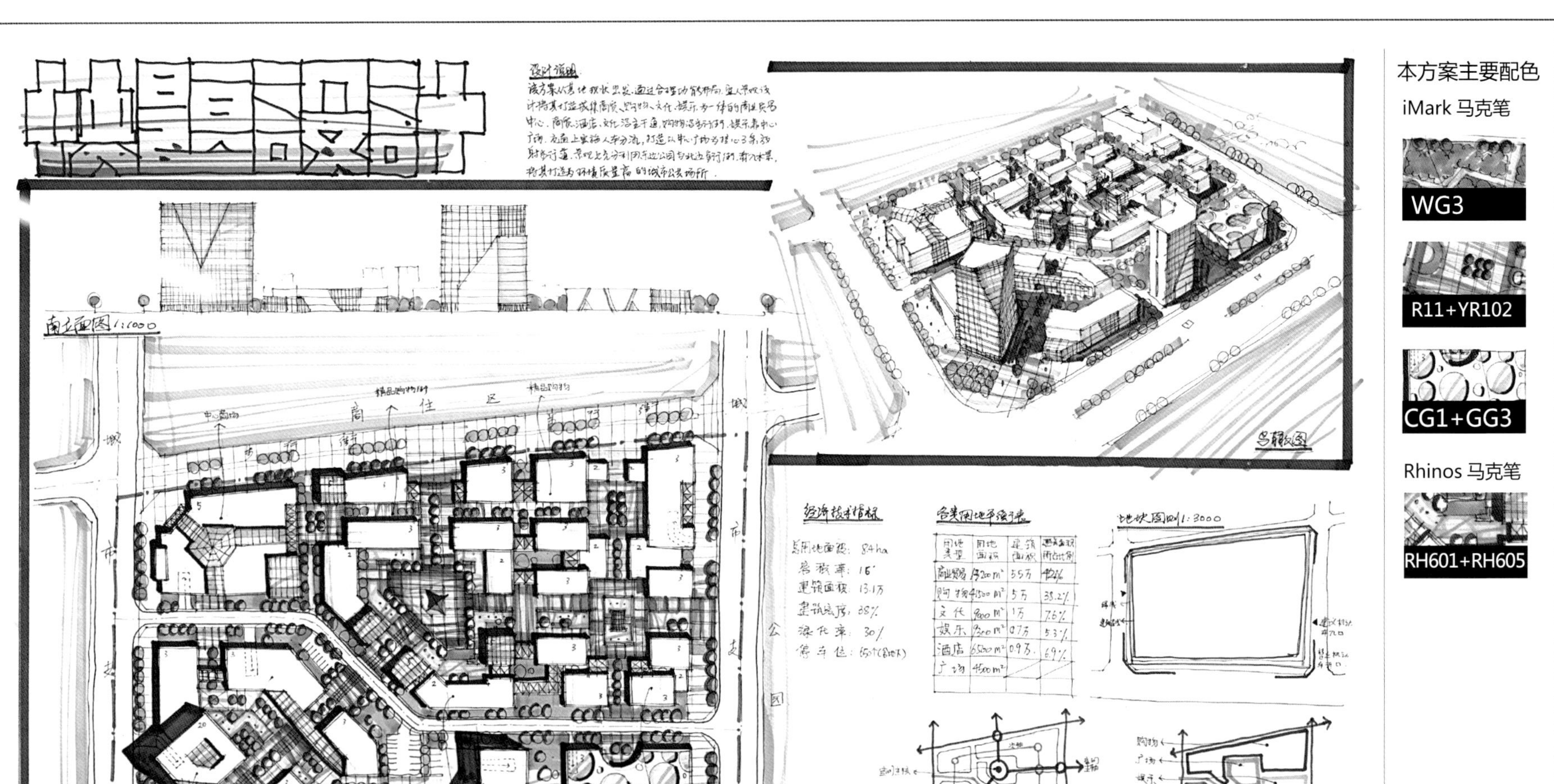

例 119　某城市商贸区规划设计

作　　者	黄甥柑	报考院校	东南大学
表现方法	针管笔 + 马克笔（iMark+Rhinos）		
用　　纸	A1 绘图纸	用纸规格	594mmx841mm
用　　时	6 小时	期　　数	华元方案 30A/33C 期

名师点评 ▲

本方案是某城市的商贸中心的规划设计，重点考察场地内所有建设内容在交通流线、空间景观、环境设计等各方面的相互衔接。优点：从画面表达来说，是一个很不错的作品。线条干脆流畅；功能安排合理；用三条不同方向的轴线把地块的各个功能联系在一起，中心感突出；建筑与地块空间联系较强；图面色调统一；鸟瞰透视准确，建筑与空间表达到位。缺点：建筑的平面形式较简单，且右上角建筑平面较碎，不统一，同时也使得地块北边的城市步行街的沿街面不整齐；文化功能没能和核心景观结合在一起。

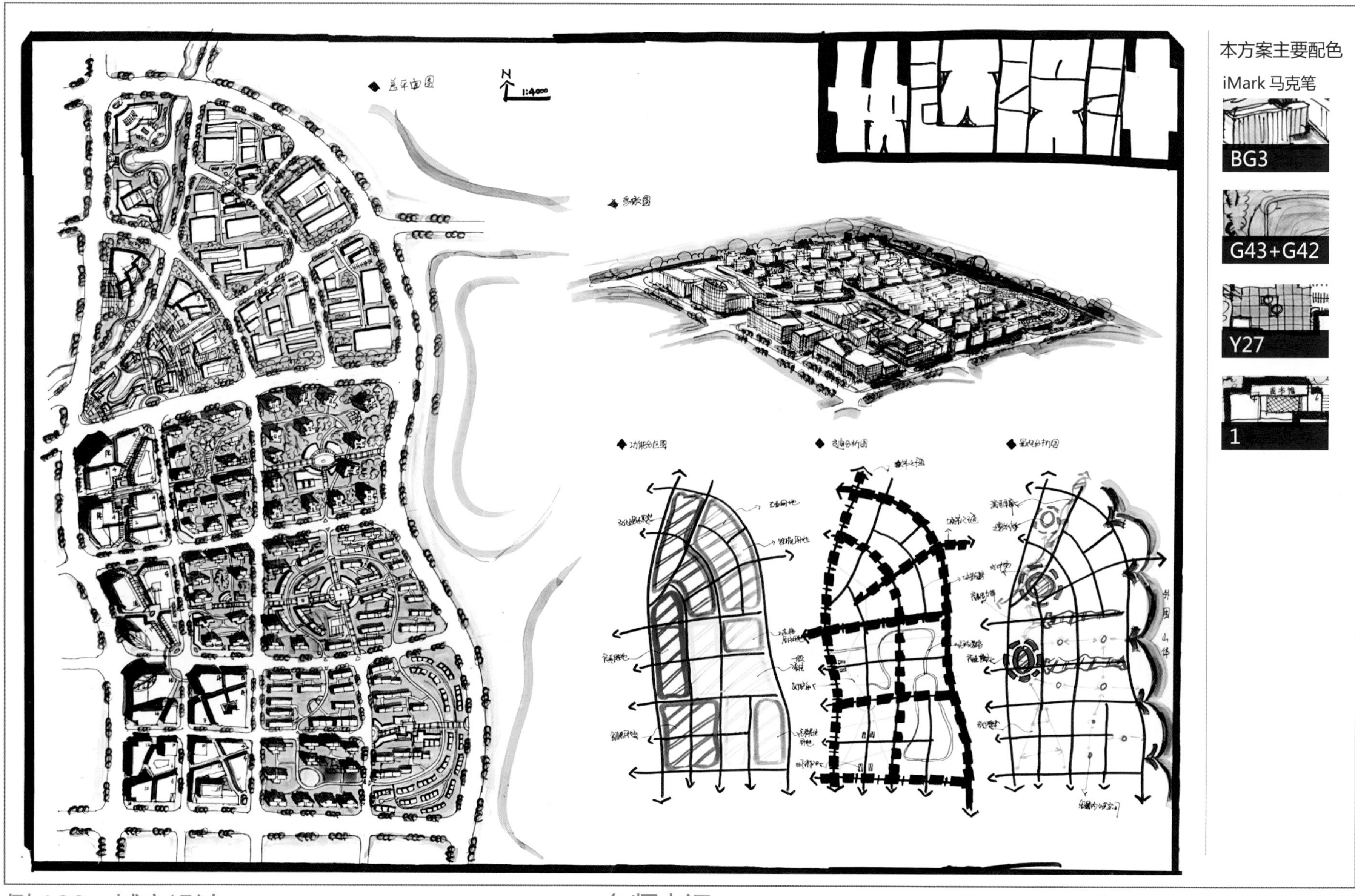

例 120　城市设计

作　　者	高　晖	报考院校	中国城市规划设计研究院
表现方法	针管笔 + 马克笔（iMark）		
用　　纸	A1 硫酸纸	用纸规格	594mmx841mm
用　　时	6 小时	期　　数	华元方案国庆 C6 期

名师点评 ▲

该方案为城市设计级别的快题设计，用地地块面积较大。规划时首先按功能划分了棋盘式的道路网体系，各个街区内部又各自组织交通。北部主要由仓储工业用地组成，有部分高新科技园区。沿水系设置了文化片区，建筑布置紧凑，公共空间丰富。整个用地的西南部为城市的中心部分，主要有商业街区、商贸、商务和办公组成，建筑形式感和空间感都十分丰富。东部为不同等级的住宅片区。设计方案不拘小节，整体性强，一气呵成。鸟瞰和分析图均表达细腻，是城市设计类快题的典范。

参考文献

[01] 华元手绘（北京）. 设计手绘 [M]. 北京：华中科技大学出版社，2013.

[02] 上海市城市规划设计研究院 . 城市规划资料集第 5 分册城市设计 [M]. 北京：中国建筑工业出版社，2006.

[03] 北京市城市规划设计研究院 . 城市规划资料集第 6 分册城市公共活动中心 [M]. 北京：中国建筑工业出版社，2003.

[04] 同济大学建筑城规学院 . 城市规划资料集第 7 分册城市居住区规划 [M]. 北京：中国建筑工业出版社，2005.

[05] 清华大学建筑学院 . 城市规划资料集第 8 分册城市历史保护与城市更新 [M]. 北京：中国建筑工业出版社，2008.

[06] 中国城市规划设计研究院，建设部城乡规划司 . 城市规划资料集第 10 分册城市交通与城市道路 [M]. 北京：中国建筑工业出版社，2007.

[07] 李德华 . 城市规划原理 [M]. 北京：中国建筑工业出版社，2011.

[08]《建筑设计资料集》编委会 . 建筑设计资料集 3[M]. 北京：中国建筑工业出版社，1995.